“十三五”江苏省高等学校重点教材（编号：2020-2-145）
高等院校通信与信息专业系列教材

现代语音信号处理（Python 版）

梁瑞宇　王青云　谢　跃　唐闺臣　编著

机械工业出版社

本书介绍了现代语音信号处理的基础、原理、方法和应用，并且给出一些相关算法的Python库和调用函数。全书共15章，第1章介绍了语音信号处理的发展历程、人工智能基础和相关研究方向；第2~4章介绍了语音信号处理的一些基础理论、方法和参数；第5章介绍了神经网络与深度学习的基础知识；第6~15章将语音信号处理的研究方向分为前端处理（包括语音增强、回声消除、声源定位和波束形成）、后端应用（包括语音识别、说话人识别和语音情感计算）和其他研究（包括语音合成与转换、语音隐藏和助听器声信号处理）三个部分，并介绍了相关研究的基础理论和算法原理。在附录中，介绍了学习Python语言的PyCharm软件的快速使用教程，并对文中常用的Python库进行了说明。

本书可作为计算机和通信与信息系统等学科相关专业的高年级本、专科学生和研究生的教材或教学参考用书，也可作为从事语音信号处理的科研工程技术人员的辅助读物和参考用书。

本书配有电子课件和程序代码，需要的教师可登录www.cmpedu.com免费注册，审核通过后下载，或联系编辑索取（电话：010-88379739，微信：15910938545）。

图书在版编目（CIP）数据

现代语音信号处理：Python版/梁瑞宇等编著．—北京：机械工业出版社，2021.10（2025.1重印）
高等院校通信与信息专业系列教材
ISBN 978-7-111-69475-5

Ⅰ.①现…　Ⅱ.①梁…　Ⅲ.①语声信号处理-高等学校-教材
Ⅳ.①TN912.3

中国版本图书馆CIP数据核字（2021）第216677号

机械工业出版社（北京市百万庄大街22号　邮政编码100037）
策划编辑：李馨馨　　责任编辑：李馨馨　陈崇昱
责任校对：张艳霞　　责任印制：郜　敏
北京富资园科技发展有限公司印刷

2025年1月第1版·第7次印刷
184mm×260mm·19.25印张·477千字
标准书号：ISBN 978-7-111-69475-5
定价：79.00元

电话服务
客服电话：010-88361066
010-88379833
010-68326294

网络服务
机　工　官　网：www.cmpbook.com
机　工　官　博：weibo.com/cmp1952
金　书　网：www.golden-book.com
机工教育服务网：www.cmpedu.com

前 言

语音信号处理是以语音语言学和数字信号处理为基础而形成的一门涉及面很广的综合性学科，它与心理学、生理学、计算机科学、通信与信息科学以及模式识别和人工智能等学科都有着非常密切的关系。近年来，伴随着深度学习、高性能运算平台和大数据的发展，智能语音技术的研发瓶颈纷纷被突破，已成为人工智能产业链上的关键一环，深深地吸引广大科学工作者不断进行研究和探讨。

本书较全面地反映了现代语音信号处理的主要内容和发展方向，主要面向电子信息类、自动化类、计算机类等学科有关专业的高年级本科生和研究生，也可以作为从事语音信号处理这一领域技术人员的参考用书。因此，本书在内容上强调基本概念和基本理论方法的掌握，并突出各部分的相互联系。此外，考虑到语音信号处理的实用性很强，以及当前人工智能技术的发展，本书在介绍基本理论和基本算法的基础上，给出了相应的 Python 代码，使学习人员可以边学习理论边实践，有助于知识的理解和记忆。

本书的参考学时为本科生 32 学时、研究生 40 学时，可以根据不同的教学要求对内容进行适当取舍，灵活安排授课学时数。全书分为 15 章，具体内容如下。

第 1 章简要介绍了语音信号处理的发展历程、当前的主要研究方向、人工智能与语音处理的联系，以及本书的章节安排情况。

第 2 章介绍了语音信号处理的基础知识，包括语音的产生与感知、语音信号产生的数学模型、语音信号的数字化和语音信号的基本表征方法等。

第 3 章介绍了语音信号的预处理方法（包括分帧与加窗、消除趋势项和直流分量、预加重和去加重）以及 4 种语音信号的基本分析方法，包括时域分析、频域分析、倒谱分析和线性预测分析。

第 4 章介绍了 3 种语音信号的特征提取技术，包括端点检测、基音周期估计和共振峰估计。其中，端点检测算法包括双门限法、自相关法、谱熵法和比例法；基音周期估计算法包括自相关法、倒谱法以及后处理方法；共振峰估计算法包括倒谱分析法和线性预测法。

第 5 章介绍了神经网络与深度学习的相关基础知识，包括神经元的构成、误差逆传播算法以及 3 种典型的深度学习网络架构，即前馈神经网络、卷积神经网络和循环神经网络。

第 6 章介绍了语音增强的基本原理和典型算法。首先介绍了人耳感知特性、语音与噪声特性和语音质量评价标准，然后依次介绍了 3 种语音增强算法：谱减法、维纳滤波和基于深度学习的语音增强方法。

第 7 章介绍了回声消除的基本原理和典型算法。首先介绍了回声消除的基本模型以及性能的评价标准，然后依次介绍 5 种回声消除算法，最后介绍了啸叫检测与抑制方法。

第 8 章介绍了声源定位的基本原理。依次介绍了双耳听觉定位原理及方法和 3 种基于传声器阵列的声源定位方法，即基于最大输出功率的可控波束形成算法、基于到达时间差的定位算法和基于高分辨率谱估计的定位算法。此外，还介绍了传声器阵列模型以及可用于声源定位研究的房间回响模型。

第 9 章介绍了波束形成技术的基本原理和典型算法。首先介绍了波束形成的基本理论，然后分别介绍了几种经典的波束形成器和自适应波束形成，最后介绍了几种后置滤波算法。

第 10 章介绍了语音识别算法。首先介绍了语音识别原理与系统构成，接着介绍了基于动态时间规整的语音识别系统和基于隐马尔可夫模型的语音识别系统，然后介绍了基于人工智能的语音识别的相关知识，最后介绍了语音识别算法的性能评价指标。

第 11 章介绍了说话人识别算法。首先介绍了说话人识别的原理，然后介绍了两种典型的说话人识别系统，分别是基于 VQ 的说话人识别系统和基于 GMM 的说话人识别系统。接着介绍了基于深度学习的说话人识别的相关知识，包括两种经典的基于深度学习的说话人识别算法，最后，介绍了说话人识别的研究难点。

第 12 章介绍了语音信号中的情感信息处理的基本原理。首先介绍了情感理论和语音数据库的建立方法，然后介绍了一些常用的语音情感特征及其提取算法，接着介绍了两种语音情感识别算法，包括 K 近邻分类器和支持向量机。最后介绍了基于深度学习的情感识别算法，并对未来的研究进行了展望。

第 13 章介绍了语音合成与转换的基本原理。首先介绍了帧合成技术，然后介绍了 3 种语音合成算法，包括线性预测合成法、共振峰合成法和基音同步叠加技术，接着介绍了语音信号的变速和变调的原理和实现方法，最后介绍了 3 种基于深度学习的语言合成模型。

第 14 章介绍了语音隐藏的基本原理。首先介绍了信息隐藏的基础理论，然后介绍了两种语音信息隐藏算法：低比特位编码法和回声隐藏算法，最后介绍了算法的常用评价指标以及未来的研究方向。

第 15 章介绍了助听器声信号处理的相关知识。首先介绍了听力损失与语言理解障碍的关系，然后介绍了与助听器相关的三种关键算法：多通道响度补偿算法、回声抑制算法以及降频算法，最后对未来的研究方向进行了展望。

附录提供了 PyCharm 软件的快速使用教程，并对文中常用的 Python 库进行了说明。

本书主要由梁瑞宇、王青云、谢跃和唐闺臣编著，并由梁瑞宇统稿。本书被列入 2020 年江苏省高等学校重点教材建设计划（苏高教会［2020］39 号）。编者参考和引用了一些学者的研究成果，具体见参考文献。在此，编者向这些文献的著作者表示敬意和感谢。同时，本书的出版得到了东南大学赵力教授的悉心指导，同时诚挚感谢给予此书指导和帮助的老师以及东南大学团队的硕士研究生。

语音信号处理是一门理论性强、实用面广、内容新、难度大的交叉学科，同时这门学科又处于快速发展之中，尽管编者在编写过程中始终注重理论紧密联系实际，力求以尽可能简明、通俗的语言，深入浅出、通俗易懂地将这门学科介绍给读者，但因水平有限、时间较仓促，书中疏漏与不妥之处在所难免，敬请广大读者批评指正。

编　者

目　录

第1章 绪　论

在过去的三十年中，数字信号处理已成为一门热门学科，这主要归功于人们对语音和图像信息的表示、编码、传输、存储和再现等方面的研究。人类社会中，语言在人类交流中发挥了主要作用。此外，近年来，语音在人类与复杂信息系统的交互中扮演着越来越重要的角色。语音技术为种类繁多的自动服务提供了便利，而且在企事业单位中，便利的音频/视频电话会议降低了昂贵、耗时的商务旅行的必要性。随着人工智能时代的到来，许多语音研究领域的瓶颈都被突破，语音信号处理的应用领域越来越广，许多承载着语音技术的产品已融入了人们的生活。为了更好地学习语音信号处理的相关知识，本书从语音和听觉的基本物理学和心理物理学开始，从语音信号处理的基础知识讲起，涵盖了语音信号处理的各个主流方向，包含增强、识别和合成等相关主题，并讨论了助听器中的语音处理，最后描述了智能语音处理技术的发展现状。

1.1 语音信号的发展历程

通过语音传递信息是人类最重要、最有效、最常用和最方便的交换信息的形式。语言是人类特有的功能，声音是人类常用的工具，是相互传递信息的最主要的手段。因此，语音信号是人们进行思想沟通和感情交流的最主要的途径。并且，由于语言和语音与人的智力活动密切相关，与社会文化和进步紧密相连，所以它具有最大的信息容量和最高的智能水平。现在，人类已进入了信息化时代，用现代手段研究语音处理技术，使人们能更加有效地产生、传输、存储、获取和应用语音信息，这对于促进社会的发展具有十分重要的意义。

语音信号处理作为一个重要的研究领域，已经有很长的研究历史。长期以来，人们一直致力于创造可以说话的机器。早期，学者主要致力于建立机械模型来尝试理解语音产生的机理，从而模仿人类的声带。1769 年，沃尔夫冈·冯·肯佩伦（Wolfgang von Kempelen）构造了一种机械语音合成器，可以生成可识别的辅音、元音和一些相关的发音。其研究著作于 1791 年出版，被认为是语音处理开始的标志。但是，真正推动近代语音信号处理发展的是亚历山大·格雷厄姆·贝尔（Alexander Graham Bell）的一项发明——电话。电话不仅影响到了人们之间的交流方式，还影响到了语音处理的研究。此时，人们对语音研究的兴趣集中在使用机械模拟来合成和处理语音的电子设备上。

在 20 世纪 20 年代~30 年代，许多学者都进行了以电子方式来合成语音的研究。其中，荷马·达德利（Homer Dudley）在 20 世纪 30 年代的工作引领了近代语音处理研究。他构建了一台语音合成器，该设备通过电路产生载波，并且通过调节消息经过时变滤波器的频率来模拟声道的传递特性，最后将该消息（即声道的特性）调制在载体上。在与里斯（Riesz）和沃特金斯（Watkins）的合作中，达德利基于此原理设计了两个广受赞誉的设备——语音合成器（Voder）和声码器（Vocoder）。Voder 是第一台能够发出任意句子的多功能说话机，它有一个由操作员操纵键盘来控制声源和滤波器组的系统，该系统在 1939 年的纽约世界博览会上获得了巨大的成功。它可以产生比机械设备质量更高的语音。此外，声码器标志着语音压缩的第一次尝试。Dudley 估计，由于语音信号中的消息是由缓慢变化的滤波器承载的，因此应该有可能发送足够的信息，使接收者能够使用约 150 Hz 的带宽来重建电话语音信号，而这大约是发送语音信号所需带宽的 1/20。由于带宽在当时非常昂贵，因此从商业角度来看这种可能性极具吸引力。实际上，Dudley 的思想也是随后所有语音信号处理工作的基础。

在达德利（Dudley）的开创性工作的基础上，人们对语音的各个方面和属性进行了大量研究，包括语音产生机制、听觉系统、心理物理学等方面的属性。早期的语音信号处理研究工作主要集中在 3 个方面：语音编码、语音识别和语音合成。除了上述 3 种应用之外，在语音信号处理及其应用方面进展甚微。直到 20 世纪 70 年代，数字硬件的普遍使用使得语音可以高效传输，语音合成、语音和说话人识别以及语音编码等取得了很大的进步。

语音处理的初期目标之一是对语音进行编码以实现高效传输。近代语音编码技术离不开以下三个相关研究工作。

1）20 世纪 40 年代末~50 年代引入的信息理论概念使人们认识到，适当的目标是降低信息速率，而不是带宽。

2）硬件可以利用采样定理将一个连续的带限信号转换为一系列离散采样。对带限语音信号进行数字化使其可用于数字处理。

3）用线性预测系数（LPC）描述语音信号提供了一种非常方便的表示方法。

早期的语音编码主要是为了适应有限的带宽、提高传输效率，而随着通信技术的发展，语音编码技术和以往的研究需求有所不同。

语音处理的第二个非常成功的应用是自动语音识别（ASR）。ASR 的早期目标是对小部分词汇（比如 100 个单词）中的全部单词建立确定性模型，并将给定的语音识别为与模型最接近的单词。20 世纪 80 年代早期引入的隐马尔可夫模型（HMM）为语音识别提供了一个强大的工具。如今，随着深度学习和大数据技术的发展，许多商用产品已经被开发出来，成功实现了人类和机器之间的通信，并且可以对使用大量词汇的连续语音进行识别。而且，这些产品的识别方式与说话人无关。然而，这些设备的性能在混响和低信噪比的环境下还存在一定恶化。对噪声、混响和换能器特性的鲁棒性研究仍然是一个未解决的问题。ASR 的目标是准确识别语音，而不管说话人是谁。与之互补的问题是，从说话人的声音来识别说话人，而不管他说的是什么词。ASR 在噪声存在时性能下降的问题，在说话人识别和说话人验证中同样存在。

语音处理的第三个应用是语音合成。当与 ASR 一起使用时，语音合成可以实现人和机器之间的完全双向语音交互。众所周知，著名的物理学家斯蒂芬·霍金就是利用这种方式进行交流的。早期的语音合成尝试推导出给定文本句子的音素序列的时变谱，由此估计出相应的声道时间变化，并通过适当的周期或噪声激励对时变声道进行刺激来合成语音。合成语音的质量通过修改预先存储的单元（即短片段，如笛音），以适应上下文并连接起来的方式来进行显著提高。早期，质量最高的语音是通过单元选择法合成的。该方法从大量存储的语音中选择单元，然后连接，很少或没有修改。

另一个有用的应用是盲人阅读辅助设备。这个设备需要一个设备来扫描书中的打印文本，并从扫描文本中合成语音。再加上一个改变说话速率的装置，这对盲人来说是一个有用的设备。

最后，伴随着人口老龄化问题的不断加剧，语音处理技术在残疾人助残中的应用逐步成为研究热点。由于人们对听觉机制的认识不断提高和硬件的高速发展，助听器技术在过去几十年里取得了相当大的进步。但是，助听器本身的低功耗使得算法复杂度和性能成为一种矛盾，此外助听器在噪声和混响条件下的性能还有待改善。

进入21世纪，随着人机语音交互技术的发展和智能硬件计算能力的提高，越来越多的智能语音产品进入了人们的生活中。基于人工智能技术的语音识别、语音合成等技术大大推动了智能语音技术的发展，也攻克了许多传统技术无法解决的难题。未来10年，智能语音技术和产品必然会有更大的发展，比如智能音箱、智能会议终端、智能耳机、智能助听器等目前都处于行业研究的前沿水平。

语音信号处理这门学科之所以能够那样长期地、深深地吸引广大科学工作者去不断地对其进行研究和探讨，除了它的实用性之外，另一个重要原因是它始终与当前信息科学中最活跃的前沿学科保持密切的联系，并且一起发展。语音信号处理是以语音语言学和数字信号处理为基础而形成的一门涉及面很广的综合性的学科，它与心理学、生理学、计算机科学、通信与信息科学以及模式识别和人工智能等学科都有着非常密切的关系。

1.2 语音信号处理的研究方向

语音信号处理是目前发展最为迅速的信息科学技术之一，其研究涉及一系列前沿课题，且处于迅速发展之中。按照目前的研究方法，语音信号处理主要分为3个大类：声学前端处理、声学后端处理和其他研究。声学前端处理（Acoustic Front-end Processing）指的是当语音信号被各种各样的噪声干扰（包括环境噪声、回声和混响等）污染，甚至淹没后，从复杂的背景中提取有用的语音信号，抑制和降低各种干扰的技术。声学后端处理是相对于前端处理而言，基于模式识别算法对声音进行分类和识别的技术，目前主要指的是语音识别（包括但不限于说话人、情感、年龄、性别、评测等）和语音合成（包括但不限于合成、变声、转换等）两个主要方向。此外，声场景识别也可以归为这一类。其他研究很难和这些类别进行区分，只能笼统地说和目前主流分类不一致。语音信号处理的部分研究方向如下。

1. 声学前端处理

（1）语音增强

语音增强是指当语音信号被各种各样的噪声干扰，甚至淹没后，从噪声背景中提取有用的语音信号，并抑制噪声干扰的技术。语音增强不但与语音信号数字处理理论有关，而且涉及人的听觉感知和语音学范畴。此外，噪声的来源众多，因应用场合而异，它们的特性也各不相同，因此从带噪语音中提取完全纯净的语音几乎不可能。目前，基于深度学习的语音增强技术的性能比传统方法更优越。

（2）回声消除

声学回声是指扬声器播出的声音在被听者听到的同时，也通过多种路径被传声器拾取到，在很多情况下都会产生回波，如会议电视系统、免提电话、可视电话终端及移动通信等。回声会严重影响语音的清晰度，更为致命的是当反馈严重时会产生自激啸叫，使整个系统无法工作。目前，自适应滤波器法是最常用的回声消除方法。但是，如果硬件和声学结构设计不好会导致非线性回声，此时需要结合非线性处理算法才能获得较满意的回声抑制性能。

（3）混响抑制

混响一般是在室内等相对狭小空间内的反射现象，具有明显的多径效应，声音传递的路径复杂，且延时较小（小于 50 ms），反射声音与直达声音无法明显区分，会对声音产生拖尾衰减的效果。一般来讲，混响会使语音的清晰程度有所下降。语音去混响比去回声更有挑战性，相比于去回声，去混响缺少包含回声路径的参考信号。按照实现原理分，语音去混响方法可分为 3 类：基于源模型的语音去混响、通过同态变换分离的语音去混响以及通过声道反转和均衡实现语音去混响。

（4）声源定位

声源定位技术的研究目标主要是方向估计和距离估计，即研究系统接收到的语音信号相对于接收传感器是来自什么方向和什么距离的。声源定位是一个有广泛应用背景的研究课题，其在军用、民用、工业上都有广泛应用。传统的声源定位技术分为基于最大输出功率的可控波束形成法、高分辨率谱估计法和到达时间差的声源定位法。

（5）方向性增强

当噪声和语音具有相同的频谱特性时，常规的语音降噪算法很难进行区分。基于空间滤波器的方向性技术是改善该问题的另一个思路。其主要原理是通过声源定位与跟踪技术，针对目标声源设计空间滤波器，增强目标声源。目前，研究的难点在于，如何在复杂的环境下有效定位声源位置，从而进行方向性增强。在一些简单应用中，某些固定方向型的阵列技术也有一定的应用前景。

（6）自动增益控制

语音自动增益控制能通过识别传声器采集到的语音信号的强度，自动调整信号增益。若人说话时离传声器近、人声信号强度大，则降低信号增益；若人说话时离传声器远、语音强度低，则调高信号增益。这一调整方法通常与人声检测算法相结合，具有小信号放大、大信号维持的特点。

2. 声学后端处理

（1）语音识别

语音识别主要指让机器听懂人说的话，即在各种情况下，准确识别出语音的内容，从而根据其信息，执行人的各种意图。近二十年来，语音识别技术取得了显著进步，很多专家都认为语音识别技术是 2000~2010 年间信息技术领域十大重要科技发展技术之一。目前，传统的语音识别方法已经完全被基于深度学习的语音识别方法所取代。

（2）说话人识别

说话人识别通过对说话人语音信号的分析处理，自动确认说话人是否在记录的说话人集合中，并进一步确认说话人是谁。说话人识别力求通过将语音信号中的语义信息平均化，挖掘出包含在语音信号中的说话人的个性因素，强调不同人之间的特征差异。根据识别对象的不同，说话人识别可分为 3 类：文本有关、文本无关和文本提示型。

（3）语音情感识别

计算机对从传感器采集来的信号进行分析和处理，从而得出对方（人）的情感状态，这种行为叫作情感识别。从生理心理学的观点来看，情绪是有机体的一种复合状态，既涉及体验又涉及生理反应，还包含行为。由于语音信息更容易被污染，因此相比于基于图像的情感识别技术，基于语音的情感识别更有难度。目前，基于多模态信息的情感识别技术渐渐成为研究热点。

（4）语音合成与转换

语音合成，又称文语转换技术，能将任意文字信息实时转化为标准流畅的语音，从而将文字信息朗读出来。和语音合成原理相似的一种语音处理应用是语音转换，不同的是，语音合成是根据参数特征合成语音，而语音转换是将某种特征的语音转换为另一种特征语音。语音合成的研究已有多年的历史，从技术方式上讲，可分为波形合成法、参数合成法和规则合成法；从合成策略上讲，可分为频谱逼近和波形逼近。

（5）声场景识别

声学设备所处的环境通常是不可预知的，复杂多变的环境会导致设备的声学性能发生偏差。为了提高算法性能，声学设备通常会根据环境而选择不同的参数。为此，算法首先需要判断所处的环境，然后才能有效选择合适的参数以提高声学性能。如何在不显著增加计算量的情况下提高场景识别能力，是未来声场景识别算法的重要研究点。

3. 其他研究

（1）语音编码

编码、传输、存储和译码是语音数字传输和数字存储的必要过程。随着语音通信技术的发展，压缩语音信号的传输带宽、增加信道的传输速率成为人们追求的目标。语音编码在实现这一目标的过程中担当了重要的角色。语音编码就是对模拟的语音信号进行编码，将模拟信号转化成数字信号，从而降低传输码率并进行数字传输。语音编码的基本方法可分为波形编码、参量编码（音源编码）和混合编码。

（2）语音隐藏

语音隐藏技术是指将特定的信息嵌入到数字化的语音中。信息隐藏的关键在于保证隐藏的信息不引起监控者的注意和重视，从而减少被攻击的可能性。典型的数字语音信息隐藏技术包括回声隐藏算法、相位编码算法、扩频算法、Patchwork 算法和标量量化算法等。通常情况下，隐藏与检测算法是相辅相成的，在设计算法时要同时考虑。

（3）助听器语音信号处理

随着听障人群的日益增加，助听器语音信号处理算法逐渐成为研究热点。相比于其他声学设备，助听器主要涉及两类算法。

1）多通道响度补偿算法。由于听损患者对声音的敏感程度随频率变化而不同，数字助听器应针对不同频率区域的声音信号设计不同的增益。

2）降频技术。对于大多数听损患者来说，听力损失都是从高频开始。由于受助听器低功耗和患者听觉细胞损失的影响，单纯的幅度放大并不能提高高频的感知能力。降频技术的基本原理是将高频信息转移或压缩入患者可听的低频段，然后经过语言训练，使患者重新建立语言感知习惯，进而达到理解语言的目的。

1.3 人工智能与语音处理

近十年间，人工智能技术有了长足的发展，极大地促进了语音识别、语音合成等技术的发展。各科技巨头、初创公司纷纷从不同的维度布局相关产业链。承载新一代智能语音技术的智能产品步入千家万户，与人们的生活息息相关。本节简单介绍了人工智能的基本概念和产业链层次，并初步描述了智能语音信号处理的发展现状。

1.3.1 人工智能

1. 人工智能的定义

简单地讲，人工智能（Artificial Intelligence，AI）就是让机器具有人类的智能，这也是人们长期追求的目标。关于什么是“智能”并没有一个很明确的定义，但一般认为智能（或特指人类智能）是知识和智力的总和，都和大脑的思维活动有关。1950 年，阿兰·图灵（Alan Turing）发表了一篇有重要影响力的论文 *Computing Machinery and Intelligence*，讨论了创造一种“智能机器”的可能性。由于“智能”一词比较难以定义，他提出了著名的图灵测试：“一个人在不接触对方的情况下，通过一种特殊的方式，和对方进行一系列的问答。如果在相当长时间内，他无法根据这些问题判断对方是人还是计算机，那么就可以认为这个计算机是智能的”。图灵测试是促使人工智能从哲学探讨转化为科学研究的一个重要因素，引导了人工智能的很多研究方向。

人工智能是计算机科学的一个分支，主要研究并开发用于模拟、延伸和扩展人类智能的理论、方法、技术及应用系统等。和其他学科不同的是，人工智能这个学科的诞生有着明确的标志性事件，就是 1956 年的达特茅斯（Dartmouth）会议。在这次会议上，“人工智能”的概念被提出并作为本研究领域的名称。同时，人工智能研究的使命也得以确定。John McCarthy 提出了人工智能的定义：人工智能就是要让机器的行为看起来就像是人所表现出的智能行为一样。

2. 人工智能的主要领域

目前，人工智能的主要领域大体上可以分为以下几个方面。

1）感知，即模拟人的感知能力，对外部刺激信息（视觉和语音等）进行感知和加工。主要研究领域包括语音信息处理和计算机视觉等。

2）学习，即模拟人的学习能力，研究如何从样例或与环境交互中进行学习。主要研究领域包括监督学习、无监督学习和强化学习等。

3）认知，即模拟人的认知能力，主要研究领域包括知识表示、自然语言理解、推理、规划和决策等。

3. 人工智能产业链

目前，人工智能产业链主要分为 3 个层次。

1）底层是基础设施，包括芯片、模组、传感器、大数据平台、云计算服务和网络运营商。这部分参与者以芯片厂商、科技巨头和运营商为主。

2）中间层主要是一些基础技术研究和服务提供商，包括深度学习/机器学习、计算机视觉、语音技术、自然语言处理和机器人等领域。这一模块需要有海量的数据、强大的算法和高性能运算平台支撑。代表性企业主要有互联网巨头和国内一些具有较强科技实力的人工智能初创公司。

3）最上层是行业应用，可分为面向企业和面向个人两个方向。面向企业的代表领域包括安防、金融、医疗、教育和呼叫中心等。面向个人的代表领域包括智能家居、可穿戴设备、无人驾驶、虚拟助理、家庭机器人和智能辅听设备等。相关代表性企业既包括互联网科技巨头，也包括一些初创厂商。

在经历了60多年的发展后，人工智能虽然可以在某些方面超越人类，但想让机器真正通过图灵测试，具备真正意义上的人类智能，这个目标看上去仍然遥遥无期。

1.3.2 智能语音处理

智能语音技术作为AI应用最成熟的技术之一，在智能家居、智能车载、智能可穿戴、机器人和辅听等领域有了迅猛发展。各科技巨头、初创公司纷纷从不同维度布局相关产业链，未来面向物联网的智能语音产业链的形成将引起商业模式的变化。

1. 智能语音技术突破促成商业化落地

作为人机交互的核心技术，智能语音技术是人工智能产业链上的关键一环。并且伴随着深度学习、高性能运算平台和大数据的发展，智能语音技术的研发瓶颈纷纷被突破。深度学习端到端解决了特征表示与序列映射的问题，使得人工智能的性能得到了快速提升；而互联网时代海量的数据又不断为算法模型提供了训练材料，同时，云计算的兴起和高性能的运算平台为智能化提供了强大的运算能力和服务能力。远场拾音、干扰抑制、语音分析和语义理解都取得重大突破，使得智能语音交互技术变得日趋成熟。在语音识别率方面，百度、谷歌，科大讯飞等主流平台识别准确率均在96%以上，稳定的识别能力为语音技术的落地提供了可能。此外，远场拾音、干扰抑制等技术的发展使得语音通信与传输质量大大提高，进一步扩展了语音技术的应用领域。

2. 相关智能领域发展加速语音技术落地

目前，智能语音市场整体处于发展期，智能车载、智能家居、智能可穿戴、智能辅听等垂直领域都处于群雄并起状态。

1）语音技术是智能车载中必不可少的一项技术，它将为汽车导航、路况信息查询、车辆调度等带来极大的方便。伴随着相关软硬件适配性能的提升，车联网产品服务的逐渐完备，以及用户语音控制车载成为习惯，智能语音车载终端产业将迎来爆发式增长。

2）在智能家居领域，智能音箱可以说是覆盖率较高的智能硬件之一。各大厂商都将智能音箱视为智能家居的未来入口，不惜成本地抢占智能家居市场。智能音箱是语音识别、自然语言处理等人工智能技术的电子产品类应用与载体，是能完成对话环节的拥有语音交互能力的机器。通过与它直接对话，家庭消费者能够完成自助点歌、控制家居设备和唤起生活服务等操作。智能家居市场蕴涵千亿市场规模，语音作为智能家居入口将有广阔的想象空间。

3）虚拟现实/增强现实技术、智能手表、眼镜、手环等兴起，使得智能穿戴市场呈现爆发式增长。而可穿戴设备由于其特性所限，很难通过单一触摸实现流畅交互，因此语音交互成为刚需。

4）近年来，在计算机技术、网络技术、MEMS技术等新技术发展的推动下，机器人技术正从传统的工业制造领域向医疗服务、教育娱乐、勘探勘测、生物工程、救灾救援等领域迅速扩展，适应不同领域需求的机器人系统被深入研究和开发。机器人的语音交互原理与人类相似，实现正常的互动必须满足三个条件：用耳朵听、用大脑理解、用嘴巴回答。机器人实现智能交互的三大技术分别为语音识别技术，相当于它的耳朵；自然语言处理技术，相当于它的大脑；语音合成技术，相当于它的嘴巴。

5）人工智能技术上的突破显著提高了辅听设备使用者在噪声环境下的用户体验，辅听设备从单纯的医疗设备逐步向可全面交流的耳机发展。随着 2017 年 8 月，美国国会通过了 OTC 助听器法案，允许建立一个新的助听器类别并允许无须经过医生处方销售，标志着助听器进入新时代。一时之间，各大蓝牙厂商和耳机方案商纷纷进入智能辅听领域。

3. 相关产业链的布局与完善

国外科技巨头通过并购等手段，夯实核心技术，开放应用平台，在既有的产品和业务中扩展以 AI 为核心的生态系统。在技术层，各科技巨头推出算法平台吸引开发者，实现产品快速迭代，打造开发者生态链，形成行业标准。例如，谷歌通过一系列并购、开放平台的建立，软件硬件一体化来打造这个生态系统。苹果在自身生态系统中相继推出面向可穿戴、家居、车载等领域的产品。亚马逊则基于自身电商生态业务，推出智能音箱，成功敲开了智能家居的大门。

国内互联网巨头开放语音生态系统，以产业内合作的方式，将语音技术植入产品和或应用于相关业务场景，构建全产业生态链。在语音生态系统方面，随着百度开放语音识别及相关，腾讯、搜狗、字节跳动等行业翘楚纷纷跟进。

在语音技术应用方面，各大厂商对家居、车载、可穿戴、辅听等环节的关注明显升温。智能家居领域，百度、小米、华为、阿里都有成熟的智能音箱产品以及延伸的相关智能家居产品。智能车载领域，百度有智能互联的产品 Carlife 和私有云服务平台 MyCar 等，阿里云有车载操作系统，腾讯有路宝 APP+路宝盒子，通过与腾讯云连接，以实现车辆诊断、油耗分析、车友社交等功能。可穿戴领域，华为、百度、Vivo、小米都有各自的手表、手环，甚至智能耳机产品等。智能辅听领域，带辅听功能的蓝牙耳机成为一大热点。华为、万魔、科大讯飞等相继推出辅听产品。此外，各大蓝牙厂家纷纷进入智能辅听领域。

4. 万物互联下的商业模式变化

人工智能的未来趋势将以语音为入口，建立以物联网为基础的商业模式。智能语音的未来价值点在于用户数据挖掘，以及背后内容，服务的打通，必将会产生新的商业模式。以数字化健康为突破口，兼顾搜索患者重要数据和提升患者自我监控的双重智能医疗保健类设备将迎来增长。而可穿戴设备、智能车载、智能辅听等硬件获取的大量数据在健康、保险等行业有巨大的价值。

1.4 本书结构

语音信号处理是研究用数字信号处理技术对语音信号进行处理的一门学科。语音信号处理的理论和研究包括紧密结合的两个方面：一方面是从语音的产生和感知来对其进行研究，这一研究与语音语言学、认知科学、心理学和生理学等学科密不可分；另一方面是将语音作为一种信号来处理，包括传统的数字信号处理技术以及一些新的应用于语音信号的处理方法和技术。

本书将系统地介绍语音信号处理的基础、原理、方法和应用。全书共15章，其中，第2章介绍了语音信号处理的基础知识，包括语音的产生与感知、语音信号产生的数学模型、语音信号的数字化和语音的基本表征方法等；第3章介绍了语音信号的预处理方法以及4种基本分析方法，包括时域分析、频域分析、倒谱分析、线性预测分析；第4章介绍了3种语音信号的特征提取技术，包括端点检测、基音周期估计和共振峰估计；第5章介绍了神经网络与深度学习的基础知识；第6~15章分别介绍了语音信号处理的各种典型应用，包括语音增强、回声消除、声源定位，波束形成、语音识别、说话人识别、语音情感计算、语音合成与转换、语音隐藏和助听器声信号处理。需要说明的是，书中包含关键算法的Python函数及说明，所包含的基本类库可参见附录B。

语音信号处理是目前发展最为迅速的信息科学技术之一，其研究涉及一系列前沿课题，且处于迅速发展阶段。因此本书的宗旨是在系统介绍语音信号处理的基础、原理、方法和应用的同时，向读者介绍该学科领域的一些基本算法、核心理论和基础应用。数字语音信号处理属于应用科学，因此本书不同于以往教材的关键在于，不仅提供了理论知识，而且在关键章节给出了基于Python的函数功能实现代码。本书除第1章外，在每章后面都附有思考与复习题，建议读者选做，并通过上机实验获得实际经验，以帮助读者尽快掌握所学的知识。

第 2 章　语音信号处理的基础知识

语音信号处理是用数字信号处理技术对语音信号进行处理的一门学科，它的主要目的如下。

1）通过处理得到一些反映语音信号重要特征的语音参数，以高效地传输或存储语音信号信息。

2）通过处理的某种运算达到某种用途的要求，如人工合成出语音、辨识出讲话者、识别出讲话的内容等。

在研究各种语音信号数字处理技术的应用之前，首先需要了解人类发音和感知声音的生理和心理特性，然后通过模拟这些特性建立既实用又便于分析的语音信号产生模型和语音信号感知模型等，它们是很多早期语音信号处理研究的基础。对于数字语音信号处理来说，语音的数字化并采用有效的表征形式是语音信号处理的前提条件。

2.1　语音的产生与感知

仿生一直是科学研究的一个常用思路。而对于语音来说，模拟人的发音和听觉特性是语音合成和语音识别研究的早期研究思路。通过研究人类的发音和感知声音的机理，有助于研究人员了解人类发音和听觉特性，从而建立有效的数学模型。本节主要介绍了人类的发音系统、听觉系统以及一些重要的听觉特性，为下一节介绍语音产生的数学模型进行铺垫。

2.1.1　人类发音系统

语音是从肺部呼出的气流通过在喉头至嘴唇的器官的各种作用而发出的。作用的方式有三种。

1）把从肺部呼出的直气流变为音源，即交流的断续流或者乱流。

2）对音源进行共振和反共振，使其带有音色。

3）从嘴唇或鼻孔向空间辐射。

与发出语言声音有关的各器官叫作发音器官。人的发音器官包括肺、气管、喉（包括声带）、咽、鼻和口，如图 2-1 所示。这些器官共同形成一条形状复杂的管道。喉的部分称为声门。从声门到嘴唇的呼气通道叫作声道。声道的形状主要由嘴唇、腭和舌头的位置来决定。声道形状的不断改变会发出不同的语音。

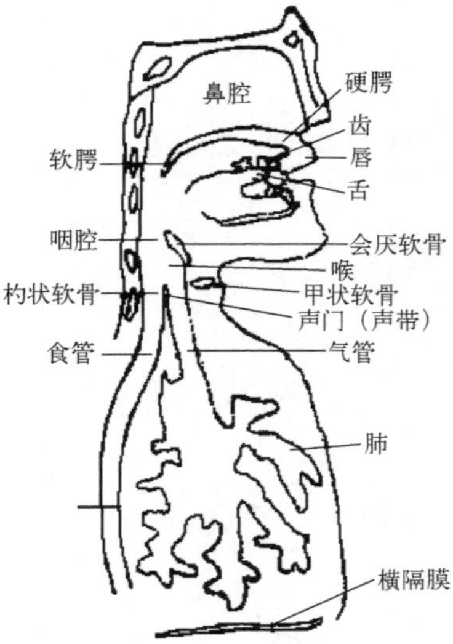

图 2-1　发音器官的部位和名称

声道是自声门（声带）之后对发音起决定性作用的器官。在说话的时候，声门处的气流冲击声带产生振动，然后通过声道响应变成语音。由于发不同音时，声道的形状不同，所以能够听到不同的语音。声道中各器官对语音的作用称为调音。口腔是声道最重要的部分，它的大小和形状可以通过调整舌、唇、齿和腭来改变。舌最活跃，它的尖部、边缘部、中央部都能分别自由活动，整个舌体也能上下、前后活动；双唇位于口腔的末端，也可活动成展开的（扁平的）或圆形的形状；齿的作用是发齿化音；腭中的软腭是发鼻音与否的阀门，而硬腭及齿龈则是声道管壁的构成部分，同样参与了发音过程。

产生语音的能量，来源于正常呼吸时肺部呼出的稳定气流。气管是由一些环状软骨组成的，讲话时它将来自肺部的空气送到喉部。“喉”是由许多软骨组成的，对发音影响最大的是从喉结至杓状软骨之间的韧带褶，称为声带。呼吸时左右两声带打开，讲话时则合拢起来。而声带之间的部位称为声门。声门的开启和关闭是由两个杓状软骨控制的，它使声门呈Λ形状开启或关闭。讲话时声带受声门下气流的冲击而张开；但由于声带韧性迅速地闭合，随后又张开、闭合，这样不断重复。不断地张开与闭合，使声门向上送出一连串喷流而形成一系列脉冲。声带每开启和闭合一次的时间即声带的振动周期，也就是音调周期或基音周期，它的倒数称为基音频率。基音频率范围随发音人的性别、年龄而定。老年男性偏低，小孩和青年女性偏高。基音频率决定了声音频率的高低，频率快则音调高，频率慢则音调低。

2.1.2　人类听觉系统

人的听觉系统是一个十分巧妙的音频信号处理器。听觉系统对声音信号的处理能力来自于它巧妙的生理结构。从听觉生理学角度来说，人耳的听觉系统可认为是从低到高的一个序列表示，一般分为听觉外周和听觉中枢两个部分，如图2-2所示。听觉外周包括位于脑及脑干以外的结构，即外耳、中耳、内耳和蜗神经，主要实现声音采集、频率分解以及声能转换等功能；听觉中枢包含位于听神经以上的所有听觉结构，对声音有加工和分析的作用，主要包括感觉声音的音色、音调、音强、判断方位等功能，还承担与语言中枢联系和实现听觉反射的功能。

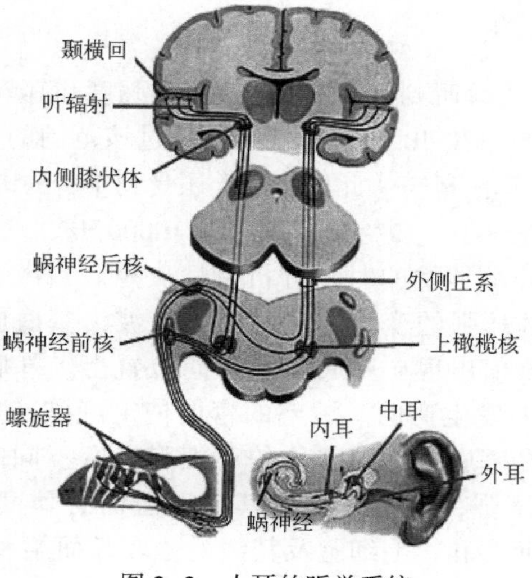

图2-2　人耳的听觉系统

外耳是指能从人体外部看见的耳朵部分，即耳郭和外耳道。耳郭对称地位于头部两侧，主要结构为软骨。耳郭具有两种主要功能，它既能排御外来物体以保护外耳道和鼓膜，还起到从自然环境中收集声音并导入外耳道的作用。当声音向鼓膜传送时，由于外耳道的共振效应，会使声音得到 10 dB 左右的放大。此外，外耳道具有保护鼓膜的作用，耳道的弯曲形状使异物很难直入鼓膜，耳毛和耳道分泌的耵聍也能阻止进入耳道的小物体触及鼓膜。外耳道的平均长度 2. 5 cm，可控制鼓膜及中耳的环境，保持耳道温暖湿润，使外部环境不影响中耳和鼓膜。从声音的感知角度来说，外耳主要起着声源定位和声音放大的作用。

中耳由鼓膜、中耳腔和听骨链组成。听骨链包括锤骨、砧骨和镫骨，悬于中耳腔。中耳的基本功能是把声波传送到内耳。声音以声波的方式经外耳道振动鼓膜，鼓膜位于外耳道的末端，呈凹型，正常为珍珠白色，振动的空气粒子产生的压力变化会使鼓膜振动，从而使声能通过中耳结构转换成机械能。由于鼓膜前后振动使听骨链做活塞状移动，鼓膜表面积比镫骨足板大好几倍，声能在此处放大并传输到中耳。由于表面积的差异，鼓膜接收到的声波就集中到较小的空间，在声波从鼓膜传到前庭窗的能量转换过程中，听小骨使得声音的强度增加了 30 dB。同时，在一定声强范围内，听小骨对声音进行线性传递，而在特强声时，听小骨进行非线性传递，从而对内耳起到保护的作用。

内耳是位于颞骨岩部内的一系列管道腔，通常可看成三个独立的结构：半规管、前庭和耳蜗。前庭是卵圆窗内微小的、不规则开关的空腔，是半规管、镫骨足板和耳蜗的汇合处。半规管可以感知各个方向的运动，起到调节身体平衡的作用。耳蜗是被颅骨所包围的像蜗牛一样的结构，内耳在此将中耳传来的机械能转换成神经冲动传送到大脑。耳蜗长约3. 5 cm，呈螺旋状盘旋 2. 5～2. 75 圈。它是一根密闭的管子，内部充满淋巴液。耳蜗由三个分隔的部分组成：鼓阶、中阶和前庭阶。其中，中阶的底膜称为基底膜，基底膜之上是柯蒂氏器官，它由耳蜗覆膜、外毛细胞（共三列，约 2 万个）和内毛细胞（一列，约 3500 个）构成。毛细胞上部的微绒毛受到耳蜗内流体速度变化的影响，从而引起毛细胞膜两边电位的变化，在一定条件下造成听觉神经的发放或抑制。

2. 1. 3 听觉感知特性

（1）听觉选择性

并非所有的声音都能被人耳听到，这取决于声音的强度和其频率范围。一般人可以感觉到 20～20 000 Hz、强度为-5～130 dB 的声音信号，超过该范围的音频部分就是听不到的部分，因而不属于语音信号处理的范畴。此外，听觉还受到年龄的影响，一般听觉好的成年人能听到的声音频率为 30～16000 Hz，老年人则为 50～10000 Hz。

人的听觉选择性一部分由耳蜗的时频分析特性决定。当声音经外耳传入中耳时，镫骨的运动会引起耳蜗内流体压强的变化，从而引起行波沿基底膜的传播。不同频率的声音会产生不同的行波，其峰值出现在基底膜的不同位置上。基底膜的振动引起毛细胞的运动，使得毛细胞上的绒毛发生弯曲。绒毛的弯曲使毛细胞产生去极化或超极化，从而引起神经的发放或抑制。在基底膜不同部位的毛细胞具有不同的电学与力学特征。在耳蜗的基部，基底膜窄而劲度强，外毛细胞及其绒毛短而有劲度，对高频成分比较敏感；在耳蜗的顶部，基底膜宽而柔和，毛细胞及其绒毛也较长而柔和，对低频成分比较敏感。这种结构上的差异使得耳蜗具有不同的机械谐振特性和电谐振特性，有学者认为这种差异可能是确定频率选择性最重要的因素。如果信号是一个多频率信号，则产生的行波将沿着基底膜在不同的位置产生最大幅度。从这个意义上讲，耳蜗就像一个频谱分析仪，将复杂的信号分解成各种频率分量。

这种频率选择性通常由一组基于等效矩形带宽（Equivalent Rectangular Bandwidth，ERB）刻度的伽马通（Gammatone）滤波器实现，每个滤波器可以模拟基底膜的不同部位最大位移处的响应。伽马通滤波器只需要采用较少的参数就能够较好地模拟基底膜的滤波功能，不仅能体现耳蜗基底膜尖锐的滤波特点，而且具有冲激响应函数简单的特点，易于推导出传递函数，便于性能分析。图 2-3 为按 ERB 刻度划分的 24 通道伽马通滤波器响应图。

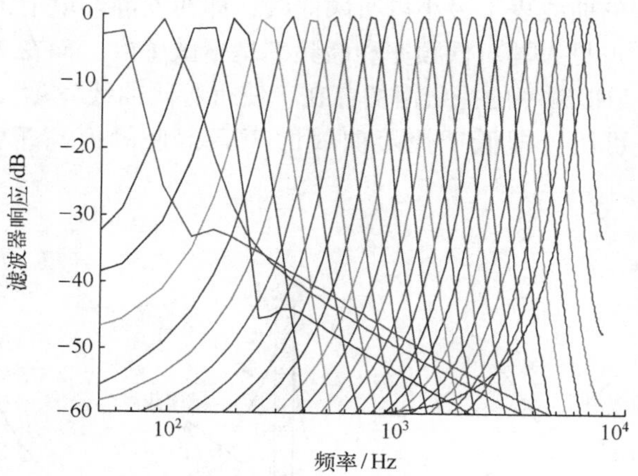

图 2-3　24 通道伽马通滤波器响应图

伽马通滤波器是一个由伽马（gamma）分布调制的纯音调函数，可表示为

$$g_m(t)=t^{n-1}\mathrm{e}^{-2\pi B_m t}\cos(2\pi f_m t+\phi_m)\mu(t),1\leqslant m\leqslant N \tag{2-1}$$

初始条件为 $t<0$ 时，$\mu(t)=0$；$t>0$ 时，$\mu(t)=1$。其中，ϕ_m 表示相位；N 表示滤波器的个数，当 $N=32$ 时，对应的频率覆盖范围为 80～4 000 Hz；n 为滤波器的阶数，研究表明，4 阶的伽马通滤波器能够很好地模拟基底膜的滤波特性；f_m 是各个滤波器的中心频率，也就是基底膜的特征频率；B_m 是中心频率 f_m 在等效矩形带宽域上的变换频率，其决定了脉冲响应的衰减速度。f_m 与 B_m 的关系式为

$$B_m=1.019ERB(f_m) \tag{2-2}$$

在听觉心理学中，每个滤波器的等效矩形带宽的一般关系式为

$$ERB(f_m,EarQ,\mathrm{min}BW,order)=\left[\left(\frac{f_m}{EarQ}\right)^{order}+\mathrm{min}BW^{order}\right]^{\frac{1}{order}} \tag{2-3}$$

其中，minBW 为低频信道的最小带宽，$EarQ$ 是高频处的渐近滤波器性能，$order$ 为控制参数。Glasberg 和 Moore 推荐参数 $order=1$，min$BW=24.7$，$EarQ=9.26449$，则式（2-3）可变为

$$ERB(f_m)=24.7\left(4.37\times\frac{f_m}{1000}+1\right) \tag{2-4}$$

第 k 个滤波器通道的中心频率 f_m 的计算公式如下：

$$f_m = -C + e^{\frac{m\ln\left(\frac{f_{min}+C}{f_{max}+C}\right)}{N}} \times (f_{max}+C) \tag{2-5}$$

其中，$C = EarQ \times \min BW = 228.83$；$f_{max}$(Hz) 为最高截止频率，通常取为采样率的一半；$f_{min}$(Hz) 为最低截止频率，$1 \leqslant m \leqslant N$。

(2) 人耳听觉掩蔽效应

心理声学中的听觉掩蔽效应是指在一个强信号附近，弱信号将变得不可闻而被掩蔽掉。例如，工厂机器噪声会淹没人的谈话声音。此时，被掩蔽掉的不可闻信号的最大声压级被称为掩蔽门限或掩蔽阈值，在这个掩蔽阈值以下的声音将被掩蔽掉。图 2-4 为 1 kHz 掩蔽声的掩蔽曲线。图中最底端的曲线表示最小可听阈曲线，即在安静环境下，人耳对各种频率声音可以听到的最低声压，可见人耳对低频率和高频率是不敏感的，而在 1 kHz 附近最敏感。上面的曲线表示由于在 1 kHz 频率的掩蔽声的存在，使得听阈曲线发生变化。本来可以听到的 3 个被掩蔽声，变得不可听，即低于掩蔽曲线的声音即使阈值高于安静听阈也将变得不可闻。

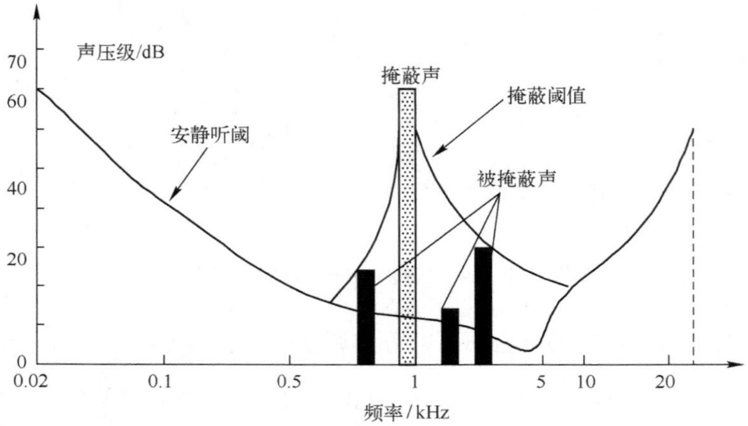

图 2-4　1 kHz 掩蔽声的掩蔽曲线

掩蔽效应分为同时掩蔽和短时掩蔽。同时掩蔽是指同时存在的一个弱信号和一个强信号的频率接近时，强信号会提高弱信号的听阈，当弱信号的听阈被升高到一定程度时就会导致这个弱信号变得不可闻。例如，同时出现的 *A* 声和 *B* 声，若 *A* 声原来的阈值为 50 dB，由于另一个频率不同的 *B* 声的存在，使 *A* 声的阈值提高到 68 dB，则将 *B* 声称为掩蔽声，*A* 声称为被掩蔽声，掩蔽量为 18 dB。掩蔽作用说明：当只有 *A* 声时，必须把声压级在 50 dB 以上的声音信号传送出去，50 dB 以下的声音是听不到的。但当 *A* 声和 *B* 声同时出现时，由于 *B* 声的掩蔽作用，使 *A* 声中的声压级在 68 dB 以下的部分已听不到了，可以不予传送，而只传送 68 dB 以上的部分即可。一般来说，对于同时掩蔽，掩蔽声越强，掩蔽作用越大；掩蔽声与被掩蔽声的频率靠得越近，掩蔽效果越显著。两者频率相同时掩蔽效果最大。

当 *A* 声和 *B* 声不同时出现时也存在掩蔽作用，称为短时掩蔽。短时掩蔽又分为后向掩蔽和前向掩蔽。即使掩蔽声 *B* 消失，其掩蔽作用仍将持续一段时间，即 0.5~2 s，这是由于人耳的存储效应所致，这种效应被称为后向效应。若被掩蔽声 *A* 出现后，相隔 0.05~0.2 s 出现了掩蔽声 *B*，它也会对 *A* 起掩蔽作用，这是由于 *A* 声尚未被人所反应接受而强大的 *B* 声已来临所致，这种掩蔽称为前向掩蔽。

由于声音频率与掩蔽曲线不是线性关系，因此为从感知上来统一度量声音频率，引入“临界频带”的概念。临界频带的定义是用一个中心频率为 f、带宽为 Δf 的白噪声来掩蔽一个频率为 f 的纯音，先将这个白噪声的强度调节到使被掩蔽纯音恰好听不见为止。然后，保持单位频率的噪声强度（即噪声谱密度）不变，将 Δf 由大到小逐渐变化，直到小到某个临界值时，可以听见纯音。如果再进一步减小 Δf，被掩蔽音 f 就会越来越清晰。这里刚刚开始能听到被掩蔽声时的 Δf 宽的频带，叫作频率 f 处的临界频带。当掩蔽噪声的带宽窄于临界频带的带宽时，能掩蔽住纯音 f 的强度是随噪声的带宽的增加而增加的；但当掩蔽噪声的带宽达到临界频带后，继续增加噪声带宽就不再引起掩蔽量的提高了。临界频带是随中心频率而变的，被掩蔽纯音的频率（即临界频带的中心频率）越高，临界频带也越宽。临界频带也可定义为：一个给定的正弦纯音在基底膜上能够产生谐振反应的那一部分。一个频率群的划分相当于把基底膜分成许多很小的部分，每一部分对应一个频率群。通常认为，在低端频率为 20~16000 Hz 时有 24 个临界频带，见表 2-1。临界频带的单位叫 Bark（巴克）。1 Bark 等于一个临界频带的宽度，当 $f<500$ Hz 时，1 Bark $\approx f/100$；否则，1 Bark $\approx 9+4\log(f/1000)$。

表 2-1 临界频带划分表

临界频带	频率/Hz			临界频带	频率/Hz		
	频带	低端	高端		频带	低端	高端
0	0	100	100	13	2000	2320	320
1	100	200	100	14	2320	2700	380
2	200	300	100	15	2700	3150	450
3	300	400	100	16	3150	3700	550
4	400	510	110	17	3700	4400	700
5	510	630	120	18	4400	5300	900
6	630	770	140	19	5300	6400	1100
7	770	920	150	20	6400	7700	1300
8	920	1080	160	21	7700	9500	1800
9	1080	1270	190	22	9500	12000	2500
10	1270	1480	210	23	12000	15500	3500
11	1480	1720	240	24	15500	22050	6550
12	1720	2000	280				

研究表明，当 A 声被 B 声掩蔽时，若 A 声的频率处在以 B 声为中心的临界频带的频率范围内时，掩蔽效应最为明显，当 A 声处在 B 声的临界频带以外时，仍然会产生掩蔽效应，这种掩蔽效应取决于 A 声和 B 声的频率间隔相当于几个临界带，这一间隔越宽，掩蔽效应越弱。

掩蔽效应是指人的耳朵只对最明显的声音反应敏感，而对于不敏感的声音，反应则较不敏感。MP3 等压缩编码便是听觉掩蔽的重要应用，在这些编码中只突出记录了人耳较为敏感的中频段声音，而对较高和较低的频率的声音则简略记录，从而大大压缩了所需的存储空间。掩蔽效应不仅是听觉生理现象，也是心理现象，“鸡尾酒效应”就是其中的一例。鸡尾酒效应是指当注意力十分集中时，或对于比较熟悉的声音，人的听觉可以从相当严重的掩蔽噪声下，有选择地倾听想要听的声音。

由上可知，人的听觉系统对声音的感知是一个极为复杂的过程，它包含自下而上（数据驱动）和自上而下（知识驱动）两方面的处理。前者显然是基于语音信号所含有的信息，但光靠这些信息还不足以进行声音的理解，听者还需要利用一些先验知识来加以指导。从另外一个角度看，人对声音的理解不仅和听觉系统的生理结构密切相关，而且与人的听觉心理特性密切相关。

2.2 语音信号产生的数学模型

基于人的发音器官的特点和语音产生的机理，本节主要讨论语音信号产生的数学模型。从人的发音器官的机理来看，发不同性质的声音时，声道的情况是不同的。另外，声门和声道的相互耦合，还会形成语音信号的非线性特性。因此，语音信号是非平稳随机过程，其特性是随着时间而变化的，所以模型中的参数应该是随时间而变化的。但语音信号的特性随时间的变化是很缓慢的，所以可以做出一些合理的假设，即将语音信号分为一些连续的短时间段进行处理，在这些短时间段中可以认为语音信号的特性是不随时间变化的平稳随机过程，因此，这些短时间段的语音可以采用线性时不变模型表示。

通过上面对发音器官和语音产生机理的分析，可以将语音生成系统分成三个部分，在声门（声带）以下，称为“声门子系统”，它负责产生激励振动，是“激励系统”；从声门到嘴唇的呼气通道是声道，称为“声道系统”；语音从嘴唇辐射出去，所以嘴唇以外称为“辐射系统”。

2.2.1 激励模型

激励模型一般分成浊音激励和清音激励。发浊音时，由于声带不断张开和关闭，将产生间歇的脉冲波。这个脉冲波的波形类似于斜三角形的脉冲，如图 2-5a 所示。它的数学表达式如下：

$$g(n)=\begin{cases}(1/2)[1-\cos(\pi n/T_1)] & 0\leqslant n<T_1\\ \cos[\pi(n-T_1)/2T_2] & T_1\leqslant n\leqslant T_1+T_2\\ 0 & 其他\end{cases} \tag{2-6}$$

式中，T_1 为斜三角波上升部分的时间；T_2 为其下降部分的时间。单个斜三角波波形的频谱 $G(e^{jw})$ 的图形如图 2-5b 所示。由图可见，它是一个低通滤波器。它的 z 变换的全极模型的形式为

$$G(z)=\frac{1}{(1-e^{-cT}z^{-1})^2} \tag{2-7}$$

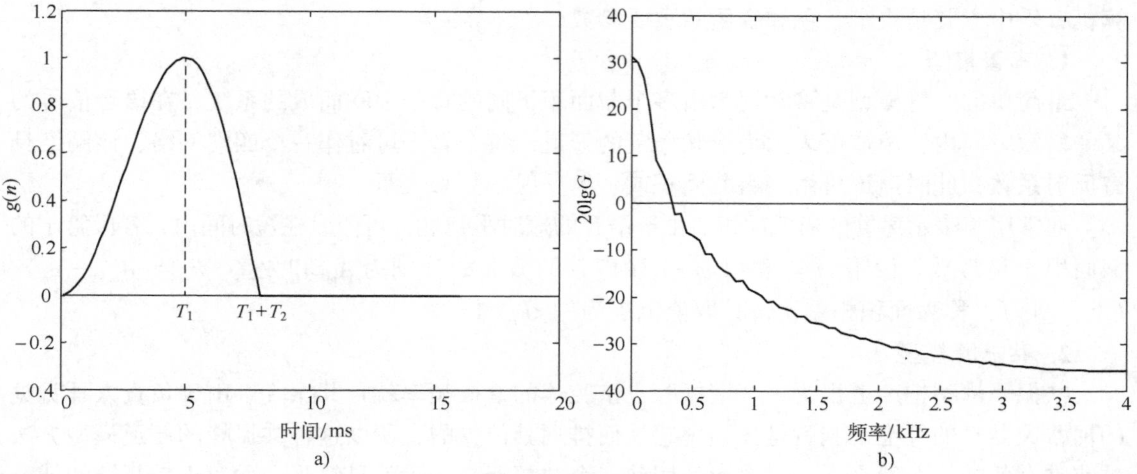

图 2-5　激励模型响应

a）时域波形　b）频谱波形

式中，c 是一个常数。显然，上式表示的斜三角波形可描述为一个二极点的模型。因此，斜三角波形串可视为加权单位脉冲串激励上述单个斜三角波模型的结果。而该单位脉冲串及幅值因子则可表示成下面的 z 变换形式：

$$E(z)=\frac{A_v}{1-z^{-1}} \tag{2-8}$$

所以，整个浊音激励模型可表示为

$$U(z)=G(z)E(z)=\frac{A_v}{1-z^{-1}}\frac{1}{(1-\mathrm{e}^{-cT}z^{-1})^2} \tag{2-9}$$

也就是说浊音激励波是一个以基音周期为周期的斜三角脉冲串。

发清音时，无论是发阻塞音还是摩擦音，声道都被阻碍形成湍流。所以，可把清音激励模拟成随机白噪声。实际情况下，一般使用均值为 0、方差为 1，且时间或者幅值上为平稳分布的序列。

应该指出，简单地把激励分为浊音和清音两种情况是不全面的。实际上对于浊辅音，尤其是其中的浊擦音，即使把两种激励简单地叠加起来也是不行的。但是，若将这两种激励源经过适当的网络之后，还是可以得到良好的激励信号的。为了更好地模拟激励信号，有人提出在一个音调周期时间内用多个斜三角波（如三个）脉冲串的方法，以及用多脉冲序列和随机噪声序列的自适应激励的方法等。

2.2.2　声道模型

目前最常用的声道建模方法有两种：一种是把声道视为由多个等长但截面积不同的管子串联而成的系统，称为“声管模型”；另一种是把声道视为一个谐振腔，称为“共振峰模型”。声音在经过谐振腔时，受到腔体的滤波作用，使得频域中不同频率的能量重新分配，一部分因为谐振腔的共振作用得到强化，另一部分则受到衰减。由于能量分布不均匀，强的部分犹如山峰一般，故而称之为共振峰。在语音声学中，共振峰决定着元音的音质，而在计算机音乐中，其是决定音色和音质的重要参数。

1. 声管模型

最简单的声管模型是将其视为由多个截面积不同的管子串联而成的系统，在语音信号的某一段短时间内，声道可表示为形状稳定的管道。每个管子可看作一个四端网络，该网络具有反射系数，此时声道可由一组截面积或一组反射系数来表示。

通常用 A 表示声管的横截面积。由于语音的短时平稳性，可假设在短时间内，各段管子的截面积 A 是常数。设第 m 段和第 $m+1$ 段声管的截面积分别为 A_m 和 A_{m+1}。$k_m=(A_{m+1}-A_m)/(A_{m+1}+A_m)$，称为面积相差比，其取值范围为 $-1<k_m<1$。

2. 共振峰模型

共振峰模型把声道视为一个谐振腔，该腔体的谐振频率就是共振峰。由于负责人耳听觉的柯蒂氏器官的纤毛细胞就是按频率感受而排列其位置的，所以这种共振峰的声道模型方法是非常有效的。一般来说，一个元音用前三个共振峰来表示就足够了；而对于较复杂的辅音或鼻音，大概要用到前五个以上的共振峰才行。

从物理声学观点来看，很容易推导出均匀断面的声管的共振频率。一般成人的声道长度约为 17 cm，因此开口时的共振频率为

$$F_i=\frac{(2i-1)c}{4L} \tag{2-10}$$

式中，$i=1,2,\cdots,n$ 为正整数，表示共振峰的序号；c 为声速；L 为声管长度。由此可知，前三个共振峰频率分别为 $F_1=500\ \text{Hz}$，$F_2=1500\ \text{Hz}$，$F_3=2500\ \text{Hz}$。发元音[e]时声道的开头最接近于均匀断面，所以其共振峰也最接近上述数值。但是发其他音时，声道的形状很少是均匀断面的，因此还须研究如何从语音信号求出共振峰的方法。另外，除了共振峰频率之外，相应的参数还应包括共振峰带宽和幅度等。

基于物理声学的共振峰理论，可以建立起三种实用的共振峰模型：级联型、并联型和混合型。

（1）级联型

该理论认为声道是一组串联的二阶谐振器。从共振峰理论来看，整个声道具有多个谐振频率和多个反谐振频率，所以可被模拟为一个零极点的数学模型；但对于一般元音，则用全极点模型表示即可。对应的传输函数 $V(z)$ 可表示为

$$V(z)=\frac{G}{1-\sum_{k=1}^{N}a_k z^{-k}} \tag{2-11}$$

式中，N 是极点个数；G 是幅值因子；a_k 是常系数。此时，$V(z)$ 可分解为多个二阶极点网络的串联，即

$$\begin{aligned}V(z)&=\prod_{k=1}^{M}\frac{1-2\mathrm{e}^{-\pi B_k T}\cos(2\pi F_k T)+\mathrm{e}^{-2\pi B_k T}}{1-2\mathrm{e}^{-\pi B_k T}\cos(2\pi F_k T)z^{-1}+\mathrm{e}^{-2\pi B_k T}z^{-2}}\\&=\prod_{i=1}^{M}\frac{a_i}{1-b_i z^{-1}-c_i z^{-2}}\end{aligned} \tag{2-12}$$

其中，

$$
\begin{cases}c_i=-\exp(-2\pi B_i T)\\ b_i=2\exp(-\pi B_i T)\cos(2\pi F_i T)\\ a_i=1-b_i-c_i\end{cases} \tag{2-13}
$$

式中，M 是小于$(N+1)/2$ 的整数；T 是取样周期。此时，$G=a_1a_2a_3\cdots a_M$。若 z_k 是第 k 个极点，则有 $z_k=\mathrm{e}^{-\pi B_k T}\mathrm{e}^{-\mathrm{j}2\pi F_k T}$。取式（2-12）中的某一级，设为

$$
V_i(z)=\frac{a_i}{1-b_i z^{-1}-c_i z^{-2}} \tag{2-14}
$$

则其幅频特性如图 2-6 所示。

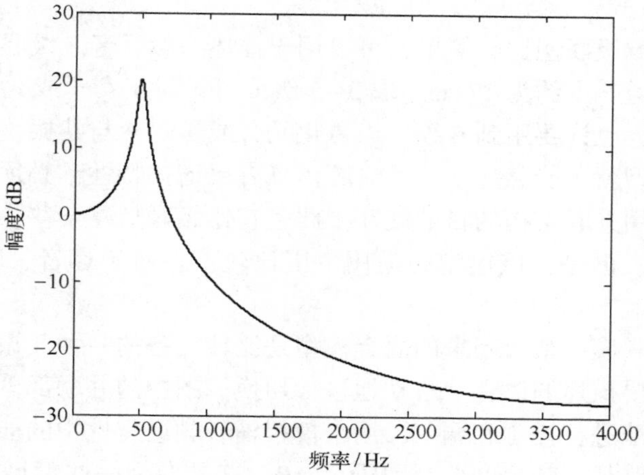

图 2-6　第一共振峰的二阶谐振器

当 $N=10$ 时，$M=5$。此时，整个声道可模拟成如图 2-7 所示的模型。图中的激励模型和辐射模型可以参照本节的介绍，G 是幅值因子。

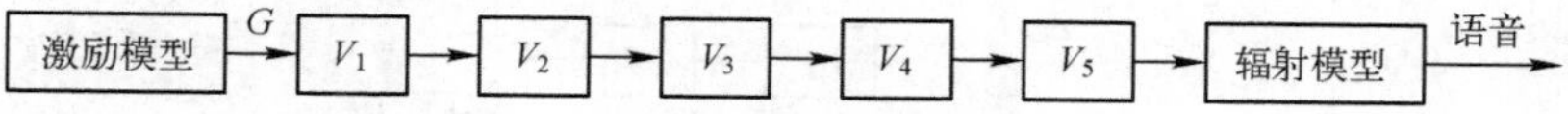

图 2-7　级联型共振峰模型

（2）并联型

对于非一般元音以及大部分辅音，必须考虑采用零极点模型。此时，模型的传输函数为

$$
V(z)=\frac{\sum_{r=0}^{R} b_r z^{-r}}{1-\sum_{k=1}^{N} a_k z^{-k}} \tag{2-15}
$$

通常，$N>R$，且设分子与分母无公因子及分母无重根，则上式可分解为如下分式之和的形式：

$$
V(z)=\sum_{i=1}^{M}\frac{A_i}{1-B_i z^{-1}-C_i z^{-2}} \tag{2-16}
$$

上式为并联型的共振峰模型。图 2-8 为 $M=5$ 时的并联型共振峰模型。

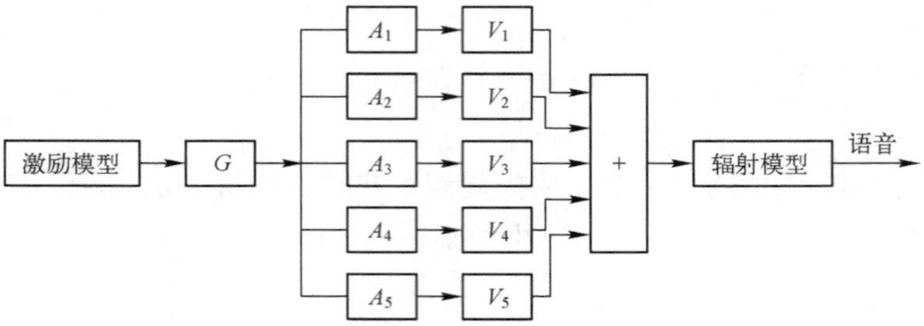

图 2-8　并联型共振峰模型

(3) 混合型

上述两种模型中，级联型比较简单，可以用于描述一般元音。级联的级数取决于声道的长度。一般成人的声道长度约为 17 cm，取 3~5 级即可；对于女子或儿童，则可取 4 级；对于声道特别长的男子，也许要用到 6 级。当鼻化元音或鼻腔参与共振，以及有阻塞音或摩擦音等情况时，级联模型就不能胜任了。这时腔体具有反谐振特性，必须考虑加入零点，使之成为零极点模型。采用并联结构的目的就在于此，它比级联型复杂些，对每个谐振器的幅度都要独立地给以控制。但是，该模型的适用范围比较广，对于鼻音、阻塞音、摩擦音等都适用。

将级联模型和并联模型结合起来的混合模型是比较完备的一种共振峰模型，如图 2-9所示。该模型可以根据要描述的语音，自动地进行切换。图中的并联部分，从第一到第五共振峰的幅度都可以独立地进行控制和调节，用来模拟辅音频谱特性中的能量集中区。此外，并联部分还有一条直通路径，其幅度控制因子为 AB，这是专为一些频谱特性比较平坦的音素（如 [f]、[p]、[b] 等）而考虑的。

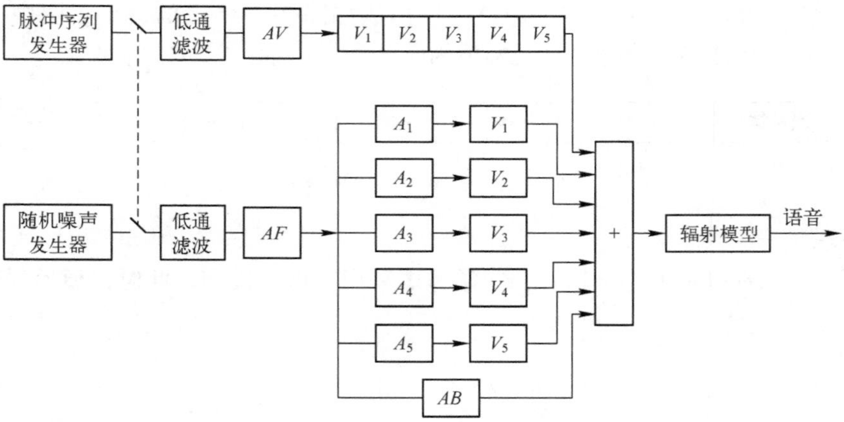

图 2-9　混合型共振峰模型

2.2.3　辐射模型

从声道模型输出的是速度波 $u_L(n)$，而语音信号是声压波 $p_L(n)$，二者之倒比称为辐射阻抗 Z_L。该阻抗表征口唇的辐射效应，也包括圆形的头部的绕射效应等。如果认为口唇张开的面积远小于头部的表面积，则可近似地看成平板开槽辐射的情况。此时，辐射阻抗的公

式为

$$z_L(\Omega)=\frac{\mathrm{j}\Omega L_r R_r}{R_r+\mathrm{j}\Omega L_r} \tag{2-17}$$

式中，$R_r=\frac{128}{9\pi^2}$；$L_r=\frac{8a}{3\pi c}$，这里，a 是口唇张开时的开口半径，c 是声波传播速度。

由于辐射引起的能量损耗与辐射阻抗的实部成正比，所以辐射模型是一阶类高通滤波器。由于除了冲激脉冲串模型 $E(z)$ 之外，斜三角波模型是二阶低通，而辐射模型是一阶高通，所以，在实际信号分析时，常用所谓“预加重技术”，即在取样后插入一个一阶的高通滤波器。此时，只剩下声道部分，就便于声道参数的分析了。在语音合成时再进行“去加重”处理，就可以恢复原来的语音。常用的预加重因子为 $[1-(R(1)z^{-1}/R(0))]$。这里，$R(n)$ 是信号 $s(n)$ 的自相关函数。通常，对于浊音，$R(1)/R(0)\approx 1$；而对于清音，该值可取得很小。

2.2.4 数学模型

综上所述，完整的语音信号的数学模型可以用激励模型、声道模型和辐射模型这三个子模型的串联来表示。如图 2-10 所示，它的传输函数 $H(z)$ 可表示为

$$H(z)=AU(z)V(z)R(z) \tag{2-18}$$

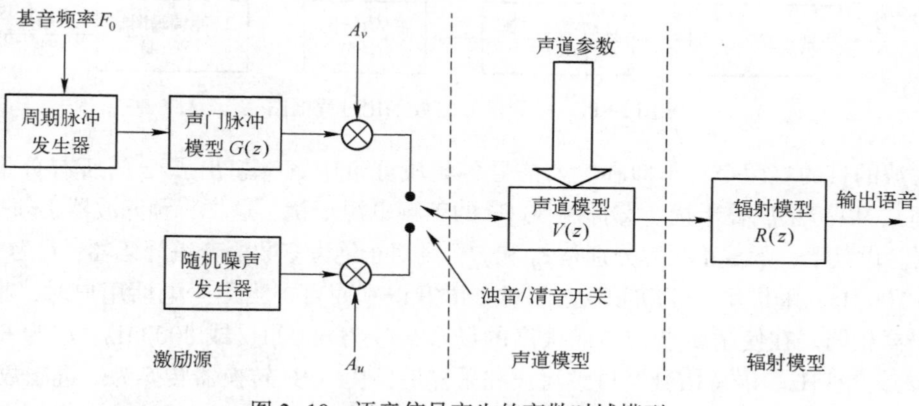

图 2-10　语音信号产生的离散时域模型

式中，$U(z)$ 是激励信号，浊音时 $U(z)$ 是声门脉冲即斜三角形脉冲序列的 z 变换；在清音的情况下，$U(z)$ 是一个随机噪声的 z 变换；$V(z)$ 是声道传输函数，既可用声管模型来描述，又可用共振峰模型等来描述，实际上就是全极点模型：

$$V(z)=\frac{1}{1-\sum_{k=1}^{N}a_k z^{-k}} \tag{2-19}$$

而 $R(z)$ 则可由式（2-17）按如下方法得到，先将该式改写为拉普拉斯变换形式：

$$z_L(s)=\frac{sR_rL_r}{R_r+sL_r} \tag{2-20}$$

然后使用数字滤波器设计的双线性变换方法将上式转换成 z 变换的形式：

$$R(z)=R_0\frac{(1-z^{-1})}{(1-R_1z^{-1})} \tag{2-21}$$

若略去上式的极点（R_1 值很小），即得一阶高通的形式：

$$R(z)=R_0(1-z^{-1}) \tag{2-22}$$

应该指出，式（2-18）所示模型的内部结构并不与语音产生的物理过程相一致，但这种模型和真实模型在输出处是等效的。另外，这种模型是“短时”的模型，因为一些语音信号的变化是缓慢的，例如元音在 10~20 ms 内其参数可假设不变。这里声道转移函数 $V(z)$ 是一个参数随时间缓慢变化的模型。另外，这一模型认为语音是声门激励源激励线性系统（声道）所产生的（实际上，声带和声道相互作用的非线性特征还有待研究）。另外，模型中用浊音和清音这种简单的划分方法是有缺陷的，对于某些音是不适用的，如浊音当中的摩擦音，这种音要有发浊音和发清音的两种激励，而且两者不是简单的叠加关系。对于这些音可用一些修正模型或更精确的模型来模拟。

2.3 语音信号的数字化

语音信号的数字化一般包括放大及增益控制、反混叠滤波、采样、A/D 转换及编码（一般为 PCM 码），如图 2-11 所示。

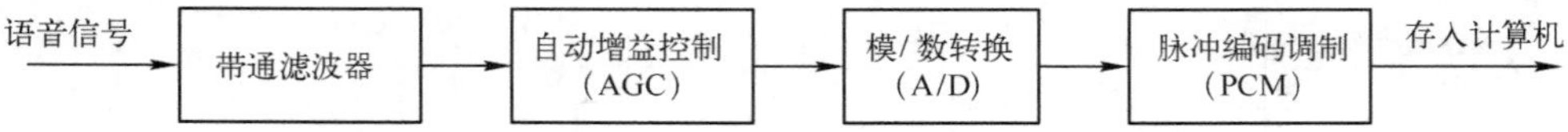

图 2-11　语音信号的数字化过程框图

预滤波的目的有两个：①抑制输入信号各频域分量中频率超出 $f_S/2$ 的所有分量（f_S 为采样频率），以防止混叠干扰。②抑制 50 Hz 的工频电源干扰。这样，预滤波器必须是一个带通滤波器。设其上、下截止频率分别是 f_H 和 f_L，则对于绝大多数语音编译码器，f_H 为 3400 Hz、f_L 为 60~100 Hz、采样率 f_S 为 8 kHz；而对于语音识别而言，当用于电话用户时，指标与语音编译码器相同。在使用要求较高或很高的场合，f_H 为 4500 Hz 或 8000 Hz、f_L 为 60 Hz、f_S 为 10 kHz 或 20 kHz。语音信号经过预滤波和采样后，由 A/D 转换器转换为二进制数字码。

A/D 转换中要对信号进行量化，量化不可避免地会产生误差。量化后的信号值与原信号值之间的差值称为量化误差，又称为量化噪声。若信号波形的变化足够大或量化间隔 Δ 足够小，可以证明量化噪声符合具有下列特征的统计模型：①它是平稳的白噪声过程。②量化噪声与输入信号不相关。③量化噪声在量化间隔内均匀分布，即具有等概率密度分布。

若用 σ_x^2 表示输入语音信号序列的方差，$2X_{\max}$ 表示信号的峰值，B 表示量化字长，σ_e^2 表示噪声序列的方差，则量化信噪比 SNR（信号与量化噪声的功率比）为

$$SNR=10\lg\left(\frac{\sigma_x^2}{\sigma_e^2}\right)=6.02B+4.77-20\lg\left(\frac{X_{\max}}{\sigma_x}\right) \tag{2-23}$$

假设语音信号的幅度服从拉普拉斯分布，此时信号幅度超过 $4\sigma_x$ 的概率很小，只有 0.35%，因而可取 $X_{\max}=4\sigma_x$，则式（2-23）变为

$$SNR=6.02B-7.2 \tag{2-24}$$

上式表明量化器中每 bit 字长对 SNR 的贡献约为 6 dB。当 $B=7$ bit 时，$SNR=35$ dB。此时量化后的语音质量能够满足一般通信系统的要求。然而，研究表明，语音波形的动态范围达到 55 dB，故 B 应取 10 bit 以上。为了在语音信号变化的范围内保持 35 dB 的信噪比，常用 12 bit 来量化，其中附加的 5 bit 用于补偿 30 dB 左右的输入动态范围的变化。

A/D 转换器分为线性和非线性两类。目前采用的线性 A/D 转换器绝大部分是 12 位的（即每一个采样脉冲转换为 12 位二进制数字）。非线性 A/D 转换器则是 8 位的，它与 12 位线性转换器等效。

数字化的反过程就是从数字化语音中重构语音波形。由于进行了以上处理，所以在接收语音信号之前，必须在 D/A 转换后加一个平滑滤波器，对重构的语音波形的高次谐波起平滑作用，以去除高次谐波失真。

2.4 语音信号的表征

人们说话所产生的语音信息必须经过数字化之后才能由计算机进行存储和处理。数字化后，语音通常以离散时间序列的形式表征，即幅度随时间变化的离散序列。该表征也称为语音的时域表示，从语音波形可以大致看出语音的强度和音长等基本参数。此外，语音的频域表示的是将语音信号通过快速傅里叶变换获得语音频率构成信息的形式。一般考虑到语音的短时平稳性，语音的频域信息是基于短时傅里叶变换获得的。而相对于语音的时域或频域表示，语音的语谱图表示更丰富，可以同时表征语音的时间、频率和强度信息。

2.4.1 语音的基本参数

由于人耳的听觉系统非常复杂，迄今为止人类对它的生理结构和听觉特性还不能从生理解剖角度完全解释清楚。所以，对人耳听觉特性的研究目前仅限于心理声学和语言声学。心理声学涵盖了人耳所能接受的声学内容，即声音使人们“感觉如何”，以人的主观感受来评价声音的各种特性。人耳对不同强度、不同频率声音的听觉范围称为声域。在人耳的声域范围内，声音听觉心理的主观感受主要有响度、音高、音色等特征和掩蔽效应、高频定位等特性。其中，响度、音高、音色在主观上可以用来描述具有振幅、频率和相位三个物理量的任何复杂的声音，故又称为声音“三要素”。而在多种音源场合，人耳掩蔽效应等特性更重要，它是心理声学的基础。另外，表征声音的其他物理特性还有音长，音长是由振动持续时间的长短决定的。持续的时间长，音则长；反之则短。不同声音要素的特点如图 2-12 所示。

1）强度与响度：强度是一个物理测量值，以 dB IL（声强级）、dB SPL（声压级）、dB HL（听力级）或 dB SL（感觉级）为单位。而响度属于心理范畴，即人耳辨别声音由强到弱的等级概念。少量增加一个微弱声音的强度，感觉的响度会增加很大。使响的声音更响比使弱的声音更响，需要增加的强度更大。

2）频率与音高：以赫兹（Hz）为单位所测得的物理量——频率，对听者来说感知为心理量——音高，即用人的主观感觉来评价所听到的声音是高调还是低调。客观上音高大小主要取决于声波基频的高低，频率高则音调高，反之则低，单位用赫兹表示。主观感觉的音高单位是美（Mel），通常定义响度为 40 phon 的 1 kHz 纯音的音高为 1000 mel。赫兹与“美”

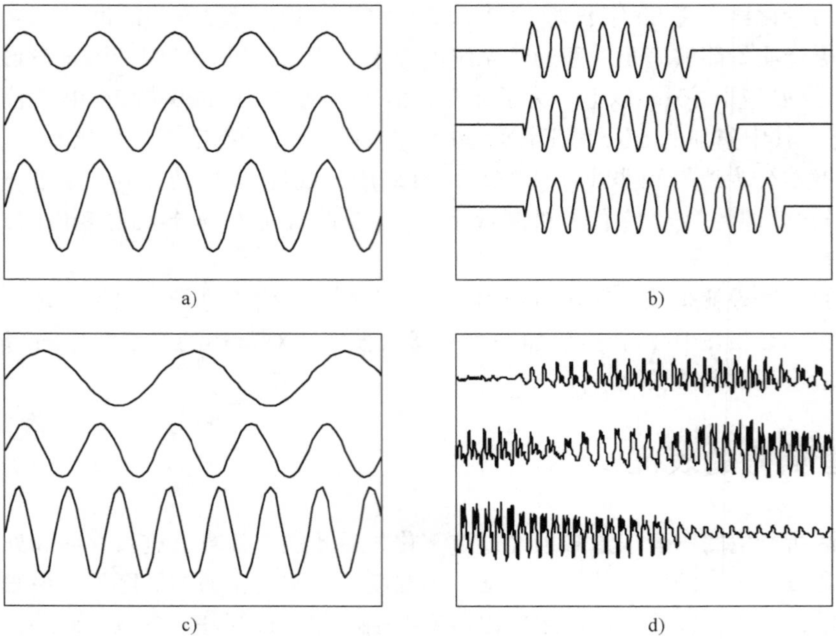

图 2-12　不同声音要素的特点
a）音强对应振幅大小　b）音强对应声波持续时间
c）音高对应频率高低　d）音质不同时波形有别

同样是表示音高的两个概念不同但又有联系的单位。主观音高与客观音高的关系是

$$Mel = 2595\lg(1+f/700) \tag{2-25}$$

其中，f 的单位为 Hz。

3）音色与音质：音色是指声音的感觉特性。音色又称音品，由声音波形的谐波频谱和包络决定。音调的高低取决于发声体振动的频率，响度的大小取决于发声体振动的振幅。不同的发声体由于材料、结构不同，发出声音的音色也就不同。通过音色的不同去分辨不同的发声体，音色是声音的特色，根据不同的音色，即使在同一音高和同一声音强度的情况下，也能区分出是不同乐器或人发出的。“音质”的笼统意义是声音的品质，但是在音响技术中它包含了三方面的内容：声音的音高，即音频的强度或幅度；声音的音调，即音频的频率或每秒变化的次数；声音的音色，即音频泛音或谐波成分。

2.4.2　时域表示

在时间域里，语音信号可以直接用它的时域波形表示出来，通过观察时域波形可以看出语音信号的一些重要特性。图 2-13 是汉语拼音“sou ji”的时间波形。该段语音波形的采样频率为 16 kHz，量化精度为 16 bit。图中用点线将时域波形分为四段，分别为单音节［s］、［ou］、［j］、［i］的波形。由于在时域波形里各个单音节间不好明显地分界，因此，图中的分段只是粗略的。观察语音信号时间波形的特性，可以通过对语音波形的振幅和周期性来观察不同性质的音素的差别。

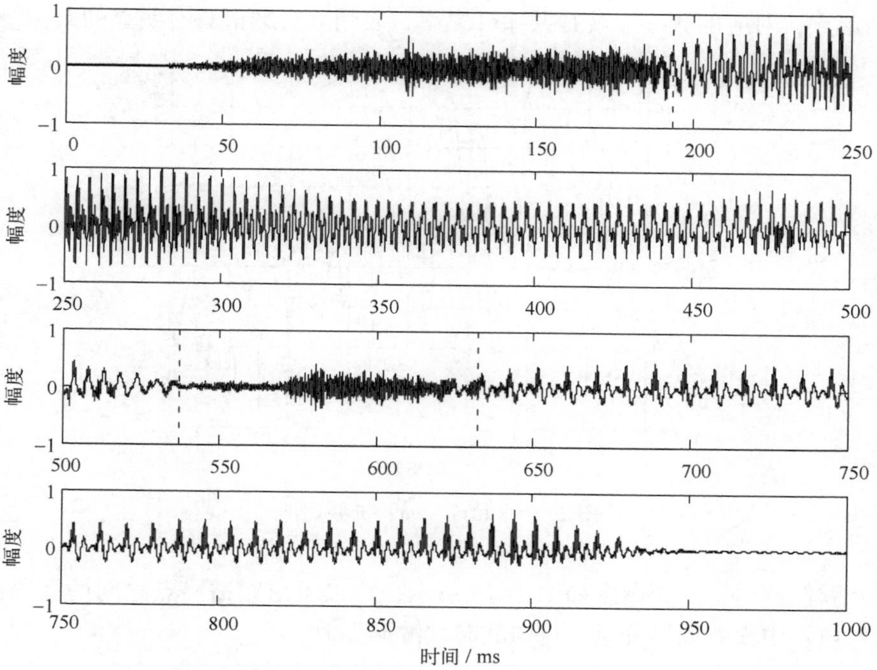

图 2-13 汉语拼音 "sou ji" 的时间波形

从图 2-13 可以看出，清辅音 [s]、[j] 和元音 [ou]、[i] 这两类音的时间波形有很大的区别。因为音节 [s] 和音节 [j] 都是清辅音，所以它们的波形类似于白噪声，振幅很小，没有明显的周期性。而元音 [ou] 和 [i] 都具有明显的周期性，且振幅较大。该周期对应的就是声带振动的频率，即基音频率，是声门脉冲的间隔。如果考察其中一小段元音语音波形，一般可从它的频谱特性大致看出其共振峰特性。

2.4.3 频谱表示

语音信号属于短时平稳信号，一般认为在 10~30 ms 内语音信号的特性基本上是不变的，或者变化很缓慢。因此可以从中截取第 n 段信号 x_n 进行频谱分析，计算的对数谱可以表示为

$$Y = 20\lg|FFT(x_n(m)w(m))| = 20\lg\left|\sum_{m=0}^{N-1} x_n(m)w(m)\mathrm{e}^{-\mathrm{j}\omega m}\right| \tag{2-26}$$

式中，$w(m)$代表窗函数。本例选择汉明窗，可以使信号更加连续，避免出现吉布斯效应；此外，还可以使原本没有周期性的语音信号呈现出周期函数的部分特征。图 2-14 为按式 (2-26) 计算的元音 [ou] 的频谱图，样本长度为 256 个采样点。因为采样率为 8 kHz，所以该语音段的持续时间为 32 ms。为了提高频率分辨率，本例采用附加零点的方法将信号长度延长一倍。从元音 [ou] 的频谱图上能直接看出浊音的基音频率及谐波频率。在 0~3 kHz 有 12 个峰点，因此基音频率约为 250 Hz。通过对比观察时域波形图中 [ou] 的周期之间的距离，可以证明这里的推算是正确的。在图 2-14 中，350~400 ms 大约有 12.5 个周期，由此可以估计周期为 250 Hz，这两种结果是相当一致的。另外，图 2-14 显示出频谱中有几

个明显的凸起点，对应的频率点就是共振峰频率，表明元音频谱具有明显的共振峰特性。

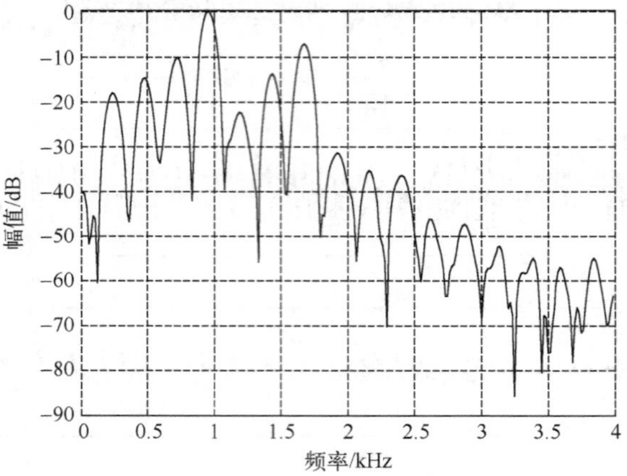

图 2-14　元音［ou］的频谱图

同时，清辅音［j］的频谱图如图 2-15 所示，可以看出频谱峰点之间的间隔是随机的，表明清辅音［j］中没有周期分量，这与其时域波形类似。

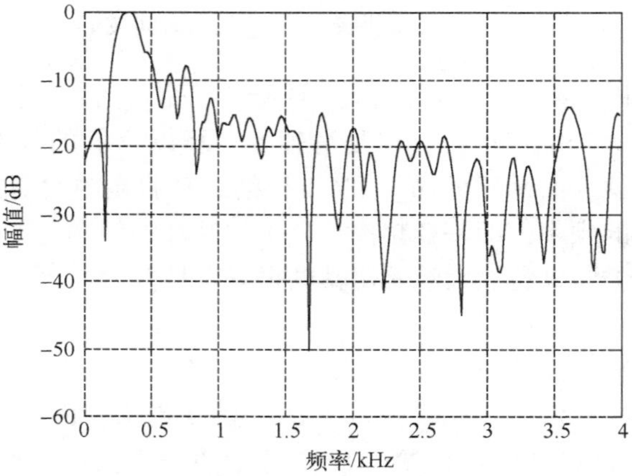

图 2-15　清辅音［j］的频谱图

2.4.4　语谱图

语音的时域分析和频域分析是语音分析的两种重要方法。但是，这两种单独分析的方法均有局限性：时域分析对语音信号的频率特性没有直观的了解；而频域分析出的特征中又没有语音信号随时间的变化关系。语音信号是时变信号，所以其频谱也是随时间变化的。但是由于语音信号随时间变化是很缓慢的，因而在一段短时间内（如 10~30 ms）可以认为其频谱是固定不变的，这种频谱又称为短时谱。短时谱只能反映语音信号的静态频率特性，不能反映语音信号的动态频率特性。因此，人们致力于研究语音的时频分析特性，把和时序相关的傅里叶分析的显示图形称为语谱图。语谱图是一种三维频谱，它是表示语音频谱随时间变化的图形，其纵轴为频率，横轴为时间，任一给定频率成分在给定时刻的强弱用相应点的灰度或色调的浓淡来表示。用语谱图分析语音又称为语谱分析。语谱图中显示了大量的与语音的语句特性有关的信息，它综合了频谱图和时域波形的特点，明显地显示出语音频谱随时间的变化情况，或者说是一种动态的频谱。

语谱图的实际应用之一是可用于确定不同的说话人。语谱图上因其不同的黑白程度，形成了不同的纹路，称之为“声纹”，它因人而异，即不同说话人语谱图的声纹是不同的，因而可以利用声纹鉴别不同的说话人。这与不同的人有不同的指纹，根据指纹可以区别不同的人是一个道理。虽然学术界对采用语谱图的说话人识别技术的可靠性还存在相当大的怀疑，但目前这一技术已在司法界得到某些认可及采用。

图 2-16 为语句“zhao ci bai di cai yun jian（朝辞白帝彩云间）”的语谱图，其中，横轴坐标为时间，纵轴坐标分别为频率和幅度。语谱图中的花纹有横杠、乱纹和竖直条等。横杠是与时间轴平行的几条深黑色带纹，它们相应于短时谱中的几个凸出点，也就是共振峰。从横杠对应的频率和宽度可以确定相应的共振峰频率和带宽。在一个语音段的语谱图中，有没有横杠出现是判断它是否是浊音的重要标志。竖直条是语谱图中出现的与时间轴垂直的一条窄黑条。每个竖直条相当于一个基音，条纹的起点相当于声门脉冲的起点，条纹之间的距离表示基音周期，条纹越密表示基音频率越高。元音一般对应横杠，如图中［ao］、［ai］等，指示了共振峰的存在。清辅音从语谱图上看，表现为乱纹，如图中［c］、［j］等，乱纹的深浅和上下限反映了噪声能量在频域中的分布。

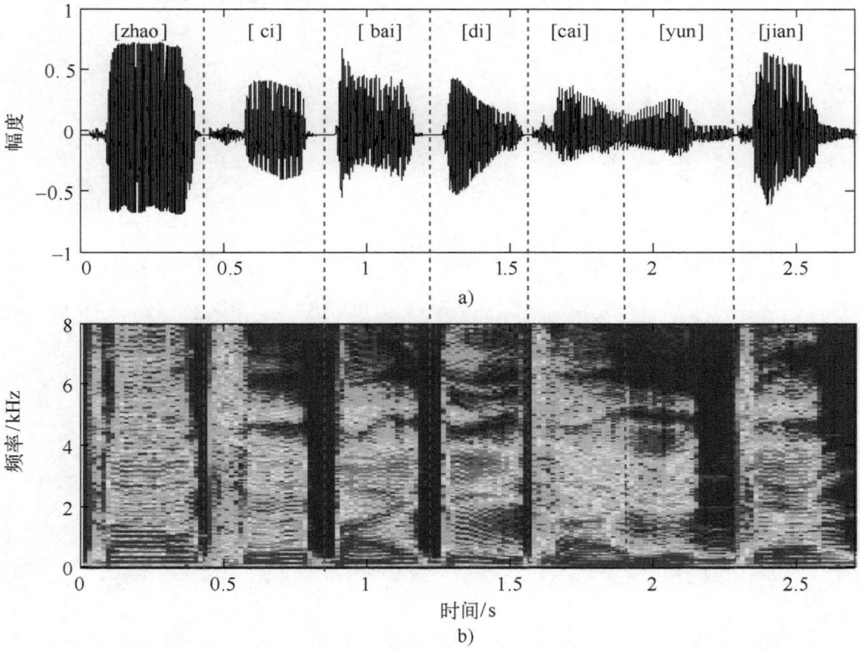

图 2-16 “朝辞白帝彩云间”的语谱图

2.5 思考与复习题

1. 人的发音器官有哪些？人耳听觉外周和听觉中枢的功能是什么？

2. 人耳听觉的掩蔽效应分为哪几种？掩蔽效应对研究语音信号处理系统有什么启示？

3. 根据发音器官和语音产生机理，语音生成系统可分成哪些部分？各有什么特点？

4. 语音信号的数学模型包括哪些子模型？激励模型是怎样推导出来的？辐射模型又是怎样推导出来的？它们各属于什么性质的滤波器？

5. 什么是响度？它是如何定义的？

6. 什么是音高？它与频率的关系如何？

7. 在分析语音信号参数前为什么要进行预处理，有哪些预处理过程？

8. 语谱图有什么特点？为什么采用语谱图来表征语音信号？

第 3 章　语音信号分析方法

语音信号分析是语音信号处理的前提和基础通过对原始语音进行分析，并做出相应的预处理，能够有效利用语音参数获得满意的处理效果。比如，语音合成的音质好坏以及语音识别率的高低，都取决于对语音信号分析的准确性和精确性。因此，语音信号分析在语音信号处理应用中具有举足轻重的地位。

贯穿于语音分析全过程的是“短时分析技术”。因为语音信号从整体来看其特性及表征其本质特征的参数均是随时间而变化的，所以它是一个非平稳态过程，不能用处理平稳信号的数字信号处理技术对其进行分析处理。但是，由于不同的语音是由人的口腔肌肉运动构成声道某种形状而产生的响应，而这种口腔肌肉运动相对于语音频率来说是非常缓慢的。因此，虽然语音信号具有时变特性，但是在一个短时间范围内（一般认为在 10~30 ms 的短时间内），其特性基本保持不变，即相对稳定。所以，在短时间范围内可以将语音信号看作是一个准稳态过程，即短时平稳性。任何语音信号的分析和处理必须建立在“短时”基础上，即进行“短时分析”，将语音信号分为一段一段来分析其特征参数。通常，每一段被称为一“帧”，帧长一般取 10~30 ms。此时，对于整体的语音信号来讲，分析出的参数应该是由每一帧特征参数组成的特征参数时间序列。

根据采用的方法和分析出的参数性质不同，语音信号分析可分为时域分析、频域分析、倒谱域分析和线性预测分析等。本章主要介绍了几类常用分析方法的一些基本原理和特点。

3.1　语音信号预处理

在对语音信号进行分析和处理之前，必须对其进行分帧、加窗、去直流和预加重等预处理操作。这些操作的目的是消除人类发声器官本身和采集语音信号的设备所带来的混叠、高次谐波失真、高频等因素对语音信号质量的影响，尽可能保证后续语音处理所得到的信号更均匀、平滑，为信号参数提取提供优质的参数，从而提高语音处理质量。

3.1.1　分帧与加窗

对于语音信号处理来说，一般每秒取 33~100 帧，视实际情况而定。分帧虽然可以采用连续分段的方法，但一般采用如图 3-1 所示的交叠分段的方法，这是为了保证帧与帧之间平滑过渡，保持其连续性。前一帧和后一帧的交叠部分称为帧叠。相邻两帧的起始位置差称为帧移。帧移与帧长的比值一般为 0~1/2。分帧是用可移动的有限长度窗口进行加权的方法来实现的，即用一定的窗函数来乘以语音信号。

设语音波形时域信号为 $x(m)$、加窗分帧处理后得到的第 n 帧语音信号为 $x_n(m)$，则 $x_n(m)$满足下式：

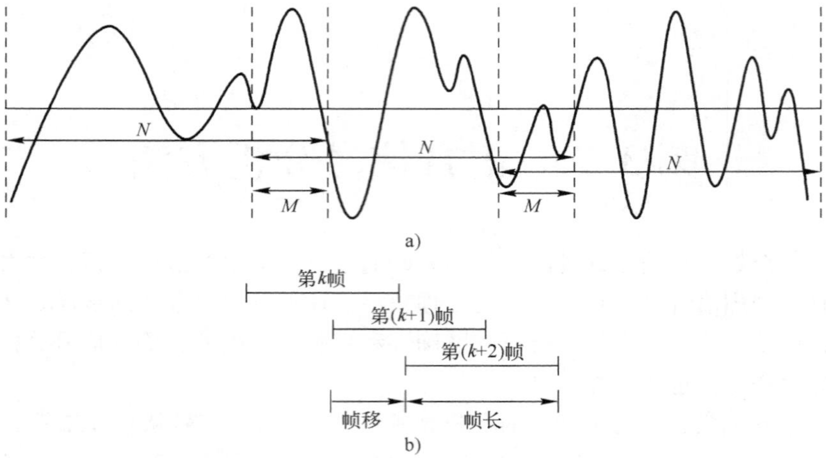

图 3-1　语音分帧示例

a）N 为帧长，M 为帧间重叠长度　b）帧长和帧移

$$x_n(m)=w(m)x(n+m) \qquad 0\leqslant m\leqslant N-1 \tag{3-1}$$

式中，N 代表帧长。在语音信号数字处理中常用的窗函数 $w(m)$ 有矩形窗、汉明窗和汉宁窗等，表达式及其特点如下。

1）矩形窗：

$$w(n)=\begin{cases}1 & 0\leqslant n\leqslant N-1\\0 & n=\text{其他}\end{cases} \tag{3-2}$$

式中，N 代表窗口长度，下同。矩形窗是使用最多的一种窗函数。通常，只对信号进行分帧就相当于使用了矩形窗。这种窗的优点是主瓣比较集中，缺点是旁瓣较高，并有负旁瓣，导致变换中带进了高频干扰和泄露，甚至出现负谱现象。

2）汉宁窗：

$$w(n)=\begin{cases}0.5(1-\cos(2\pi n/(N-1))) & 0\leqslant n\leqslant N-1\\0 & n=\text{其他}\end{cases} \tag{3-3}$$

汉宁（Hanning）窗又称升余弦窗，汉宁窗可以看作是 3 个矩形窗的频谱之和，它可以使用旁瓣互相抵消，消去高频干扰和漏能。汉宁窗主瓣加宽并降低，旁瓣则显著减小，旁瓣衰减速度也较快。从减小泄露的观点出发，汉宁窗优于矩形窗。但汉宁窗主瓣加宽，相当于分析带宽加宽，频率分辨力下降。

3）汉明窗：

$$w(n)=\begin{cases}0.54-0.46\cos[2\pi n/(N-1)] & 0\leqslant n\leqslant N-1\\0 & n=\text{其他}\end{cases} \tag{3-4}$$

汉明（Hamming）窗也是余弦窗的一种，又称改进的升余弦窗，汉明窗与汉宁窗都是余弦窗，只是加权系数不同。汉明窗加权的系数能使旁瓣达到更小。

三种窗所对应的时域波形如图 3-2 所示。

从图 3-2 可知，不同窗函数 $w(n)$ 的形状差别比较大，因此对于短时分析参数的特性影响很大。选择合适的窗口可使短时参数更好地反映语音信号的特性变化。此外，窗函数的长

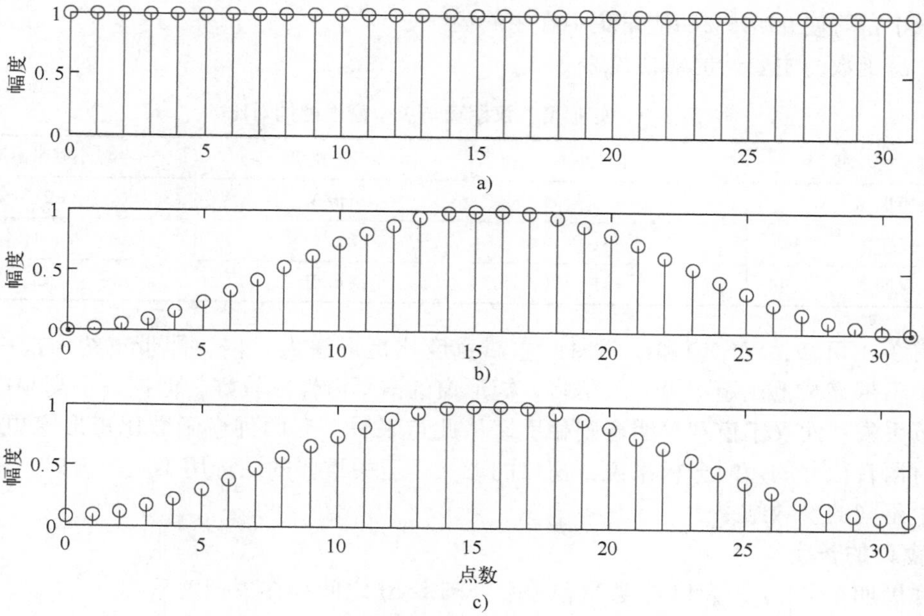

图 3-2　三种窗函数的时域波形
a）矩形窗　b）汉宁窗　c）汉明窗

度也是一个关键参数。

1. 窗口的形状

虽然不同的短时分析方法以及求取不同的语音特征参数可能对窗函数的要求不尽相同，但一般来讲，一个好的窗函数的标准是：在时域，由于是语音波形乘以窗函数，所以要减小时间窗两端的坡度，使窗口边缘两端不引起急剧变化而平滑过渡到零，从而使截取出的语音波形缓慢降为零，减小语音帧的截断效应；在频域，窗函数要有较宽的带宽以及较小的边带最大值。此处以典型的三种窗函数为例进行比较，其他窗函数可参阅有关书籍。

1）对于矩形窗来说，式（3-2）对应的数字滤波器的频率响应为

$$W_{\mathrm{R}}(w)=\sum_{n=0}^{N-1}\mathrm{e}^{-\mathrm{j}wnT}=\frac{\sin(NwT/2)}{\sin(wT/2)}\mathrm{e}^{-\mathrm{j}wT(N-1)/2} \tag{3-5}$$

该响应具有线性的相位—频率特性，其频率响应的第一个零值所对应的频率为f_s/N。这里，f_s为采样频率。

2）对于汉宁窗来说，其对应的数字滤波器的频率响应为

$$W_{\mathrm{Han}}(w)=0.5W_{\mathrm{R}}(w)+0.25\left[W_{\mathrm{R}}\left(w-\frac{2\pi}{N-1}\right)+W_{\mathrm{R}}\left(w+\frac{2\pi}{N-1}\right)\right] \tag{3-6}$$

由式（3-6）可知，汉宁窗的频谱由三部分矩形窗频谱相加而得，旁瓣可互相抵消，从而使能量集中在主瓣，主瓣宽度增加 1 倍。

3）对于汉明窗来说，其对应的数字滤波器的频率响应为

$$W_{\mathrm{Ham}}(w)=0.54W_{\mathrm{R}}(w)+0.23\left[W_{\mathrm{R}}\left(w-\frac{2\pi}{N-1}\right)+W_{\mathrm{R}}\left(w+\frac{2\pi}{N-1}\right)\right] \tag{3-7}$$

汉明窗是对汉宁窗的改进，在主瓣宽度（对应第一零点的宽度）相同的情况下，旁瓣

进一步减小，可使99.96%的能量集中在主瓣内。

三种窗函数的主要性能对比见表3-1。

表3-1　矩形窗、汉明窗与汉宁窗性能的对比

窗　类　型	旁瓣峰值	主瓣宽度	最小阻带衰减
矩形窗	-13	$4\pi/N$	-21
汉宁窗	-31	$8\pi/N$	-44
汉明窗	-41	$8\pi/N$	-53

从表3-1可知，汉宁窗和汉明窗的主瓣宽度比矩形窗大一倍，即带宽约增加一倍，同时其最小阻带衰减也比矩形窗大一倍多。矩形窗的谱平滑性能较好，但损失了高频成分，使波形细节丢失；而汉宁窗和汉明窗则相反。从此点来看，后两种窗函数比矩形窗更为合适。因此，对语音信号的短时分析来说，窗口的形状是至关重要的。选用不同的窗口，将使时域分析产生不同的参数结果。

2. 窗口的长度

采样周期 $T_s=1/f_s$、窗口长度 N 和频率分辨率 Δf 之间存在下列关系：

$$\Delta f=\frac{1}{NT_s} \tag{3-8}$$

可见，采样周期一定时，Δf 随窗口宽度 N 的增加而减小，即频率分辨率相应得到提高，但同时时间分辨率降低；如果窗口取短，频率分辨率下降，而时间分辨率提高。因而，频率分辨率和时间分辨率是矛盾的，应该根据不同的需要选择合适的窗口长度。对于时域分析来讲，如果 N 很大，则它等效于很窄的低通滤波器，当语音信号通过时，反映波形细节的高频部分被阻碍，短时能量随时间变化很小，不能真实地反映语音信号的幅度变化；反之，当 N 太小时，滤波器的通带变宽，短时能量随时间有急剧的变化，不能得到平滑的能量函数。

此外，窗口长度的选择还需要考虑语音信号的基音周期。通常认为在一个语音帧内应包含1~7个基音周期。然而，不同人的基音周期变化很大，从女性和儿童的2 ms到老年男子的14 ms（即基音频率的变化范围为70~500 Hz），所以 N 的选择比较困难。通常在8 kHz取样频率下，N 为80~160点为宜（即10~20 ms持续时间）。

经过分帧处理后，语音信号就被分割成一帧一帧的加窗短时信号，然后再把每一个短时语音帧看成平稳的随机信号，利用数字信号处理技术来提取语音特征参数。在进行处理时，按帧从数据区中取出数据，处理完成后再取下一帧，最后得到由每一帧参数组成的语音特征参数的时间序列。因此，在对一个语音信号处理系统进行性能评价时，作为语音参数分析条件，采用的窗函数、帧长和帧移等参数都必须交代清楚以供参考。

3. 频谱泄露

对于一个无限长的周期连续信号，要先通过抽样转换为无限长的周期离散信号，再对该信号截取一定长度，得到一个有限长序列。根据连续傅里叶变换要求连续信号在时间上必须可积这一充分必要条件，那么对于离散时间傅里叶变换，用于它之上的离散序列也必须满足在时间轴上级数求和收敛的条件；由于信号是非周期序列，它必包含了各种频率的信号，所以离散时间傅里叶变换对离散非周期信号变换后的频谱为连续的，即有时域离散非周期对应频域连续周期的特点。

频谱泄露由截断加窗导致。比如一个单频信号，频谱为一条谱线，加窗后，频谱为窗函数频谱的移位（中心频率移到原单频信号的频率处），原来的谱线能量发散了，这个就叫频谱泄露；由于离散傅里叶变换（DFT）默认会对信号周期延拓，对于周期信号，如果加矩形窗正好取到整数个周期，那么周期延拓后就相当于没有窗，自然也就没有泄露。

在对信号进行采样后，得到的是采样点上的对应的函数值。其效果同透过栅栏的缝隙观看外景一样，只有落在缝隙间的少数景象能被看到，其余景象均被栅栏挡住而视为零，这种现象称为栅栏效应。不管是时域采样还是频域采样，都有相应的栅栏效应。只是当时域采样满足采样定理时，栅栏效应不会有什么影响。而频域采样的栅栏效应则影响很大，“挡住”或丢失的频率成分有可能是重要的或具有特征的成分，使信号处理失去意义。

频谱泄露是没有截取整数倍周期信号造成的，这时候频谱会受到截断窗频谱的卷积，可以类比为通过了一个信道，其冲激响应导致频谱尖峰模糊不清。栅栏效应是“频率分辨力不够”的别称，本质上是信息量不足的问题，和如何截取信号无关。解决方案是要么增加数据量，要么提供先验信息。补零和另外两个没有关系，只是为了让频谱看起来平滑而已。

以信号 $y=\sin(2\pi ft)$ 为例，$f=1.25$ kHz，采样频率为 32 kHz，截取 64 点信号做加窗 FFT（快速傅里叶变换）。信号的时域波形和能量谱如图 3-3 所示。由于 64 个点是 2.5 个信号周期，其信号的频谱泄露较大。由信号处理理论可知，该信号的频谱的主瓣为 1.25 kHz。

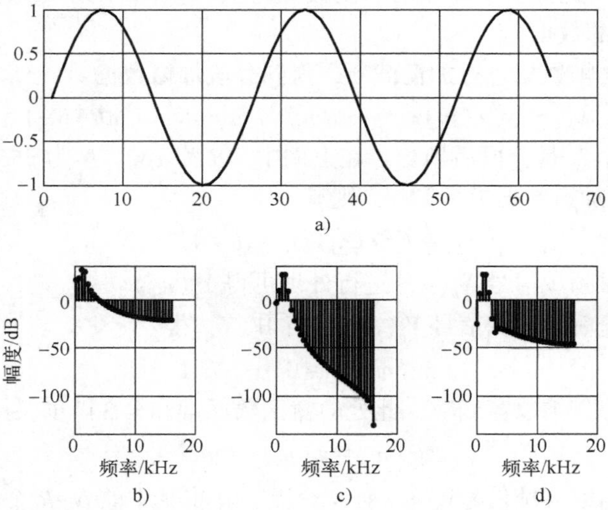

图 3-3　频谱泄露实例

a）时域信号　b）矩形窗　c）汉宁窗　d）汉明窗

从图 3-3 可以看出，加不同的窗函数对频谱泄露有不同的影响。

1）不加窗的情况下，频谱泄露比较明显，旁瓣为−20 dB 左右。

2）汉宁窗对频谱泄露问题的改善有很大的作用，泄露频谱压制到−50 dB 以下。

3）汉明窗的效果介于两者之间。

当采样长度和采样频率发生变化时，不同的窗函数可能带来不同的影响。因此，在实际工程中，应该依据实际情况，判断是都加窗，以及选用什么类型的窗函数。加不同窗对频谱泄露的影响不同，因此，不能主观地认为加窗一定比不加窗好，也不能认为汉宁窗一定比汉明窗好。但是在实际工程中，可以根据具体情况，选择合适的窗来减小频谱泄露。

4. 加权交叠相加法

语音信号处理在实时频域计算时通常采用加权重叠相加法（Weighted OLA，WOLA）进行分帧处理，WOLA 在 IFFT（逆快速傅里叶变换）之后还要对数据进行加权，加权使用窗函数实现，然后按照 FFT 对应段再相加，这个窗被称为综合窗或输出窗，重叠相加结果是最终结果。加窗的目的是减小截断效应带来的不利影响，以抑制帧边缘主观听感上的不连续性，常用于语音信号处理场景。常用的窗函数有均方根汉宁窗（root-Hanning）和均方根布莱克曼窗（root-Blackman），要求不高的场景通常只在 FFT 时加窗。

WOLA 的计算过程如图 3-4 所示。具体步骤如下。

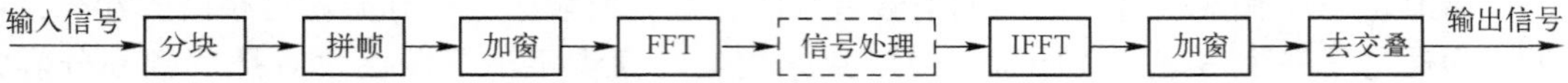

图 3-4　WOLA 基本原理

1）分块：对于实时语音信号处理来说，数据的处理是以帧为单位来进行的，帧的大小可以依据应用来定。比如 10 ms 一帧，那么对于 16 kHz 的数据来说，一帧就是 160 点。

2）拼帧：拼帧的主要目的有两个，一是利用语音的短时平稳性，二是为了使用 FFT 来实现较高的计算效率。比如将 160 点的一帧数据与上一帧的后 96 点数据一起拼成 256 点的实际的一帧算法处理的数据。

3）加窗：对第 n 帧数据进行加窗截断，得到分段加窗数据：

$$x_n(m)=w(m)x(m-nR),\quad m=nR,\cdots,nR+N-1 \tag{3-9}$$

其中，R 是平移长度；N 是分段后帧长。在上例中，R 为 160，N 为 256。

4）FFT：对每段加窗数据进行 FFT，则有

$$X_n(w_k)=FFT(x_n(m)),k=0,\cdots,N-1 \tag{3-10}$$

5）信号处理：对频域信号 $X_n(w_k)$ 进行处理可得 $Y_n(w_k)$。

6）IFFT：对处理后的频域信号 $Y_n(w_k)$ 进行 IFFT，得

$$y_n(m),m=0,\cdots,N-1 \tag{3-11}$$

7）加窗：对该信号乘以窗函数，此处的窗函数通常和第 3）步保持一致，得

$$\hat{y}_n(m)=w(m)y_n(m) \tag{3-12}$$

8）去交叠：取出第 n 帧信号 $\hat{y}_n(m)$ 前 R 个点，并将其中前 $N-R$ 个点与前一帧输出的后 $N-R$ 个点相加，得到最终输出信号。如果第 5）步的信号不做任何处理，即 $Y_n(w_k)=X_n(w_k)$。那么，WOLA 得到的最终时域信号即为最初的原始输入信号。

如果不进行加窗处理的话，该方法会产生时域混叠，这会在逐渐减弱的时域信号段拼接处引入峰值，从而在听感上会有“啪啪声”。而 WOLA 的方法可以避免这种问题，为了保证幅度平稳性（听感上响度一致），其窗函数的均方根需满足

$$\sum_n w^2(m-nR)=C,n\in\mathbf{Z} \tag{3-13}$$

满足上式的窗函数都可以用在 WOLA 里。但是，不同的窗具有的最优重叠长度不一样，如布莱克曼-哈里斯窗（Blackman-Harris）的最优重叠长度为窗长的 66.1%，而汉明窗和汉宁窗的最优重叠长度为窗长的 50%。

3.1.2 消除趋势项和直流分量

1. 消除趋势项误差

在采集语音信号数据的过程中，由于测试系统的某些原因，在时间序列中会产生一个线性的或者慢变的趋势误差，例如放大器随温度变化产生的零漂移、传声器低频性能的不稳定或传声器周围的环境干扰，总之使语音信号的零线偏离基线，甚至偏离基线的大小还会随时间变化。零线随时间偏离基线被称为信号的趋势项。趋势项误差的存在，会使相关函数、功率谱函数在处理计算中出现变形，甚至可能使低频段的谱估计完全失去真实性和正确性，所以应该将其去除。一般情况下，测量被测物体的加速度比测量位移和速度方便得多。但由于信号中含有长周期趋势项，在对数据进行二次积分时得到的结果可能完全失真，因此消除长周期趋势项是振动信号预处理的一项重要任务。直流分量的消除比较简单，即减去语音信号的平均项即可。而对于线性趋势项或多项式趋势项，常用的消除趋势项的方法是用多项式的最小二乘法。

设实测语音信号的采样数据为$\{x_k\}(k=1,2,\cdots,n)$，n 为样本总数，由于采样数据是等时间间隔的，为简化起见，令采样时间间隔 $\Delta t=1$。用一个多项式函数$\hat{x}_k$ 表示语音信号中的趋势项：

$$\hat{x}_k = a_0 + a_1 k + a_2 k^2 + \cdots + a_m k^m = \sum_{j=0}^{m} a_j k^j, k \in [1,n] \tag{3-14}$$

为了确定系数 a_j，令函数$\hat{x}_k$ 与离散数据 x_k 的误差二次方和为最小，即

$$E = \sum_{k=1}^{n} (\hat{x}_k - x_k)^2 = \sum_{k=1}^{n} \left(\sum_{j=0}^{m} a_j k^j - x_k \right)^2 \tag{3-15}$$

对 E 求偏导，得

$$\frac{\partial E}{\partial a_i} = 2\sum_{k=1}^{n} k^i \left(\sum_{j=0}^{m} a_j k^j - x_k \right) = 0, i \in [0,m] \tag{3-16}$$

依次对 a_i 求偏导，可得 $m+1$ 元线性方程组：

$$\sum_{k=1}^{n} \sum_{j=0}^{m} a_j k^{j+i} - \sum_{k=1}^{n} x_k k^i = 0, i \in [0,m] \tag{3-17}$$

通过解方程组求出 $m+1$ 个待定系数 a_j。各式中，m 为设定的多项式阶次。

当 $m=0$ 时求得的趋势项为常数，有

$$\sum_{k=1}^{n} a_0 k^0 - \sum_{k=1}^{n} x_k k^0 = 0 \tag{3-18}$$

解方程得

$$a_0 = \frac{1}{n} \sum_{k=1}^{n} x_k \tag{3-19}$$

由此可知，当 $m=0$ 时的趋势项为信号采样数据的算术平均值，即直流分量。消除常数趋势项的计算公式为

$$y_k = x_k - \hat{x}_k = x_k - a_0 \tag{3-20}$$

当 $m=1$ 时为线性趋势项，有

$$
\begin{cases}
\sum_{k=1}^{n} a_0 k^0 + \sum_{k=1}^{n} a_1 k - \sum_{k=1}^{n} x_k k^0 = 0 \\
\sum_{k=1}^{n} a_0 k + \sum_{k=1}^{n} a_1 k^2 - \sum_{k=1}^{n} x_k k = 0
\end{cases}
\tag{3-21}
$$

解方程组得

$$
\begin{cases}
a_0 = \dfrac{2(2n+1)\sum_{k=1}^{n} x_k - 6\sum_{k=1}^{n} x_k k}{n(n-1)} \\
a_1 = \dfrac{12\sum_{k=1}^{n} x_k k - 6(n-1)\sum_{k=1}^{n} x_k}{n(n-1)(n+1)}
\end{cases}
\tag{3-22}
$$

消除线性趋势项的计算公式为

$$
y_k = x_k - \hat{x}_k = x_k - (a_0 + a_1 k) \tag{3-23}
$$

当 $m \geqslant 2$ 时为曲线趋势项。在实际语音信号数据处理中，通常取 m 为 1~3 来对采样数据进行多项式趋势项消除的处理。图 3-5 为多项式趋势项消除的效果图。

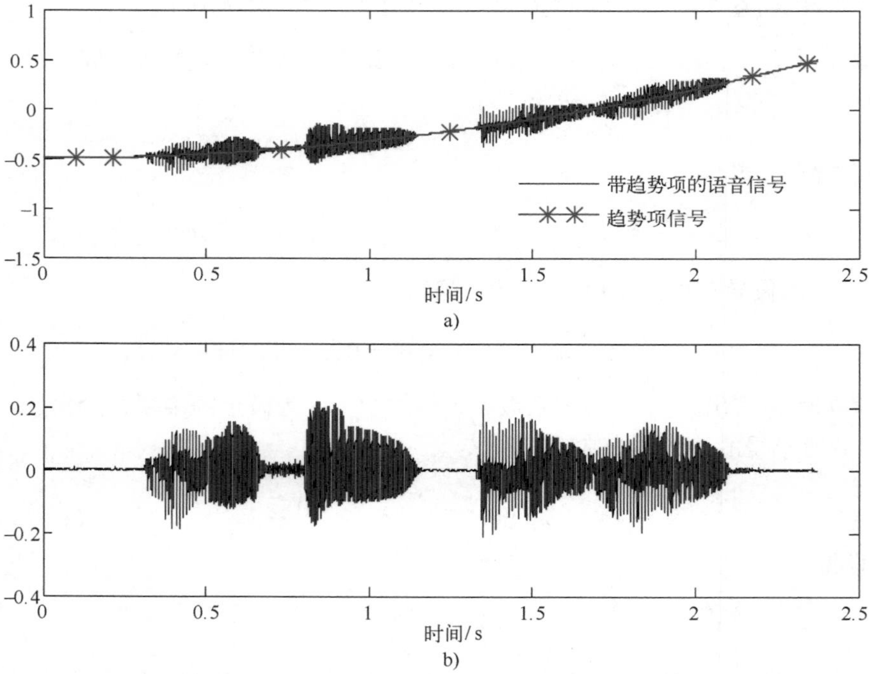

图 3-5　消除趋势项效果图

a）带趋势项的语音信号　b）消除趋势项的语音信号

2. 数字滤波器

在采集语音信号时，交流隔离不好，常会将工频 50 Hz 的交流声混入到语音信号中，因此需要采用高通滤波器滤除工频干扰；此外，由于基音的频率较低，通常范围是 60~450 Hz。因此，在基音提取算法中，为了抗干扰，常设计低通滤波器来提取低频段信号。本节不讨论数字滤波器的理论实现，所需知识可参考相关数据，只列出相关的 Python 函数供读者参考学习。

常用的经典 IIR 数字滤波器包含巴特沃斯滤波器、切比雪夫 I 型滤波器、切比雪夫 II 型滤波器和椭圆滤波器四类。基于 Python 的数字滤波器设计步骤如下。

（1）根据设计指标确定滤波器参数

滤波器的设计指标包括通带截止频率 Wp 和阻带截止频率 Ws，其取值范围为 0~1，当其值为 1 时，代表采样频率的一半。通带和阻带区的波纹系数分别是 rp 和 rs。

不同类型（高通、低通、带通和带阻）滤波器对应的 Wp 和 Ws 值遵循以下规则。

1）高通滤波器：Wp 和 Ws 为一元向量且 Wp>Ws。

2）低通滤波器：Wp 和 Ws 为一元向量且 Wp<Ws。

3）带通滤波器：Wp 和 Ws 为二元向量且 Wp<Ws，如 Wp=[0.2,0.7],Ws=[0.1,0.8]。

4）带阻滤波器：Wp 和 Ws 为二元向量且 Wp>Ws，如 Wp=[0.1,0.8],Ws=[0.2,0.7]。

根据上述指标可以确定数字滤波器阶数 n 和截止频率 Wn。

Python 中相应的设计函数为（N，Wn）= scipy.signal.func（Wp，Ws，rp，rs）。其中，巴特沃斯滤波器、切比雪夫 I 型滤波器、切比雪夫 II 型滤波器和椭圆滤波器四种滤波器对应的 func 分别为 butter、cheby1、cheby2 和 ellip。

（2）采用 Python 函数设计数字滤波器

数字滤波器设计函数包括以下几种。

1）巴特沃斯滤波器：b,a= scipy.signal.butter(n,Wn,'btype')。

2）切比雪夫 I 型滤波器：b,a = scipy.signal.cheby1(n,rp,Wn,'btype')（通带等波纹）。

3）切比雪夫 II 型滤波器：b,a = scipy.signal.cheby2(n,rs,Wn,'btype')（阻带等波纹）。

4）椭圆滤波器：b,a= scipy.signal.ellip(n,rp,rs,Wn,'ftype')。

这里'btype'的取值包括'lowpass'、'highpass'、'bandpass'、'bandstop'，分别指代低通、高通、带通和带阻（通）。其中，n 代表滤波器阶数，Wn 为滤波器的截止频率（无论高通、带通、带阻滤波器，在设计中最终都等效于一个低通滤波器）。

3.1.3 预加重与去加重

对于语言和音乐来说，其功率谱随频率的增加而减小。大部分能量集中在低频范围内，这就造成语音信号高频端的信噪比可能降到不能容许的程度。此外，由于语音信号中较高频率分量的能量小，很少有足以产生最大频偏的幅度，因此产生最大频偏的信号幅度多数由信号的低频分量引起。而调频系统的传输带宽是由需要传送的消息信号（调制信号）的最高有效频率和最大频偏决定的，所以调频信号并没有充分占用给予它的带宽。但是，接收端输入的噪声频谱却占据了整个调频带宽，即鉴频器输出端的噪声功率谱在较高频率上已被加重了。

为了抵消这种不希望有的现象，在调频系统中普遍采用一种叫作预加重和去加重的措施，其中心思想是利用信号特性和噪声特性的差别来有效地对信号进行处理。在噪声引入之前采用适当的网络（预加重网络），人为地加重（提升）输入调制信号的高频分量。然后在接收机鉴频器的输出端，再进行相反的处理，即采用去加重网络把高频分量去加重，恢复原来的信号功率分布。在去加重的过程中，同时也减小了噪声的高频分量，但是预加重对噪声并没有影响，因此有效地提高了输出信噪比。很多信号处理都使用这个方法，对高频分量电平提升（预加重）然后记录（调制、传输），播放（解调）时对高频分量衰减（去加重）。录音带系统中的杜比系统是个典型的例子。假设信号高频分量为10，经记录后，再播放时引入的磁带本底噪声为1，那么还原出来信号的高频段信噪比为10∶1；如果在记录前对信号的高频分量进行提升，假设提升为20，经记录后再播放时，引入的磁带本底噪声为1。假设此时的信噪比依然是10∶1，但是由于高频分量是被提升的，在对高频分量进行衰减的同时，磁带本底噪声也被衰减，即将信号高频分量衰减还原到原来的10时，本底噪声也被降低到0.5。

常用的“预加重技术”是在取样之后，插入一个一阶的高通滤波器。常用的预加重因子为$1-\frac{R(1)}{R(0)}z^{-1}$。这里，$R(n)$是语音信号$s(n)$的自相关函数。对于浊音来说，通常$R(1)/R(0)\approx 1$；而对于清音来说，则该值可取得很小。在语音播放时再进行“去加重”处理，即预加重的反处理，对应的去加重因子为$1\Big/\left[1-\frac{R(1)}{R(0)}z^{-1}\right]$。

3.2 语音信号的时域分析

语音信号的时域分析就是分析和提取语音信号的时域参数。语音信号本身就是时域信号，因此进行语音分析时，最先接触到也最直观的是其时域波形。所以，时域分析是最早使用，也是应用最广泛的一种分析方法，这种方法直接利用语音信号的时域波形。时域分析通常用于最基本的参数分析及应用，如语音端点检测、预处理等。该分析方法的特点如下。

1）语音信号表达比较直观、物理意义明确。

2）实现简单、运算量少。

3）可得到语音的一些重要的参数。

4）可使用示波器等通用设备进行观测，使用简单。

语音信号的时域参数有短时能量、短时过零率、短时自相关函数和短时平均幅度差函数等，这些都是语音信号的最基本的短时参数，在各种语音信号数字处理技术中都有相关应用。但是，通常计算这些参数时，都要对时域信号进行加窗处理，常用的窗函数有矩形窗和汉明窗等。

3.2.1 短时能量及短时平均幅度

设第n帧语音信号$x_n(m)$的短时能量用E_n表示，则其计算公式为

$$E_n = \sum_{m=0}^{N-1} x_n^2(m) \tag{3-24}$$

E_n 是一个度量语音信号幅度值变化的函数，但它有一个缺陷，即它对高电平非常敏感（因为计算时采用的是信号的平方）。为此，可采用另一个度量语音信号幅度值变化的函数，即短时平均幅度函数 M_n，定义为

$$M_n = \sum_{m=0}^{N-1} |x_n(m)| / N \tag{3-25}$$

M_n 也是一帧语音信号能量大小的表征，它与 E_n 的区别在于计算时小取样值和大取样值不会因取平方而造成较大差异，在某些应用领域中会带来一些好处。

短时能量和短时平均幅度函数的主要用途如下。

1）可以区分浊音段与清音段，因为浊音时 E_n 值比清音时大得多。

2）可以用来区分声母与韵母的分界、无声与有声的分界、连字（指字之间无间隙）的分界等。

3）作为一种超音段信息，用于语音识别。

图 3-6 为基于一帧信号的短时能量和短时平均幅度。从图 3-6 可知，短时能量的幅值要比短时平均幅度大得多，这符合理论分析的结果。但是，从两种参数的波形可知，两者的包络变化都和原信号的包络变化相似，属于一类特征参数。

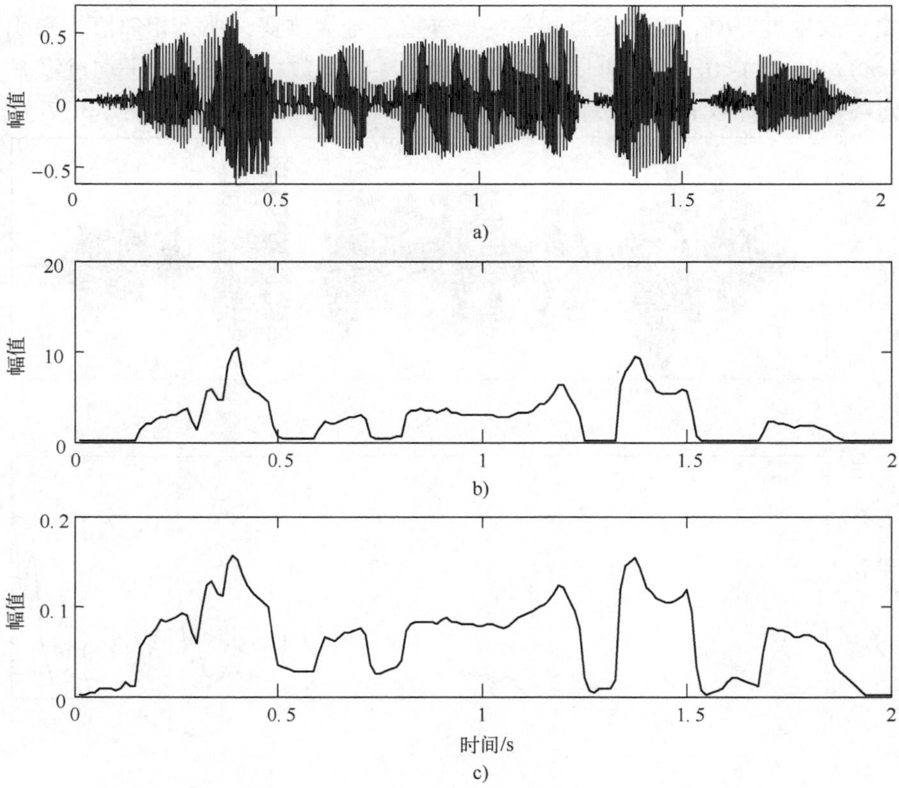

图 3-6　一帧信号的短时能量和短时平均幅度

a）语音波形　b）短时能量　c）短时平均幅度

3.2.2 短时过零率

短时过零率表示一帧语音中信号波形穿过横轴（零电平）的次数。过零分析是语音时域分析中最简单的一种。对于连续语音信号，过零即意味着时域波形通过时间轴；而对于离散信号，如果相邻的取样值改变符号则称为过零。过零率就是样本改变符号的次数。

定义语音信号 $x_n(m)$ 的短时过零率 Z_n 为

$$Z_n = \frac{1}{2}\sum_{m=0}^{N-1} |\operatorname{sgn}[x_n(m)] - \operatorname{sgn}[x_n(m-1)]| \tag{3-26}$$

式中，sgn[ ]是符号函数，即

$$\operatorname{sgn}[x] = \begin{cases} 1 & (x \geqslant 0) \\ -1 & (x<0) \end{cases} \tag{3-27}$$

在实际中求过零率参数时，需要注意的是，如果输入信号中包含 50 Hz 的工频干扰或者 A/D 转换器的工作点有偏移（等效于输入信号有直流偏移），往往会使计算的过零率参数很不准确。为了解决工频干扰问题，A/D 转换器前的防混叠带通滤波器的低端截频应高于 50 Hz，以有效地抑制电源干扰；对于工作点偏移问题，可以采用低直流漂移器件，也可以在软件上加以解决，即算出每一帧的直流分量并予以滤除。

需要说明的是，实际上求短时平均过零率并不是按照式（3-26）计算，而是使用另一种方法。由于发生过零时，离散信号相邻的取样值符号会改变，那么相邻值的乘积一定为负数，即 $x_n(m)x_n(m+1)<0$。所以可以通过统计小于零的个数，获得短时平均过零率。

短时过零率也是比较有用的特征参数，如可用于区分清音和浊音。图 3-7 为一帧信号

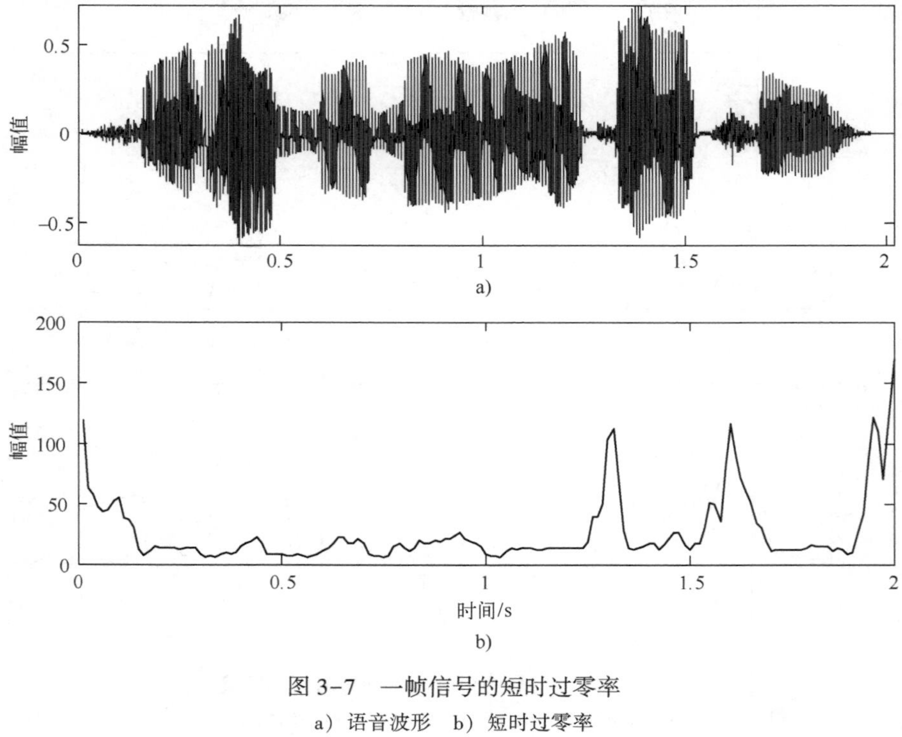

图 3-7 一帧信号的短时过零率

a）语音波形 b）短时过零率

的短时过零率，语音内容为“此恨绵绵无绝期”。从图中可知，当发清辅音［c］、［j］、［q］时，短时过零率的数值较大。发其他音时，短时过零率的数值偏小。对于浊音来说，尽管声道有若干个共振峰，但由于声门波引起谱的高频跌落，所以其语音能量约集中在 3 kHz 以下。对于清音来说，多数能量出现在较高频率上。高频就意味着高的平均过零率，低频意味着低的平均过零率，所以可以认为浊音具有较低的过零率，而清音具有较高的过零率。当然，这种高低仅是相对而言，并没有精确的数值关系。

此外，利用短时平均过零率还可以从背景噪声中找出语音信号，用于判断寂静无声段和有声段的起点和终点位置。在孤立词的语音识别中，必须要在一串连续的语音信号中进行适当分割，找出每一个单词的开始和终止位置，这在语音处理中是一个基本问题。在背景噪声较小时用平均能量识别较为有效，而在背景噪声较大时用平均过零率识别较为有效。但是研究表明，在以某些音为开始或结尾时，如以弱摩擦音（如［f］、［h］等音素）、弱爆破音（如［p］、［t］、［k］等音素）为语音的开头或结尾，以鼻音（如［ng］、［n］、［m］等音素）为语音的结尾时，只用其中一个参数来判别语音的起点和终点是有困难的，必须同时使用这两个参数。

3.2.3 短时自相关

相关分析是一种常用的时域波形分析方法，并有自相关和互相关之分。在语音信号分析中，可用自相关函数求出浊音的基音周期，也可用于语音信号的线性预测分析。

定义语音信号 $x_n(m)$ 的短时自相关函数为 $R_n(k)$，其计算式为

$$R_n(k) = \sum_{m=0}^{N-1-k} x_n(m)x_n(m+k) \quad (0 \leqslant k \leqslant K) \tag{3-28}$$

式中，K 是最大的延迟点数。

短时自相关函数具有以下性质。

1）如果 $x_n(m)$ 是周期的（设周期为 N_p），则自相关函数是同周期的周期函数，即 $R_n(k)=R_n(k+N_p)$。

2）$R_n(k)$ 是偶函数，即 $R_n(k)=R_n(-k)$。

3）当 $k=0$ 时，自相关函数具有最大值，即 $R_n(0) \geqslant |R_n(k)|$，并且 $R_n(0)$ 等于确定性信号序列的能量或随机性序列的平均功率。

图 3-8 是按式（3-28）计算的自相关函数。图 3-8b、c 是音素［c］的一帧语音及其对应的短时自相关值；图 3-8d、e 是音素［i］的一帧语音及其对应的短时自相关值。语音信号在一段时间内的周期是变化的，甚至在很短一段语音内也不属于一个真正的周期信号段，不同周期内的信号波形有一定变化。由图 3-8e 可见，对应于浊音语音的自相关函数，具有一定的周期性。在相隔一定的取样后，自相关函数达到最大值。浊音语音的周期可用自相关函数的第一个峰值的位置来估算。而在图 3-8c 上，自相关函数没有很强的周期峰值，表明清音信号［c］缺乏周期性，其自相关函数有一个类似于噪声的高频波形，有点像语音信号本身。

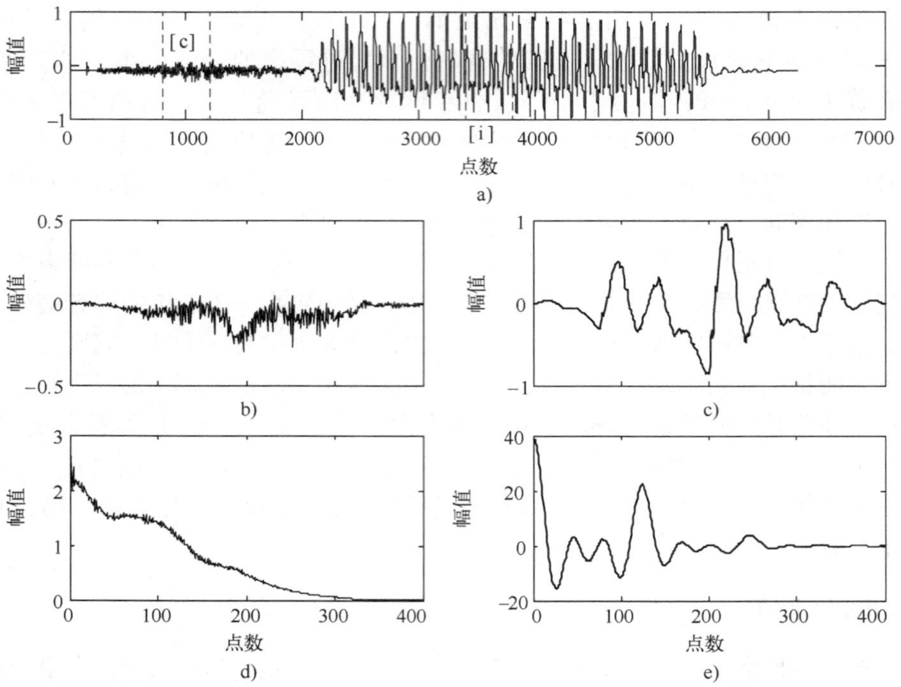

图 3-8　短时自相关显示（N=400 的汉明窗）

a）语音信号［ci］　b）［c］帧波形　c）［c］帧短时自相关

d）［i］帧波形　e）［i］帧短时自相关

3.2.4　短时平均幅度差

虽然短时自相关函数是语音信号时域分析的重要参量，但是由于乘法运算所需要的时间较长，因此自相关函数的运算量很大。利用快速傅里叶变换等简化计算方法都无法避免乘法运算，因此，常常采用另一种与自相关函数有类似作用的参量，即短时平均幅度差函数。

短时平均幅度差函数能够代替自相关函数进行语音分析，是基于一个事实：如果信号是完整的周期信号（设周期为 N_p），则相距为周期的整数倍的样点上的幅值是相等的，即

$$d(n)=x(n)-x(n+k)=0 \quad (k=0,\pm N_p,\pm 2N_p,\cdots) \tag{3-29}$$

对于实际的语音信号，$d(n)$ 虽不为 0，但其值很小。这些极小值将出现在整数倍周期的位置上。为此，短时平均幅度差函数可定义为

$$F_n(k)=\sum_{m=1}^{N-k+1}\left|x_n(m+k-1)-x_n(m)\right| \tag{3-30}$$

显然，如果 $x(n)$ 在窗口取值范围内具有周期性，则 $F_n(k)$ 在 $k=N_p,2N_p,\cdots$ 时将出现极小值。如果两个窗口具有相同的长度，则可以得到类似于相关函数的一个函数。如果一个窗口比另一个窗口长，则有类似于修正自相关函数的那种情况。显然，对于周期性的浊音，$F_n(k)$ 也呈现周期性。不过，与 $R_n(k)$ 相反的是，$F_n(k)$ 在周期的各个整数倍点上具有谷值而不是峰值。此外，同短时自相关相似的是，清音也没有明显的极小值。

显然，计算 $F_n(k)$ 只需加、减法和取绝对值的运算，与自相关函数的加法与乘法相比，其运算量大大减少，尤其是在用硬件实现语音信号分析时有很大好处。为此，短时平均幅度

差已被用在许多实时语音处理系统中。

3.3 语音信号的频域分析

语音信号的频域分析就是分析语音信号的频域特征。从广义上讲，语音信号的频域分析包括语音信号的频谱、功率谱、倒频谱、频谱包络分析等。其中，最常用的频域分析方法是傅里叶变换法。但是傅里叶变换是一种信号的整体变换，要么完全在时域，要么完全在频域进行分析处理，无法给出信号的频谱如何随时间变化的规律。而有些信号，例如语音信号，它具有很强的时变性，在一段时间内呈现出周期性信号的特点，而在另一段时间内呈现出随机信号的特点，或者呈现出两个混合的特性。对于频谱随时间变化的确定性信号以及非平稳随机信号，利用傅里叶变换分析方法有很大的局限性，或者说是不合适的。此时，必须采用短时傅里叶变换才能分析相应时间区域内信号的频率特征。本节主要介绍短时傅里叶变换和功率谱估计。

3.3.1 短时傅里叶变换

短时傅里叶变换是与傅里叶变换相关的一种数学变换，用以确定时变信号其局部区域正弦波的频率与相位。其基本思想是：选择一个时频局部化的窗函数，假定该窗函数在一个短时间间隔内是平稳（伪平稳）的，使语音信号与该窗函数的乘积在不同的有限时间宽度内是平稳信号，从而计算出不同时刻的功率谱。由于短时傅里叶变换使用固定的窗函数，因此一旦选定窗函数，短时傅里叶变换的分辨率也就确定。如果要改变分辨率，则需要重新选择窗函数。短时傅里叶变换用来分析分段平稳信号或者近似平稳信号尚可，但是对于非平稳信号，当信号变化剧烈时，要求窗函数有较高的时间分辨率；而波形变化比较平缓时，主要是低频信号，则要求窗函数有较高的频率分辨率。短时傅里叶变换不能兼顾频率与时间分辨率的需求。短时傅里叶变换窗函数受到海森伯格不确定性原理的限制，时频窗的面积不小于2，说明短时傅里叶变换窗函数的时间与频率分辨率不能同时达到最优。

对第 n 帧语音信号 $x_n(m)$ 进行离散时域傅里叶变换，可得到短时傅里叶变换，其定义如下：

$$X_n(\mathrm{e}^{\mathrm{j}\omega}) = \sum_{m=0}^{N-1} x(m)w(n-m)\mathrm{e}^{-\mathrm{j}\omega m} \tag{3-31}$$

由定义可知，短时傅里叶变换实际就是窗选语音信号的标准傅里叶变换。这里，窗函数 $w(n-m)$ 是一个“滑动的”窗口，它随 n 的变化而沿着序列 $x(m)$ 滑动。由于窗口是有限长度的，满足绝对可和条件，所以这个变换是存在的。当然窗口函数不同，傅里叶变换的结果也将不同。

设语音信号序列和窗口序列的标准傅里叶变换均存在，当 n 取固定值时，$w(n-m)$ 的傅里叶变换为

$$\sum_{m=-\infty}^{\infty} w(n-m)\mathrm{e}^{-\mathrm{j}\omega m} = \sum_{m=-\infty}^{\infty} w(n-m)\mathrm{e}^{-\mathrm{j}\omega(m-n)} \cdot \mathrm{e}^{-\mathrm{j}\omega n} = \mathrm{e}^{-\mathrm{j}\omega n} \cdot W(\mathrm{e}^{-\mathrm{j}\omega}) \tag{3-32}$$

根据卷积定理，有

$$X_n(\mathrm{e}^{\mathrm{j}\omega}) = X(\mathrm{e}^{\mathrm{j}\omega}) * [\mathrm{e}^{-\mathrm{j}\omega n} \cdot W(\mathrm{e}^{-\mathrm{j}\omega})] \tag{3-33}$$

因为上式右边两个卷积项均为关于角频率 ω 的、以 2π 为周期的连续函数，所以也可将

其写成以下的卷积积分形式：

$$
\begin{aligned}
X_n(\mathrm{e}^{\mathrm{j}\omega}) &= \frac{1}{2\pi}\int_{-\pi}^{\pi}[W(\mathrm{e}^{-\mathrm{j}\theta})\mathrm{e}^{-\mathrm{j}n\theta}]\cdot[X(\mathrm{e}^{\mathrm{j}(\omega-\theta)})]\mathrm{d}\theta \\
&= \frac{1}{2\pi}\int_{-\pi}^{\pi}[W(\mathrm{e}^{\mathrm{j}\theta})\mathrm{e}^{\mathrm{j}n\theta}]\cdot[X(\mathrm{e}^{\mathrm{j}(\omega+\theta)})]\mathrm{d}\theta
\end{aligned} \tag{3-34}
$$

即 $X_n(\mathrm{e}^{\mathrm{j}\omega})$ 是 $x(m)$ 的离散时域傅里叶变换 $X(\mathrm{e}^{\mathrm{j}\omega})$ 和 $w(m)$ 的离散时域傅里叶变换 $W(\mathrm{e}^{\mathrm{j}\omega})$ 的周期卷积。

根据信号的时宽带宽积为一常数的性质，可知 $W(\mathrm{e}^{\mathrm{j}\omega})$ 主瓣宽度与窗口宽度成反比，N 越大，$W(\mathrm{e}^{\mathrm{j}\omega})$ 的主瓣越窄。由式（3-34）可知，为了使 $X_n(\mathrm{e}^{\mathrm{j}\omega})$ 再现 $X(\mathrm{e}^{\mathrm{j}\omega})$ 的特性，相对于 $X(\mathrm{e}^{\mathrm{j}\omega})$ 来说，$W(\mathrm{e}^{\mathrm{j}\omega})$ 必须是一个冲激函数。所以，为了使 $X_n(\mathrm{e}^{\mathrm{j}\omega})\to X(\mathrm{e}^{\mathrm{j}\omega})$，需使 $N\to\infty$；但是 N 值太大时，信号的分帧又失去了意义。尤其是 N 值大于语音的音素长度时，$X_n(\mathrm{e}^{\mathrm{j}\omega})$ 已不能反映该语音音素的频谱。因此，应折中选择窗的宽度 N。另外，窗的形状也对短时傅里叶频谱有影响，如矩形窗，虽然频率分辨率很高（即主瓣狭窄尖锐），但由于第一旁瓣的衰减很小，有较大的上下冲，采用矩形窗时求得的 $X_n(\mathrm{e}^{\mathrm{j}\omega})$ 与 $X(\mathrm{e}^{\mathrm{j}\omega})$ 的偏差较大，这就是吉布斯效应，所以不适合用于频谱成分很宽的语音分析中。而汉明窗在频率范围中的分辨率较高，而且旁瓣的衰减大，具有频谱泄露少的优点，所以在求短时频谱时一般采用具有较小上下冲的汉明窗。

与离散傅里叶变换和连续傅里叶变换的关系一样，如令角频率 $\omega=2\pi k/N$，则得离散的短时傅里叶变换，它实际上是 $X_n(\mathrm{e}^{\mathrm{j}\omega})$ 在频域的取样，如下：

$$
X_n(\mathrm{e}^{\mathrm{j}\frac{2\pi k}{N}}) = X_n(k) = \sum_{m=0}^{N-1} x_n(m)\mathrm{e}^{-\mathrm{j}\frac{2\pi km}{N}} \quad (0 \leqslant k \leqslant N-1) \tag{3-35}
$$

在语音信号的数字处理中，都是采用 $x_n(m)$ 的离散傅里叶变换（DFT）$X_n(k)$ 来替代 $X_n(\mathrm{e}^{\mathrm{j}\omega})$，并且可以用高效的快速傅里叶变换（FFT）算法完成由 $x_n(m)$ 至 $X_n(k)$ 的转换。当然，这时窗长 N 必须是 2 的倍数 2^L（L 是整数）。根据傅里叶变换的性质，实数序列的傅里叶变换的频谱具有对称性。因此，全部频谱信息包含在长度为 $N/2+1$ 的 $X_n(k)$ 里。另外，为了使 $X_n(k)$ 具有较高的频率分辨率，所取的 DFT 以及相应的 FFT 点数 N_1 应该足够多，但有时 $x_n(m)$ 的长度 N 要受到采样率和短时性的限制。

3.3.2 功率谱估计

在语音信号数字处理中，功率谱具有重要意义。其中，对自相关序列求傅里叶变换的估计方法，称为周期图法，即

$$
P_{\mathrm{per}}(\mathrm{e}^{\mathrm{j}\omega}) = \sum_{k=-N+1}^{N-1} R_n(k)\mathrm{e}^{-\mathrm{j}\omega k} \tag{3-36}
$$

其中，自相关序列的估计可表示为

$$
R_n(k) = \frac{1}{N}\sum_{m=-\infty}^{\infty} x_n(m+k)x_n^*(m) = \frac{1}{N}x_n(k) * x_n^*(-k) \tag{3-37}
$$

取其傅里叶变换并利用卷积定理，可得周期图为

$$
P_{\mathrm{per}}(\mathrm{e}^{\mathrm{j}\omega}) = \frac{1}{N}X_n(\mathrm{e}^{\mathrm{j}\omega})X_n^*(\mathrm{e}^{\mathrm{j}\omega}) = \frac{1}{N}|X_n(\mathrm{e}^{\mathrm{j}\omega})|^2 \tag{3-38}
$$

其中，$X_n(e^{j\omega})$为第 n 帧数据序列 $x_n(m)$ 的离散傅里叶变换，即

$$X_n(e^{j\omega}) = \sum_{m=-\infty}^{\infty} x_n(m) e^{-j\omega m} = \sum_{m=0}^{N-1} x_n(m) e^{-j\omega m} \tag{3-39}$$

所以，周期图正比于序列的傅里叶变换的幅度平方。当对各帧功率谱求平均时，便是平均周期图法。

除了功率谱外，第 2 章介绍的语谱图，也是基于短时傅里叶方法计算。

3.4 语音信号的倒谱分析

语音信号的倒谱分析就是求取语音倒谱特征参数的过程，它可以通过同态处理来实现。同态信号处理也称为同态滤波，它实现了将卷积关系变换为求和关系的分离处理，即解卷。对语音信号进行解卷，可将语音信号的声门激励信息及声道响应信息分离，从而求得声道共振特征和基音周期，以用于语音编码、合成、识别等。解卷并求取倒谱特征参数的方法主要有同态信号处理和线性预测两类，本节主要介绍同态信号处理，预测分析将在下一节进行介绍。

3.4.1 同态信号处理的基本原理

日常生活中的许多信号，并不是加性信号而是乘积性信号或卷积性信号，如语音信号、图像信号、通信中的衰落信号、调制信号等。这些信号要用非线性系统来处理，而同态信号处理就是将非线性问题转化为线性问题的处理方法。按被处理的信号分类，同态信号处理主要分为乘积同态处理和卷积同态处理两种。由于语音信号可视为声门激励信号和声道冲激响应的卷积，所以本节仅讨论卷积同态信号处理。

设声门激励信号为 $x_1(n)$，声道冲激响应信号为 $x_2(n)$，则语音信号 $x(n)$ 可表示为

$$x(n) = x_1(n) * x_2(n) \tag{3-40}$$

为了将参与卷积的各个信号分开，便于表示和处理，同态处理是常用的方法之一。这是一种将卷积关系变为求和关系的分离技术。一般同态系统可分解为三个部分，如图 3-9 所示。

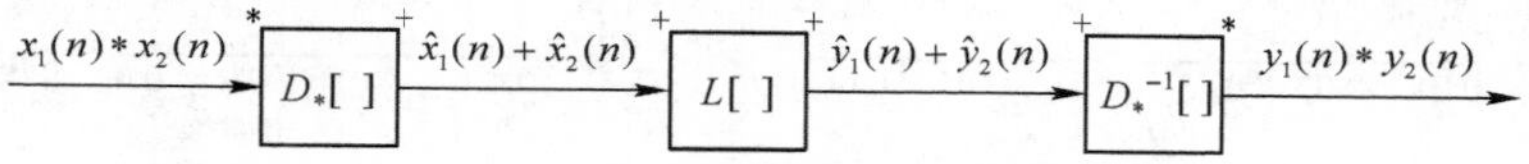

图 3-9 同态系统的组成

如图 3-9 所示，系统包括两个特征子系统（取决于信号的组合规则）$D_*[\ ]$和 $D_*^{-1}[\ ]$，一个线性子系统（取决于处理的要求）$L[\ ]$。图中，符号 $*$ 、$+$和 $\cdot$ 分别表示卷积、加法和乘法运算。

第一个子系统 $D_*[\ ]$如图 3-10 所示，用来将卷积性信号转化为加性信号的运算，即对于信号 $x(n) = x_1(n) * x_2(n)$ 进行如下运算处理：

$$\begin{cases} (1)\ Z[x(n)] = X(z) = X_1(z) \cdot X_2(z) \\ (2)\ \ln X(z) = \ln X_1(z) + \ln X_2(z) = \hat{X}_1(z) + \hat{X}_2(z) = \hat{X}(z) \\ (3)\ Z^{-1}[\hat{X}(z)] = Z^{-1}[\hat{X}_1(z) + \hat{X}_2(z)] = \hat{x}_1(n) + \hat{x}_2(n) = \hat{x}(n) \end{cases} \tag{3-41}$$

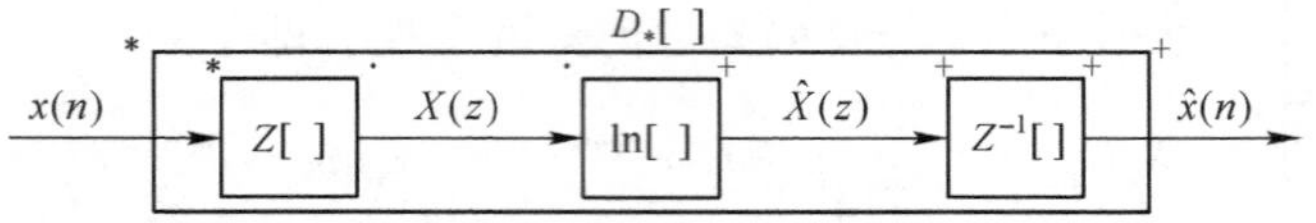

图 3-10　特征子系统 $D_*[\ ]$的组成

第二个子系统是一个普通线性系统，满足线性叠加原理，用于对加性信号进行线性变换。由于$\hat{x}(n)$为加性信号，所以第二个子系统可对其进行需要的线性处理得到$\hat{y}(n)$。

第三个子系统是逆特征系统 $D_*^{-1}[\ ]$，如图 3-11 所示通过对$\hat{y}(n)=\hat{y}_1(n)+\hat{y}_2(n)$进行逆变换，使其恢复为卷积性信号，处理如下：

$$\begin{cases}(1)\ Z[\hat{y}(n)]=\hat{Y}(z)=\hat{Y}_1(z)+\hat{Y}_2(z)\\(2)\ \exp[\hat{Y}(z)]=Y(z)=Y_1(z)\cdot Y_2(z)\\(3)\ y(n)=Z^{-1}[Y_1(z)\cdot Y_2(z)]=y_1(n)*y_2(n)\end{cases}\tag{3-42}$$

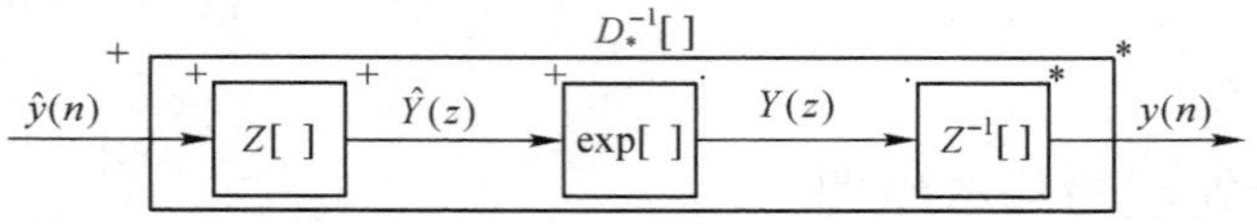

图 3-11　特征子系统 $D_*^{-1}[\ ]$的组成

由此可知，通过第一个子系统 $D_*[\ ]$，可以将 $x(n)=x_1(n)*x_2(n)$变换为$\hat{x}(n)=\hat{x}_1(n)+\hat{x}_2(n)$。此时，如果 $\hat{x}_1(n)$与$\hat{x}_2(n)$处于不同的位置并且互不交替，那么适当地设计线性系统，便可将 $x_1(n)$与 $x_2(n)$分离开来。图 3-12 为倒谱分离的效果图。

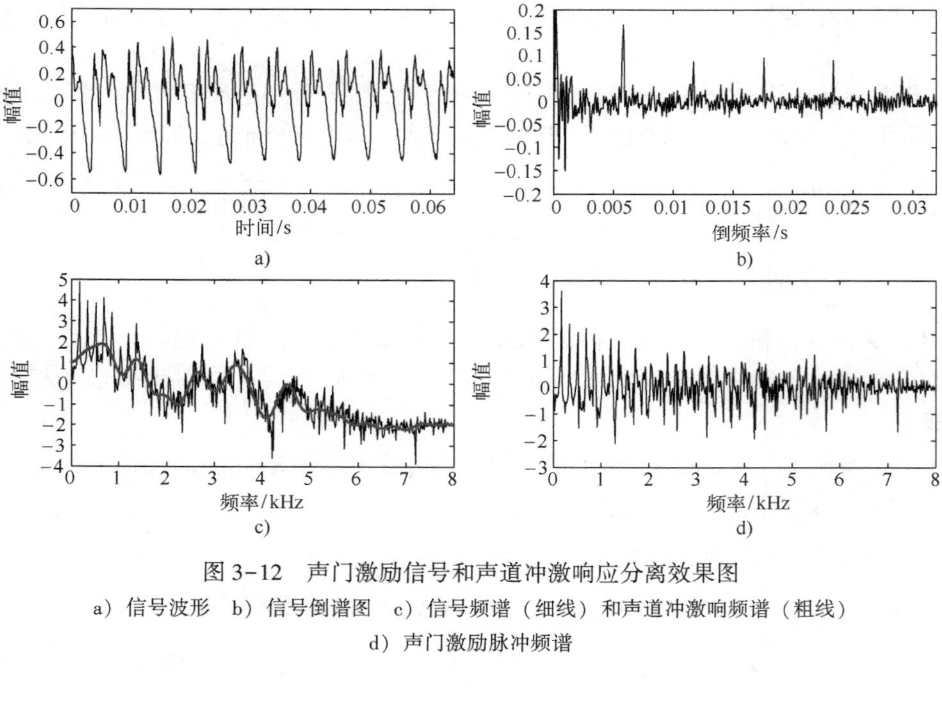

图 3-12　声门激励信号和声道冲激响应分离效果图

a）信号波形　b）信号倒谱图　c）信号频谱（细线）和声道冲激响应频谱（粗线）

d）声门激励脉冲频谱

3.4.2 复倒谱和倒谱

在 $D_*[\ ]$ 和 $D_*^{-1}[\ ]$ 系统中，$\hat{x}(n)$ 和 $\hat{y}(n)$ 信号也均是时域序列，但是它们与 $x(n)$ 和 $y(n)$ 所处的离散时域不同，称为复倒频谱域。$\hat{x}(n)$ 是 $x(n)$ 的复倒频谱域，简称复倒谱。其表达式如下：

$$\hat{x}(n)=Z^{-1}[\ln Z[x(n)]] \tag{3-43}$$

在绝大多数数字信号处理中，$X(z)$、$\hat{X}(z)$、$Y(z)$、$\hat{Y}(z)$ 的收敛域均包含单位圆，因而 $D_*[\ ]$ 和 $D_*^{-1}[\ ]$ 系统有如下形式：

$$D_*[\ ]:\begin{cases}F[x(n)]=X(\mathrm{e}^{\mathrm{j}\omega})\\ \hat{X}(\mathrm{e}^{\mathrm{j}\omega})=\ln[X(\mathrm{e}^{\mathrm{j}\omega})]\\ \hat{x}(n)=F^{-1}[\hat{X}(\mathrm{e}^{\mathrm{j}\omega})]\end{cases} \tag{3-44}$$

$$D_*^{-1}[\ ]:\begin{cases}\hat{Y}(\mathrm{e}^{\mathrm{j}\omega})=F[\hat{y}(n)]\\ Y(\mathrm{e}^{\mathrm{j}\omega})=\exp[\hat{Y}(\mathrm{e}^{\mathrm{j}\omega})]\\ y(n)=F^{-1}[Y(\mathrm{e}^{\mathrm{j}\omega})]\end{cases} \tag{3-45}$$

设 $X(\mathrm{e}^{\mathrm{j}\omega})=|X(\mathrm{e}^{\mathrm{j}\omega})|\mathrm{e}^{\mathrm{j}\arg[X(\mathrm{e}^{\mathrm{j}\omega})]}$，则对其取对数得

$$\hat{X}(\mathrm{e}^{\mathrm{j}\omega})=\ln|X(\mathrm{e}^{\mathrm{j}\omega})|+\mathrm{j}\arg[X(\mathrm{e}^{\mathrm{j}\omega})] \tag{3-46}$$

如果只考虑 $\hat{X}(\mathrm{e}^{\mathrm{j}\omega})$ 的实部，得

$$c(n)=F^{-1}[\ln|X(\mathrm{e}^{\mathrm{j}\omega})|] \tag{3-47}$$

式中，$c(n)$ 是 $x(n)$ 对数幅值谱的傅里叶逆变换，称为倒频谱，简称倒谱。倒谱对应的量纲是“Quefrency”，它是一个新造的英文词，是由“Frequency”转变而来的，因此也称为“倒频”，它的量纲是时间。倒谱是非常有用的语音参数。由于浊音信号的倒谱中存在着峰值，出现位置等于该语音段的基音周期，而清音的倒谱中则不存在峰值。因此，利用这个特性就可以判断清浊音或者估计浊音的基音周期，具体效果如图 3-13 所示。

复倒谱和倒谱的特点及关系如下。

1）复倒谱要进行复对数运算，而倒谱只进行实对数运算。

2）在倒谱情况下，一个序列经过正逆两个特征系统变换后不能还原成自身，因为在计算倒谱的过程中将序列的相位信息丢失了。

3）与复倒谱类似，如果 $c_1(n)$ 和 $c_2(n)$ 分别是 $x_1(n)$ 和 $x_2(n)$ 的倒谱，并且 $x(n)=x_1(n)*x_2(n)$，则 $x(n)$ 的倒谱为 $c(n)=c_1(n)+c_2(n)$。

4）已知一个实数序列 $x(n)$ 的复倒谱为 $\hat{x}(n)$，可以由 $\hat{x}(n)$ 求出它的倒谱 $c(n)$。

3.4.3 美尔倒谱系数

1. 离散余弦变换

离散余弦变换（Discrete Cosine Transform，DCT）具有信号谱分量丰富、能量集中，且不需要对语音相位进行估算等优点，能在较低的运算复杂度下取得较好的语音增强效果。

设 $x(n)$ 是 N 个有限值的一维实数信号序列，$n=0,1,\cdots,N-1$，DCT 的完备正交归一函

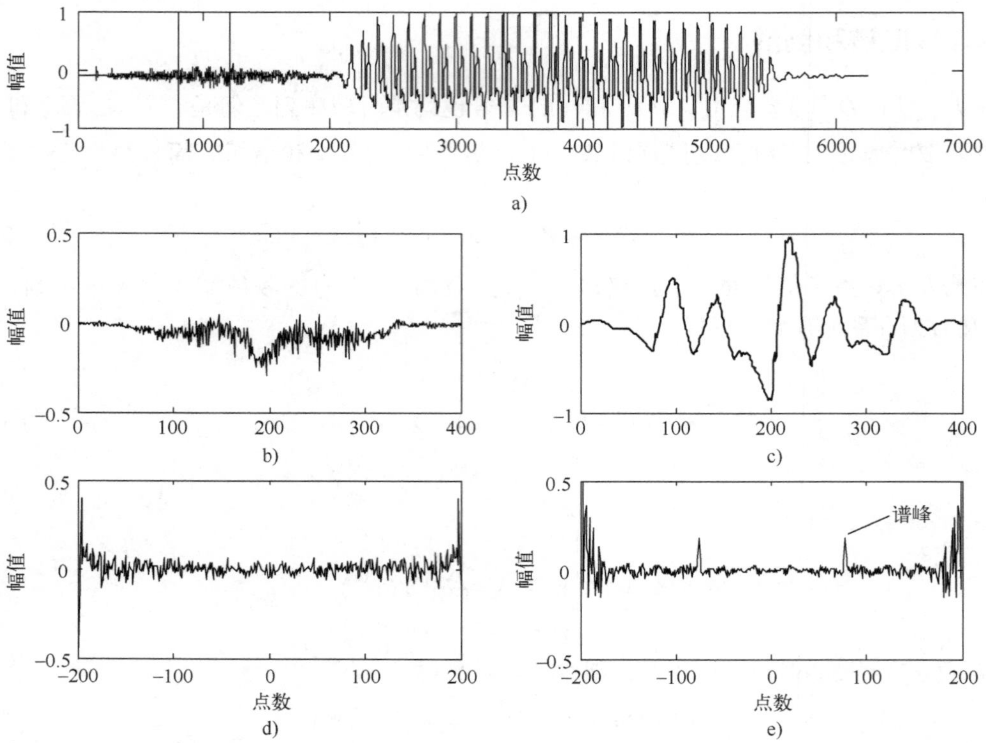

图 3-13　清浊音倒谱对比

a）语音信号［ci］　b）［c］帧波形　c）［c］帧倒谱　d）［i］帧波形　e）［i］帧倒谱

数为

$$\begin{cases} X(k) = a(k) \sum_{n=0}^{N-1} x(n) \cos\left(\dfrac{(2n+1)k\pi}{2N}\right) \\ x(n) = \sum_{k=0}^{N-1} a(k) X(k) \cos\left(\dfrac{(2n+1)k\pi}{2N}\right) \end{cases} \tag{3-48}$$

式中，$a(k)$的定义为

$$a(k)=\begin{cases} \sqrt{1/N} & k=0 \\ \sqrt{2/N} & k\in[1,N-1] \end{cases} \tag{3-49}$$

式中，$n=0,1,\cdots,N-1$；$k=0,1,\cdots,N-1$。

将式（3-48）略做变形，可得到 DCT 的另一表示形式：

$$X(k) = \sqrt{\frac{2}{N}} \sum_{n=0}^{N-1} C(k) x(n) \cos\left(\frac{(2n+1)k\pi}{2N}\right), \quad k = 0,1,\cdots,N-1 \tag{3-50}$$

式中，$C(k)$是正交因子。

$$C(k)=\begin{cases} \sqrt{2}/2 & k=0 \\ 1 & k\in[1,N-1] \end{cases} \tag{3-51}$$

则 DCT 的逆变换为

$$x(n)=\sqrt{\frac{2}{N}}\sum_{k=0}^{N-1}C(k)X(k)\cos\left(\frac{(2n+1)k\pi}{2N}\right),\quad n=0,1,\cdots,N-1 \tag{3-52}$$

在 Python 的 scipy. fftpack 包中有 dct 和 idct 函数，其使用方法如下。

1）dct 函数——离散余弦变换。

调用格式：X = scipy. fftpack. dct(x, N)

说明：x 是原始信号；X 是离散余弦变换后的序列；N 是离散余弦变换的长度。

2）idct 函数——离散余弦逆变换。

调用格式：x= scipy. fftpack. idct(X,N)

说明：x 是原始信号；X 是离散余弦变换后的序列；N 是离散余弦变换的长度。

2. 美尔倒谱系数

与普通实际频率倒谱分析不同，美尔倒谱系数（Mel-Frequency Cepstral Coefficients, MFCC）的分析着眼于人耳的听觉特性。人耳所听到的声音的高低与声音的频率并不呈线性正比关系，而用美尔频率尺度则更符合人耳的听觉特性。所谓美尔频率尺度，大体上对应于实际频率的对数分布关系。由前可知，人耳基底膜可分为许多小的部分，每一部分对应于一个频率群，对应于同一频率群的声音，在大脑中是叠加在一起进行评价的。这些频率群称为临界频带，其带宽随着频率的变化而变化，并与美尔频率的增长一致，在 1000 Hz 以下，大致呈线性分布，带宽为 100 Hz 左右；在 1000 Hz 以上时则呈对数增长。

类似于临界频带的划分，可以将语音频率划分成一系列三角形的滤波器序列，即美尔滤波器组，如图 3-14 所示。设划分的带通滤波器为 $H_m(k)$，$0 \leqslant m \leqslant M$，$M$ 为滤波器的个数。每个滤波器具有三角形滤波特性，其中心频率为 $f(m)$，在美尔频率范围内，这些滤波器是等带宽的（图中的 *ml* 代表的是美尔频率尺度下的滤波器频带）。每个带通滤波器的传递函数为

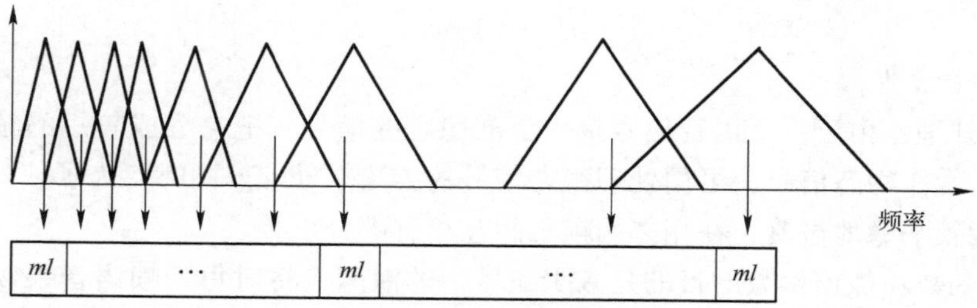

图 3-14　美尔频率尺度滤波器组

$$H_m(k)=\begin{cases}0 & k<f(m-1)\\ \dfrac{k-f(m-1)}{f(m)-f(m-1)} & f(m-1)\leqslant k\leqslant f(m)\\ \dfrac{f(m+1)-k}{f(m+1)-f(m)} & f(m)\leqslant k\leqslant f(m+1)\\ 0 & k>f(m+1)\end{cases} \tag{3-53}$$

式中，$\sum_{m}^{M-1}H_m(k)=1$。

美尔滤波器的中心频率 $f(m)$ 定义为

$$f(m)=\frac{N}{f_s}F_{\mathrm{Mel}}^{-1}\left[F_{\mathrm{Mel}}(f_l)+m\frac{F_{\mathrm{Mel}}(f_h)-F_{\mathrm{Mel}}(f_l)}{M+1}\right] \tag{3-54}$$

其中，f_h 和 f_l 分别为滤波器组的最高频率和最低频率；f_s 为采样频率，单位为 Hz；M 是滤波器组的数目；N 为快速傅里叶变换（FFT）的点数，式中 $F_{\mathrm{Mel}}^{-1}(b)=700(e^{\frac{b}{1125}}-1)$。

在 Python 中，librosa.filters 包中的 mel 函数可用于计算美尔滤波器组，函数定义如下。

调用格式：h=librosa.filters.mel(sr,n_fft,n_mels,fmin,fmax)

输入参数：sr 是采样频率；n_fft 是一帧 FFT 后数据的长度；n_mels 是设计的美尔滤波器的个数；fmin 是设计的滤波器的最低频率；fmax 是设计的滤波器的最高频率（f_l 和 f_h 都需要用 f_s 进行归一化）。

输出参数：h 是滤波器的频域响应，是一个 n_mels×(n_fft/2+1) 的数组，n_mels 为滤波器个数，每个滤波器的响应曲线长为 n_fft/2+1，相当于取正频率的部分。

3. MFCC 系数的计算

MFCC 特征参数的提取原理框图如图 3-15 所示。

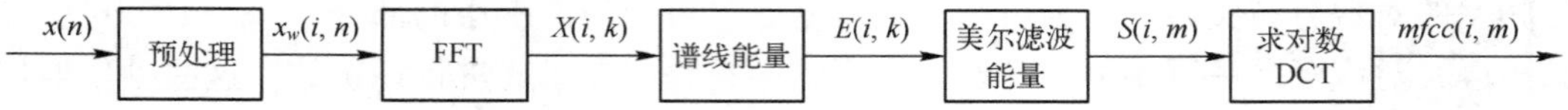

图 3-15　MFCC 特征参数的提取原理框图

（1）预处理

预处理包括预加重、分帧和加窗函数。

1）预加重：在前面章节中已指出声门脉冲的频率响应曲线接近于一个二阶低通滤波器，而口腔的辐射响应也接近于一个一阶高通滤波器。预加重的目的是补偿高频分量的损失，提升高频分量。预加重的滤波器常设为

$$H(z)=1-az^{-1} \tag{3-55}$$

式中，a 为一个常数。

2）分帧处理：由于一个语音信号是一个准稳态的信号，把它分成较短的帧时，在每帧信号中可将其看作稳态信号，可用处理稳态信号的方法来处理。同时，为了使一帧与另一帧之间的参数能较平稳地过渡，在相邻两帧之间互相有部分重叠。

3）加窗函数：加窗函数的目的是减少频域中的泄露，将对每一帧语音乘以汉明窗或汉宁窗。语音信号 $x(n)$ 经预处理后为 $x_i(m)$，其中，下标 i 表示分帧后的第 i 帧。

（2）快速傅里叶变换

对每一帧信号进行 FFT，从时域数据转变为频域数据：

$$X(i,k)=FFT[x_i(m)] \tag{3-56}$$

（3）计算谱线能量

对每一帧 FFT 后的数据计算谱线的能量：

$$E(i,k)=[X_i(k)]^2 \tag{3-57}$$

（4）计算通过美尔滤波器的能量

把求出的每帧谱线能量谱通过美尔滤波器，并计算在该美尔滤波器中的能量。在频域中相当于把每帧的能量谱 $E(i,k)$ 与美尔滤波器的频域响应 $H_m(k)$ 相乘并相加：

$$S_i(m)=\sum_{k=0}^{N-1}E(i,k)H_m(k),0\leqslant m<M \tag{3-58}$$

式中，i 表示第 i 帧；k 表示频域中的第 k 条谱线。

（5）计算 DCT 倒谱

序列 $x(n)$ 的 FFT 倒谱 $\hat{x}(n)$ 为

$$\hat{x}(n)=FFT^{-1}[\hat{X}(k)] \tag{3-59}$$

式中，$\hat{X}(k)=\ln\{FFT[x(n)]\}=\ln\{X(k)\}$，$FFT$ 和 FFT^{-1} 分别表示快速傅里叶变换和快速傅里叶逆变换。序列 $x(n)$ 的 DCT 为

$$X(k)=\sqrt{\frac{2}{N}}\sum_{n=0}^{N-1}C(k)x(n)\cos\left[\frac{\pi(2n+1)k}{2N}\right],k=0,1,\cdots,N-1 \tag{3-60}$$

式中，参数 N 是序列 $x(n)$ 的长度；$C(k)$ 是正交因子，可表示为

$$C(k)=\begin{cases}\sqrt{2}/2 & k=0\\ 1 & k=1,2,\cdots,N-1\end{cases} \tag{3-61}$$

在式（3-58）中求取 FFT 的倒谱是把 $X(k)$ 取对数后计算 FFT 的逆变换。而这里求 DCT 的倒谱和求 FFT 的倒谱类似，即把美尔滤波器的能量取对数后计算 DCT：

$$mfcc(i,n)=\sqrt{\frac{2}{M}}\sum_{m=0}^{M-1}\log[S(i,m)]\cos\left[\frac{\pi n(2m-1)}{2M}\right] \tag{3-62}$$

式中，$S(i,m)$ 是由式（3-58）求出的美尔滤波器能量；m 是指第 m 个美尔滤波器（共有 M 个）；i 是指第 i 帧；n 是 DCT 后的谱线。

一般在美尔滤波器的选择中，美尔滤波器组都选择三角形的滤波器。但是美尔滤波器组也可以是其他形状，如正弦形的滤波组等。另外，在美尔倒谱的提取过程中要进行 FFT 运算，如果 FFT 的点数选取过大，则运算复杂度增大，会使系统响应时间变慢，不能满足系统的实时性；如果 FFT 的点数选取太小，则可能造成频率分辨率过低，提取的参数的误差过大。一般要根据系统的具体情况来选择 FFT 的点数。

3.5 语音信号的线性预测分析

1947 年，维纳首次提出了线性预测（Linear Prediction，LP）这一术语，而板仓等人则在 1967 年首先将线性预测技术应用到了语音分析和合成中。线性预测是一种很重要的技术，普遍应用于语音信号处理的各个方面。

线性预测分析的基本思想是：由于语音样点之间存在相关性，所以可以用过去的样点值来预测现在或未来的样点值，即一个语音的抽样能够用过去若干个语音抽样或它们的线性组合来逼近。通过使实际语音抽样和线性预测抽样之间的误差在某个准则下达到最小值来决定唯一的一组预测系数。而这组预测系数则反映了语音信号的特性，可以作为语音信号特征参数用于语音识别、语音合成等。

将线性预测应用于语音信号处理，不仅是因为它的预测功能，更重要的是因为它能够提供一个非常好的声道模型及模型参数估计方法。线性预测的基本原理和语音信号数字模型密切相关。

3.5.1 线性预测分析的基本原理

1. 信号模型

线性预测分析的基本思想是：用过去 p 个样点值来预测现在或未来的样点值。

$$\hat{s}(n)=\sum_{i=1}^{p}a_i s(n-i) \tag{3-63}$$

预测误差 $\varepsilon(n)$ 为

$$\varepsilon(n)=s(n)-\hat{s}(n)=s(n)-\sum_{i=1}^{p}a_i s(n-i) \tag{3-64}$$

通过在某个准则下使预测误差 $\varepsilon(n)$ 达到最小的方法来决定唯一的一组线性预测系数 $a_i(i=1,2,\cdots,p)$。

对一个简单的语音模型来说，假设系统的输入 $e(n)$ 是语音激励，$s(n)$ 是输出语音。此时，模型的系统函数 $H(z)$ 可以写成有理分式的形式：

$$H(z)=G\frac{1+\sum_{l=1}^{q}b_l z^{-l}}{1-\sum_{i=1}^{p}a_i z^{-i}} \tag{3-65}$$

该系统对应的输入与输出之间的时域关系为

$$s(n)=\sum_{i=1}^{p}a_i s(n-i)+G\sum_{l=0}^{q}b_l e(n-l) \tag{3-66}$$

式中，系数 a_i、b_l 及增益因子 G 是模型的参数，而 p 和 q 是选定的模型的阶数。因而信号可以用有限数目的参数构成的模型来表示。根据 $H(z)$ 的形式不同，有三种不同的信号模型。

1）如式（3-65）所示的 $H(z)$ 同时含有极点和零点，称作自回归-滑动平均模型（Auto-Regressive Moving Average，ARMA），这是一般模型。

2）当式（3-65）中的分子多项式为常数，即 $b_l=0$ 时，$H(z)$ 为全极点模型，这时模型的输出只取决于过去的信号值，这种模型称为自回归模型（Auto-regressive，AR）。此时，系统函数 $H(z)$ 及对应的输入输出时域关系为

$$H(z)=\frac{G}{1-\sum_{i=1}^{p}a_i z^{-i}} \tag{3-67}$$

$$s(n)=\sum_{i=1}^{p}a_i s(n-i)+Ge(n) \tag{3-68}$$

3）如果 $H(z)$ 的分母多项式为 1，即 $a_i=0$ 时，$H(z)$ 成为全零点模型，称为滑动平均模型（Moving Average，MA）。此时模型的输出只由模型的输入决定，系统函数 $H(z)$ 及对应的输入输出时域关系为

$$H(z)=1+\sum_{l=1}^{q}b_l z^{-l} \tag{3-69}$$

$$s(n)=\sum_{l=0}^{q}b_l e(n-l)=e(n)+\sum_{l=1}^{q}b_l e(n-l) \tag{3-70}$$

实际上语音信号处理中最常用的模型是全极点模型，原因如下。

1）如果不考虑鼻音和摩擦音，那么语音的声道传递函数就是一个全极点模型；对于鼻音和摩擦音，声学理论表明其声道传输函数既有极点又有零点，但这时如果模型的阶数 p 足够高，则可以用全极点模型来近似表示极零点模型，因为一个零点可以用许多极点来近似，即

$$1-az^{-1}=\frac{1}{1+az^{-1}+a^2z^{-2}+a^3z^{-3}+\cdots}$$

2）可以用线性预测分析的方法估计全极点模型参数，因为对全极点模型进行参数估计是对线性方程求解的过程，相对容易计算。当模型中含有有限个零点时，求解过程变为解非线性方程组，实现起来非常困难。

采用全极点模型，辐射、声道以及声门激励的组合谱效应的传输函数为

$$H(z)=\frac{S(z)}{E(z)}=\frac{G}{1-\sum_{i=1}^{p}a_iz^{-i}}=\frac{G}{A(z)} \tag{3-71}$$

其中，p 是预测器阶数；G 是声道滤波器增益。此时，语音抽样 $s(n)$ 和激励信号 $e(n)$ 之间的关系可以用式（3-68）来表示。

3）对于某些系统来说，输入信号是未知的。但是，由于语音样点间有相关性，可以用过去的样点值预测未来的样点值。对于浊音，激励 $e(n)$ 是以基音周期重复的单位冲激；对于清音，$e(n)$ 是稳衡白噪声。

2. 线性预测方程的建立

在信号分析中，模型的建立实际上是由信号来估计模型的参数的过程。因为信号是实际客观存在的，因此用模型表示不可能是完全精确的，总是存在误差。极点阶数 p 也无法事先确定，可能选得过大或过小，况且信号是时变的。因此，求解模型参数的过程是一个逼近过程。

在模型参数估计过程中，式（3-63）所示的系统被称为线性预测器。式中，a_i 称为线性预测系数。从而，p 阶线性预测器的系统函数具有如下形式：

$$P(z)=\sum_{i=1}^{p}a_iz^{-i} \tag{3-72}$$

式（3-71）中的 $A(z)$ 称作逆滤波器，其传输函数为

$$A(z)=1-\sum_{i=1}^{p}a_iz^{-i}=\frac{GE(z)}{S(z)} \tag{3-73}$$

预测误差 $\varepsilon(n)$ 为

$$\varepsilon(n)=s(n)-\sum_{i=1}^{p}a_is(n-i)=Ge(n) \tag{3-74}$$

线性预测分析要解决的问题是：给定语音序列（鉴于语音信号的时变特性，线性预测分析必须按帧进行），使预测误差在最小均方误差准则下最小，求预测系数的最佳估值 a_i，称为线性预测系数（Linear Prediction Coefficient，LPC）。

线性预测方程的推导过程如下。

令某一帧内的短时平均预测误差为

$$E=\sum_n\varepsilon^2(n)=\sum_n\left[s(n)-\sum_{i=1}^{p}a_is(n-i)\right]^2 \tag{3-75}$$

为使 E 最小，对 a_j 求偏导，即

$$\frac{\partial E}{\partial a_j}=0 \quad (1 \leqslant j \leqslant p) \tag{3-76}$$

则有

$$\frac{\partial E}{\partial a_j}=2\left\{\sum_n\left[s(n)-\sum_{i=1}^p a_i s(n-i)\right]\right\} s(n-j)=0 \quad (1 \leqslant j \leqslant p) \tag{3-77}$$

上式表明采用最佳预测系数时，预测误差 $\varepsilon(n)$ 与过去的语音样点正交。变换形式后，有

$$\sum_n s(n) s(n-j)=\sum_{i=1}^p a_i \sum_n s(n-i) s(n-j) \quad (1 \leqslant j \leqslant p) \tag{3-78}$$

定义 $\phi(j,i)=\sum_n s(n-i)s(n-j)$，则式（3-78）可简化为

$$\phi(j,0)=\sum_{i=1}^p a_i \phi(j,i) \quad (1 \leqslant j \leqslant p) \tag{3-79}$$

上式是一个含有 p 个未知数的方程组，求解该方程组可得各个预测器系数 $a_1,a_2,\cdots,a_p$。展开式（3-75），可得

$$\begin{aligned}
E= & \sum_n s^2(n)-2 \sum_n \sum_{i=1}^p a_i s(n) s(n-i)+\sum_n \sum_{i=1}^p \sum_{j=1}^p a_i a_j s(n-i) s(n-j) \\
= & \sum_n s^2(n)-2 \sum_n \sum_{i=1}^p a_i s(n) s(n-i)+\sum_n \sum_{i=1}^p a_i s(n) s(n-i) \\
= & \sum_n s^2(n)-\sum_n \sum_{i=1}^p a_i s(n) s(n-i)
\end{aligned} \tag{3-80}$$

参考式（3-79），可得最小均方误差表示为

$$E=\phi(0,0)-\sum_{i=1}^p a_i \phi(0,i) \tag{3-81}$$

因此，最小均方误差由一个固定分量 $\phi(0,0)$ 和一个依赖于预测系数的分量 $\sum_{i=1}^p a_i\phi(0,i)$ 构成。为求解最佳预测器系数，首先必须求出 $\phi(j,i)\ (i,j\in[1,p])$，然后可按照式（3-79）进行求解。因此从原理上看，线性预测分析是非常直接的。然而，$\phi(j,i)$ 的计算及方程组的求解都是十分复杂的，因此必须选择适当的算法。

3.5.2 线性预测方程组的求解

线性预测分析可用来建立语音信号模型。图 3-16 为简化的语音产生模型，将辐射、声道以及声门激励的全部效应简化为一个时变的数字滤波器，其传递函数为

$$H(z)=\frac{S(z)}{E(z)}=\frac{G}{1-\sum_{i=1}^p a_i z^{-i}} \tag{3-82}$$

这种表现形式称为 p 阶线性预测模型，这是一个全极点模型。该模型常用来产生合成语音，故又称为合成滤波器。该模型的参数包含浊音/清音判决、浊音语音的基音周期、增益常数 G 以及数字滤波器参数 a_i。该模型的优点在于能够用线性预测分析方法对滤波器参数

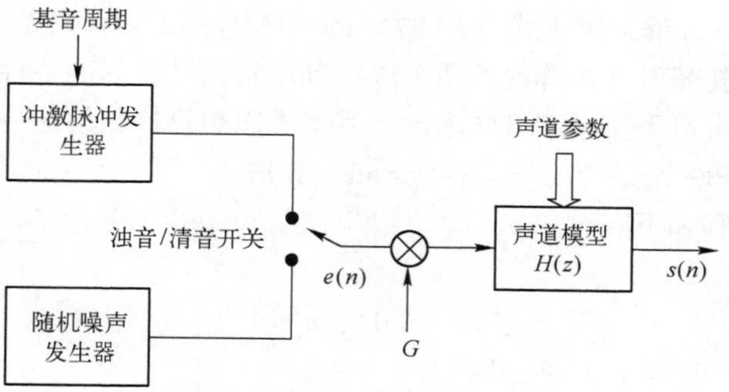

图 3-16　简化的语音产生模型

a_i 和增益常数 G 进行高效的计算。而求解滤波器参数 a_i 和增益常数 G 的过程称为语音信号的线性预测分析。为了有效地进行线性预测分析，并求得线性预测系数，有必要用一种高效的方法来求解线性方程组。虽然可以用各种各样的方法来解包含 p 个未知数的 p 个线性方程，但是系数矩阵的特殊性质使得解方程的效率比普通解法的效率要高得多。在线性预测分析中，对于线性预测参数 a_i 的求解有自相关法和协相关法两种经典解法，另外还有效率较高的格型法等。本节只介绍自相关法。

自相关法是经典解法之一，其原理是在整个时间范围内使误差最小，即设 $s(n)$ 在 $0\leqslant n\leqslant N-1$ 以外等于 0，等同于假设 $s(n)$ 经过有限长度的窗（如矩形窗、汉宁窗或汉明窗）的处理。

通常，$s(n)$ 的加窗自相关函数定义为

$$r(j)=\sum_{n=0}^{N-1}s(n)s(n-j),1\leqslant j\leqslant p \tag{3-83}$$

同式（3-79）比较可知，$\phi(j,i)$ 等效为 $r(j-i)$。但是由于 $r(j)$ 为偶函数，因此 $\phi(j,i)$ 可表示为

$$\phi(j,i)=r(|j-i|) \tag{3-84}$$

此时，式（3-79）可表示为

$$\sum_{i=1}^{p}a_ir(|j-i|)=r(j),\quad 1\leqslant j\leqslant p \tag{3-85}$$

则最小均方误差改写为

$$E=r(0)-\sum_{i=1}^{p}a_ir(i) \tag{3-86}$$

展开式（3-85），可得方程组为

$$\begin{bmatrix} r(0) & r(1) & r(2) & \cdots & r(p-1) \\ r(1) & r(0) & r(1) & \cdots & r(p-2) \\ r(2) & r(1) & r(0) & \cdots & r(p-3) \\ \vdots & \vdots & \vdots & & \vdots \\ r(p-1) & r(p-2) & r(p-3) & \cdots & r(0) \end{bmatrix}\begin{bmatrix} a_1 \\ a_2 \\ a_3 \\ \vdots \\ a_p \end{bmatrix}=\begin{bmatrix} r(1) \\ r(2) \\ r(3) \\ \vdots \\ r(p) \end{bmatrix} \tag{3-87}$$

式（3-87）左边为相关函数的矩阵，以对角线为对称轴，其主对角线以及与主对角线平行的任何一条斜线上所有的元素相等。这种矩阵称为托普利兹（Toeplitz）矩阵，而这种

方程称为 Yule-Walker 方程。对于式（3-87）的矩阵方程无须像求解一般矩阵方程那样进行大量的计算，利用托普利兹矩阵的性质可以得到求解这种方程的一种高效方法。

这种矩阵方程组可以采用递归方法求解，其基本思想是递归解法分布进行。在递推算法中，最常用的是莱文逊-杜宾（Levinson-Durbin）算法。

算法的过程和步骤如下。

1）当 $i=0$ 时，

$$E_0=r(0),\ a_0=1 \tag{3-88}$$

2）对于第 i 次递归$(i=1,2,\cdots,p)$：

$$k_i=\frac{1}{E_{i-1}}\left[r(i)-\sum_{j=1}^{i-1}a_j^{i-1}r(j-i)\right] \tag{3-89}$$

$$a_i^{(i)}=k_i \tag{3-90}$$

对于 $j=1,2,\cdots,i-1$：

$$a_j^{(i)}=a_j^{(i-1)}-k_i a_{i-j}^{(i-1)} \tag{3-91}$$

$$E_i=(1-k_i^2)E_{i-1} \tag{3-92}$$

3）增益 G 为

$$G=\sqrt{E_p} \tag{3-93}$$

通过对式（3-89）~式（3-91）进行递推求解，可获得最终解为

$$a_i=a_j^{(p)},1\leqslant j\leqslant p \tag{3-94}$$

由式（3-92）可得

$$E_p=r(0)\prod_{i=1}^{p}(1-k_i^2) \tag{3-95}$$

由式（3-95）可知，最小均方误差 E_p 一定要大于 0，且随着预测器阶数的增加而减小。因此每一步算出的预测误差总是小于前一步的预测误差。这就表明，虽然预测器的精度会随着阶数的增加而提高，但误差永远不会消除。由式（3-95）还可知，参数 k_i 一定满足

$$|k_i|<1,1\leqslant i\leqslant p \tag{3-96}$$

由递归算法可知，每一步计算都与 k_i 有关，说明这个系数具有特殊的意义，通常称之为反射系数或偏相关系数。可以证明，式（3-96）就是式（3-82）中的多项式 $E(z)$ 的根在单位圆内的充分必要条件，因此它可以保证系统 $H(z)$ 的稳定性。

用线性预测分析法求得的是一个全极点模型的传递函数。在语音产生模型中，这一全极点模型与声道滤波器的假设相符合，而形式上是一自回归滤波器。用全极点模型所表征的声道滤波器，除预测系数$\{a_i\}$外，还有其他不同形式的滤波器参数。这些参数一般可由线性预测系数推导得到，但各自有不同的物理意义和特性。

其中，反射系数$\{k_i\}$在低速率语音编码、语音合成、语音识别和说话人识别等领域都是非常重要的特征参数。由式（3-91）可得

$$\begin{cases}a_j^{(i)}=a_j^{(i-1)}-k_i a_{i-j}^{(i-1)}\\ a_{i-j}^{(i)}=a_{i-j}^{(i-1)}-k_i a_j^{(i-1)}\end{cases}\quad j=1,2,\cdots,i-1 \tag{3-97}$$

进一步推导，可得

$$a_j^{(i-1)}=(a_j^{(i)}+k_i a_{i-j}^{(i)})/(1-k_i^2)\quad j=1,2,\cdots,i-1 \tag{3-98}$$

由线性预测系数$\{a_i\}$可递推出反射系数$\{k_i\}$，即

$$\begin{cases}a_j^{(p)}=a_j & j=1,2,\cdots,p\\ k_i=a_i^{(i)} \\ a_j^{(i-1)}=(a_j^{(i)}+k_i a_{i-j}^{(i)})/(1-k_i^2) & j=1,2,\cdots,i-1\end{cases} \tag{3-99}$$

反射系数的取值范围为[-1,1]，这是保证相应的系统函数稳定的充分必要条件。从声学理论可知，声道可以被模拟成一系列截面积不等的无损声道的级联。反射系数$\{k_i\}$反映了声波在各管道边界处的反射量，有

$$k_i=\frac{E_{i+1}-E_i}{E_{i+1}+E_i} \tag{3-100}$$

式中，E_i是第i节声管的面积函数。式（3-100）经变换后，可得声管模型各节的面积比为

$$\frac{E_i}{E_{i+1}}=\frac{(1-k_i)}{(1+k_i)} \tag{3-101}$$

3.5.3 线谱对分析

根据线性预测的原理可知，$A(z)=1-\sum_{i=1}^{p}a_i z^{-i}$为线性预测误差滤波器，其倒数$H(z)=1/A(z)$为线性预测合成滤波器。该滤波器常被用于重建语音，但是当直接对线性预测系数a_i进行编码时，$H(z)$的稳定性就不能得到保证。由此引出了许多与线性预测等价的表示方法，以提高线性预测的鲁棒性，如线谱对（Line Spectrum Pair，LSP）就是线性预测的一种等价表示形式。LSP 最早是由 Itakura 引入的，但是直到人们发现利用 LSP 在频域对语音进行编码时比其他变换技术更能改善编码效率，LSP 的作用才被重视。由于 LSP 能够保证线性预测滤波器的稳定性，其小的系数偏差带来的谱误差也只是局部的，且 LSP 具有良好的量化特性和内插特性，因而已经在许多编码系统中得到成功的应用。LSP 分析的主要缺点是运算量较大。线谱对分析也是一种线性预测分析方法，只是它求解的模型参数是“线谱对”。线谱对是频域参数，因而和语音信号谱包络的峰有更紧密的联系；同时它构成合成滤波器$H(z)$时容易保证其稳定性，合成语音的数码率也比用格型法求解时要低。

LSP 作为线性预测参数的一种表示形式，可通过求解$p+1$阶对称和反对称多项式的共轭复根得到。其中，$p+1$阶对称和反对称多项式表示如下：

$$P(z)=A(z)+z^{-(p+1)}A(z^{-1}) \tag{3-102}$$

$$Q(z)=A(z)-z^{-(p+1)}A(z^{-1}) \tag{3-103}$$

其中，

$$z^{-(p+1)}A(z^{-1})=z^{-(p+1)}-a_1z^{-p}-a_2z^{-p+1}-\cdots-a_pz^{-1} \tag{3-104}$$

可以推出：

$$P(z)=1-(a_1+a_p)z^{-1}-(a_2+a_{p-1})z^{-2}-\cdots-(a_p+a_1)z^{-p}+z^{-(p+1)} \tag{3-105}$$

$$Q(z)=1-(a_1-a_p)z^{-1}-(a_2-a_{p-1})z^{-2}-\cdots-(a_p-a_1)z^{-p}-z^{-(p+1)} \tag{3-106}$$

式中，$P(z)$、$Q(z)$分别为对称和反对称的实系数多项式，它们都有共轭复根。可以证明，当$A(z)$的根位于单位圆内时，$P(z)$和$Q(z)$的根都位于单位圆上，而且相互交替出现。如果阶数p是偶数，则$P(z)$和$Q(z)$各有一个实根，其中$P(z)$有一个根$z=-1$，$Q(z)$有一个根

$z=1$。如果阶数 p 是奇数，则 $P(z)$ 有两个根 $z=-1$、$z=1$，$Q(z)$ 没有实根。此处假定 p 是偶数，这样 $P(z)$ 和 $Q(z)$ 各有 $p/2$ 个共轭复根位于单位圆上，共轭复根的形式为 $z_i=\mathrm{e}^{\pm \mathrm{j}\omega_i}$，设 $p(z)$ 的零点为 $\mathrm{e}^{\pm \mathrm{j}\omega_i}$，$Q(z)$ 的零点为 $\mathrm{e}^{\pm \mathrm{j}\theta_i}$，则满足

$$0<\omega_1<\theta_1<\cdots<\omega_{p/2}<\theta_{p/2}<\pi \tag{3-107}$$

其中，ω_i 和 θ_i 分别为 $P(z)$ 和 $Q(z)$ 的第 i 个根。

$$P(z)=(1+z^{-1})\prod_{i=1}^{p/2}(1-z^{-1}\mathrm{e}^{\mathrm{j}\omega_i})(1-z^{-1}\mathrm{e}^{-\mathrm{j}\omega_i})=(1+z^{-1})\prod_{i=1}^{p/2}(1-2\cos\omega_i z^{-1}+z^{-2}) \tag{3-108}$$

$$Q(z)=(1-z^{-1})\prod_{i=1}^{p/2}(1-z^{-1}\mathrm{e}^{\mathrm{j}\theta_i})(1-z^{-1}\mathrm{e}^{-\mathrm{j}\theta_i})=(1-z^{-1})\prod_{i=1}^{p/2}(1-2\cos\theta_i z^{-1}+z^{-2}) \tag{3-109}$$

式中，$\cos\omega_i$ 和 $\cos\theta_i$（$i=1,2,\cdots,p/2$）是 LSP 系数在余弦域的表示；ω_i 和 θ_i 则是与 LSP 系数对应的线谱频率（Line Spectrum Frequency，LSF）。

由于 LSP 参数成对出现，且反应信号的频谱特性，因此称为线谱对。LSF 就是线谱对分析所要求解的参数。

LSP 参数的特性如下。

1）LSP 参数都在单位圆上且降序排列。

2）与 LSP 参数对应的 LSF 升序排列，且 $P(z)$ 和 $Q(z)$ 的根相互交替出现，这可使与 LSP 参数对应的 LPC 滤波器的稳定性得到保证。上述特性保证了在单位圆上，任何时候 $P(z)$ 和 $Q(z)$ 都不可能同时为零。

3）LSP 参数具有相对独立的性质。如果某个特定的 LSP 参数中只移动其中任意一个线谱频率的位置，那么它所对应的频谱只在附近与原始语音频谱有差异，而在其他 LSP 频率上则变化很小。这样有利于 LSP 参数的量化和内插。

4）LSP 参数能够反映声道幅度谱的特点，在幅度大的地方分布较密，反之较疏。这样就相当于反映出了幅度谱中的共振峰特性。

按照线性预测分析的原理，语音信号的谱特性可以由 LPC 模型谱来估计，将式（3-102）和式（3-103）相加，可得

$$A(z)=\frac{1}{2}[P(z)+Q(z)] \tag{3-110}$$

此时，功率谱可以表示为

$$\begin{aligned}|H(\mathrm{e}^{\mathrm{j}\omega})|^2&=\frac{1}{|A(\mathrm{e}^{\mathrm{j}\omega})|^2}=4\,|P(\mathrm{e}^{\mathrm{j}\omega})+Q(\mathrm{e}^{\mathrm{j}\omega})|^{-2}\\&=2^{-p}\left[\sin^2(\omega/2)\prod_{i=1}^{p/2}(\cos\omega-\cos\theta_i)^2+\cos^2(\omega/2)\prod_{i=1}^{p/2}(\cos\omega-\cos\omega_i)^2\right]^{-1}\end{aligned} \tag{3-111}$$

由此可见，LSP 分析是用 p 个离散频率的分布密度来表示语音信号谱特性的一种方法，即在语音信号幅度谱较大的地方 LSP 分布较密，反之较疏。

5）相邻帧 LSP 参数之间都具有较强的相关性，便于语音编码时帧间参数的内插。

3.6 思考与复习题

1. 语音信号为什么需要分帧处理？帧长的选择有什么依据？

2. 短时能量和短时过零率的定义是什么？常用的有哪几种窗口？

3. 短时自相关函数和短时平均幅差函数的定义及其用途是什么？在选择窗口函数时应考虑什么问题？

4. 如何利用 FFT 求语音信号的短时谱？如何提高短时谱的频率分辨率？什么是语音信号的功率谱？为什么在语音信号数字处理中，功率谱具有重要意义？

5. 请叙述同态信号处理的基本原理（分解和特征系统）。倒谱的求法及语音信号两个分量的倒谱性质是什么？

6. 什么是复倒谱？什么是倒谱？已知复倒谱怎样求倒谱？已知倒谱怎样求复倒谱？有什么条件限制？

7. 如何将信号模型化为模型参数？最常用的是什么模型？什么叫作线性预测和线性预测方程式？如何求解它们？

8. 什么叫作线谱对，它有什么特点？它是如何推导出来的？有什么用途？

9. 线谱对参数与线性预测系数如何转换？

10. 什么叫作 MFCC？如何求解它？

第4章　语音信号特征提取技术

语音信号是一种时变的短时平稳信号，虽然形式复杂，但是携带很多有用的信息。这些信息包括有固定意义的信息（如基音、共振峰等），也包括一些统计信息（如平均值、最值等），这些信息统称为语音特征。此外，在基于深度学习网络的很多应用中，模型会直接将语音的时域表征、频域表征或语谱图直接送入神经网络，通过前几层网络来提取一些隐性特征进行分析。这样的一些特征通常很难获得固定的意义，只是利用深度学习网络强大的数据拟合能力而生成的。特征参数的准确性和唯一性将直接影响语音处理算法的效率。

在语音特征中，最常使用的是从语音波形中提取的反映语音特性的时域特征，比如短时幅度、短时帧平均能量、短时帧过零率、短时自相关系数、平均幅度差函数等。语音信号特征提取的基础是分帧，语音信号特征参数是分帧提取的，每帧特征参数一般构成一个向量。在分帧处理的基础上，端点检测是语音信号处理中非常重要的一种算法，直接影响着系统的性能，尤其是一些识别类系统，如语音识别、说话人识别等。

基音周期作为语音信号处理中描述激励源的重要参数之一，在语音合成、语音压缩编码、语音识别和说话人确认等领域都有广泛而重要的应用，对汉语更是如此。汉语是一种有调语言，而基音周期的变化称为声调，声调对于汉语语音的理解极为重要。因此准确、可靠地进行基音检测对汉语语音信号的处理尤为重要。

共振峰是指在声音的频谱中能量相对集中的一些区域，共振峰不但是音质的决定因素，而且反映了声道（共振腔）的物理特征。与基音周期相似，语音共振峰在语音信号合成、语音信号自动识别和低比特率语音信号传输等方面也起着重要作用。此外，由于共振峰检测一般是分析韵母部分，所以需要进行端点检测。

本章主要介绍三种语音信号特征：语音端点、基音周期和共振峰。

4.1　端点检测

语音端点检测是指从一段语音信号中准确地找出语音信号的起始点和结束点，它的目的是使有效的语音信号和无用的噪声信号得以分离，因此在语音识别、语音增强、语音编码、回声抵消等系统中得到了广泛应用。目前，端点检测方法大体上可以分成两类：一类是基于阈值的方法，该方法根据语音信号和噪声信号的特征范围不同，提取每一段语音信号的特征，然后把这些特征值与设定的阈值进行比较，从而达到语音端点检测的目的，此类方法原理简单，运算方便，所以被人们广泛使用；另一类方法是基于模式识别的方法，通常需要语音信号和噪声信号的先验知识来训练模型参数进行检测。由于基于模式识别的方法自身复杂度高，运算量大，因此很难被人们应用到实时语音信号系统中去。

4.1.1 双门限法

语音端点检测本质上是根据语音和噪声的特征参数的不同进行区分。传统的短时能量和过零率相结合的语音端点检测算法利用短时过零率来检测清音，用短时能量来检测浊音，两者相配合便实现了信号信噪比较大的情况下的端点检测。算法以短时能量检测为主，短时过零率检测为辅。其中，短时能量和短时过零率的定义和计算可参见3.2.1节和3.2.2节。根据语音的统计特性，可以把语音段分为清音、浊音以及静音（包括背景噪声）三种。

在双门限算法中，短时能量检测可以较好地区分出浊音和静音。对于清音，由于其能量较小，在短时能量检测中会因为低于能量门限而被误判为静音；短时过零率则可以从语音中区分出静音和清音。将两种检测结合起来，就可以检测出语音段（清音和浊音）及静音段。在基于短时能量和短时过零率的双门限端点检测算法中，首先为短时能量和短时过零率分别确定两个门限，一个为较低的门限，对信号的变化比较敏感，另一个是较高的门限。当低门限被超过时，很有可能是由于很小的噪声所引起的，未必是语音的开始，当高门限被超过并且在接下来的时间段内一直超过低门限时，则意味着语音信号的开始。

双门限法进行端点检测的步骤如下（见图4-1）。

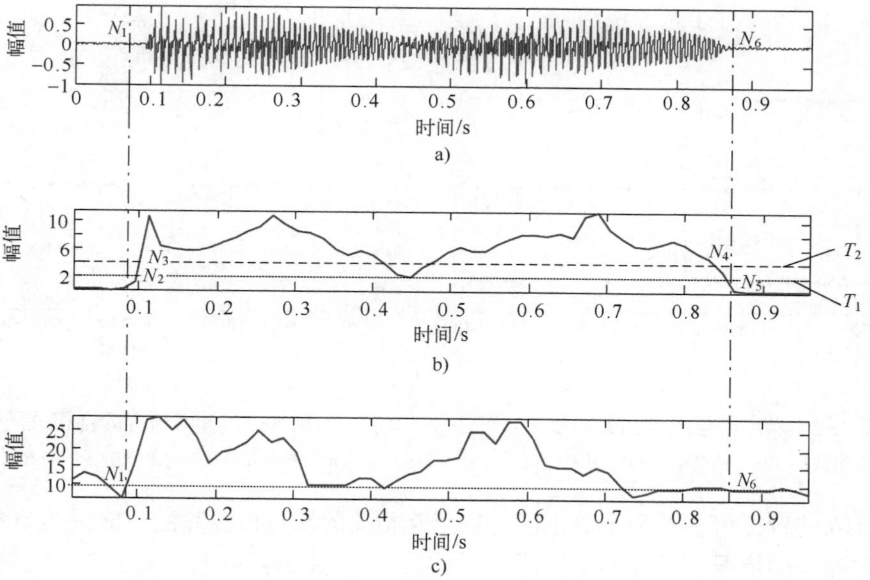

图4-1 双门限法端点检测的二级判决示意图

a）语音波形 b）短时能量 c）短时过零率

1）计算信号的短时能量和短时平均过零率。

2）根据语音能量的轮廓选取一个较高的门限 T_2，语音信号的能量包络大部分都在此门限之上，这样可以进行一次初判。语音起止点位于该门限与短时能量包络交点 N_3 和 N_4 所对应的时间间隔之外。

3）根据背景噪声的能量确定一个较低的门限 T_1，并从初判起点分别往左和往右搜索，找到能量包络第一次与门限 T_1 相交的两个点 N_2 和 N_5，于是 N_2N_5 段就是用双门限方法根据短时能量所判定的语音段。

4）以短时平均过零率为准，从 N_2点往左、从 N_5往右搜索，找到短时平均过零率低于某阈值 T_3的两点 N_1和 N_6，这便是语音段的起始点和终止点。

注意：门限值要通过多次实验来确定，门限都是由背景噪声特性确定的。语音起始段的复杂度特征与结束时的有差异，起始时幅度变化比较大，结束时幅度变化比较缓慢。在进行起止点判决前，通常都要采集若干帧背景噪声并计算其短时能量和短时平均过零率，作为选择 T_1、T_2 和 T_3 的依据。

4.1.2 自相关法

自相关函数是偶函数；如果序列具有周期性，则其自相关函数也是同周期的周期函数。对于浊音语音可以用自相关函数求出语音波形序列的基音周期。此外，在进行语音信号的线性预测分析时，也要用到自相关函数。短时自相关的定义和计算参见 3.2.3 节。

图 4-2 和图 4-3 分别是噪声信号和含噪语音的自相关函数。从图可知，两种信号的自相关函数存在极大的差异，因此可利用这种差别来提取语音端点。

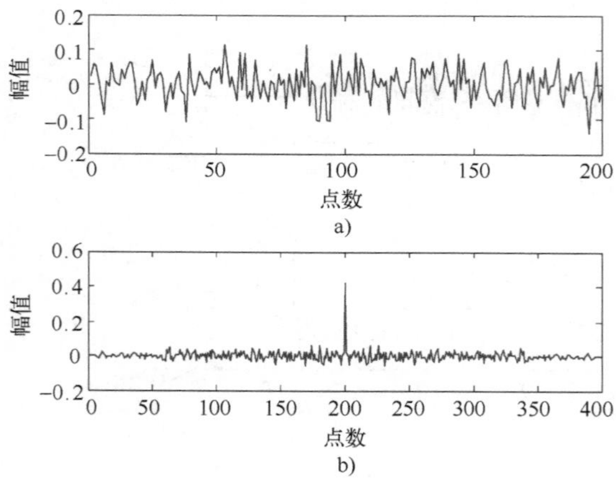

图 4-2 噪声信号的自相关函数

a）噪声波形 b）噪声信号的自相关函数

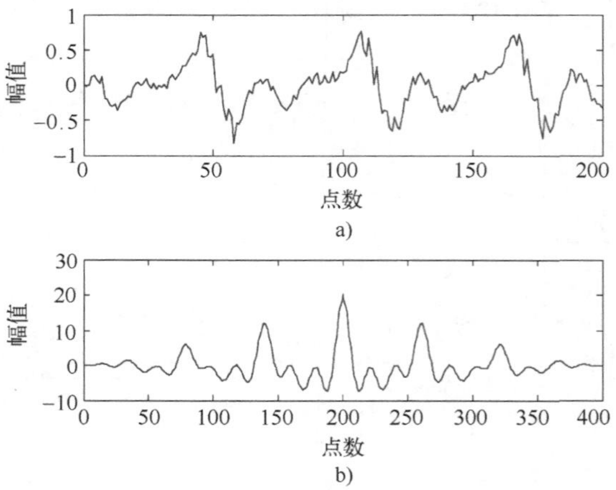

图 4-3 含噪语音的自相关函数

a）语音波形 b）含噪语音的自相关函数

由于计算的特征值种类和个数不同，基于互相关的端点检测算法只能采用单参数的双门限法。根据噪声的情况，设置两个阈值 T_1 和 T_2，当相关函数最大值大于 T_2 时，便判定是语音；当相关函数最大值大于或等于 T_1 时，则判定为语音信号的端点。

4.1.3 谱熵法

所谓熵就是表示信息的有序程度。在信息论中，熵描述了随机事件结局的不确定性，即一个信息源发出的信号以信息熵来作为信息选择和不确定性的度量，熵的概念是由 Shannon 引用到信息理论中来的。1998 年，Shne J L 首次提出基于熵的语音端点检测方法，Shne 在实验中发现语音的熵和噪声的熵存在较大的差异，谱熵这一特征具有一定的可选性，它体现了语音和噪声在整个信号段中的分布概率。

谱熵语音端点检测方法是通过检测谱的平坦程度，从而达到语音端点检测的目的，经实验研究可知谱熵具有如下特征。

1）语音信号的谱熵不同于噪声信号的谱熵。

2）理论上，如果谱的分布保持不变，则语音信号幅值的大小不会影响归一化。但实际上，语音谱熵随语音随机性而变化，与能量特征相比，谱熵的变化是很小的。

3）在某种程度上，谱熵对噪声具有一定的稳健性。当信噪比降低时，相同的语音信号的谱熵值的形状大体保持不变，这说明谱熵是一个比较稳健的特征参数。

4）语音谱熵只与语音信号的随机性有关，而与语音信号的幅度无关，理论上认为只要语音信号的分布不发生变化，语音谱熵就不会受到语音幅度的影响。另外，由于每个频率分量在求其概率密度函数的时候都经过了归一化处理，所以从这一方面也证明了语音信号的谱熵只会与语音分布有关，而不会与幅度大小有关。

设加窗分帧处理后得到的第 n 帧语音信号为 x_n，其 FFT 变换表示为 $X_n(k)$，其中，k 表示为第 k 条谱线。该语音帧在频域中的短时能量为

$$E_n = \sum_{k=0}^{N/2} X_n(k) X_n^*(k) \tag{4-1}$$

式中，N 为 FFT 的长度，只取正频率部分。

而对于某一谱线 k 的能量谱为 $Y_n(k)=X_n(k)X_n^*(k)$，则每个频率分量的归一化谱概率密度函数定义为

$$p_n(k) = \frac{Y_n(k)}{\sum_{l=0}^{N/2} Y_n(l)} = \frac{Y_n(k)}{E_n} \tag{4-2}$$

该语音帧的短时谱熵定义为

$$H_n = -\sum_{n=0}^{N/2} p_n(k) \ln p_n(k) \tag{4-3}$$

由于谱熵法的计算是基于谱的能量变化而不是谱的能量，所以在不同水平的噪声环境下谱熵参数具有一定的稳健性，但每一谱点的幅值易受噪声的污染进而影响端点检测的稳健性。

4.1.4 比例法

（1）能零比的端点检测

在噪声情况下，信号的短时能量和短时过零率会发生一定变化，严重时会影响端点检测的性能。图 4-4 是含噪信号的短时能量和短时过零率的显示图。从图中可知，在语音中的说话区间能量是向上凸起的，而过零率则相反，在说话区间向下凹陷。这表明，若说话区间能量的数值大，则过零率数值小；若在噪声区间能量的数值小，则过零率数值大，所以把能量值除以过零率的值，则可以更突出说话区间，从而更容易检测出语音端点。

改变信号的能量表示为

$$\mathrm{LE}_n = \lg(1+E_n/a) \tag{4-4}$$

式中，a 为常数，适当的数值有助于区分噪声和清音；E_n 表示信号的短时能量。

过零率的计算与 3.2.2 节相同。不过，这里 $x_n(m)$ 需要先进行限幅处理，即

$$\tilde{x}_n(m) = \begin{cases} x_n(m) & |x_n(m)| \geqslant \sigma \\ 0 & |x_n(m)| < \sigma \end{cases} \tag{4-5}$$

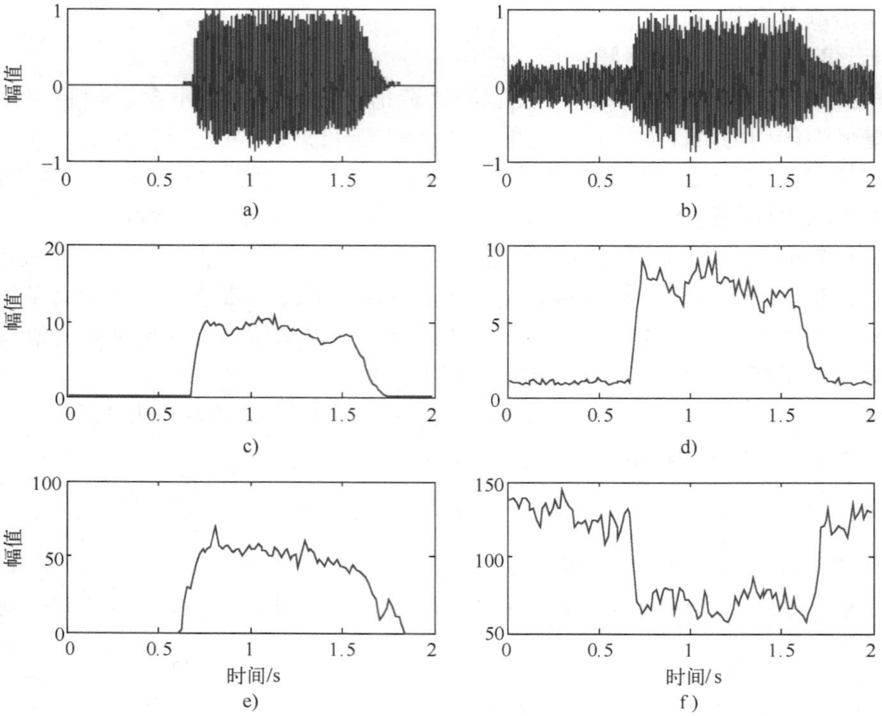

图 4-4　含噪信号的短时能量和短时过零率

a）语音波形　b）含噪语音波形　c）语音 a）的短时能量　d）语音 b）的短时能量

e）语音 a）的短时过零率　f）语音 b）的短时过零率

此时，能零比可表示为

$$EZR_n = LE_n / (ZCR_n + b) \tag{4-6}$$

此处，b 为一较小的常数，防止 ZCR_n 为零时溢出。

（2）能熵比的端点检测

谱熵值类似于过零率值，在说话区间内的谱熵值小于噪声段的谱熵值，所以同能零比类似，能熵比的表达式为

$$EEF_n = \sqrt{1 + |LE_n / H_n|} \tag{4-7}$$

4.1.5　研究难点

端点检测算法的难点如下。

1）信号取样时，由于电平的变化，难于设置对各次试验都适用的阈值。

2）在发音时，人的咂嘴声或其他杂音会使语音波形产生一个很小的尖峰，可能超过所设计的门限值。此外，人呼吸时的气流也会产生电平较高的噪声。

3）取样数据中，有时存在突发性干扰，使短时参数变得很大，持续很短时间后又恢复为寂静特性。这种突发性干扰应该计入寂静段中。

4）弱摩擦音和鼻音的特性与噪声极为接近，其中鼻音往往还拖得很长。

5）如果输入信号中有 50 Hz 工频干扰或者 A/D 转换点的工作点偏移时，用短时过零率

区分无声和清音的方法就变得不可靠。但事实上，由于无声段以及各种清音的电平分布情况变化很大，在有些情况下，二者的幅度甚至可以相比拟，这给该参数的选取带来了极大的困难。

因此，一个优秀的端点检测算法应该能够满足以下条件。

1）门限值应该可以对背景噪声的变化有一定的适应性。

2）将短时冲击噪声和人的咂嘴等瞬间超过门限值的信号纳入无声段而不是有声段。

3）对于爆破音的寂静段，应将其纳入语音的范围而不是无声段。

4）应该尽可能避免在检测中丢失鼻音和弱摩擦音等与噪声特性相似、短时参数较少的语音。

5）应该避免使用过零率作为判决标准，以减少其带来的负面影响。

汉语端点检测是指根据汉语特点及其参数的统计规律，设置某些参数的阈值，用计算机程序自动进行分段。选用何种参数进行端点检测取决于各音段（背景噪声段、声母段和韵母段等）参数值的集聚性，也就是对于不同性质的音段，所选用的参数的统计值应当是易分的。

4.2 基音周期估计

人在发音时，根据声带是否振动可以将语音信号分为清音和浊音两种。浊音又称为有声语言，携带着语言中大部分的能量，浊音在时域上呈现出明显的周期性；而清音类似于白噪声，没有明显的周期性。发浊音时，通过声门的气流使声带产生张弛振荡式振动，产生准周期的激励脉冲串。这种声带振动的频率称为基音频率，相应的周期就称为基音周期。

通常，基音频率与个人声带的长短、薄厚、韧性、劲度和发音习惯等有关，在很大程度上反映了个人的特征。此外，基音频率还随着人的性别和年龄变化而变化。一般来说，男性说话者的基音频率较低，大部分为70~200 Hz，而女性说话者和小孩的基音频率相对较高，为200~450 Hz。

汉语是一种有调语言，而基音周期的变化称为声调，声调对于汉语语音的理解极为重要。因为在汉语的相互交谈中，不但要凭借不同的元音、辅音来辨别这些字词的意义，还需要从不同的声调来区别它，也就是说声调具有辨义作用；另外，汉语中存在着多音字现象，同一个字在不同的语气或不同的词义下具有不同的声调。因此，准确可靠地进行基音检测对汉语语音信号的处理显得尤为重要。

基音周期的估计称为基音检测，基音检测的最终目的是找出和声带振动频率完全一致或尽可能相吻合的轨迹曲线。自进行语音信号分析研究以来，基音检测一直是一个重点研究的课题。尽管目前基音检测的方法有很多种，然而这些方法都有其局限性。迄今为止仍然没有一种检测方法能够适用不同的说话人、不同的要求和环境。究其原因，可归纳为如下几个方面。

1）语音信号变化十分复杂，声门激励的波形并不是完全的周期脉冲串，在语音的头、尾部并不具有声带振动那样的周期性，对于有些清浊音的过渡帧很难判定其应属于周期性还是非周期性，从而也就无法估计出基音周期。

2）声道共振峰有时会严重影响激励信号的谐波结构，使得想要从语音信号中去除声道影响，直接取出仅和声带振动有关的声源信息并不容易。

3）在浊音语音段很难对每个基音周期的开始和结束位置进行精确的判断。一方面因为语音信号本身是准周期的；另一方面因为语音信号的波形受共振峰、噪声等因素的影响。

4）在实际应用中，语音信号常常混有噪声，而噪声的存在对于基音检测算法的性能会产生强烈影响。

5）基音频率变化范围大，从低音男声的 70 Hz 到儿童、女性的 450 Hz，接近 3 个倍频程，给基音检测带来了一定的困难。

尽管语音检测面临着很多困难，然而由于基音周期在语音信号处理领域的重要性，使得语音基音周期检测一直是不断被研究改进的重要课题之一。数十年来，国内外众多学者对如何准确地从语音波形中提取出基音周期做出了不懈的努力，提出了多种有效的基音周期检测方法。我国基音检测方面的研究起步要比国外发达国家晚一点，但是进步很大，特别是对汉语的基音检测取得的成果尤为突出。目前的基音检测算法大致可分为两大类：非基于事件的检测方法和基于事件的检测方法，这里的事件是指声门闭合。

非基于事件的检测方法主要有自相关函数法、平均幅度差函数法、倒谱法，以及在以上算法基础上的一些改进算法。语音信号是一种典型的时变、非平稳信号，但是，由于语音的形成过程和发音器官的运动密切相关，而这种物理运动比声音振动速度要缓慢得多，因此语音信号常常可假定为短时平稳的，即在短时间内，其频谱特性和某些物理特征参量可近似地看作是不变的。非基于事件的检测方法正是利用语音信号的短时平稳性，先将语音信号分为长度一定的语音帧，然后对每一帧语音求基音周期。相比基于事件的基音周期检测方法来说，它的优点是算法简单、运算量小，然而从本质上说这些方法无法检测帧内基音周期的非平稳变化，检测精度并不高。

基于事件的检测方法是通过定位声门闭合时刻来对基音周期进行估计的，这种检测方法不需要对语音信号进行短时平稳假设，主要有小波变换方法和希尔伯特变换方法两种。在时域和频域上这两种方法又具有良好的局部特性，能够跟踪基音周期的变化，并可以将微小的基音周期变化检测出来，因此检测精度较高，但是计算量较大。

4.2.1 信号预处理

1）由于语音的头部和尾部并不具有声带振动那样的周期性，因此为了提高基音检测的准确性，基音检测也需要进行端点检测，但是基音检测中的端点检测更严格，常采用基于谱熵比法的端点检测算法。该算法可以只用一个门限 T_1 进行判断，判断能熵比值是否大于 T_1，把大于 T_1 的部分作为有话段的候选值，再进一步判断该段的长度是否大于最小段长，只有大于最小段长的才能作为有话段。最小段长一般设定为 10 帧。

2）为了减少共振峰的干扰，一般选择带宽为 60~500 Hz 的预滤波器进行基音检测。这里，选择 60 Hz 是为了减少工频和低频噪声的干扰；选择 500 Hz 是因为基频区间的高端在这个区域中。如果考虑共振峰的影响，上限频率可以增大到 900 Hz。这样既可以除去大部分共振峰的影响，又可以在基音频率为最高 450 Hz 时仍能保留其一次和二次谐波。当采样频率为 f_s 时，在 60 Hz 处对应的基音周期（样本点值）为 $P_{max}=f_s/60$，而 500 Hz 对应的基音周期（样本点值）为 $P_{min}=f_s/500$。

考虑到语音信号对相位不敏感，因此选择运算量少的椭圆 IIR 滤波器。因为在相同过渡带和带宽条件下，椭圆滤波器需要的阶数较小。当采样频率为 8000 Hz 时，通带是 60～500 Hz，通带波纹为 1 dB；阻带分别为 30 Hz 和 2000 Hz，阻带衰减为 40 dB。

4.2.2 自相关法

由第 3 章的自相关分析可知，浊音信号的自相关函数在基音周期的整数倍位置上出现峰值；而清音的自相关函数并没有出现明显的峰值。因此检测是否有峰值就可判断是清音还是浊音，检测峰值的位置就可提取基音周期值。

在利用自相关函数估计基音周期时，有两个需要考虑的问题：窗函数的选取问题和共振峰的影响问题。窗函数的选取原则如下。

1）无论是利用自相关函数还是利用平均幅度差函数，语音帧应使用矩形窗。

2）窗长的选择要合适。一般认为窗长至少应大于两个基音周期。而为了改善估计结果，窗长应选得更长一些，以便使帧信号包含足够多个语音周期。

共振峰的影响问题主要与声道特性有关。有的情况下，即使窗长已选得足够长，第一最大峰值点与基音周期仍不一致，这就是声道的共振峰特性造成的“干扰”。实际上影响从自相关函数中正确提取基音周期的最主要因素是声道响应部分。当基音的周期性和共振峰的周期性混叠在一起时，被检测出来的峰值就会偏离原来峰值的真实位置。另外，某些浊音中，第一共振峰频率可能会等于或低于基音频率。此时，如果其幅度很高，它就可能在自相关函数中产生一个峰值，而该峰值又可以同基音频率的峰值相比拟，从而给基音周期值检测带来误差。为了克服这个困难，可以从两条途径来着手解决。

1）减少共振峰的影响。最简单的方法是用一个带宽为 60～900 Hz 的带通滤波器对语音信号进行滤波，并利用滤波信号的自相关函数来进行基音估计。

2）对语音信号进行非线性变换后再求自相关函数。一种有效的非线性变换是“中心削波”，即削去语音信号的低幅度部分。这是因为语音信号的低幅度部分包含大量的共振峰信息，而高幅度部分包含大量的基音信息。

设中心削波器的输入信号为 $x(n)$，中心削波的输出信号 $y(n)=C[x(n)]$，则中心削波函数如图 4-5 所示。削波电平 C_L 由语音信号的峰值幅度来确定，它等于语音段最大幅度 A_{max} 的一个固定百分数。这个门限的选择很重要，一般在不损失基音信息的情况下应尽可能选得高些，以达到较好的效果。经过中心削波后只保留了超过削波电平的部分，其结果是削去了许多和声道响应有关的波动。中心削波后的语音通过一个自相关器，这样在基音周期位置会呈现出大而尖的峰值，而其余的次要峰值幅度都很小。

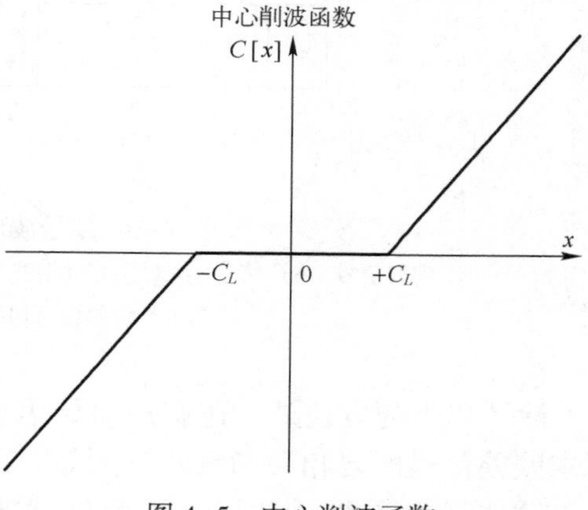

图 4-5 中心削波函数

计算自相关函数的运算量是很大的，其原因是计算机进行乘法运算非常费时。为此可对中心削波函数进行修正，采用三电平中心削波的方法如式（4-8）所示。其输入输出函数为

$$y(n)=C'[x(n)]=\begin{cases}1 & x(n)>C_L \\ 0 & |x(n)|\leqslant C_L \\ -1 & x(n)<-C_L\end{cases} \tag{4-8}$$

即削波器的输出在 $x(n)>C_L$ 时为 1，$x(n)<-C_L$ 时为-1，除此以外均为 0。虽然这一处理会增加刚刚超过削波电平的峰的重要性，但大多数次要的峰被滤除掉了，只保留了明显周期性的峰。三电平中心削波的自相关函数的计算很简单，因为削波后的信号的取值只有-1、0、1 三种情况，因而不需做作乘法运算而只需要简单的组合逻辑即可。

图 4-6 中给出了不削波、中心削波和三电平中心削波的信号波形及其自相关函数。通过对这三种削波器的详细比较可知，其性能方面只有微小的差别。其中，削波电平 C_L 之值取为该段语音最大采样值的 60%。由图可知，在基音周期点上削波信号的峰值远比前者尖锐突出，因此采用削波法来进行基音周期估计的效果更好。

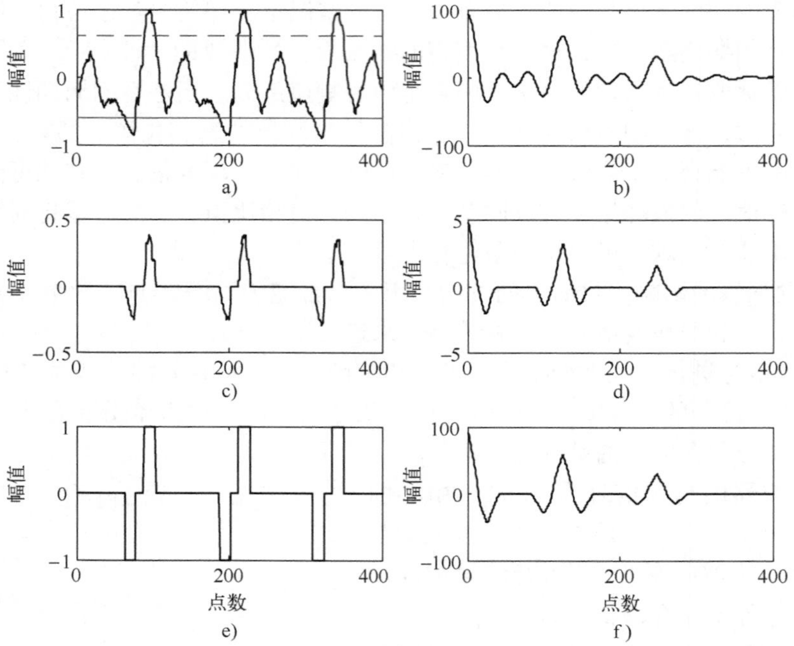

图 4-6　信号波形及其自相关函数举例对比

a）不削波信号　b）信号 a）对应的自相关函数　c）中心削波信号　d）信号 c）对应的自相关函数

e）三电平中心削波信号　f）信号 e）对应的自相关函数

除了以上的方法外，还有用原始语音信号经线性预测逆滤波器滤波得到残差信号后再求残差信号的自相关函数的方法等。近年来，人们还提出了许多基于自相关函数的算法，这些算法或者对自相关函数做适当修改（如加权自相关函数（ACF）、变长 ACF 等），或者将自相关函数与其他方法相结合（如 ACF 与小波变换相结合、ACF 与倒谱相结合等）。

4.2.3 倒谱法

倒谱法是传统的基音周期检测算法之一，它利用语音信号的倒频谱特征，检测出表征声门激励周期的基音信息。

由语音模型可知，语音 $s(n)$ 是由声门脉冲激励 $e(n)$ 经声道响应 $v(n)$ 滤波而得，即

$$s(n)=e(n)*v(n) \tag{4-9}$$

设三者的倒谱分别为 $\hat{s}(n)$、$\hat{e}(n)$ 及 $\hat{v}(n)$，则有

$$\hat{s}(n)=\hat{e}(n)+\hat{v}(n) \tag{4-10}$$

可见，包含基音信息的声脉冲倒谱可与声道响应倒谱分离，因此从倒频谱域分离 $\hat{e}(n)$ 后恢复出 $e(n)$，即可从中求出基音周期。然而，反映基音信息的倒谱峰，在过渡音和含噪语音中将会变得不清晰甚至完全消失，主要原因在于过渡音中周期激励信号能量降低和类噪激励信号干扰或含噪语音中的噪声干扰所致。对于一帧典型的浊音语音的倒谱，其倒谱域中基音信息与声道信息并不是完全分离的，在周期激励信号能量较低的情况下，声道响应（特别是其共振峰）对基音倒谱峰的影响不能忽略。

如果设法除去语音信号中的声道响应信息，对类噪激励和噪声加以适当抑制，倒谱基音检测算法的检测结果将有所改善，特别是对过渡语音的检测结果将有明显改善。其中，除去语音信号中的声道响应信息可采用线性预测方法。通过将原始语音通过逆滤波器 $A(z)=1-\sum_{i=1}^{p}a_iz^{-i}$ 进行逆滤波，则可获得预测余量信号 $\varepsilon(n)$。理论上讲，预测余量信号 $\varepsilon(n)$ 中已不包含声道响应信息，但包含完整的激励信息。对预测余量信号 $\varepsilon(n)$ 进行倒谱分析，可获得更为清晰、精确的基音信息。在抑制噪声干扰方面，由于语音基音频率一般低于 500 Hz，一个最直观的方法就是对原始语音或预测余量信号进行低通滤波处理。在倒谱分析中，可以直接将傅里叶反变换之前的频域信号的高频分量置 0。这样既可实现类似于低通滤波的处理，又可滤去噪声和激励源中的高频分量，从而减少噪声干扰。

改进的倒谱基音检测算法的具体步骤如下。

1）对输入语音进行分帧加窗，然后对分帧语音进行 LPC 分析，得到预测系数 a_i，并由此构成逆滤波器 $A(z)$。

2）将原分帧语音通过逆滤波器滤波，获得预测余量信号 $\varepsilon(n)$。

3）对预测余量信号做傅里叶变换、取对数后，将所得信号的高频分量置 0。

4）将此信号做反傅里叶变换，得到原信号的倒谱。

5）根据所得倒谱中的基音信息检测出基音周期。

图 4-7 是两种倒谱法效果对比，由此可知，改进的倒谱法的波纹更小。

在实际的基音检测算法中，有些情况下需要在检测前做低通滤波等预处理，并且在基音周期初估以后进行基音轨迹平滑的后处理。平滑方法可以采用中值滤波平滑、“低通”滤波线性平滑等，也可以采用更为有效的平滑处理方法，如动态规划等。

此外，在倒谱基音检测中，语音加窗的选择是很重要的，窗口函数应选择缓变窗。如果窗函数选择矩形窗，在许多情况下倒谱中的基音峰将变得不清晰甚至消失。一般来讲，窗函数选择汉明窗较为合理。

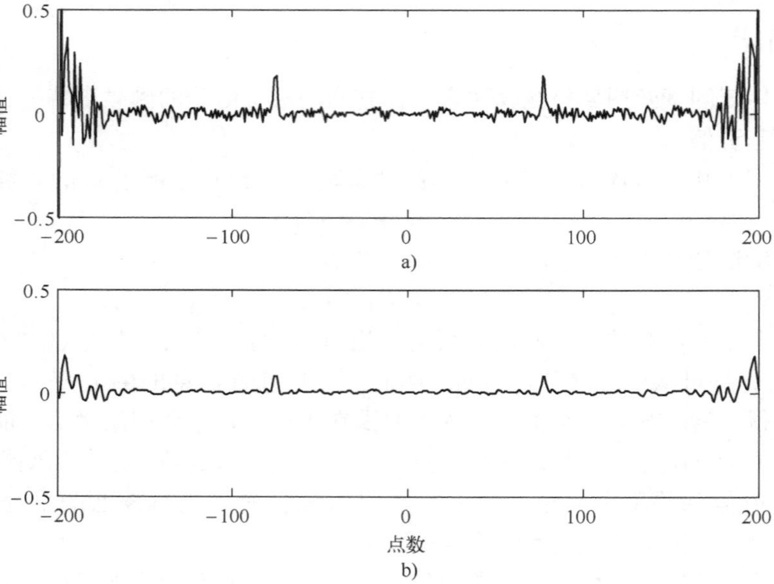

图 4-7　倒谱法效果对比

a）传统倒谱　b）改进倒谱

4.2.4　基音检测后处理

无论采用哪一种基音检测算法都可能产生基音检测错误，使求得的基音周期轨迹中有一个或几个基音周期估值偏离了正常轨迹（通常是偏离到正常值的 2 倍或 1/2），如图 4-8 所示。这种偏离点称为基音轨迹的“野点”。为了去除这些野点，可以采用各种平滑算法，其中最常用的是中值平滑算法和线性平滑算法。

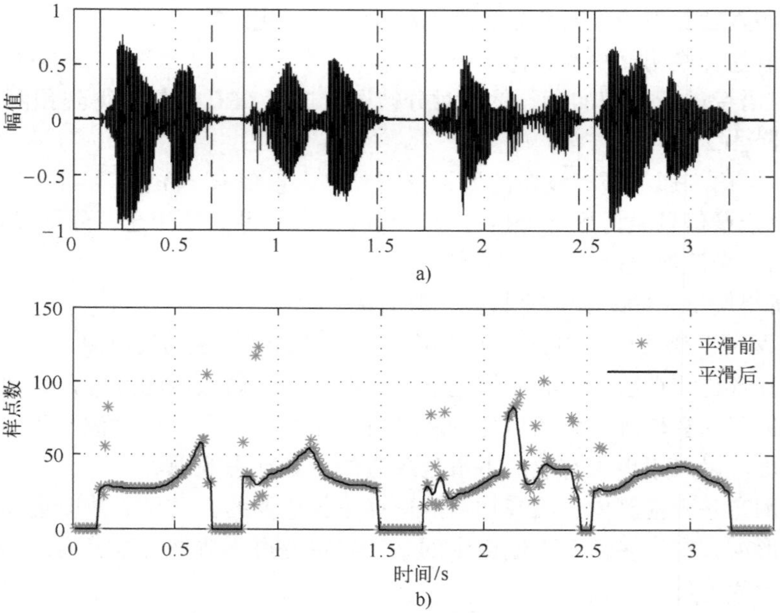

图 4-8　基音周期轨迹以及轨迹中的“野点”

1. 中值平滑处理

中值平滑处理的基本原理是：设 $x(n)$ 为输入信号，$y(n)$ 为中值滤波器的输出，采用一滑动窗，则 n_0 处的输出值 $y(n_0)$ 就是将窗的中心移到 n_0 处时窗内输入样点的中值。在 n_0 点的左右各取 L 个样点，连同被平滑点共同构成一组信号采样值（共 $2L+1$ 个样值），然后将这 $2L+1$ 个样值按大小次序排成一队，取此队列中的中间者作为平滑器的输出。L 值一般取 1 或 2，即中值平滑的“窗口”一般套住 3 或 5 个样值，称为 3 点或 5 点中值平滑。中值平滑的优点是既可以有效地去除少量的野点，又不会破坏基音周期轨迹中两个平滑段之间的阶跃性变化。

2. 线性平滑处理

线性平滑是用滑动窗进行线性滤波处理，即

$$y(n) = \sum_{m=-L}^{L} x(n-m) \cdot w(m) \tag{4-11}$$

其中，$\{w(m), m=-L,-L+1,\cdots,0,1,2,\cdots,L\}$ 为 $2L+1$ 点平滑窗，满足

$$\sum_{m=-L}^{L} w(m) = 1 \tag{4-12}$$

例如，三点窗的权值可取为 {0.25，0.5，0.25}。线性平滑虽然可以纠正输入信号中不平滑处的样值，但是也会修改附近各样点的值。所以窗的长度加大虽然可以增强平滑的效果，但是也可能导致两个平滑段之间阶跃的模糊程度加重。

3. 组合平滑处理

为了改善平滑的效果，可将两个中值平滑串接，图 4-9a 是将一个 5 点中值平滑和一个 3 点中值平滑串接。另一种方法是将中值平滑和线性平滑组合，如图 4-9b 所示。为了使平滑的基音轨迹更贴近，还可以采用二次平滑的算法。设所要平滑信号为 $T_P(n)$，经过一次组合得到的信号为 $\tau_P(n)$。那么首先应求出两者的差值信号 $\Delta T_P(n)=T_P(n)-\tau_P(n)$，再对 $\Delta T_P(n)$ 进行组合平滑，得到 $\Delta\tau_P(n)$，令输出等于 $\tau_P(n)+\Delta\tau_P(n)$，就可以得到更好的基音周期估计轨迹。算法的框图如图 4-9c 所示。由于中值平滑和线性平滑都会引入延时，所以在实现上述方案时应考虑到它的影响。图 4-9d 是一个采用补偿延时的二次平滑方案，其中的延时

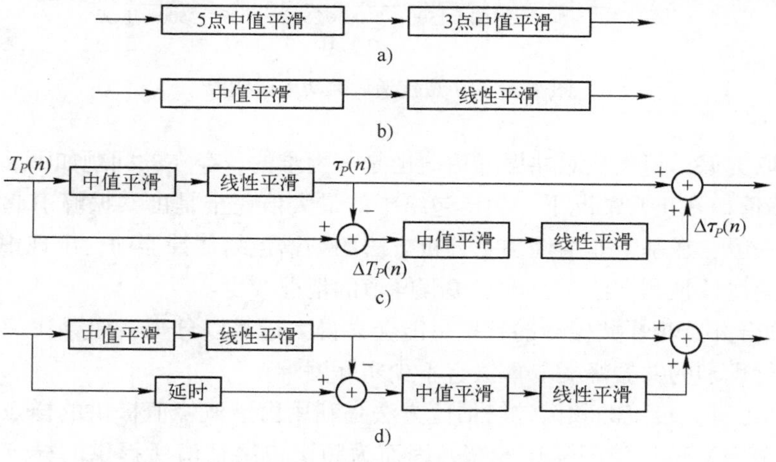

图 4-9　各种组合平滑算法的框图

大小可由中值平滑的点数和线性平滑的点数来决定。例如，一个 5 点中值平滑将引入 2 点延时，一个 3 点平滑将引入 1 点延时，那么采用这两者完成组合平滑时，补偿延时的点数应等于 3。

4.3 共振峰估计

声道可以看成是一根具有非均匀截面的声管，在发音时起共鸣器的作用。当准周期脉冲激励进入声道时会引起共振特性，产生一组共振频率，称为共振峰频率或简称为共振峰。共振峰参数包括共振峰频率、频带宽度和幅值，共振峰信息包含在语音频谱的包络中。因此共振峰参数提取的关键是估计语音频谱包络，并认为频谱包络中的最大值就是共振峰。利用语音频谱傅里叶变换相应的低频部分进行逆变换，就可以得到语音频谱的包络曲线。对于平均长度约为 17 cm 的男性声道，在 3 kHz 范围内大致包含 3 个或 4 个共振峰，而在 5 kHz 范围内则包含 4 个或 5 个共振峰，高于 5 kHz 的语音信号的能量很小。根据语音信号合成的研究表明，表示浊音信号最主要的是前 3 个共振峰。一个语音信号的共振峰模型，只用前 3 个时变共振峰频率就可以得到可懂度很好的合成浊音。依据频谱包络线各峰值能量的大小确定出第 1~4 共振峰，如图 4-10 所示。

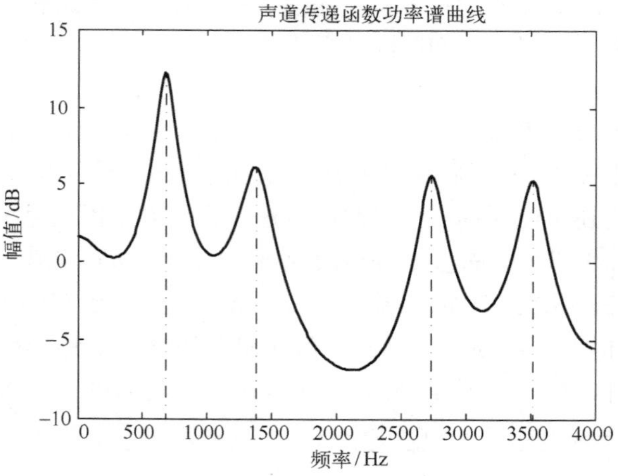

图 4-10　声道传递函数功率谱曲线

与基音提取类似，精确地对共振峰估值也是很困难的。存在的问题如下。

1）虚假峰值。在正常情况下，频谱包络中的最大值完全是由共振峰引起的，但也会出现虚假峰值。一般，在基于非线性预测分析方法的频谱包络估计器中，出现虚假峰值的情况较多，而在采用线性预测方法时，出现虚假峰值的情况较少。

2）共振峰合并。相邻共振峰的频率可能会靠得太近难以分辨，而寻找一种理想的能对共振峰合并进行识别的共振峰提取算法有不少实际困难。

3）高音调语音。传统的频谱包络估值方法是利用由谐波峰值提供的样点，而高音调语音（如女声和童声）的谐波间隔比较宽，因而为频谱包络估值所提供的样点比较少。利用线性预测进行频谱包络估值也会出现这个问题，在高音调语音中，线性预测包络峰值趋向于离开真实位置而朝着最接近的谐波峰值移动。

在提取共振峰时，通常需要对信息进行预加重处理。预加重有两个作用：一是增加一个零点，抵消声门脉冲引起的高端频谱幅度下跌，使信号频谱变得平坦且各共振峰幅度相接近；语音中只剩下声道部分的影响，所提取的特征更加符合原声道的模型。二是削减低频信息，降低基频对共振峰检测的干扰，有利于共振峰的检测；同时减少频谱的动态范围。此外，由于共振峰检测一般是分析韵母部分，所以还需要进行端点检测。

语音信号共振峰估计在语音信号合成、语音信号自动识别和低比特率语音信号传输等方面都起着重要作用。

4.3.1 倒谱分析法

虽然可以直接对语音信号求离散傅里叶变换（DFT），然后用 DFT 谱来提取语音信号的共振峰参数。但是，DFT 谱会受基频谐波的影响，最大值只能出现在谐波频率上，因而共振峰测定误差较大。为了消除基频谐波的影响，可以采用同态解卷技术。经过同态滤波后得到的谱较平滑，可以去除激励引起的谐波波动，此时通过检测峰值就可以直接提取共振峰参数，因此该方法更为有效和精确。

由于语音 $x(n)$是由声门脉冲激励 $e(n)$经声道响应 $v(n)$滤波而得。而在倒谱域中$\hat{e}(n)$和$\hat{v}(n)$是相对分离的，说明包含基音信息的声脉冲倒谱可与声道响应倒谱分离。因此从倒谱域分离 $\hat{e}(n)$后恢复出 $e(n)$，可从中求出基音周期。同样，求取共振峰时，则是从倒谱域分离$\hat{v}(n)$后恢复的 $v(n)$中计算。具体步骤如下。

1）对语音信号 $x(n)$进行预加重，并进行加窗和分帧，然后做傅里叶变换

$$X_i(k)=\sum_{n=0}^{N-1} x_i(n)\mathrm{e}^{-\mathrm{j}2\pi kn/N} \tag{4-13}$$

式中，i 代表第 i 帧。

2）求取 $X_i(k)$的倒谱：

$$\hat{x}_i(n)=\frac{1}{N}\sum_{k=0}^{N-1}\lg|X_i(k)|\mathrm{e}^{\mathrm{j}2\pi kn/N} \tag{4-14}$$

3）给倒谱信号$\hat{x}_i(n)$加窗 $h(n)$，得

$$h_i(n)=\hat{x}_i(n)\times h(n) \tag{4-15}$$

此处的窗函数和倒频率的分辨率有关，即和采样频率及 FFT 长度有关，其定义为

$$h(n)=\begin{cases}1 & n\leqslant n_0-1 \text{ 或 } n\geqslant N-n_0+1\\ 0 & n_0-1<n<N-n_0+1\end{cases},n\in[0,N-1] \tag{4-16}$$

4）求取 $h_i(n)$的包络线

$$H_i(k)=\sum_{n=0}^{N-1} h_i(n)\mathrm{e}^{-\mathrm{j}2\pi kn/N} \tag{4-17}$$

5）在包络线上寻找极大值，获得相应的共振峰参数。

4.3.2 线性预测法

通过线性预测法求出的声道滤波器是频谱包络估计器的最新形式，线性预测提供了一个优良的声道模型（条件是语音不含噪声）。尽管线性预测法的频率灵敏度和人耳不相匹配，

但它仍是最高效的方法之一。用线性预测法可对语音信号进行解卷，即把激励分量归入预测残差中，得到声道响应的全极模型 $H(z)$ 的分量，从而得到这个分量的 a_i 参数。由于存在一定的逼近误差，所以其精度有所降低，但去除了激励分量的影响。此时求出声道响应分量的谱峰，就可以求出共振峰。

简化的语音产生模型是将辐射、声道以及声门激励的全部效应简化为一个时变的数字滤波器来等效，其传递函数为

$$H(z)=\frac{S(z)}{U(z)}=\frac{G}{1-\sum_{i=1}^{p}a_iz^{-i}} \tag{4-18}$$

上式称为 p 阶线性预测模型，这是一个全极点模型。令 $z^{-i}=\exp(-\mathrm{j}2\pi if/f_s)$，则功率谱 $P(f)$ 可表示为

$$P(f)=|H(f)|^2=\frac{G^2}{\left|1-\sum_{i=1}^{p}a_i\exp(-\mathrm{j}2\pi if/f_s)\right|^2} \tag{4-19}$$

线性预测编码（Linear Predictive Coding，LPC）法的缺点是用一个全极点模型逼近语音谱，对于含有零点的某些音来说，预测误差滤波器的根反映了极零点的复合效应，无法区分这些根是对应于零点还是极点，或完全与声道的谐振极点有关。

对信号做足够点数的傅里叶变换，可获得包含任意频点的功率谱幅值响应，从该响应中可以找到共振峰，对应的求解方法有两种：抛物线内插法和线性预测系数求复数根法。

（1）抛物线内插法

任何一个共振峰频率都可以用抛物线内插法更精确地计算共振峰频率及其带宽。如图 4-11 所示，任一共振峰频率 F_i 的局部峰值频率为 $m\Delta f$（Δf 为谱图的频率间隔），其邻近的两个频率点分别为 $(m-1)\Delta f$ 和 $(m+1)\Delta f$，这三个点在功率谱中的幅值分别为 $H(m-1)$、$H(m)$、$H(m+1)$。此时，可用二次方程组 $a\lambda^2+b\lambda+c$ 来拟合，以求出更精确的中心频率 F_i 和带宽 B_i。

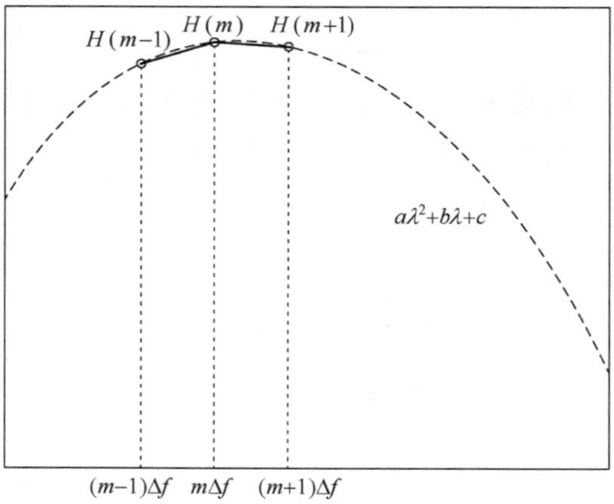

图 4-11 共振峰频率的抛物线内插图

令局部峰值频率 $m\Delta f$ 处为 0，则对应于 $-\Delta f$、0、$+\Delta f$ 处的功率谱分别为 $H(m-1)$、$H(m)$、$H(m+1)$，按表达式 $H=a\lambda^2+b\lambda+c$，可得方程组

$$\begin{cases} H(m-1)=a(\Delta f)^2-b\Delta f+c \\ H(m)=c \\ H(m+1)=a(\Delta f)^2+b\Delta f+c \end{cases} \tag{4-20}$$

假设 $\Delta f=1$，则计算的系数为

$$\begin{cases} a=\dfrac{H(m-1)+H(m+1)}{2}-H(m) \\ b=\dfrac{H(m+1)-H(m-1)}{2} \\ c=H(m) \end{cases} \tag{4-21}$$

求导数 $\partial H/\partial\lambda=\partial(a\lambda^2+b\lambda+c)/\partial\lambda=0$，得极大值为

$$\lambda_{\max}=-b/2a \tag{4-22}$$

考虑到实际频率间隔，则共振峰的中心频率为

$$F_i=\lambda_{\max}\Delta f+m\Delta f \tag{4-23}$$

中心频率对应的功率谱 H_p 为

$$H_p=a\lambda_p^2+b\lambda_p+c=-\frac{b^2}{4a}+c \tag{4-24}$$

带宽 B_i 的求法如图 4-12 所示。在某一个 λ 处，其谱值为 H_p 值的一半，即有

$$\frac{a\lambda^2+b\lambda+c}{H_p}=\frac{1}{2} \tag{4-25}$$

可以导出

$$a\lambda^2+b\lambda+c-0.5H_p=0 \tag{4-26}$$

其根为

$$\lambda_{root}=\frac{-b\pm\sqrt{b^2-4a(c-0.5H_p)}}{2a} \tag{4-27}$$

而半带宽 $B_i/2$ 是根值与峰值位置的差值，即

$$\lambda_b=\lambda_{root}-\lambda_{\max} \tag{4-28}$$

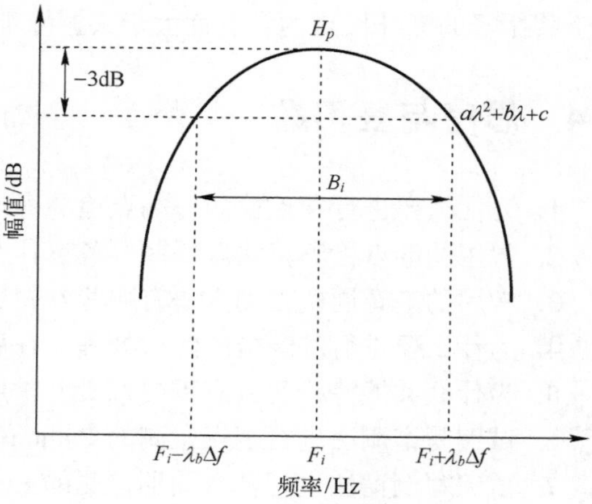

图 4-12　带宽求法的示意图

可得

$$\lambda_b=\pm\frac{\sqrt{b^2-4a(c-0.5H_p)}}{2a} \tag{4-29}$$

因为抛物线是下凹的，所以 λ_b 取正值。考虑到实际频率间隔 Δf，则带宽 B_i 为

$$B_i=2\lambda_b\Delta f \tag{4-30}$$

（2）线性预测系数求复数根法

求根法是用标准的求取复根的方法计算全极模型分母多项式 $A(z)$ 的根，其优点在于通过对预测多项式系数的分解可以精确地决定共振峰的中心频率和带宽。找出多项式复根的过

程通常采用牛顿-拉夫逊算法。算法步骤为首先猜测一个根值并就此猜测值计算多项式及其导数的值，然后利用结果再找出一个改进的猜测值。当前后两个猜测值之差小于某门限时，结束猜测过程。由上述过程可知，重复运算找出复根的计算量相当可观。但是，假设每一帧的最初猜测值与前一帧的根的位置重合，那么根的帧到帧的移动足够小，经过较少的重复运算后，可使新的根的值汇聚在一起。初始化时，第一帧的猜测值可以在单位圆上等间隔设置。

预测误差滤波器 $A(z)$ 可表示为

$$A(z) = 1 - \sum_{i=1}^{p} a_i z^{-i} \tag{4-31}$$

求其多项式复根可精确地确定共振峰的中心频率和带宽。

设 $z_i = r_i e^{j\theta_i}$ 为任意复根值，则其共轭值 $z_i^* = r_i e^{-j\theta_i}$ 也是一个根。设与 z_i 对应的共振峰频率为 F_i，3 dB 带宽为 B_i，则 F_i 及 B_i 与 z_i 之间的关系为

$$\begin{cases} 2\pi F_i / f_s = \theta_i \\ e^{-B_i \pi / f_s} = r_i \end{cases} \tag{4-32}$$

其中，f_s 为采样频率，所以

$$\begin{cases} F_i = \theta_i f_s / (2\pi) \\ B_i = -\ln r_i \cdot f_s / \pi \end{cases} \tag{4-33}$$

因为预测误差滤波器的阶数 p 是预先设定的，所以复共轭对的数量最多是 $p/2$。因为不属于共振峰的额外极点的带宽远大于共振峰带宽，所以比较容易剔除非共振峰极点。

4.4 思考与复习题

1. 为什么要进行端点检测？端点检测容易受什么因素影响？
2. 常用的端点检测算法有哪些？各有什么优缺点？
3. 常用的基音周期检测方法有哪些？叙述它们的工作原理和框图。
4. 为什么要进行基音检测的后处理？在后处理中常用的有哪几种基音轨迹平滑方法？
5. 为什么共振峰检测具有重要意义？常用的共振峰检测方法有哪些？叙述其工作原理。
6. 试编写谱熵法进行端点检测的 Python 函数，并编程验证。
7. 试编写倒谱法进行基音周期检测的 Python 函数，并编程验证。

第 5 章　神经网络与深度学习

人工神经网络（Artificial Neural Network，ANN）是受生物学和神经学启发的数学模型。这个模型主要是通过对人脑的神经元网络进行抽象，构建人工神经元，并按照一定拓扑结构来建立人工神经元之间的连接，从而模拟生物神经网络。在人工智能领域，人工神经网络也常常简称为神经网络（Neural Network，NN）或神经模型。神经网络最早是作为一种主要的连接主义模型。20 世纪 80 年代后期，最流行的一种连接主义模型是分布式并行处理网络，其有 3 个主要特性。

1）信息表示是分布式的（非局部的）。

2）记忆和知识存储在单元之间的连接上。

3）通过逐渐改变单元之间的连接强度来学习新的知识。连接主义的神经网络有着多种多样的网络结构以及学习方法，虽然早期模型强调模型的生物可解释性，但后期更关注于对某种特定认知能力的模拟，比如物体识别、语言理解等。尤其是在引入误差反向传播来改进其学习能力之后，神经网络也越来越多地应用在各种模式识别任务上。

随着训练数据的增多以及（并行）计算能力的增强，神经网络在很多模式识别任务上已经取得了很大的突破，表现出了卓越的学习能力。2006 年，Hinton 和 Salakhutdinov 发现多层前馈神经网络可以先通过逐层预训练，再用反向传播算法进行精调的方式进行有效学习。此外，随着深度的人工神经网络在语音识别和图像分类等任务上取得的巨大成功，深度学习时代正式到来。

深度学习（Deep Learning）是近年来发展十分迅速的研究领域，并且在人工智能的很多子领域都取得了巨大的成功。从根源来讲，深度学习是机器学习的一个分支，是指一类问题以及解决这类问题的方法。首先，深度学习问题是一个机器学习问题，指从有限样例中，通过算法总结出一般性的规律，并可以应用到新的未知数据上。其次，和传统的机器学习不同，深度学习采用的模型一般比较复杂，从样本的原始输入到输出目标之间的数据会流经多个线性或非线性的组件。

但是，神经网络和深度学习并不等价。深度学习可以采用神经网络模型，也可以采用其他模型。但是由于神经网络模型可以比较容易地解决贡献度分配问题（每个组件的贡献是多少），因此神经网络模型成为深度学习中主要采用的模型。虽然深度学习一开始用来解决机器学习中的表示学习问题，但是由于其强大的能力，深度学习越来越多地用来解决一些通用人工智能问题，比如推理、决策等。

本章主要介绍了有关神经网络和深度学习的基本概念，尤其是神经网络的基本构成和常见的神经网络结构。

5.1 神经网络及其发展

人类大脑是人体最复杂的器官，它由神经元、神经胶质细胞、神经干细胞和血管组成。其中，神经元也叫作神经细胞，是携带和传输信息的细胞，是人脑神经系统中最基本的单元。早在 1904 年，生物学家就已经发现了神经元的结构。神经元可以接收其他神经元的信息，也可以发送信息给其他神经元。神经元之间靠突触进行互连来传递信息，形成了一个神经网络，即神经系统。突触可以理解为神经元之间的连接“接口”，将一个神经元的兴奋状态传到另一个神经元。一个神经元可被视为一种只有两种状态的细胞：兴奋和抑制。神经元的状态取决于从其他的神经细胞收到的输入信号量及突触的强度（抑制或加强）。当信号量总和超过了某个阈值时，细胞体就会兴奋，产生电脉冲。电脉冲沿着轴突并通过突触传递到其他神经元。

人工神经网络是一种模拟人脑神经网络而设计的数据模型或计算模型，它从结构、实现机理和功能上模拟人脑神经网络。人工神经网络与生物神经元类似，由多个节点（人工神经元）相互连接而成，可以用来对数据之间的复杂关系进行建模。不同节点之间的连接被赋予了不同的权重，每个权重代表了一个节点对另一个节点的影响大小。每个节点代表一种特定函数，来自其他节点的信息经过其相应的权重综合计算，输入到一个激励函数中并得到一个新的活性值（兴奋或抑制）。从系统观点看，人工神经网络是由大量神经元通过极其丰富和完善的连接而构成的自适应非线性动态系统。

虽然可以比较容易地构造一个人工神经网络，但是如何让人工神经网络具有学习能力并不是一件容易的事情。首个可学习的人工神经网络是赫布网络，它采用一种基于赫布规则的无监督学习方法。感知器是最早的具有机器学习思想的神经网络，但其学习方法无法扩展到多层的神经网络上。直到 1980 年左右，反向传播算法才有效地解决了多层神经网络的学习问题，并成为最为流行的神经网络学习算法。

人工神经网络诞生之初并不是用来解决机器学习问题。由于人工神经网络可以看作是一个通用的函数逼近器，一个两层的神经网络可以逼近任意的函数，因此人工神经网络可以看作一个可学习的函数，并应用到机器学习中。理论上，只要有足够的训练数据和神经元数量，人工神经网络就可以学到很多复杂的函数。人工神经网络模型塑造任何函数的能力大小称为网络容量，它与可以被存储在网络中的信息的复杂度和数量相关。

虽然神经网络的计算能力可以去近似一个给定的连续函数，但并没有给出如何找到一个符合要求的最优网络的方法。此外，当应用到机器学习时，并不知道真实的映射函数，一般是通过经验风险最小化和正则化来进行参数的学习。因为神经网络的能力强大，反而容易在训练集上发生过拟合。在机器学习中，输入样本的特征对分类器的影响很大。

如图 5-1 所示，神经网络的发展大致经过五个阶段。但是，随着深度的人工神经网络在语音识别和图像分类等应用上的巨大成功，以神经网络为基础的“深度学习”迅速崛起。近年来，随着大规模并行计算以及 GPU 设备的普及，计算机的计算能力得以大幅提高。此外，可供机器学习的数据规模也越来越大。在计算能力和数据规模的支持下，计算机已经可以训练大规模的人工神经网络。2016 年，Google 研发的 AlphaGo 战胜了世界围棋冠军李世石。目前，各大科技公司都投入巨资研究深度学习，神经网络迎来第三次高潮。深度学习的流行背后的基本原理可以总结如下：它有助于提高计算机芯片的处理能力，它允许整合大量的训练数据，这也是机器学习在信息和信号处理领域最近取得进展的原因。

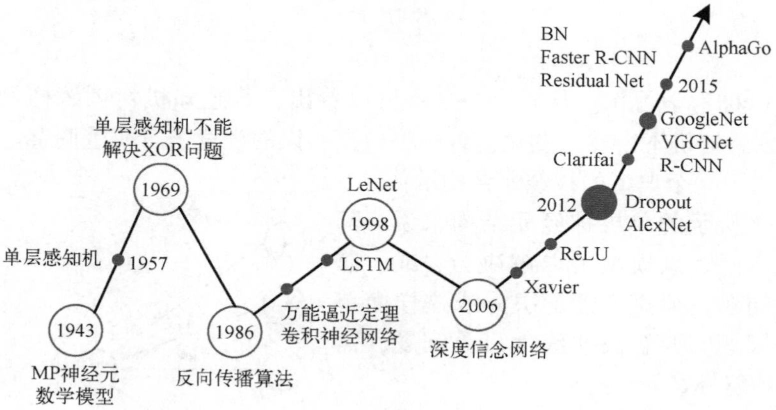

图 5-1　神经网络的发展历史

5.2　神经元

人工神经元，简称神经元，是构成神经网络的基本单元，其作用主要是模拟生物神经元的结构和特性，接收一组输入信号并产生输出。在生物神经网络中，每个神经元与其他神经元相连，当它“兴奋”时，就会向相连的神经元发送化学物质，从而改变这些神经元内的电位；如果某神经元的电位超过了一个“阈值”，那么它就会被激活，即“兴奋”起来，向其他神经元发送化学物质。

1943 年，心理学家 Warren McCulloch 和数学家 Walter Pitts 根据生物神经元的结构，提出了一种非常简单的神经元模型——MP 神经元。现代神经网络中的神经元和 MP 神经元的结构并无太多变化。不同的是，MP 神经元中的激活函数 f 是 0 或 1 的阶跃函数，而现代神经元中的激活函数通常要求是连续可导的函数。从计算机科学的角度看，神经网络可视为包含了许多参数的数学模型，这个模型是若干个函数相互代入而得。有效的神经网络学习算法大多以数学证明为支撑。

5.2.1　基本构成

假设一个神经元接收 d 个输入 $x_1,x_2,\cdots,x_d$，用向量 $\boldsymbol{x}=[x_1,x_2,\cdots,x_d]$ 来表示这组输入，并用净输入 $y\in\mathbb{R}$ 表示一个神经元所获得的输入信号 x 的加权和，即

$$y=\sum_{i=1}^{d}w_ix_i+\theta=\boldsymbol{w}^{\mathrm{T}}\boldsymbol{x}+\theta \tag{5-1}$$

其中，$\boldsymbol{w}=[w_1,w_2,\cdots,w_d]\in\mathbb{R}^d$ 是 d 维的权重向量，$\theta\in\mathbb{R}$ 是偏置。

净输入 y 在经过一个非线性函数 $f(\cdot)$ 后，得到神经元的活性值 a，即

$$a=f(y) \tag{5-2}$$

其中，非线性函数 $f(\cdot)$ 称为激活函数。

给定训练数据集，权重 $w_i(i=1,2,\cdots,n)$ 以及阈值 θ 可通过学习得到。早期 MP 模型的学习规则非常简单，对训练样例 (x,y)，若当前感知机的输出为 $\hat{y}$，则感知机权重调整为

$$\begin{cases}\Delta w_i \leftarrow \eta(y-\hat{y})x_i \\ w_i \leftarrow w_i+\Delta w_i\end{cases} \tag{5-3}$$

其中，$\eta \in (0,1)$ 称为学习率。从式（5-3）可以看出，若感知机对训练样例 (x,y) 预测正确，即 $y=\hat{y}$，则感知机不会发生变化，否则将根据错误的程度进行权重调整。

图 5-2 给出了一个典型的神经元结构示例。

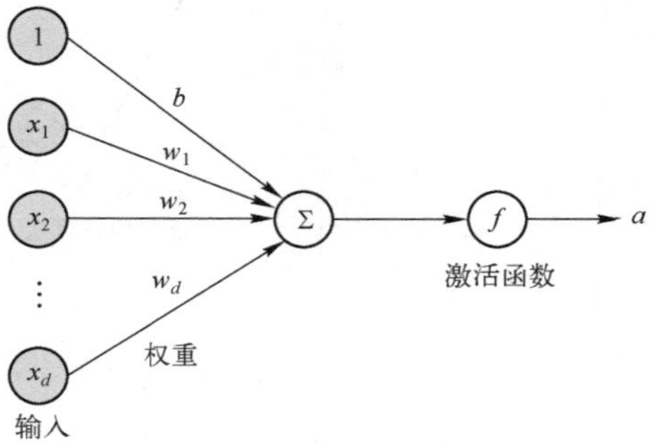

图 5-2　典型的神经元结构

对于图 5-2 所示的单层神经元结构来说，其学习能力非常有限。该模型可以解决与、或、非等线性可分的问题，但是不能解决异或这样简单的非线性可分问题。要解决非线性可分问题，需考虑使用多层功能神经元。

激活函数在神经元中非常重要。为了增强网络的表示能力和学习能力，激活函数需要具备以下几点性质。

1）连续并可导（允许少数点上不可导）的非线性函数。可导的激活函数可以直接利用数值优化的方法来学习网络参数。

2）激活函数及其导函数要尽可能简单，有利于提高网络计算效率。

3）激活函数的导函数的值域要在一个合适的区间内，不能太大也不能太小，否则会影响训练的效率和稳定性。

下面介绍几种在神经网络中常用的激活函数。

5.2.2　Sigmoid 型激活函数

Sigmoid 型函数是指一类 S 型曲线函数，为两端饱和函数。常用的 Sigmoid 型函数有 Logistic 函数和 Tanh 函数。

（1）Logistic 函数

Logistic 函数的定义为

$$\sigma(x)=\frac{1}{1+\exp(-x)} \tag{5-4}$$

Logistic 函数可以看成是一个“挤压”函数，把一个实数域的输入“挤压”到（0，1）。当输入值在 0 附近时，Logistic 函数近似为线性函数；当输入值靠近两端时，对输入进行抑制。输入越小，越接近于 0；输入越大，越接近于 1。这样的特点也和生物神经元类似，对一些输入会产生兴奋（输出为 1），对另一些输入产生抑制（输出为 0）。和感知器使用的阶跃激活函数相比，Logistic 函数是连续可导的，其数学性质更好。

带有 Logistic 激活函数的神经元具有以下性质。

1）其输出可以直接看作是概率分布，使得神经网络可以更好地和统计学习模型进行结合。

2）其可以看作是一个软性门，用来控制其他神经元输出信息的数量。

（2）Tanh 函数

Tanh 函数也是一种 Sigmoid 型函数。其定义为

$$\tanh(x)=\frac{\exp(x)-\exp(-x)}{\exp(x)+\exp(-x)} \tag{5-5}$$

Tanh 函数可以看作是放大并平移的 Logistic 函数，其值域是$(-1,1)$。

$$\tanh(x)=2\sigma(2x)-1 \tag{5-6}$$

Tanh 函数的输出是零中心化的，而 Logistic 函数的输出恒大于 0，使得其后一层的神经元的输入发生偏置偏移，并进一步使得梯度下降的收敛速度变慢。

TensorFlow 的库 tensorflow. math 包含上述两个激活函数，分别为 sigmoid 和 tanh。

5.2.3 修正线性单元

（1）ReLU

修正线性单元（Rectified Linear Unit，ReLU）是目前深层神经网络中经常使用的激活函数。ReLU 实际上是一个斜坡函数，定义为

$$\mathrm{ReLU}(x)=\begin{cases}x, x\geqslant 0\\0, x<0\end{cases}=\max(0,x) \tag{5-7}$$

采用 ReLU 的神经元的优点是只需要进行加法、乘法和比较的操作，计算上更加高效。ReLU 函数被认为有生物上的解释性，比如单侧抑制、宽兴奋边界。在生物神经网络中，同时处于兴奋状态的神经元非常稀疏。人脑中在同一时刻大概只有 1%～4%的神经元处于活跃状态。Sigmoid 型激活函数会导致一个非稀疏的神经网络，而 ReLU 却具有很好的稀疏性，大约 50% 的神经元会处于激活状态。

在优化方面，相比于 Sigmoid 型函数的两端饱和，ReLU 函数为左饱和函数，且在 $x>0$ 时导数为 1，在一定程度上缓解了神经网络的梯度消失问题，加快了梯度下降的收敛速度。

ReLU 函数的缺点是输出是非零中心化的，给后一层的神经网络引入了偏置偏移，会影响梯度下降的效率。此外，ReLU 神经元在训练时比较容易“死亡”。在训练时，如果参数在一次不恰当的更新后，第一个隐藏层中的某个 ReLU 神经元在所有的训练数据上都不能被激活，那么这个神经元自身参数的梯度永远都会是 0，在以后的训练过程中永远不能被激活。这种现象称为死亡 ReLU 问题，并且也有可能会发生在其他隐藏层。

在实际使用中，为了避免上述情况，有几种 ReLU 的变种也被广泛使用。

（2）ELU

指数线性单元（Exponential Linear Unit，ELU）是一个近似的零中心化的非线性函数，其定义为

$$\mathrm{ELU}(x)=\begin{cases}x, x\geqslant 0\\\gamma(\exp(x)-1), x<0\end{cases}=\max(0,x)+\min(0,\gamma(\exp(x)-1)) \tag{5-8}$$

其中，$\gamma>0$ 是一个超参数，决定 $x\leqslant 0$ 时的饱和曲线，并调整输出均值在 0 附近。

（3）Softplus 函数

Softplus 函数可以看作是 ReLU 函数的平滑版本，其定义为

$$\mathrm{Softplus}(x)=\ln(1+\exp(x)) \tag{5-9}$$

Softplus 函数的导数刚好是 Logistic 函数。Softplus 函数虽然也具有单侧抑制、宽兴奋边界的特性，却没有稀疏激活性。

TensorFlow 的库 tensorflow. nn 包含上述 3 个激活函数，分别为 relu、elu 和 softplus。

5.3 误差逆传播算法

多层网络的学习能力比单层网络强得多。想要训练多层网络，式（5-3）的简单感知机学习规则显然不够了，这时需要更强大的学习算法。误差逆传播（error Back Propagation, BP）算法就是其中的代表，它是迄今最成功的神经网络学习算法。现实任务中使用神经网络时，大多是在使用 BP 算法进行训练。值得指出的是，BP 算法不仅可用于多层前馈神经网络，还可用于其他类型的神经网络，例如训练递归神经网络。但通常说“BP 网络”时，一般是指用 BP 算法训练的多层前馈神经网络。

给定训练集 $D=\{(x_1,y_1),(x_2,y_2),\cdots,(x_m,y_m)\}$，$x_i\in\mathbb{R}^d$，$y_i\in\mathbb{R}^l$，即输入示例由 d 个属性描述，输出 l 维实值向量。图 5-3 给出了一个拥有 d 个输入神经元、l 个输出神经元、q 个隐藏层神经元的多层前馈网络结构，其中输出层第 j 个神经元的阈值用 θ_j 表示，隐藏层第 h 个神经元的阈值用 γ_h 表示。输入层第 i 个神经元与隐藏层第 h 个神经元之间的连接权为 v_{ih}，隐藏层第 h 个神经元与输出层第 j 个神经元之间的连接权为 w_{hj}。记隐藏层第 h 个神经元接收到的输入为 $\alpha_h=\sum_{i=1}^{d}v_{ih}x_i$，输出层第 j 个神经元接收到的输入为 $\beta_j=\sum_{h=1}^{q}w_{hj}b_h$，其中 b_h 为隐藏层第 h 个神经元的输出。假设隐藏层和输出层神经元都使用 Sigmoid 函数。

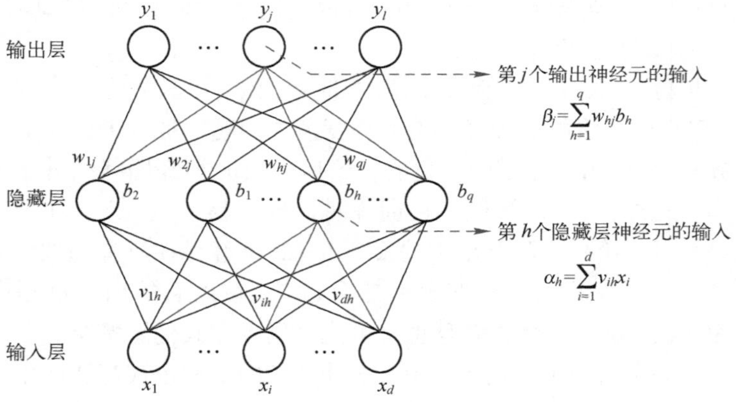

图 5-3　BP 网络结构

对训练例 (x_k,y_k)，假定神经网络的输出为 $\hat{y}_k=(\hat{y}_1^k,\hat{y}_2^k,\cdots,\hat{y}_l^k)$，即

$$\hat{y}_j^k=f(\beta_j-\theta_j) \tag{5-10}$$

则网络在 (x_k,y_k) 上的均方误差为

$$E_k=\frac{1}{2}\sum_{j=1}^{l}(\hat{y}_j^k-y_j^k)^2 \tag{5-11}$$

图 5-3 的网络中有 $(d+l+1)q+l$ 个参数需确定：输入层到隐藏层的 $d\times q$ 个权值、隐藏层到输出层的 $q\times l$ 个权值、q 个隐藏层神经元的阈值、l 个输出层神经元的阈值。BP 是一个迭

代学习算法，在迭代的每一轮中采用广义的感知机学习规则对参数进行更新估计，任意参数 v 的更新估计式为

$$v \leftarrow v+\Delta v \tag{5-12}$$

下面以图 5-3 中隐藏层到输出层的连接权 w_{hj} 为例来进行推导。

BP 算法基于梯度下降策略，以目标的负梯度方向对参数进行调整。对式（5-11）的误差 E_k，给定学习率 η，有

$$\Delta w_{hj}=-\eta \frac{\partial E_k}{\partial w_{hj}} \tag{5-13}$$

注意到 w_{hj} 先影响到第 j 个输出层神经元的输入值 β_j，再影响到其输出值 $\hat{y}_j^k$，然后影响到 E_k，有

$$\frac{\partial E_k}{\partial w_{hj}}=\frac{\partial E_k}{\partial \hat{y}_j^k} \frac{\partial \hat{y}_j^k}{\partial \beta_j} \frac{\partial \beta_j}{\partial w_{hj}} \tag{5-14}$$

根据 β_j 的定义，显然有

$$\frac{\partial \beta_j}{\partial w_{hj}}=b_h \tag{5-15}$$

Sigmoid 函数有一个很好的性质：

$$f'(x)=f(x)[1-f(x)] \tag{5-16}$$

于是根据式（5-10）和式（5-11），有

$$g_j=-\frac{\partial E_k}{\partial \hat{y}_j^k} \frac{\partial \hat{y}_j^k}{\partial \beta_j}=(\hat{y}_j^k-y_j^k)f'(\beta_j-\theta_j)=\hat{y}_j^k(1-\hat{y}_j^k)(\hat{y}_j^k-y_j^k) \tag{5-17}$$

将式（5-17）和式（5-15）代入式（5-14），再代入式（5-13），就得到了 BP 算法中关于 w_{hj} 的更新公式

$$\Delta w_{hj}=\eta g_j b_h \tag{5-18}$$

类似可得

$$\Delta \theta_j=-\eta g_j \tag{5-19}$$

$$\Delta v_{ih}=\eta e_h x_i \tag{5-20}$$

$$\Delta \gamma_h=-\eta e_h \tag{5-21}$$

式（5-20）和式（5-21）中

$$\begin{aligned} e_h &=-\frac{\partial E_k}{\partial b_h} \frac{\partial b_h}{\partial a_h}=-\sum_{j=1}^{l} \frac{\partial E_k}{\partial \beta_j} \frac{\partial \beta_j}{\partial b_h}f'(a_h-\gamma_h) \\ &=\sum_{j=1}^{l} w_{hj} g_j f'(a_h-\gamma_h) \\ &=b_h(1-b_h)\sum_{j=1}^{l} w_{hj} g_j \end{aligned} \tag{5-22}$$

学习率 $\eta \in (0,1)$ 控制着算法每一轮迭代中的更新步长，若太大则容易振荡，太小则收敛速度又会过慢。有时为了做精细调节，可令式（5-18）与（5-19）使用 η_1，式（5-20）与（5-21）使用 η_2，两者未必相等。

总结一下，BP 算法的主要工作流程如下。

1）确定网络输入：训练集 $D=\{(x_k,y_k)\}_{k=1}^{m}$，学习率为 η。

2）对每个训练样例 $(x_k,y_k)\in D$，BP 算法执行以下操作：先将输入示例提供给输入层神经元，然后逐层将信号前传，直到产生输出层的结果；然后计算输出层的误差，即分别按照式（5-10）和式（5-17）计算当前样本的输出 $\hat{y}_k$ 和输出层神经元的梯度项 g_j；按式（5-22）计算隐藏层神经元的梯度项 e_h，将误差逆向传播至隐藏层神经元；最后按式（5-18）~式（5-21）根据隐藏层神经元的误差更新连接权 w_{hj}、v_{ih} 与阈值 θ_j、γ_h。

3）该迭代过程循环进行，直到达到某些停止条件为止，例如训练误差已达到一个很小的值。最终输出即为连接权与阈值确定的多层前馈神经网络。

需注意的是，BP 算法的目标是要最小化训练集 D 上的累积误差

$$E=\frac{1}{m}\sum_{k=1}^{M}E_k \tag{5-23}$$

但上面介绍的“标准 BP 算法”每次仅针对一个训练样例更新连接权和阈值，也就是说，图 5-3 中算法的更新规则是基于单个的 E_k 推导而得。如果类似地推导出基于累积误差最小化的更新规则，就得到了累积误差逆传播算法。累积 BP 算法与标准 BP 算法都很常用。一般来说，标准 BP 算法每次更新只针对单个样例，参数更新得非常频繁，而且对不同样例进行更新的效果可能出现“抵消”现象。因此，为了达到同样的累积误差极小点，标准 BP 算法往往需进行更多次数的迭代。累积 BP 算法直接针对累积误差最小化，它在读取整个训练集 D 一遍后才对参数进行更新，其参数更新的频率低得多。但在很多任务中，累积误差在下降到一定程度之后，进一步下降会非常缓慢，这时标准 BP 算法往往会更快获得较好的解，在训练集 D 非常大时这种情况更明显。

研究证明，只需一个包含足够多神经元的隐藏层，多层前馈网络就能以任意精度逼近任意复杂度的连续函数。然而，如何设置隐藏层神经元的个数仍是个未解决问题，实际应用中通常靠“试错法”调整。

正是由于其强大的表示能力，BP 神经网络经常会遭遇过拟合，其训练误差持续降低，但测试误差却可能上升。有两种策略常用来缓解 BP 网络的过拟合。第一种策略是“早停”：将数据分成训练集和验证集，训练集用来计算梯度、更新连接权和阈值，验证集用来估计误差，若训练集误差降低但验证集误差升高，则停止训练，同时返回具有最小验证集误差的连接权和阈值。第二种策略是“正则化”，其基本思想是在误差目标函数中增加一个用于描述网络复杂度的部分，例如连接权与阈值的平方和。仍令 E_k 表示第 k 个训练样例上的误差，w_i 表示连接权和阈值，则式（5-23）的误差目标函数变为

$$E=\lambda\frac{1}{m}\sum_{k=1}^{M}E_k+(1-\lambda)\sum_{i}w_i^2 \tag{5-24}$$

其中，$\lambda\in(0,1)$ 用于对经验误差与网络复杂度这两项进行折中，常通过交叉验证法来估计。

若用 E 表示神经网络在训练集上的误差，则它显然是关于连接权 w 和阈值 θ 的函数。此时，神经网络的训练过程可看作一个参数寻优的过程，即在参数空间中，寻找一组最优参数使得 E 最小。但是，最优解并不容易获得，要防止局部最优解。

神经网络在训练时，可以通过调用 TensorFlow 的 tensorflow. train 库中的 GradientDescen-tOptimizer 函数来实现（参数设置为'GradientDescent'）。

5.4 前馈神经网络

前馈神经网络（Feedforward Neural Network，FNN）是最早发明的简单人工神经网络，是一种比较直接的拓扑结构。

在前馈神经网络中，各神经元分别属于不同的层。每一层的神经元可以接收前一层神经元的信号，并产生信号输出到下一层。第 0 层叫作输入层，最后一层叫作输出层，其他中间层叫作隐藏层。整个网络中无反馈，信号从输入层向输出层单向传播，可用一个有向无环图表示。

多层前馈神经网络可以看作是一个非线性复合函数 $\varphi:\mathbb{R}^d \to \mathbb{R}^{d'}$，将输入 $x\in\mathbb{R}^d$映射到输出 $\varphi(x)\in\mathbb{R}^{d'}$。因此，多层前馈神经网络也可以看成是一种特征转换方法，其输出 $\varphi(x)$ 作为分类器的输入进行分类。

给定一个训练样本(x,y)，先利用多层前馈神经网络将 x 映射到 $\varphi(x)$，再将 $\varphi(x)$ 输入到分类器 $g(\cdot)$。

$$\hat{y}=g(\varphi(x),\theta) \tag{5-25}$$

其中，$g(\cdot)$为线性或非线性的分类器；θ 为分类器 $g(\cdot)$的参数；$\hat{y}$为分类器的输出。

对于两类分类问题 $y\in(0,1)$，如果采用 Logistic 回归，那么 Logistic 回归分类器可以看成神经网络的最后一层。网络的输出可以直接作为类别 $y=1$ 的后验概率。

$$P(y=1 \mid x)=a^L \tag{5-26}$$

其中，$a^L\in\mathbb{R}$ 为第 L 层神经元的活性值。

对于多类分类问题 $y\in(1,2,\cdots,C)$，如果使用 Softmax 回归分类器，相当于在网络最后一层设置 C 个神经元，其激活函数为 Softmax 函数。网络的输出可以作为每个类的后验概率。

$$\hat{y}=\mathrm{Softmax}(z^L)=\frac{\exp(z_c^L)}{\sum_{c=1}^{C}\exp(z_c^L)} \tag{5-27}$$

其中，$z^L\in\mathbb{R}$ 为第 L 层神经元的净输入；$\hat{y}\in\mathbb{R}^C$为第 L 层神经元的活性值，分别是不同类别标签 C 的预测后验概率。

如果采用交叉熵损失函数，对于样本$(\boldsymbol{x},\boldsymbol{y})$，其损失函数为

$$L(\boldsymbol{y},\hat{\boldsymbol{y}})=-\boldsymbol{y}^{\mathrm{T}}\ln\hat{\boldsymbol{y}} \tag{5-28}$$

其中，$\boldsymbol{y}\in\{0,1\}^C$ 为标签 $\boldsymbol{y}$ 对应的 one-hot 向量表示。

给定训练集为 $D=\{(\boldsymbol{x}^n,\boldsymbol{y}^n)\}_{n=1}^N$，将每个样本 $\boldsymbol{x}^n$ 输入给前馈神经网络，得到网络输出为 $\hat{\boldsymbol{y}}^n$，其在数据集 D 上的结构化风险函数为

$$R(\boldsymbol{W},\boldsymbol{b})=\frac{1}{N}\sum_{n=1}^{N}L(\boldsymbol{y}^n,\hat{\boldsymbol{y}}^n)+\frac{1}{2}\lambda\ \|\boldsymbol{W}\|_F^2 \tag{5-29}$$

其中，$\boldsymbol{W}$ 和 $\boldsymbol{b}$ 分别表示网络中所有的权重矩阵和偏置向量；$\|\boldsymbol{W}\|_F^2$ 是正则化项，用来防止过拟合；λ 是为正数的超参数。λ 越大，$\boldsymbol{W}$ 越接近于 0。这里的 $\|\boldsymbol{W}\|_F^2$ 一般使用 Frobenius 范数：

$$\| \boldsymbol{W} \|_F^2 = \sum_{l=1}^{L} \sum_{i=1}^{m^l} \sum_{j=1}^{m^{l-1}} (\boldsymbol{W}_{ij}^l)^2 \tag{5-30}$$

有了学习准则和训练样本，网络参数可以通过梯度下降法来进行学习。在梯度下降法的每次迭代中，第 l 层的参数 $\boldsymbol{W}^l$ 和 $\boldsymbol{b}^l$ 参数更新方式为

$$\begin{cases} \boldsymbol{W}^l \leftarrow \boldsymbol{W}^l - \alpha \dfrac{\partial R(\boldsymbol{W},\boldsymbol{b})}{\partial \boldsymbol{W}^l} = \boldsymbol{W}^l - \alpha\left(\dfrac{1}{N}\displaystyle\sum_{n=1}^{N}\left(\dfrac{\partial L(\boldsymbol{y}^n,\hat{\boldsymbol{y}}^n)}{\partial \boldsymbol{W}^l}\right) + \lambda \boldsymbol{W}^l\right) \\ \boldsymbol{b}^l \leftarrow \boldsymbol{b}^l - \alpha \dfrac{\partial R(\boldsymbol{W},\boldsymbol{b})}{\partial \boldsymbol{b}^l} = \boldsymbol{b}^l - \alpha\left(\dfrac{1}{N}\displaystyle\sum_{n=1}^{N}\dfrac{\partial L(\boldsymbol{y}^n,\hat{\boldsymbol{y}}^n)}{\partial \boldsymbol{b}^l}\right) \end{cases} \tag{5-31}$$

其中，α 为学习率。

梯度下降法需要计算损失函数对参数的偏导数，通过链式法则逐一对每个参数求偏导的效率比较低。在神经网络的训练中，经常使用反向传播算法来高效地计算梯度。

5.5 卷积神经网络

卷积神经网络（Convolutional Neural Network，CNN 或 ConvNet）是一种具有局部连接、权重共享等特性的深层前馈神经网络。

卷积神经网络最早是用来处理图像信息的。如果用全连接前馈网络来处理图像，会存在以下两个问题。

1）参数太多：如果输入图像大小为 100×100×3（即图像高度为 100，宽度为 100，3 个颜色通道：RGB）。在全连接前馈网络中，第一个隐藏层的每个神经元到输入层都有 100×100×3＝30000 个相互独立的连接，每个连接都对应一个权重参数。随着隐藏层神经元数量的增多，参数的规模也会急剧增加。这会导致整个神经网络的训练效率非常低，也很容易出现过拟合。

2）局部不变性特征：自然图像中的物体都具有局部不变性特征，比如尺度缩放、平移、旋转等操作不会影响其语义信息。而全连接前馈网络很难提取这些局部不变特征，一般需要通过数据增强来提高性能。

卷积神经网络是受生物学上感受野机制的启发而提出的。感受野主要是指听觉、视觉等神经系统中一些神经元的特性，即神经元只接收其所支配的刺激区域内的信号。在视觉神经系统中，视觉皮层中的神经细胞的输出依赖于视网膜上的光感受器。视网膜上的光感受器受刺激兴奋时，将神经冲动信号传到视觉皮层，但不是所有视觉皮层中的神经元都会接收这些信号。一个神经元的感受野是指视网膜上的特定区域，只有这个区域内的刺激才能够激活该神经元。

目前的卷积神经网络一般是由卷积层、池化层和全连接层交叉堆叠而成的前馈神经网络，使用反向传播算法进行训练。卷积神经网络有三个结构上的特性：局部连接、权重共享以及池化。这些特性使得卷积神经网络具有一定程度上的平移、缩放和旋转不变性。和前馈神经网络相比，卷积神经网络的参数更少。卷积神经网络主要应用在图像和视频分析的各种任务上，比如图像分类、人脸识别、物体识别、图像分割等，其准确率一般远远超出了其他的神经网络模型。近年来，卷积神经网络也广泛地应用到自然语言处理、推荐系统等领域。

5.5.1 卷积的概念

卷积是分析数学中一种重要的运算。在信号处理或图像处理中，经常使用一维或二维卷积。

1）一维卷积经常用在信号处理中，用于计算信号的延迟累积。假设一个信号发生器每个时刻 t 产生一个信号 x_t，其信息的衰减率为 w_k，即在 $k-1$ 个时间步长后，信息为原来的 w_k 倍，那么在时刻 t 收到的信号 y_t 为当前时刻产生的信息和以前时刻延迟信息的叠加，即

$$y_t = \sum_{k=1}^{m} w_k \cdot x_{t-k+1} \tag{5-32}$$

其中，w_k 称为滤波器或卷积核。信号序列 $\boldsymbol{x}$ 和滤波器 $\boldsymbol{w}$ 的卷积定义为

$$\boldsymbol{y} = \boldsymbol{w} \otimes \boldsymbol{x} \tag{5-33}$$

其中，$\otimes$表示卷积运算。一般情况下滤波器的长度 m 远小于信号序列长度 n。

2）二维卷积也经常用在图像处理中。因为图像为一个二维结构，所以需要将一维卷积进行扩展。给定一个图像 $\boldsymbol{X} \in \mathbb{R}^{M\times N}$、滤波器 $\boldsymbol{W} \in \mathbb{R}^{m\times n}$，一般 $m \ll M, n \ll N$，其卷积为

$$y_{i,j} = \sum_{u=1}^{m} \sum_{v=1}^{n} w_{uv} \cdot x_{i-u+1,j-v+1} \tag{5-34}$$

图 5-4 给出了二维卷积实例。在图像处理中，卷积经常作为特征提取的有效方法。一幅图像在经过卷积操作后得到的结果称为特征映射。图像中的高斯滤波和边缘提取都可以用卷积核的方法实现。

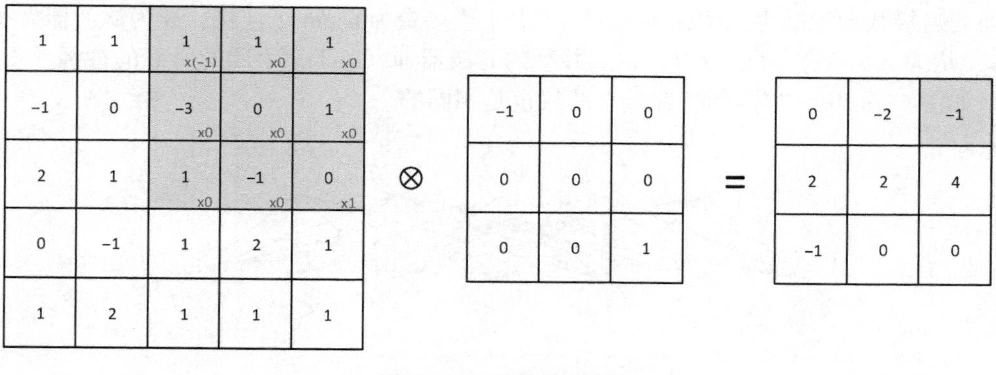

图 5-4 二维卷积实例

5.5.2 典型的卷积网络结构

一个典型的卷积网络是由卷积层、池化层、全连接层交叉堆叠而成。目前常用的卷积网络结构如图 5-5 所示。一个卷积块为连续 M 个卷积层和 b 个池化层（M 通常设置为 2~5，b 为 0 或 1）。一个卷积网络中可以堆叠 N 个连续的卷积块，然后连接 K 个全连接层（N 的取值区间比较大，比如 1~100 或者更大；K 一般为 0~2）。

相比于全连接网络，卷积神经网络最大的特点就是采用卷积代替了全连接。在全连接前馈神经网络中，如果第 l 层有 n^l 个神经元，第 $l-1$ 层有 $n^{(l-1)}$ 个神经元，连接边有 $n^l \times n^{(l-1)}$ 个，也就是权重矩阵有 $n^l \times n^{(l-1)}$ 个参数。当隐藏层单元数量 n 很大时，权重矩阵的参数非常

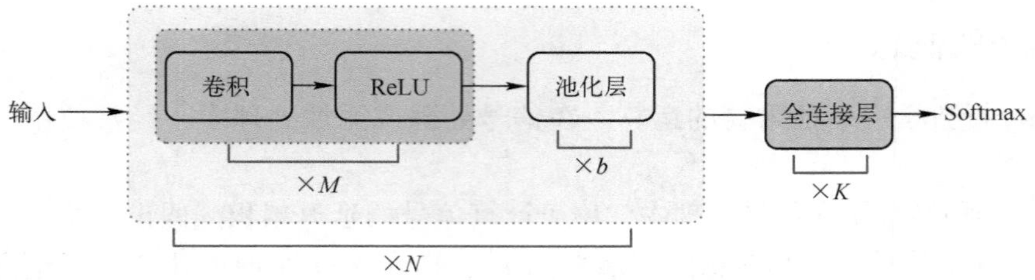

图 5-5　典型的卷积神经网络

多，训练的效率会非常低。而如果采用卷积来代替全连接，第 l 层的净输入 $\boldsymbol{z}^{(l)}$ 为第 $l-1$ 层活性值 $\boldsymbol{a}^{(l-1)}$ 和滤波器 $\boldsymbol{w}^{(l)} \in \mathbb{R}^m$ 的卷积，即

$$\boldsymbol{z}^{(l)} = \boldsymbol{w}^{(l)} \otimes \boldsymbol{a}^{(l-1)} + \boldsymbol{b}^{(l)} \tag{5-35}$$

其中，滤波器 $\boldsymbol{w}^{(l)}$ 为可学习的权重向量；$\boldsymbol{b}^{(l)} \in \mathbb{R}^{n^l}$ 为可学习的偏置，n 为通道数量。

目前，卷积网络结构趋向于使用更小的卷积核（如 1×1 和 3×3）以及更深的结构（如层数大于 50）。此外，由于卷积的操作性越来越灵活（如不同的步长），池化层的作用也变得越来越小，因此在目前比较流行的卷积网络中，池化层的比例也开始逐渐降低，并趋向于全卷积网络。

根据卷积的定义，卷积层有两个很重要的性质。

1）局部连接在卷积层（假设是第 l 层）中的每一个神经元都只和下一层（第 $l-1$ 层）中某个局部窗口内的神经元相连，构成一个局部连接网络。如图 5-6b 所示，卷积层和下一层之间的连接数大大减少，由原来的 $n^l \times n^{(l-1)}$ 个连接变为 $n^l \times m$ 个连接，m 为滤波器大小。

2）从式（5-35）可以看出，权重共享的滤波器 $\boldsymbol{w}^{(l)}$ 对于第 l 层的所有的神经元都是相同的。如图 5-6b 中，相同颜色连接上的权重是相同的。

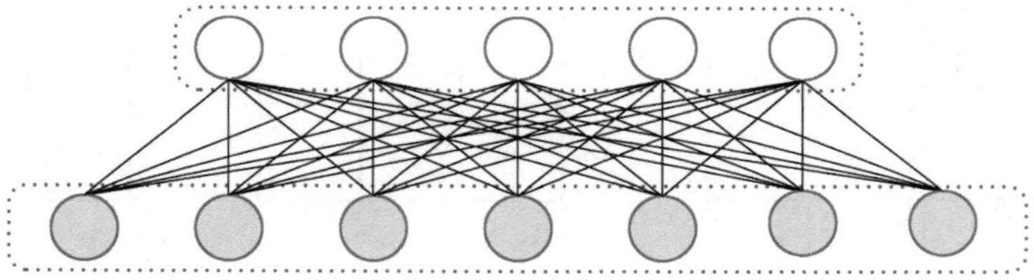

a）

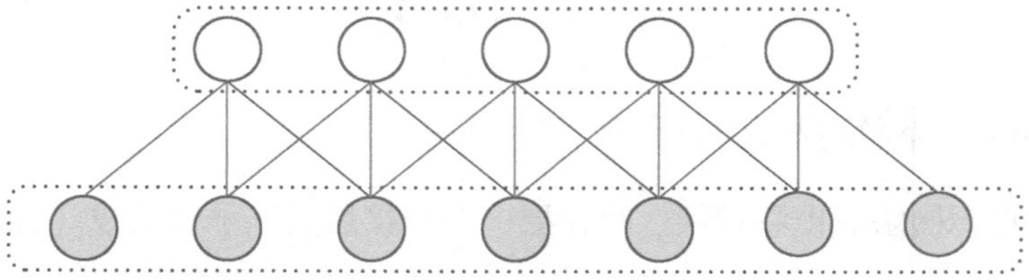

b）

图 5-6　全连接层与卷积层对比
a）全连接层　b）卷积层

由于局部连接和权重共享，卷积层的参数只有一个 m 维的权重 $\boldsymbol{w}^{(l)}$ 和 l 维的偏置 $\boldsymbol{b}^{(l)}$，共 $m+l$ 个参数。参数个数和神经元的数量无关。此外，第 l 层的神经元个数不是任意选择

的，而是满足 $n^{(l)}=n^{(l-1)}-m+1$。

5.5.3 卷积层

卷积层的作用是提取一个局部区域的特征，不同的卷积核相当于不同的特征提取器。由于卷积网络主要应用在图像处理上，而图像为二维结构，因此为了更充分地利用图像的局部信息，通常将神经元组织为三维结构的神经层，其大小为高度 $M\times$宽度 $N\times$通道数 D，由 D 个 $M\times N$ 大小的特征映射构成。

特征映射为一幅图像（或其他特征映射）在经过卷积后提取到的特征，每个特征映射可以作为一类抽取的图像特征。为了提高卷积网络的表示能力，可以在每一层使用多个不同的特征映射，以更好地表示图像的特征。

在输入层，如果是灰度图像，就是有一个特征映射，通道数 $D=1$；如果是彩色图像，分别有 R、G、B 三个颜色通道的特征映射，输入层通道数 $D=3$。

不失一般性，假设一个卷积层的结构如下。

1）输入特征映射组：$\boldsymbol{X}\in\mathbb{R}^{M\times N\times D}$ 为三维张量，其中每个切片矩阵 $\boldsymbol{X}^d\in\mathbb{R}^{M\times N}$ 为一个输入特征映射，$1\leqslant d\leqslant D$。

2）输出特征映射组：$\boldsymbol{Y}\in\mathbb{R}^{M'\times N'\times P}$ 为三维张量，其中每个切片矩阵 $\boldsymbol{Y}^p\in\mathbb{R}^{M'\times N'}$ 为一个输出特征映射，$1\leqslant p\leqslant P$。

3）卷积核：$\boldsymbol{W}\in\mathbb{R}^{M\times N\times D\times P}$ 为四维张量，其中每个切片矩阵 $\boldsymbol{W}^{p,d}\in\mathbb{R}^{M\times N}$ 为一个二维卷积核，$1\leqslant d\leqslant D$，$1\leqslant p\leqslant P$。

为了计算输出特征映射 $\boldsymbol{Y}^p$，用卷积核 $\boldsymbol{W}^{p,1},\boldsymbol{W}^{p,2},\cdots,\boldsymbol{W}^{p,D}$ 分别对输入特征映射 $\boldsymbol{X}^1,\boldsymbol{X}^2,\cdots,\boldsymbol{X}^D$ 进行卷积，然后将卷积结果相加，并加上一个标量偏置 b 得到卷积层的净输入 $\boldsymbol{Z}^p$，再经过非线性激活函数后得到输出特征映射 $\boldsymbol{Y}^p$。

$$\boldsymbol{Z}^p=\boldsymbol{W}^p\otimes\boldsymbol{X}+\boldsymbol{b}^p=\sum_{d=1}^{D}\boldsymbol{W}^{p,d}\otimes\boldsymbol{X}^d+\boldsymbol{b}^p \tag{5-36}$$

$$\boldsymbol{Y}^p=f(\boldsymbol{Z}^p) \tag{5-37}$$

其中，$\boldsymbol{W}^p\in\mathbb{R}^{M\times N\times D}$ 为三维卷积核；$f(\cdot)$ 为非线性激活函数，一般用 ReLU 函数。整个计算过程如图 5-7 所示。如果希望卷积层输出 P 个特征映射，可以将上述计算过程重复 P 次，得到 P 个输出特征映射 $\boldsymbol{Y}^1,\boldsymbol{Y}^2,\cdots,\boldsymbol{Y}^P$。

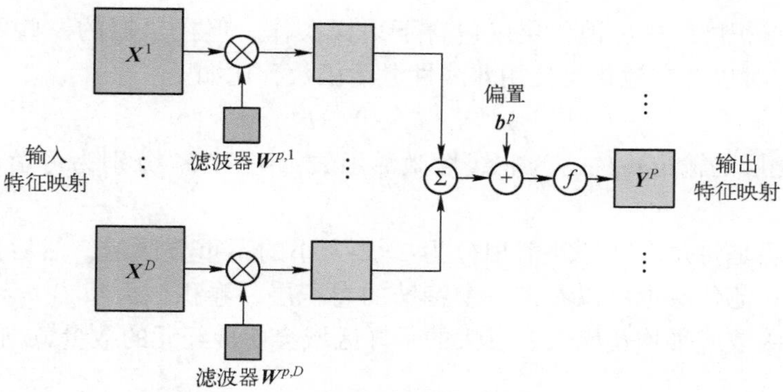

图 5-7　特征的输入到输出的映射

在输入为 $\boldsymbol{X} \in \mathbb{R}^{M \times N \times D}$，输出为 $\boldsymbol{Y} \in \mathbb{R}^{M' \times N' \times P}$ 的卷积层中，每一个输入特征映射都需要 D 个滤波器以及一个偏置。假设每个滤波器的大小为 $M \times N$，那么共需要 $P \times D \times (M \times N) + P$ 个参数。

TensorFlow 2. x 的二维卷积功能可调用 tf. keras. layers. Conv2D 实现。具体参数包括输入张量、卷积核张量、步长张量、边缘填充方式和卷积核数量等。

5.5.4 池化层

池化层也叫子采样层，其作用是进行特征选择，降低特征数量，从而减少参数数量。

卷积层虽然可以显著减少网络中连接的数量，但特征映射组中的神经元个数并没有显著减少。如果后面接一个分类器，分类器的输入维数依然很高，很容易出现过拟合。为了解决这个问题，可以在卷积层之后加上一个池化层，从而降低特征维数，避免过拟合。

假设池化层的输入特征映射组为 $\boldsymbol{X} \in \mathbb{R}^{M \times N \times D}$，对于其中每一个特征映射 $\boldsymbol{X}^d$，将其划分为很多区域 $R_{m,n}^d (1 \leqslant m \leqslant M', 1 \leqslant n \leqslant N')$，这些区域可以重叠，也可以不重叠。池化是指对每个区域进行下采样得到一个值，作为这个区域的概括。

常用的池化函数有以下两种。

1）最大池化：一般是取一个区域内所有神经元的最大值。

$$Y_{m,n}^d = \max_{i \in R_{m,n}^d} x_i \tag{5-38}$$

其中，x_i 为区域 R_k^d 内每个神经元的激活值。

2）平均池化：一般是取区域内所有神经元的平均值。

$$Y_{m,n}^d = \frac{1}{R_{m,n}^d} \sum_{i \in R_{m,n}^d} x_i \tag{5-39}$$

对每一个输入特征映射 $\boldsymbol{X}^d$ 的 $M' \times N'$ 个区域进行子采样，得到池化层的输出特征映射 $\boldsymbol{Y}^d = \{ Y_{m,n}^d \}$，其中，$1 \leqslant m \leqslant M', 1 \leqslant n \leqslant N'$。

图 5-8 给出了采用最大池化进行子采样操作的实例。可以看出，池化层不但可以有效地减少神经元的数量，还可以使网络对一些局部的形态改变保持不变性，并拥有更大的感受野。

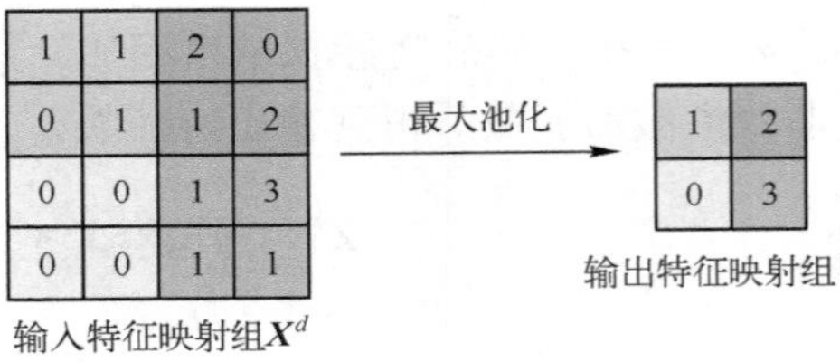

图 5-8　最大池化实例

目前主流的卷积网络中，池化层仅包含下采样操作。但在早期的一些卷积网络（比如 LeNet-5）中，有时也会在池化层使用非线性激活函数，比如

$$\boldsymbol{Y}'^d = f(\boldsymbol{w}^d \cdot \boldsymbol{Y}^d + \boldsymbol{b}^d) \tag{5-40}$$

其中，$\boldsymbol{Y}'^d$ 为池化层的输出；$f(\cdot)$ 为非线性激活函数；$\boldsymbol{w}^d$ 和 $\boldsymbol{b}^d$ 分别为可学习的标量权重和偏置。

典型的池化层是将每个特征映射划分为 2×2 大小的不重叠区域，然后使用最大池化的方式进行下采样。池化层也可以看作一个特殊的卷积层，卷积核大小为 $m \times m$，步长为 $s \times s$，卷积核为最大化函数或平均化函数。过大的采样区域会使神经元的数量急剧减少，造成过多的信息损失。

TensorFlow 2. x 的最大池化和平均池化可调用 tp. keras. layers. MaxPooling2D( ) 和 tf.keras.

layers.Average Pooling2D()实现。参数包括输入张量、池化大小张量、步长张量、边缘填充方式和数据格式等。

5.6 循环神经网络

在前馈神经网络中，信息的传递是单向的，这种限制虽然使得网络变得更容易学习，但在一定程度上也减弱了神经网络模型的能力。在生物神经网络中，神经元之间的连接关系要复杂得多。前馈神经网络可以看作一个复杂的函数，每次输入都是独立的，即网络的输出只依赖于当前的输入。但是在很多现实任务中，网络的输出不仅和当前时刻的输入相关，也和其过去一段时间的输出相关。比如一个有限状态机，其下一个时刻的状态（输出）不仅仅和当前输入相关，也和当前状态（上一个时刻的输出）相关。此外，前馈神经网络难以处理时序数据，比如视频、语音、文本等。时序数据的长度一般是不固定的，而前馈神经网络要求输入和输出的维数都是固定的，不能任意改变。因此，处理这一类和时序相关的问题就需要一种能力更强的模型。

循环神经网络是一类具有短期记忆能力的神经网络。在循环神经网络中，神经元不但可以接收其他神经元的信息，也可以接收自身的信息，形成具有环路的网络结构。和前馈神经网络相比，循环神经网络更加符合生物神经网络的结构。循环神经网络已经被广泛应用在语音识别、语言模型以及自然语言生成等任务上。循环神经网络的参数学习可以通过随时间反向传播算法来学习。随时间反向传播算法即按照时间的逆序将错误信息一步步地往前传递。当输入序列比较长时，会存在梯度爆炸和消失问题，也称为长期依赖问题。为了解决这个问题，人们对循环神经网络进行了很多的改进，其中最有效的改进方式引入了门控机制。此外，循环神经网络可以很容易地扩展到两种更广义的记忆网络模型：递归神经网络和图网络。

5.6.1 基本网络结构

为了处理时序数据并利用其历史信息，需要让网络具有短期记忆能力。而前馈神经网络是一个静态网络，不具备这种记忆能力。循环神经网络通过使用带自反馈的神经元，能够处理任意长度的时序数据。

给定一个输入序列 $\boldsymbol{x}=(x_1,x_2,\cdots,x_t,\cdots,x_T)$，循环神经网络可以通过式（5-41）更新带反馈边的隐藏层的活性值 h_t：

$$h_t=f(h_{t-1},x_t) \tag{5-41}$$

其中，$h_0=0$；$f(\cdot)$为一个非线性函数，也可以是一个前馈神经网络。循环神经网络的基本结构如图5-9所示。

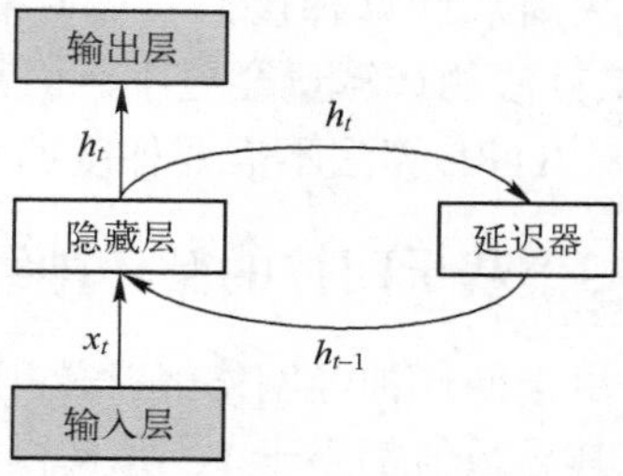

图5-9 循环神经网络的基本结构

由于循环神经网络具有短期记忆能力，相当于存储装置，因此其计算能力十分强大。前馈神经网络可以模拟任何连续函数，而循环神经网络可以模拟任何程序。

假设一个完全连接的循环神经网络，其输入为 x_t，输出为 y_t，

$$\begin{cases} h_t = f(\boldsymbol{U}h_{t-1} + \boldsymbol{W}x_t + \boldsymbol{b}) \\ y_t = \boldsymbol{V}h_t \end{cases} \tag{5-42}$$

其中，h 为隐状态，$f(\cdot)$ 为非线性激活函数，$\boldsymbol{U}$、$\boldsymbol{W}$ 和 $\boldsymbol{V}$ 为网络待学习的矩阵参数，$\boldsymbol{b}$ 为待学习的偏置。

按照图灵完备规则所述，一个完全连接的循环神经网络可以近似解决所有的可计算问题。

TensorFlow 2. x 的 RNN 网络可调用 tf. keras. layers. RNN 来构建。

5.6.2 参数学习

循环神经网络的参数可以通过梯度下降方法来进行学习。以随机梯度下降为例，给定一个训练样本$(\boldsymbol{x},\boldsymbol{y})$，其中 $\boldsymbol{x}=(x_1,\cdots,x_T)$ 是长度为 T 的输入序列，$\boldsymbol{y}=(y_1,\cdots,y_T)$ 是长度为 T 的标签序列。即在每个时刻 t，都有一个监督信息 $\boldsymbol{y}_t$，定义时刻 t 的损失函数为

$$\mathcal{L}_t = \mathcal{L}(\boldsymbol{y}_t, \boldsymbol{g}(h_t)) \tag{5-43}$$

其中，$\boldsymbol{g}(h_t)$ 为第 t 时刻的输出，$\mathcal{L}$为可微分的损失函数，比如交叉熵。整个序列的损失函数$\mathcal{L}$关于参数 $\boldsymbol{U}$ 的梯度为

$$\frac{\partial \mathcal{L}}{\partial \boldsymbol{U}} = \sum_{t=1}^{T} \frac{\partial \mathcal{L}_t}{\partial \boldsymbol{U}} \tag{5-44}$$

即每个时刻损失$\mathcal{L}_t$ 对参数 $\boldsymbol{U}$ 的偏导数之和。

循环神经网络中存在一个递归调用的函数 $f(\cdot)$，因此其计算参数梯度的方式和前馈神经网络不太相同。在循环神经网络中主要有两种计算梯度的方式：随时间反向传播（Back Propagation Through Time，BPTT）和实时循环学习（Real-Time Recurrent Learning，RTRL）算法。

1）随时间反向传播算法的主要思想是通过类似前馈神经网络的错误反向传播算法来计算梯度。

BPTT 算法将循环神经网络看作一个展开的多层前馈网络，其中“每一层”对应循环网络中的“每个时刻”。这样，循环神经网络就可以按照前馈网络中的反向传播算法计算参数梯度。在“展开”的前馈网络中，所有层的参数是共享的，因此参数的真实梯度是对所有“展开层”的参数梯度求和。

2）与 BPTT 算法不同的是，实时循环学习算法是通过前向传播的方式来计算梯度。

RTRL 算法和 BPTT 算法都是基于梯度下降的算法，分别通过前向模式和反向模式应用链式法则来计算梯度。在循环神经网络中，一般网络的输出维度远低于输入维度，因此 BPTT 算法的计算量会更小，但是 BPTT 算法需要保存所有时刻的中间梯度，其空间复杂度较高。RTRL 算法不需要梯度回传，因此非常适合需要在线学习或无限序列的任务中。

5.6.3 基于门控的循环神经网络

由于循环神经网络经常使用非线性激活函数 Logistic 函数或 Tanh 函数作为非线性激活函数，其导数值都小于 1；并且权重矩阵 $\|\boldsymbol{U}\|$ 也不会太大，如果时间间隔 $t-k$ 过大，第 t 时刻的损失对第 k 时刻隐藏神经层的净输入向量的导数 $\delta_{t,k}$ 会趋向于 0，因此经常会出现梯度消失问题。$\boldsymbol{\delta}_{t,k}$ 的定义如下：

$$
\begin{aligned}
\boldsymbol{\delta}_{t,k} &= \frac{\partial \mathcal{L}_t}{\partial z_k} = \frac{\partial \boldsymbol{h}_k}{\partial z_k}\frac{\partial z_{k+1}}{\partial \boldsymbol{h}_k}\frac{\partial \mathcal{L}_t}{\partial z_{k+1}} \\
&= \mathrm{diag}(f'(z_k))\boldsymbol{U}^{\mathrm{T}}\boldsymbol{\delta}_{t,k+1} \\
&= \prod_{i=k}^{t-1}\mathrm{diag}(f'(z_i))\boldsymbol{U}^{\mathrm{T}}\boldsymbol{\delta}_{t,t}
\end{aligned} \tag{5-45}
$$

其中，z_k 为第 k 时刻隐藏神经层的净输入；$\boldsymbol{h}_k$ 为 k 时刻的隐藏层输出向量；$\boldsymbol{U}$ 为待训练的矩阵参数。

如果定义 $\boldsymbol{\gamma} \simeq \| \mathrm{diag}(f'(z_i)\boldsymbol{U}^{\mathrm{T}}) \|$，则 $\boldsymbol{\delta}_{t,k} = \boldsymbol{\gamma}^{t-k}\boldsymbol{\delta}_{t,t}$。若 $\boldsymbol{\gamma}>1$，当 $t-k\to\infty$ 时，$\boldsymbol{\gamma}^{t-k}\to\infty$，会造成系统不稳定，称为梯度爆炸问题；相反，若 $\boldsymbol{\gamma}<1$，当 $t-k\to\infty$ 时，$\boldsymbol{\gamma}^{t-k}\to 0$，会出现和深度前馈神经网络类似的梯度消失问题。

虽然简单循环网络理论上可以建立长时间间隔的状态之间的依赖关系，但是由于梯度爆炸或消失问题，实际上只能学习到短期的依赖关系。这样，如果 t 时刻的输出 y_t 依赖于 $t-k$ 时刻的输入 x_{t-k}，当间隔 k 比较大时，简单神经网络很难对这种长距离的依赖关系建模，称为长期依赖问题。

为了避免梯度爆炸或消失问题，一种最直接的方式就是选取合适的参数，同时使用非饱和的激活函数，尽量使 $\boldsymbol{\gamma}\approx 1$，这种方式需要足够的人工调参经验，限制了模型的广泛应用。比较有效的方式是通过改进模型或优化方法来缓解循环网络的梯度爆炸和梯度消失问题。

一种非常好的解决方案是引入门控来控制信息的累积速度，包括有选择地加入新的信息，并有选择地遗忘之前累积的信息。这一类网络可以称为基于门控的循环神经网络（Gated RNN）。本节主要介绍两种基于门控的循环神经网络：长短期记忆（Long Short-Term Memory，LSTM）网络和门控循环单元（Gated Recurrent Unit，GRU）网络。

（1）长短期记忆网络

长短期记忆网络是循环神经网络的一个变体，可以有效解决简单循环神经网络的梯度爆炸或消失问题。

与传统的循环神经网络相比，LSTM 网络主要在以下两个方面做了改进。

1）LSTM 网络引入一个新的内部状态 $\boldsymbol{c}_t$ 专门进行线性的循环信息传递，同时（非线性）输出信息传送给隐藏层的外部状态 $\boldsymbol{h}_t$。

$$
\begin{cases}
\boldsymbol{c}_t = \boldsymbol{f}_t \odot \boldsymbol{c}_{t-1} + \boldsymbol{i}_t \odot \tilde{\boldsymbol{c}}_t \\
\boldsymbol{h}_t = \boldsymbol{o}_t \odot \tanh(\boldsymbol{c}_t)
\end{cases} \tag{5-46}
$$

其中，$\boldsymbol{f}_t$、$\boldsymbol{i}_t$ 和 $\boldsymbol{o}_t$ 分别为 t 时刻的遗忘、门、输入门和输出门控向量；$\odot$ 为向量元素乘积；$\boldsymbol{c}_{t-1}$ 为上一时刻的细胞状态向量；$\tilde{\boldsymbol{c}}_t$ 是通过非线性函数得到候选细胞状态向量。

$$
\tilde{\boldsymbol{c}}_t = \tanh(\boldsymbol{W}_c\boldsymbol{x}_t + \boldsymbol{U}_c\boldsymbol{h}_{t-1} + \boldsymbol{b}_c) \tag{5-47}
$$

其中，$\boldsymbol{W}_c$ 和 $\boldsymbol{U}_c$ 是网络的待训练矩阵；$\boldsymbol{x}_t$ 为 t 时刻的输入向量；$\boldsymbol{h}_{t-1}$ 为 $t-1$ 时刻的隐藏层输出向量；$\boldsymbol{b}_c$ 为待训练的偏置向量。在每个时刻 t，LSTM 网络的内部状态 $\boldsymbol{c}_t$ 记录了到当前时刻为止的历史信息。

2）LSTM 网络引入门机制来控制信息传递的路径。式（5-46）中三个“门”分别为输入门 $\boldsymbol{i}_t$、遗忘门 $\boldsymbol{f}_t$ 和输出门 $\boldsymbol{o}_t$，LSTM 网络中的“门”是一种“软”门，取值区间为(0，1)，表示以一定的比例通过信息。LSTM 网络中三个门的作用如下。

- 遗忘门 $\boldsymbol{f}_t$ 控制上一个时刻的内部状态 $\boldsymbol{c}_{t-1}$ 需要遗忘多少信息。

- 输入门 $\boldsymbol{i}_t$ 控制当前时刻的候选状态 $\tilde{\boldsymbol{c}}_t$ 有多少信息需要保存。
- 输出门 $\boldsymbol{o}_t$ 控制当前时刻的内部状态 $\boldsymbol{c}_t$ 有多少信息需要输出给外部状态 $\boldsymbol{h}_t$。

三个门的计算方法为

$$\begin{cases}\boldsymbol{i}_t=\sigma(\boldsymbol{W}_i\boldsymbol{x}_t+\boldsymbol{U}_i\boldsymbol{h}_{t-1}+\boldsymbol{b}_i)\\ \boldsymbol{f}_t=\sigma(\boldsymbol{W}_f\boldsymbol{x}_t+\boldsymbol{U}_f\boldsymbol{h}_{t-1}+\boldsymbol{b}_f)\\ \boldsymbol{o}_t=\sigma(\boldsymbol{W}_o\boldsymbol{x}_t+\boldsymbol{U}_o\boldsymbol{h}_{t-1}+\boldsymbol{b}_o)\end{cases} \tag{5-48}$$

其中，$\sigma(\cdot)$ 为 Logistic 函数，其输出区间为 $(0,1)$，$\boldsymbol{x}_t$ 为当前时刻的输入，$\boldsymbol{h}_{t-1}$ 为上一时刻的外部状态。$\boldsymbol{W}_*$、$\boldsymbol{U}_*$、$\boldsymbol{b}_*$ 为可学习的网络参数，其中 $*\in\{i,f,o,c\}$。

图 5-10 给出了 LSTM 网络的循环单元结构，其计算过程为：①首先利用上一时刻的外部状态 $\boldsymbol{h}_{t-1}$ 和当前时刻的输入 $\boldsymbol{x}_t$，计算出三个门，以及候选状态 $\tilde{\boldsymbol{c}}_t$；②结合遗忘门 $\boldsymbol{f}_t$ 和输入门 $\boldsymbol{i}_t$ 来更新记忆单元 $\boldsymbol{c}_t$；③结合输出门 $\boldsymbol{o}_t$，将内部状态的信息传递给外部状态 $\boldsymbol{h}_t$。

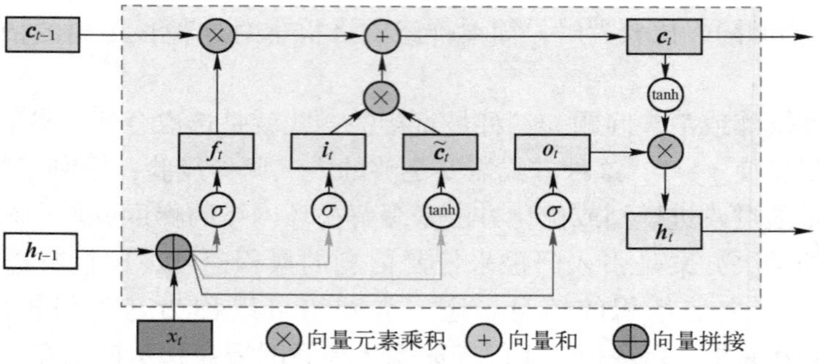

图 5-10　LSTM 循环单元结构

通过 LSTM 循环单元，整个网络可以建立较长距离的时序依赖关系。式（5-46）~式（5-48）可以简洁地描述为

$$\begin{bmatrix}\tilde{\boldsymbol{c}}_t\\ \boldsymbol{o}_t\\ \boldsymbol{i}_t\\ \boldsymbol{f}_t\end{bmatrix}=\begin{pmatrix}\tanh\\ \sigma\\ \sigma\\ \sigma\end{pmatrix}\left(\boldsymbol{W}\begin{bmatrix}\boldsymbol{x}_t\\ \boldsymbol{h}_{t-1}\end{bmatrix}+\boldsymbol{b}\right) \tag{5-49}$$

$$\boldsymbol{c}_t=\boldsymbol{f}_t\odot\boldsymbol{c}_{t-1}+\boldsymbol{i}_t\odot\tilde{\boldsymbol{c}}_t \tag{5-50}$$

$$\boldsymbol{h}_t=\boldsymbol{o}_t\odot\tanh(\boldsymbol{c}_t) \tag{5-51}$$

其中，$\boldsymbol{x}_t\in\mathbb{R}^e$ 为当前时刻的输入；$\boldsymbol{W}\in\mathbb{R}^{4d\times(d+e)}$；$\boldsymbol{b}\in\mathbb{R}^{4d}$ 为网络参数。

循环神经网络中的隐状态 $\boldsymbol{h}$ 存储了历史信息，可以看作是一种记忆。在简单循环网络中，隐状态的每个时刻都会被重写，因此可以看作是一种短期记忆。在神经网络中，长期记忆可以看作是网络参数，隐含了从训练数据中学到的经验，其更新周期要远远慢于短期记忆。而在 LSTM 网络中，记忆单元 $\boldsymbol{c}$ 可以在某个时刻捕捉到某个关键信息，并有能力将此关键信息保存一定的时间。记忆单元 $\boldsymbol{c}$ 中保存信息的生命周期要长于短期记忆 $\boldsymbol{h}$，但又远远短于长期记忆，因此称为长的短期记忆。不同于一般神经网络，LSTM 网络的遗忘参数的初始值都比较大，用以防止在训练的过程中遗忘门的值过小，从而无法捕捉到长距离的依赖信息。

目前主流的 LSTM 网络用三个门来动态地控制内部状态应该遗忘多少历史信息、输入多少新信息，以及输出多少信息。可以通过改进门机制获得 LSTM 网络的不同变体。

TensorFlow 2. x 的 LSTM 网络可调用 tf. keras. layers. LSTM 来构建。

（2）门控循环单元网络

门控循环单元网络是一种比 LSTM 网络更加简单的循环神经网络。

为缓解梯度消失问题，GRU 网络引入了门机制来控制信息更新。在 LSTM 网络中，输入门和遗忘门是互补关系，用两个门比较冗余。GRU 将输入门与和遗忘门合并成一个门：更新门。同时，GRU 也没有引入额外的记忆单元，而是直接在当前状态 $\boldsymbol{h}_t$ 和历史状态 $\boldsymbol{h}_{t-1}$ 之间引入线性依赖关系。在 GRU 网络中，当前时刻的候选状态

$$\widetilde{\boldsymbol{h}}_t=\tanh(\boldsymbol{W}_h\boldsymbol{x}_t+\boldsymbol{U}_h(\boldsymbol{r}_t\odot\boldsymbol{h}_{t-1})+\boldsymbol{b}_h) \tag{5-52}$$

其中，$\boldsymbol{r}_t\in[0,1]$为重置门，用来控制候选状态$\widetilde{\boldsymbol{h}}_t$ 的计算是否依赖上一时刻的状态 $\boldsymbol{h}_{t-1}$。使用 tanh 激活函数是由于其导数有比较大的值域，可以缓解梯度消失问题。

$$\boldsymbol{r}_t=\sigma(\boldsymbol{W}_r\boldsymbol{x}_t+\boldsymbol{U}_r\boldsymbol{h}_{t-1}+\boldsymbol{b}_r) \tag{5-53}$$

GRU 网络的隐状态 $\boldsymbol{h}_t$ 更新方式为

$$\boldsymbol{h}_t=z_t\odot\boldsymbol{h}_{t-1}+(1-z_t)\odot\widetilde{\boldsymbol{h}}_t \tag{5-54}$$

其中，$\boldsymbol{z}\in[0,1]$为更新门，用来控制当前状态需要从历史状态中保留多少信息（不经过非线性变换），以及需要从候选状态中接收多少新信息。

$$z_t=\sigma(\boldsymbol{W}_z\boldsymbol{x}_t+\boldsymbol{U}_z\boldsymbol{h}_{t-1}+\boldsymbol{b}_z) \tag{5-55}$$

图 5-11 给出了 GRU 循环单元结构。

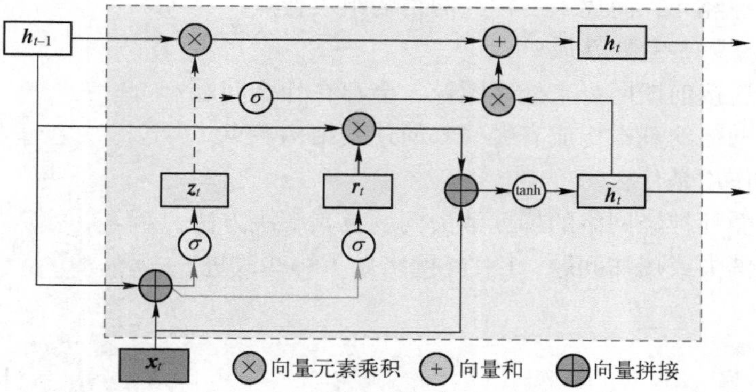

图 5-11　GRU 循环单元结构

TensorFlow 2. x 的 GRU 网络可调用 tf. keras. layers. GRU 来构建。

5.7　常用的深度学习框架

深度学习模型需要的计算机资源比较多，一般需要在 CPU 和 GPU 之间不断进行切换，开发难度也比较大。因此，一些支持自动梯度计算、无缝 CPU 和 GPU 切换等功能的深度学习框架就应运而生。比较有代表性的框架包括 Theano、Caffe、TensorFlow、PyTorch、Keras 等。

1）Theano：蒙特利尔大学的 Python 工具包，用来高效地定义、优化和执行多维数组数据对应的数学表达式。Theano 可以透明地使用 GPUs 和高效的符号微分。

2）Caffe：全称为 Convolutional Architecture for Fast Feature Embedding，是一个卷积网络模型的计算框架，所要实现的网络结构可以在配置文件中指定，不需要编码。Caffe 是用 C++和 Python 实现的，主要用于计算机视觉。

3）TensorFlow：Google 公司开发的 Python 工具包，可以在任意具备 CPU 或 GPU 的设备上运行。TensorFlow 的计算过程使用数据流图来表示。TensorFlow 的名字来源于其计算过程中的操作对象为多维数组，即张量。

4）Chainer：一个最早采用动态计算图的神经网络框架，其核心开发团队是一家来自日本的机器学习创业公司 Preferred Networks。同 TensorFlow、Theano、Caffe 等框架使用的静态计算图相比，动态计算图可以在运行时动态地构建计算图，因此非常适合进行一些复杂的决策或推理任务。

5）PyTorch：由 Facebook、NVIDIA、Twitter 等公司开发维护的深度学习框架，其前身为 Lua 语言的 Torch。PyTorch 也是基于动态计算图的框架，在需要动态改变神经网络结构的任务中有着明显的优势。

本书介绍的 Python 函数主要以 TensorFlow 为主。

5.8 思考与复习题

1. 对比生物神经元，简述人工神经网络的组成特点。
2. 激活函数有哪些重要性质？
3. 如果用全连接前馈网络来处理图像，会存在什么问题？
4. 卷积神经网络的基本构成有哪些？简述其结构特点。
5. 池化层的作用是什么？
6. 简单描述循环神经网络的梯度消失问题及其解决方法。
7. 针对梯度消失或爆炸问题，LSTM 网络做了哪些改进？

第6章 语音增强

语音增强（也称为语音降噪）一直都是信号处理的一个重要研究领域。其基本思想是通过估计有噪语音信号的噪声特性来去除噪声信号，然后通过消除噪声分量来提供干净的语音信号。语音增强的技术难点如下。

1）环境和噪声的多变性。当语音信号被噪声破坏时，语音的特性会在时间和应用之间发生巨大变化。因此，研究人员很难找到真正适用于不同实际环境的算法。

2）算法的设计依应用而定。对于所有应用程序，算法的性能也可能不同。虽然语音增强研究的基本目的是提高语音信号的质量（主观）和可理解性（客观），但是利用语音增强算法提高模式识别算法的鲁棒性也成为语音增强的一个重要应用。例如在语音识别或说话人识别等应用中，语音增强是为了提高识别率而设计，对于模型本身来说，语音的失真有时是可以接受的。而在面向个人感知的情况下，失真是不能接受的。

在日常生活中存在许多与语音增强相关的应用。当人位于嘈杂的环境（如超市、街道、高速的列车、嘈杂的工厂等）下进行语音通信时，语音增强可以通过减少干扰噪声来实现有效的通信。目前，几乎每种语音应用都会用到语音增强算法。比如，在语音/说话人识别中，在特征提取阶段之前采用语音增强的方法来降低噪声。近年来，为助听器设计健壮的语音增强算法以减少听力负担和提高清晰度越来越受到人们的关注。研究表明，听力受损的人在嘈杂的环境中面临很大的听力问题，噪声对听障患者的言语理解度的影响要远大于正常听力者。听力正常的人即使在极低的信噪比下也能听懂想要的语音。

语音增强不仅涉及信号检测、波形估计等传统信号处理理论，而且与语音特性、人耳感知特性密切相关。因此，有效的语音增强算法要结合语音特性、人耳感知特性及噪声特性来设计。语音增强算法可分为传统的无监督算法和基于机器学习的有监督算法。无监督单通道语音增强算法通常基于统计模型，不需要对语音或噪声进行监督和分类。在没有噪声类型和说话人身份的先验知识的情况下，此类算法可从含噪语音中估计出干净语音。代表性算法包括谱减法、维纳滤波法、卡尔曼滤波法、小波分析法等。而有监督的单通道语音增强算法则通过训练信号样本（语音和噪声）来学习模型的参数，特征的选择和算法模型的参数成为制约其性能的关键。此类算法主要包括基于支持向量机、非负矩阵分解、高斯混合模型等机器学习模型的算法，以及各种基于深度学习网络的算法。一般的语音增强算法都是以平稳的加性噪声作为研究对象，并且已经取得了更令人满意的结果。但是，对于乘性噪声来说，语音增强的研究还有很长的路要走。近年来，随着基于深度学习的语音增强算法研究的深入，语音增强取得了令人瞩目的成果，并在一些商用产品上有了成熟的应用。

6.1 基础知识

众所周知，嘈杂的环境会降低语音信号的质量和清晰度。语音增强的主要目的是减少或消除含噪语音信号中的噪声部分，使人听得舒服或者提高识别系统的效率。相比于后者，前者的要求更高，因为人耳对语音感知较为敏感，稍许的声音差异都有可能让人感知到。由此可知，一个有效的语音增强系统需要了解语音信号的特性、各种噪声的特性，以及人耳的听觉感知特性。此外，相比于需要人参与的主观评价，语音质量的客观评价更高效，但是可能会存在一些偏差。本节主要围绕语音增强的目标，介绍了语音、噪声和人耳的一些特性，并讨论了语音质量的主客观评价标准。

6.1.1 人耳感知特性

人耳感知特性对语音增强研究具有重要意义，因为人耳的主观感觉是对语音增强效果的最终度量。人耳是十分巧妙精密的器官，具有复杂的功能和特性，了解其机理有助于语音增强技术的研究发展。人耳的感知问题涉及语言学、语音学、心理学、生理学等学科，通过国内外研究者的研究，目前有以下几种结论可以用于语音增强。

1）人耳感知语音主要是通过语音信号的频谱分量的幅度，而对相位不敏感，并且语音的响度与频谱幅度的对数成正比。

2）人耳对 100 Hz 以下的低频声音不敏感，对高频声尤其是 2000~5000 Hz 的声音敏感，对 3000 Hz 左右的声音最敏感。

3）人耳对于频率的分辨能力受声强的影响，太强或者太弱的声音都会导致对频率的分辨力降低。

4）人耳具有掩蔽效应，听觉掩蔽效应是指当同时存在两个声音时，声强较低的频率成分会受到声强较高的频率成分的影响，不易被人耳感知到。

5）人类听觉具有选择性注意特性，指在嘈杂的环境下，能将注意力集中在感兴趣的声音上，而忽略掉背景中的噪声或其他人的谈话。这种特性可以使人把注意力相对集中于某一说话内容，大大提高了人耳在噪声中提取有效信息的能力。

6.1.2 语音与噪声特性

语音信号是一种非平稳的随机信号。语音的生成过程与发音器官的运动过程密切相关，考虑到人类发声器官在发声过程中的变化速度具有一定限度而且远小于语音信号的变化速度，因此可以假定语音信号是短时平稳的，即在 10~30 ms 的时间段内，语音的某些物理特性和频谱特性可以近似看作是不变的，从而应用平稳随机过程的分析方法来处理语音信号，并可以在语音增强中利用短时频谱时的平稳特性。

任何语言的语音都有元音和辅音两种音素。根据发声的机理不同，辅音又分为清辅音和浊辅音。从时域波形上可以看出浊音（包括元音）具有明显的准周期性和较强的振幅，它们的周期所对应的频率就是基音频率；清辅音的波形类似于白噪声并具有较弱的振幅。

语音信号作为非平稳、非遍历随机过程的样本函数，其短时谱的统计特性在语音增强中起着举足轻重的作用。根据中心极限定理，语音的短时谱的统计特性服从高斯分布。但是，实际应用中只能将其看作是在有限帧长下的近似描述。

混叠在语音信号中的噪声按类别可分为加性噪声和乘性噪声。加性噪声通常为冲击噪声、周期噪声、宽带噪声和语音干扰噪声等；乘性噪声主要是混响及电器线路干扰等。

一般假设噪声是加性的、局部平稳的、噪声与语音统计独立或不相关。带噪语音中包含的噪声具有和语音段开始前那段噪声相同的统计特性，且在整个语音段中保持不变。也就是说，可以根据语音开始前的那段噪声来估计语音中所叠加的噪声统计特性。这种假设是一种比较理想的情况，在实际应用中，噪声统计特性需要实时更新。

6.1.3 语音质量评价标准

通常，语音质量的评价标准可分为两大类：主观评价和客观评价。前者是建立在人的主观感受之上的；而后者主要是一些客观的物理量，如信噪比等。

1. 主观评价

主观评价是以人为主体来评价语音质量的，是人对语音质量的真实反映。语音主观评价方法有很多种，主要指标包括清晰度或可懂度和音质两类。清晰度一般是针对音节以下（如音素，声母、韵母）的语音测试单元，而可懂度是针对音节以上（如词和句）的语音测试单元；音质则是指语音听起来的自然度。这两种不是完全独立的两个概念。一个编码器有可能生成高清晰度的语音但音质很差，声音听起来就像是机器发出的，无法辨别出说话人。当然，一个不清晰的语音不可能是高音质的。此外，很悦耳的声音也有可能听起来很模糊。

无论哪种主观测试都是建立在人的感觉基础上的，测试结果很可能因人而异。因此，主观测试的方案设计必须十分周密。同时，为了消除个体的差异性，测试环境应尽可能相同，测试语音的样本也要尽量丰富。每种语音的测试都必须仔细地选择发音，以保证所选的样本具有代表性，同时还要保证能够覆盖各种类型的语音。在选择测试者时，不仅应该包括女声、男声，同时还应根据年龄（包括老人、青年和儿童）选择不同语音。主观评价的优点是直接、易于理解，能够真实反映人对语音质量的实际感觉，缺点是需要大量的测试者、实施起来比较麻烦、耗时耗力、灵活性差。

2018 年，ITU-T P.808 描述了用于进行语音质量的主观评估的众包方法。与实验室测试相比，使用众包方法的测试主要依赖于通过在线平台连接的参与者，参与者使用自己的设备来评估所处环境中的语音质量。P.808 侧重于听力测试和绝对类别评定任务，可视为 ITU-T P.800 方法的补充。P.800 方法是在可以更好控制的实验室环境中执行的，而 P.808 方法涵盖了更广泛的现实听音环境和设备。基于众包的方法不能替代实验室测试，因为这两种方法在概念、参与者和动机、技术和环境因素方面都存在根本差异。但是，最新的语音增强挑战赛多用 P.808 方法来评估算法性能。下面介绍几种经典的主客观评价方法或指标。

（1）可懂度评价（Diagnostic Rhyme Test，DRT）

DRT 是衡量通信系统可懂度的 ANSI 标准之一，它主要用于低速率语音编码的质量测试。这种测试方法使用若干对（通常 96 对）同韵母单字或单音节词进行测试，例如中文的“为”和“费”，英文的“veal”和“feel”等。测试中，评听人每次听一对韵字中的某个音，然后判断所听到的音是哪个字，全体评听人判断正确的百分比就是 DRT 得分。通常认为 DRT 为 95%以上时清晰度为优，85%~94%为良，75%~84%为中，65%~74%为差，而 65%以下为不可接受。在实际通信中，清晰度为 50%时，整句的可懂度大约为 80%，这是因为整句中具有较高的冗余度，即使个别字听不清楚，人们也能理解整句话的意思。当清晰度为 90%时，整句话的可懂度已经接近 100%。

在 DRT 测试中，一个重要问题是发音者。众所周知，男性和女性的发音是不同的，一般来说后者要清晰一些。但是，从实际耗费的角度出发，发音者不能太多。根据经验，一般情况下，DRT 测试要求三位男性和三位女性。

但是，DRT 也有局限性，因为它只测试第一辅音，并且每次的选择只有两个。在这种情况下，和 DRT 类似的改进型韵字测试 MRT（Modified Rhyme Test）被提出。在其测试语音样本中，不同的辅音不仅可能出现在第一位，也可能出现在最后一位；而且，每次的选择增加到六个。

（2）音质评价

1）平均意见得分（Mean Opinion Score，MOS）。MOS 得分法是从绝对等级评价法发展而来的，用于对语音整体满意度或语音通信系统质量进行评价。MOS 得分法一般采用 5 级评分标准，包括优、良、中、差和劣。参加测试的评听人在听完受测语音后，从这 5 个等级中选择一级作为所测语音的 MOS 得分。由于主观上和客观上的种种原因，每次测试得到的 MOS 得分大都会有波动，为了减小波动的方差，除了参加测试的评听人要足够多之外（一般至少 40 人），所测语音材料也应足够丰富，测试环境也要尽量保持相同。在数字通信系统中，通常认为 MOS 得分在 4.0~4.5 分为高质量数字化语音，达到长途电话网的质量要求，接近于透明信道编码。MOS 得分在 3.5 左右称作通信质量，此时重建语音质量下降，但不妨碍正常通话，可以满足语音系统使用要求。MOS 得分在 3.0 以下常称合成语音质量，它一般具有足够的可懂度，但自然度和讲话人的确认等方面不够好。表 6-1 为 MOS 分制的评分标准。极好的语音音质表示所测信号与原始语音相近，没有感知噪声；相反，极差音质表示有非常厌烦的噪声且所测信号有人为噪声。

表 6-1　MOS 分制的评分标准

得　　分	质量级别	失真级别
5	优（excellent）	不察觉
4	良（good）	刚有察觉，但不可厌
3	中（fair）	有察觉且稍觉可厌
2	差（poor）	明显察觉且可厌，但可忍受
1	劣（bad）	非常可厌，不可忍受

2）判断满意度测量（Diagnostic Acceptability Measure，DAM）。DAM 方法是一种评价语音通信系统和通信连接的主观语音质量和满意度的评测方法，其将直接途径与间接途径结合在一起进行主观质量评价。评听人既有机会表达个人主观喜好，又能依标准对每项指标进行评测。另外，DAM 方法要求评听人分别对语音样本本身、背景和其他因素进行评价。一个评听人可将评价过程划分为 21 个等级，其中 10 个等级是信号的感觉质量，8 个等级是背景情况，另外 3 级是可懂度、清晰度和总体满意度。总之，DAM 是对语音质量的综合评价，是在多种条件下对语音质量可接受程度的一种度量，以百分比评分。

总体来说，无论哪种主观测试都需要遵循三个原则：第一，要保证有足够多的说话人，要求其声音特征非常丰富，能够代表实际用户中的绝大部分；第二，要求有足够多的数据，理论上，人数和数据越多越好，可以用方差作为判断样本数的尺度；第三，对于大部分编码器来说，清晰度和品质测试应该都做，但很悦耳的、质量较好的语音也可以不做清晰度测试。

2. 客观评价

针对主观评价方法的不足，基于客观测度的语音客观评价方法相继被提出。客观评价必然要借鉴主观评价的那种高度智能和人性化的过程，但是不可能找到一个绝对完善的测度和十分理想的测试方法，只能尽量利用所获信息做出基本正确的评价。一般，一种客观测度的优劣取决于它与主观评价结果的统计意义上的相关程度。目前，语音客观评价标准分为两大类：有参考和无参考的语音质量评价标准。

（1）有参考（侵入式）的语音质量评价

有参考的语音质量评价需要干净的语音和失真或处理后的语音。目前所用的客观测度分为时域测度、频域测度和在两者基础上发展起来的其他测度。主要的客观评价方法有：基于信噪比的评价方法，如信噪比（Signal-to-Noise，SNR）、分段信噪比（Segmental SNR，SegSNR）等；基于谱距离的评价方法，如加权谱倾斜测度（Weighted Spectral Slope Measure，WSS），主要比较语音信号之间的平滑谱；基于听觉模型的评价方法，如语音质量感知评价方法（Perceptual Evaluation of Speech Quality，PESQ）、客观感知语音质量分析（Perceptual Objective Listening Quality Analysis，POLQA），以人对语音的感知特性为基础；评估语音理解度的方法，如短时客观可懂度（Short-Time Objective Intelligibility，STOI）。

1）信噪比（SNR）。信噪比计算简单，是一种应用广泛的客观评价方法。假设 $y(n)$ 为带噪语音信号，$s(n)$ 为其中的干净语音信号，$\hat{s}(n)$ 为经处理后的语音信号，则信噪比定义为

$$SNR = 10\log_{10}\frac{\sum_{n} s^2(n)}{\sum_{n}[s(n)-\hat{s}(n)]^2} \tag{6-1}$$

由于计算时需要干净的语音信号，而实际环境中难以获得干净的语音信号，因此信噪比主要用在干净语音信号已知的实验仿真中。此外，计算指标时要注意处理后的信号与原始干净信号的对齐问题，否则会严重影响指标的正确性。

2）分段信噪比（SegSNR）。由于经典形式的信噪比会同等对待时域波形中的所有误差，所以不能很好地反映语音质量的属性。由于语音信号的时变特性，不同时间段上的信噪比应该是不一样的。由此，出现了分段信噪比的计算方法。

$$SegSNR = \frac{1}{M}\sum_{k=0}^{M-1} 10\lg\left[\sum_{i=m_k}^{m_k+N-1}\frac{s^2(i)}{s^2(i)-\hat{s}^2(i)}\right] \tag{6-2}$$

其中，M 表示语音的帧数；N 是语音帧长度；m_k 表示语音帧的起始点。从式（6-2）可以看出，分段信噪比先计算每一帧的信噪比，再对所有帧的信噪比取平均。为了减小没有语音的帧和信噪比过高的帧对信噪比带来的影响，指标可以设置两个门限值，如高低门限分别设为 35 dB 和 0 dB，不在此范围内的信噪比都置为门限值。

3）加权谱倾斜测度（WSS ）。WSS 使用 36 个临界频带滤波器来计算干净语音和处理后语音的频带谱斜率间的加权差距。WSS 距离越小，表示两者之间的差距越小，语音质量越好。

令 $S_x(k)$、$\overline{S}_x(k)$ 分别表示干净语音和处理后语音的谱斜率，其定义为

$$\begin{cases} S_x(k) = C_x(k+1) - C_x(k) \\ \overline{S}_x(k) = \overline{C}_x(k+1) - \overline{C}_x(k) \end{cases} \tag{6-3}$$

其中，$C_x(k)$、$\overline{C}_x(k)$ 分别表示干净语音和处理后语音的第 k 个临界频带谱。

令 $W(k)$ 表示权重，其定义为

$$W(k)=\frac{K_{max}}{[K_{max}+C_{max}-C_x(k)]}\cdot\frac{K_{locmax}}{[K_{locmax}+C_{locmax}-C_x(k)]} \quad (6-4)$$

其中，C_{max} 为所有频带中最大的对数谱幅度，C_{locmax} 为最靠近第 k 个频带的峰值，K_{max} 和 K_{locmax} 为常数，用来使主观测试和客观指标有最大的相关性，根据经验分别取值为 20 和 1。

最后，WSS 距离的计算公式如下：

$$d_{wss}(C_x,\bar{C}_x)=\sum_{k=1}^{36}W(k)\cdot(S_x(k)-\bar{S}_x(k))^2 \quad (6-5)$$

4）语音质量感知评价方法（PESQ）。PESQ（ITU P. 562）方法是国际电信联盟（ITU）在 2001 年提出的一种新的语音质量评价方法，是目前与 MOS 评分相关度最高的客观语音质量评价算法，相关度系数达到 0. 97。2011 年，该标准升级为 ITU P. 862。该算法将参考语音信号和失真语音信号进行电平调整、输入滤波器滤波、时间对准和补偿、听觉变换之后，分别提取两路信号的参数，综合其时频特性，得到 PESQ 分数，最终将这个分数映射到主观平均意见分上。PESQ 得分范围是-0. 5~4. 5，得分越高表示语音质量越好，PESQ 方法模型如图 6-1 所示。

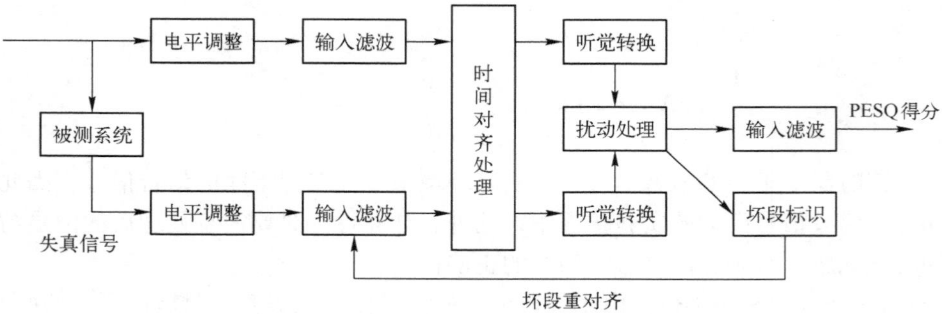

图 6-1　PESQ 方法模型图

5）客观感知语音质量分析方法（POLQA）。POLQA 算法是新一代语音质量评估标准，适用于固网、移动通信网络和 IP 网络中的语音质量评估，用以替代 PESQ 标准。POLQA 被 ITU-T 确定为推荐规范 P. 863，可用于高清语音、3G、4G/VoLTE、5G 网络语音质量评估。

与传统 PESQ 相比，POLQA 算法具有以下优点。

① 增加对宽带和超宽带语音质量评估的能力，支持 48 kHz 语音的质量估计。

② 支持最新的语音编码和 VoIP 传输技术，针对现有的 OPUS、SILK 编码器进行过特殊优化。

③ 支持多语言环境，各国语言都支持。ITU 组织提供标准测试语料，可进行针对性测试。

但是，ITU-T P. 863 算法没有提供传输质量的全面评估。它仅测量单向语音失真和噪声对语音质量的影响。ITU-T P. 863 分数未反映与双向交互相关的延迟、侧音、回声和其他损伤的影响（如中心削波器）。因此，存在 ITU-T P. 863 分数较高，但总体通话质量较差的可能性。该标准目前还没有开源，因此很多技术细节有待研究。

6）短时客观可懂度（STOI）。STOI 模型基于 10 kHz 的采样率设计，主要覆盖语音可理解性的相关频率范围。任何其他采样率的信号都需要重新采样。此外，模型假定干净信号和含噪信号均是时间对准的。模型首先将两个信号进行分帧加窗，窗长为 256 点的汉宁窗，50%重叠。然后，每个帧用 0 填充至 512 个样本并进行傅里叶变换。最后，对 DFT 块按三分之一倍频带进行分析。

令 $\hat{x}(k,m)$ 代表干净语音信号第 m 帧中的第 k 个 DFT 点，定义 $X_j(m)$ 为第 m 帧中第 j 个三分之一倍频带中心频率的值，称为时频单元。

$$X_j(m) = \sqrt{\sum_{k=k_1(j)}^{k_2(j)-1} |\hat{x}(k,m)|^2} \tag{6-6}$$

其中，k_1、k_2 为三分之一倍频带的边界值。同理，含噪语音的时频单元定义为 $Y_j(m)$。

定义信号失真比为

$$SDR_j(m) = 10\lg\left(\frac{X_j(m)^2}{(\alpha Y_j(m) - X_j(m))^2}\right) \tag{6-7}$$

其中，α 为归一化因子，定义为 $\alpha = \sqrt{\sum_m X_j(m)^2 \Big/ \sum_m Y_j(m)^2}$。

因此，归一化和削波的 TF 单元定义为

$$Y' = \max(\min(\alpha Y, X + 10^{-\beta/20}X), X - 10^{-\beta/20}X) \tag{6-8}$$

式中，β 代表信号失真比的下限。可懂度测度指标定义为对干净的和修改后的已处理 TF 单元之间的线性相关系数的估计。

$$d_j(m) = \frac{\sum_n \left(X_j(n) - \frac{1}{N}\sum_l X_j(l)\right)\left(Y'_j(n) - \frac{1}{N}\sum_l Y'_j(l)\right)}{\sqrt{\sum_n \left(X_j(n) - \frac{1}{N}\sum_l X_j(l)\right)^2 \sum_n \left(Y'_j(n) - \frac{1}{N}\sum_l Y'_j(l)\right)^2}} \tag{6-9}$$

其中，$l \in M$，$M = \{(m-N+1), (m-N+2), \cdots, m-1, m\}$。最后，计算所有频带和帧的可懂度度量的平均值，即可得到短时客观可懂度指标。

$$d = \frac{1}{JM}\sum_{j,m} d_{j,m} \tag{6-10}$$

其中，M 表示总帧数，J 表示三分之一倍频带总数。

（2）无参考（非侵入式）的语音质量评价

相比于有参考的语音质量评价，无参考的语音质量评价仅需要失真的语音。相关方法主要包括两类：传统方法和基于深度学习的方法。其中，传统方法包括基于信号的 ITU-T P. 563 和基于参数的 ITU-T G. 107。而基于深度学习的方法包括 AutoMoS、QualityNet、NISQA 和 MOSNet 等。

ITU-T P. 563 和 PESQ 最大的区别在于，P. 563 只需要经过音频引擎传输后的输出信号，不需要原始信号，直接可以输出该信号的评价指标。因此，P. 563 的可用性更高，但是其准确性要比 PESQ 低。P. 563 算法主要由三个部分组成：预处理、特征参数估计和感知映射模型。将语音进行预处理后，P. 563 首先计算出若干个最重要的特征参数，根据这些特征参数判断语音的失真类型，失真类型直接决定了感知映射模型的系数和所使用的特征。最后，利用感知映射模型进行计算得到最终的评价结果。

ITU-T G. 107 定义的 E-Model 是用于网络传输的无参考语音质量评估模型，和 P. 563 一样，它也不需要原始语音就可以给出当前语音质量。但是，E-Model 连失真语音都不需要，只是根据当前的传输网络（比如丢包率、延迟等）就可以给出当前语音的评估结果。

E-Model 组合所有对语音质量有影响的因子来计算单一的指标 R。因为它可以直接映射为 MOS 值，因此 E-Model 已经成为工业和学术界评测语音质量的标准工具之一。

简化版 E-Model 主要考虑的是编解码器的质量和网络情况，具体计算如下：

$$R = R_0 - I_{codec} - I_{packet\_loss} - I_{delay} \tag{6-11}$$

其中，R_0 为基本信噪比；I_{delay} 为端到端延迟；I_{codec} 为编解码因素；I_{packet_loss} 为窗口期内的丢包率。

由于深度学习的火热研究，部分学者开始利用深度网络来评估语音质量。这类方法的思路比较一致。以超宽带语音通信网络的无参考语音质量估计算法 NISQA 为例进行简单介绍，其他算法可以参考有关文献。

如图 6-2 所示，NISQA 算法基于卷积神经网络（CNN）设计，该卷积神经网络估计输入信号每一帧的语音质量，并通过长短期记忆（LSTM）网络汇总一段时间内估计的每帧质量值。模型的输入是采样率为 48 kHz 的信号，然后将其转换为对数频谱图。FFT 变换的点数是 1024，频谱图的长度为 15 帧（即 150 ms）。该频谱图首先通过频率范围为 0～16 kHz 和 48 个频段的美尔滤波器组，然后将其对数能量用作 CNN 的输入。CNN 实现特征的自动学习，其使用三个最大池化层在时间和频率上对特征图进行下采样。下采样过程有助于缩短计算时间，并通过减少网络中的参数数量来避免模型的过拟合，并最终输出每帧质量。为了提升估计质量，算法没有使用简单的度量（如估计的每帧质量的平均值和方差）来对总体质量进行建模，而是选择使用 LSTM 对感知语音质量的时间依赖性进行建模。长短期记忆（LSTM）网络可以在较长的时间内记住其输入，因此可以对长期依赖性问题进行建模。这些类型的网络通常用于预测时间序列。为了学习时间步长之间的双向相关性，模型中使用了 BiLSTM 层。除了每帧质量外，算法还使用 13 维的 MFCCs 作为输入，以便为 RNN 提供一些上下文语音信号。同时，通过使用压缩程度更高的特征来避免 LSTM 网络的过拟合。由于计算每帧能量，CNN-LSTM 方法有助于深入了解质量下降的原因，比如由于传输错误导致帧丢失而引起的语音质量突然下降。

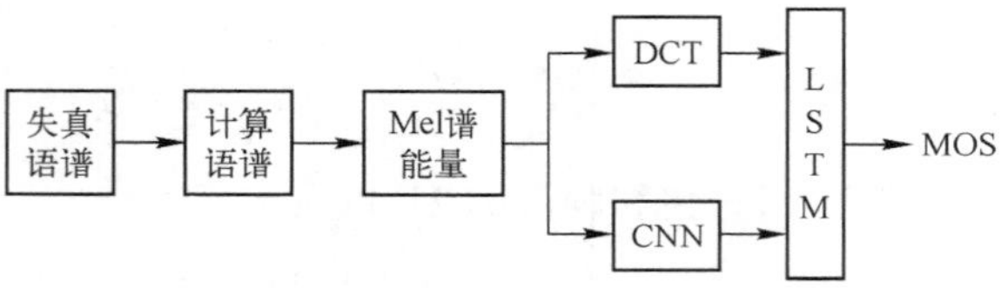

图 6-2　NISQA 算法结构图

总的来说，客观评定方法的特点是计算简单，缺点是客观参数对增益和延迟都比较敏感，而且最重要的是，客观参数没有考虑人耳的听觉特性，因此客观评定方法主要适用于速率较高的波形编码类型的算法。而对于低于 16 bit/s 的语音编码质量的评价，通常采用主观评定的方法，因为主观评定方法符合人类听话时对语音质量的感觉，因此主观评估参数就显得非常重要，特别是许多低码率算法都是基于人耳的感知标准设计的，故而应用较广。总结起来，语音主观评价和客观评价各有其优缺点，通常会将这两种方法结合起来使用。一般的原则是，客观评价用于系统的设计阶段，以提供参数调整方面的信息，主观评价则用于实际听觉效果的检验。

6.2 谱减法

在语音减噪中最常用的方法是谱减法。谱减法是处理宽带噪声较为传统和有效的方法，其基本思想是在假定加性噪声与短时平稳的语音信号相互独立的条件下，从带噪语音的功率谱中减去噪声功率谱，从而得到较为干净的语音频谱。

6.2.1 基本原理

（1）计算公式

设 $s(n)$ 为干净语音信号，$v(n)$ 为噪声信号，$y(n)$ 为带噪语音信号，则有

$$y(n)=s(n)+v(n) \tag{6-12}$$

用 $Y(\omega)$、$S(\omega)$、$V(\omega)$ 分别表示 $y(n)$、$s(n)$ 和 $v(n)$ 的傅里叶变换，则可得

$$Y(\omega)=S(\omega)+V(\omega) \tag{6-13}$$

由于假定语音信号与加性噪声是相互独立的，因此有

$$|Y(\omega)|^2=|S(\omega)|^2+|V(\omega)|^2 \tag{6-14}$$

如果用 $P_y(\omega)$、$P_s(\omega)$ 和 $P_v(\omega)$ 分别表示 $y(n)$、$s(n)$ 和 $v(n)$ 的功率谱，则有

$$P_y(\omega)=P_s(\omega)+P_v(\omega) \tag{6-15}$$

由于平稳噪声的功率谱在发声前和发声期间可以认为基本没有变化，因此可以通过发声前的所谓“寂静段”（认为在这一段里没有语音只有噪声）来估计噪声的功率谱 $P_v(\omega)$，从而有

$$P_s(\omega)=P_y(\omega)-P_v(\omega) \tag{6-16}$$

此时减出来的功率谱被认为是较为干净的语音功率谱，理论上，从这个功率谱可以恢复降噪后的语音时域信号。

为防止出现负功率谱的情况，完整的谱减公式修正如下：

$$\hat{P}_s(\omega)=\begin{cases}P_y(\omega)-P_v(\omega) & P_y(\omega)\geqslant P_v(\omega)\\ 0 & P_y(\omega)<P_v(\omega)\end{cases} \tag{6-17}$$

最后将求得的 $\hat{P}_s(\omega)$ 进行快速傅里叶逆变换（IFFT），并借助相位谱来恢复降噪后的语音时域信号。依据人耳对相位变化不敏感的特点，用原带噪语音信号 $y(n)$ 的相位谱代替估计之后的语音信号的相位谱来恢复降噪后的语音时域信号。

（2）具体步骤

算法的具体实现步骤如下。

1）设含噪语音信号为 $y(n)$，加窗分帧处理后得到第 i 帧语音信号为 $y_i(m)$，帧长为 N。任何一帧语音信号 $y_i(m)$ 做快速傅里叶变换（FFT）后为

$$Y_i(k)=\sum_{m=0}^{N-1} y_i(m)\exp\left(j\frac{2\pi mk}{N}\right) \quad k=0,1,\cdots,N-1 \tag{6-18}$$

对 $Y_i(k)$ 求出每个分量的幅值和相角，幅值是 $|Y_i(k)|$，相角为

$$Y^i_{angle}(k)=\arctan\left[\frac{\mathrm{Im}(Y_i(k))}{\mathrm{Re}(Y_i(k))}\right] \tag{6-19}$$

2）已知前导无话段（噪声段）帧数为 NIS，则该噪声段的平均能量为

$$D(k)=\frac{1}{NIS}\sum_{i=1}^{NIS}|Y_i(k)|^2 \tag{6-20}$$

3）谱减公式为

$$|\hat{Y}_i(k)|^2=\begin{cases}|Y_i(k)|^2-aD(k) & |Y_i(k)|^2\geqslant aD(k)\\ bD(k) & |Y_i(k)|^2<aD(k)\end{cases} \tag{6-21}$$

式中，a 和 b 是两个常数，a 称为过减因子；b 称为增益补偿因子。

4）谱减后的幅值为 $|\hat{Y}_i(k)|$，结合原先的相角 $Y^i_{angle}(k)$，利用快速傅里叶逆变换求出增强后的语音序列 $\hat{y}_i(m)$。

整个算法的原理如图 6-3 所示。

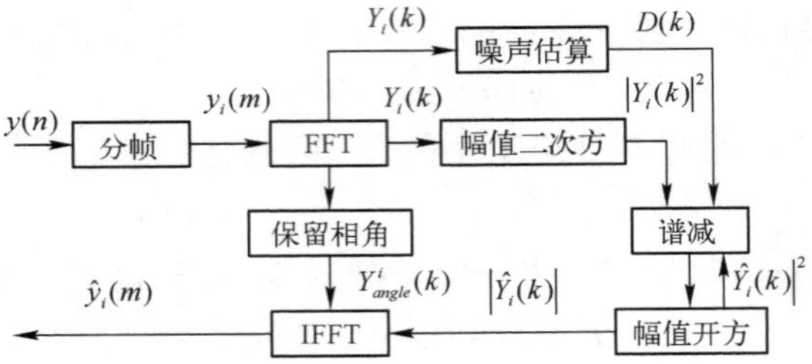

图 6-3　基本谱减法原理图

6.2.2　改进算法

1979 年，S. F. Boll 提出了一种改进的谱减法，主要的改进点如下。

（1）在谱减法中使用信号的频谱幅值或功率谱

改进的谱减公式为

$$|\hat{X}_i(k)|^\gamma=\begin{cases}|X_i(k)|^\gamma-\alpha D(k) & |X_i(k)|^\gamma<\alpha\times D(k)\\ \beta D(k) & |X_i(k)|^\gamma\geqslant\alpha\times D(k)\end{cases} \tag{6-22}$$

噪声段的平均谱值为

$$D(k)=\frac{1}{NIS}\sum_{i=1}^{NIS}|X_i(k)|^\gamma \tag{6-23}$$

式中，α 为过减因子；β 为增益补偿因子。当 $\gamma=1$ 时，算法相当于用谱幅值做谱减法；当 $\gamma=2$ 时，算法相当于用功率谱做谱减法。

（2）计算平均谱值

在相邻帧之间计算平均值：

$$Y_i(k)=\frac{1}{2M+1}\sum_{j=-M}^{M}X_{i+j}(k) \tag{6-24}$$

利用 $Y_i(k)$ 取代 $X_i(k)$，可以得到较小的谱估算方差。

（3）减少噪声残留

在减噪过程中保留噪声的最大值，从而在谱减法中尽可能地减少噪声残留，从而削弱“音乐噪声”。

$$
D_i(k)=\begin{cases} D_i(k) & D_i(k)\geqslant \max|N_R(k)| \\ \min\{D_j(k)\,|\,j\in[i-1,i,i+1]\} & D_i(k)<\max|N_R(k)| \end{cases} \tag{6-25}
$$

此处，$\max|N_R(k)|$代表最大的噪声残余。

6.3 维纳滤波

维纳滤波就是用来解决从噪声中提取信号问题的一种滤波方法。它基于平稳随机过程模型，且假设退化模型为线性不变系统。实际上可以把线性滤波问题看成是一种估计问题或一种线性估计问题。基本的维纳滤波是根据全部过去的和当前的观察数据来估计信号的当前值，它的解是以均方误差最小为条件所得到的系统的传递函数 $H(z)$ 或单位样本响应 $\boldsymbol{h}(n)$ 的形式给出的，因此常称这种系统为最佳线性过滤器或滤波器。设计维纳滤波器的过程就是寻求在最小均方误差下滤波器的单位样本响应 $\boldsymbol{h}(n)$ 或传递函数 $H(z)$ 的表达式，其实质是解维纳-霍夫方程。

6.3.1 基本原理

设带噪语音信号为

$$
\boldsymbol{x}(n)=\boldsymbol{s}(n)+\boldsymbol{v}(n) \tag{6-26}
$$

其中，$\boldsymbol{x}(n)$表示带噪信号；$\boldsymbol{v}(n)$表示噪声。则经过维纳滤波器 $\boldsymbol{h}(n)$ 的输出响应 $\boldsymbol{y}(n)$ 为

$$
\boldsymbol{y}(n)=\boldsymbol{x}(n)*\boldsymbol{h}(n)=\sum_m \boldsymbol{h}(m)\boldsymbol{x}(n-m) \tag{6-27}
$$

理论上，$\boldsymbol{x}(n)$通过线性系统$\boldsymbol{h}(n)$后得到的$\boldsymbol{y}(n)$应尽量接近于$\boldsymbol{s}(n)$，因此$\boldsymbol{y}(n)$为$\boldsymbol{s}(n)$的估计值，可用$\hat{\boldsymbol{s}}(n)$表示。

从式（6-27）可知，卷积形式可以理解为从当前和过去的观察值 $\boldsymbol{x}(n),\boldsymbol{x}(n-1),\boldsymbol{x}(n-2),\cdots,\boldsymbol{x}(n-m)$来估计信号的当前值$\hat{\boldsymbol{s}}(n)$。因此，用$\boldsymbol{h}(n)$进行滤波实际上是一种统计估计问题。

$\hat{\boldsymbol{s}}(n)$按最小均方误差准则使$\hat{\boldsymbol{s}}(n)$和$\boldsymbol{s}(n)$的均方误差$\xi=E\{[\boldsymbol{s}(n)-\hat{\boldsymbol{s}}(n)]^2\}$达到最小。使$\xi$最小的充要条件是$\xi$对于$\boldsymbol{h}(n)$的偏导数为0，即

$$
\frac{\partial \xi}{\partial \boldsymbol{h}(n)}=\frac{\partial E[\boldsymbol{e}^2(n)]}{\partial \boldsymbol{h}(n)}=E\left[2\boldsymbol{e}(n)\frac{\partial \boldsymbol{e}(n)}{\partial \boldsymbol{h}(n)}\right]=-E[2\boldsymbol{e}(n)\boldsymbol{x}(n-m)]=0 \tag{6-28}
$$

上式整理可得

$$
E\{[\boldsymbol{s}(n)-\hat{\boldsymbol{s}}(n)]\boldsymbol{x}(n-m)\}=0 \tag{6-29}
$$

这就是正交性原理或投影原理。将式（6-27）代入式（6-29）可得

$$
E\left\{\boldsymbol{s}(n)\boldsymbol{x}(n-m)-\sum_l \boldsymbol{h}(l)\boldsymbol{E}[\boldsymbol{x}(n-l)\boldsymbol{x}(n-m)]\right\}=0 \tag{6-30}
$$

已知，$\boldsymbol{s}(n)$和$\boldsymbol{x}(n)$是联合宽平稳的。令$x(n)$的自相关函数为$R_x(m-l)=E[\boldsymbol{x}(n-m)\cdot\boldsymbol{x}(n-l)]$，$\boldsymbol{s}(n)$与$\boldsymbol{x}(n)$的互相关函数为$R_{sx}(m)=E[\boldsymbol{s}(n)\boldsymbol{x}(n-m)]$，则式（6-30）可变为

$$
\sum_l \boldsymbol{h}(l)R_x(m-l)=R_{sx}(m) \tag{6-31}
$$

式（6-31）称为维纳滤波器的标准方程或维纳-霍夫方程。如果已知$R_{sx}(m)$和$R_x(m-l)$，那么解此方程即可求得维纳滤波器的冲激响应。

将式（6-31）写成卷积形式，即

$$\boldsymbol{h}(k) * R_x(k)=R_{sx}(k) \tag{6-32}$$

转换为频域，可得

$$H(\mathrm{e}^{\mathrm{j}\omega})P_x(\mathrm{e}^{\mathrm{j}\omega})=P_{sx}(\mathrm{e}^{\mathrm{j}\omega}) \tag{6-33}$$

因此，维纳滤波器的频率响应为

$$H(\mathrm{e}^{\mathrm{j}\omega})=\frac{P_{sx}(\mathrm{e}^{\mathrm{j}\omega})}{P_x(\mathrm{e}^{\mathrm{j}\omega})} \tag{6-34}$$

相应的系统函数为

$$H(\mathrm{e}^{\mathrm{j}\omega})=\frac{P_{sx}(\mathrm{e}^{\mathrm{j}\omega})}{P_x(\mathrm{e}^{\mathrm{j}\omega})} \tag{6-35}$$

式中，$P_x(\mathrm{e}^{\mathrm{j}\omega})$为$x(n)$的功率谱密度；$P_{sx}(\mathrm{e}^{\mathrm{j}\omega})$为$x(n)$与$s(n)$的互功率谱密度。

由于$v(n)$与$s(n)$互不相关，即$R_{sv}(\mathrm{e}^{\mathrm{j}\omega})=0$，则可得

$$P_{sx}(\mathrm{e}^{\mathrm{j}\omega})=P_s(\mathrm{e}^{\mathrm{j}\omega}) \tag{6-36}$$

$$P_x(\mathrm{e}^{\mathrm{j}\omega})=P_s(\mathrm{e}^{\mathrm{j}\omega})+P_v(\mathrm{e}^{\mathrm{j}\omega}) \tag{6-37}$$

此时，式（6-35）可变为

$$H(\mathrm{e}^{\mathrm{j}\omega})=\frac{P_s(\mathrm{e}^{\mathrm{j}\omega})}{P_s(\mathrm{e}^{\mathrm{j}\omega})+P_v(\mathrm{e}^{\mathrm{j}\omega})} \tag{6-38}$$

该式为维纳滤波器的谱估计器，也可认为是维纳滤波系统的增益函数。此时，$\hat{s}(n)$的频谱估计值为

$$\hat{S}(\mathrm{e}^{\mathrm{j}\omega})=H(\mathrm{e}^{\mathrm{j}\omega})X(\mathrm{e}^{\mathrm{j}\omega}) \tag{6-39}$$

6.3.2 改进算法

传统的维纳滤波法需要估计出干净语音信号的功率谱，一般用类似谱减法的方法得到，即用带噪语音功率谱减去估计得到的噪声功率谱，这种方法会存在残留噪声大的问题。改进的维纳滤波器为基于先验信噪比的维纳滤波器，实现框图如图 6-4 所示。

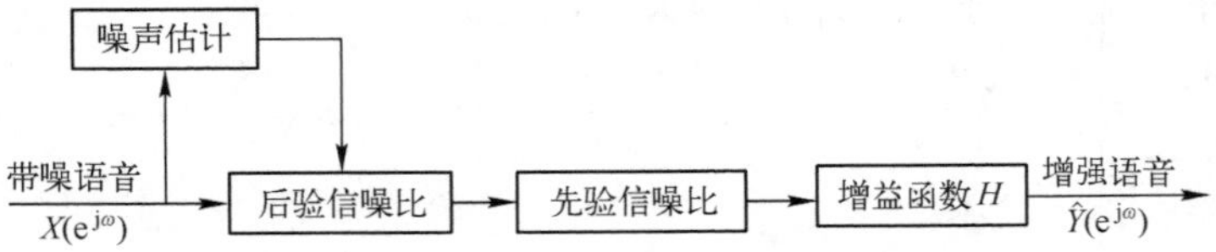

图 6-4　改进维纳滤波的原理框图

由于语音信号按帧进行处理，因此对式（6-38）略做变化即可得第 m 帧的增益函数

$$H_m(\mathrm{e}^{\mathrm{j}\omega})=\frac{\dfrac{P_s^m(\mathrm{e}^{\mathrm{j}\omega})}{P_v^m(\mathrm{e}^{\mathrm{j}\omega})}}{1+\dfrac{P_s^m(\mathrm{e}^{\mathrm{j}\omega})}{P_v^m(\mathrm{e}^{\mathrm{j}\omega})}}=\frac{SNR_{prio}(m)}{1+SNR_{prio}(m)} \tag{6-40}$$

式中，$SNR_{prio}(m)$为第 m 帧信噪比，也可称为先验信噪比。

则第 m 帧增强语音可表示为

$$\hat{S}(e^{j\omega})=H_m(e^{j\omega})X(e^{j\omega}) \tag{6-41}$$

在实际应用中，很少采用式（6-40）来计算当前帧的信噪比，而是采用直接判决法来估计信噪比 $SNR_{prio}(m)$，具体计算如下：

$$SNR_{prio}(m)=\alpha SNR_{prio}(m-1)+(1-\alpha)\max(SNR_{post}(m)-1,0) \tag{6-42}$$

$$SNR_{post}(m)=\frac{|X(m)|^2}{|\hat{V}(m)|} \tag{6-43}$$

式中，$SNR_{post}(m)$表示第 m 帧信号的后验信噪比；$X(m)$表示估计的第 m 帧信号的功率谱；$\hat{V}(m)$表示估计的第 m 帧噪声功率谱。

由上述讨论可知，对噪声功率谱的估计会直接影响算法性能。早期的方法主要是通过前导端进行噪声估计或者结合端点检测算法进行噪声估计。在背景噪声为平稳噪声且输入信噪比较高时，噪声估计的效果较好。而实际应用中常会遇到背景噪声是非平稳的噪声和低输入信噪比的情况，此时端点检测的准确率较低，很难保证估计出来的噪声的准确性。

相关的噪声估计算法有很多，这里简要介绍一种快速的噪声谱估计方法，该方法基于 Doblinger 的最小值统计方法，引入了语音出现的概率，根据语音出现概率来更新噪声谱，步骤如下。

（1）对带噪语音信号功率谱进行平滑处理

$$P(m,k)=\alpha P(m-1,k)+(1-\alpha)|X(m,k)|^2 \tag{6-44}$$

式中，$P(m,k)$表示带噪语音的平滑功率谱；α 为平滑因子，取值为 0.7。

（2）搜索各频带的最小值

如果 $P_{\min}(m-1,k)<P(m,k)$，则

$$P_{\min}(m,k)=\gamma P_{\min}(m-1,k)+\frac{1-\gamma}{1-\beta}[P(m,k)-\beta P_{\min}(m-1,k)] \tag{6-45}$$

否则

$$P_{\min}(m,k)=P(m,k) \tag{6-46}$$

式中，β 和 γ 为经验常数，参考取值为 $\beta=0.96$，$\gamma=0.998$。

（3）判断带噪语音功率谱中各频带是否存在语音

语音存在函数为

$$I(m,k)=\begin{cases}1 & P(m,k)/P_{\min}(m,k)>\delta \\ 0 & P(m,k)/P_{\min}(m,k)\leqslant\delta\end{cases} \tag{6-47}$$

式中，δ 为门限值，参考取值为 $\delta=5$。

（4）计算语音出现概率

语音出现概率

$$p(m,k)=\alpha_p p(m-1,k)+(1-\alpha_p)I(m,k) \tag{6-48}$$

式中，α_p 为概率更新系数，取值为 0.2。

（5）更新噪声谱

估计的噪声谱为

$$|\hat{V}(m,k)|^2=p(m,k)|\hat{V}(m-1,k)|^2+[1-p(m,k)][\eta P_{\min}(m,k)+(1-\eta)|X(m-1,k)|^2] \tag{6-49}$$

式中，$\eta=0.8$。

6.3.3 听觉掩蔽

人的主观感受是衡量降噪效果好坏的最终评价标准，对于一些传统的降噪方法，它们是基于某一准则（如最小均方误差准则）来进行降噪的。但实际上，均方误差最小并不一定意味着人耳感受到的噪声最小。人对声音的主观感知是生理、心理等多方面综合作用的结果，很多学者对此进行了研究，并取得了一定的进展。其中，基于听觉掩蔽模型的降噪成为一个研究热点。听觉掩蔽模型可以和谱减、维纳降噪等方法结合起来，进一步提高降噪效果。此外，基于听觉掩蔽效应的降噪方法不需要将噪声完全消除，只要满足残留的噪声不被人感知即可，从而减少了语音的失真，改善了人耳的听觉舒适度。

为了将听觉掩蔽效应应用到语音信号处理中，学者为听觉掩蔽效应建立了多种数学模型，如 Johnston 模型、PEAQ 模型和 MEPG 模型等，本节主要介绍利用 Johnston 模型计算听觉掩蔽阈值的方法。Johnston 模型掩蔽阈值的计算原理图如图 6-5 所示。

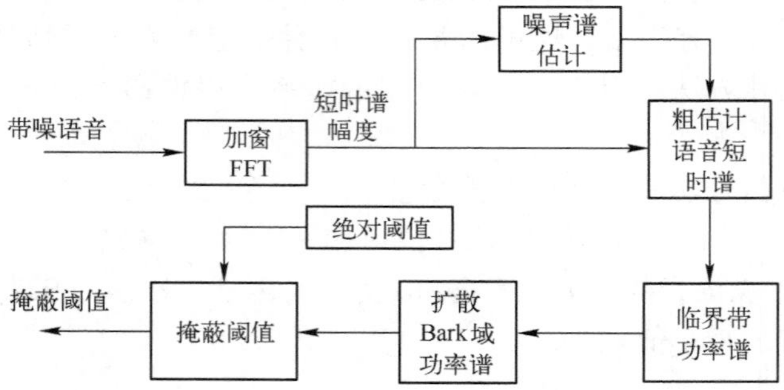

图 6-5　Johnston 模型掩蔽阈值的计算原理图

计算的具体步骤如下。

（1）计算临界带功率谱

设 $P_s(m,k)$ 为干净语音信号的功率谱，参考 Opus 频带的划分，则第 i 个临界频带的功率为

$$B_i(m) = \sum_{b_{li}}^{b_{hi}} P_s(m,k), \quad 1 \leqslant i \leqslant i_{\max} \tag{6-50}$$

其中，m 表示帧号；k 为频点；b_{li} 表示第 i 个临界频带所对应的离散频率的下边界；b_{hi} 表示第 i 个临界频带所对应的离散频率的上边界。临界频带个数 $i_{\max}$ 取决于语音信号的采样频率，然后根据 Opus 频带的划分进行确定。

（2）计算扩散 Bark 域功率谱

人耳耳蜗的临界频带间的听觉掩蔽效应可以用一个扩展函数来表示：

$$SF_{ij} = 15.81+7.5(\Delta+0.474)-17.5\sqrt{1+(\Delta+0.474)^2} \tag{6-51}$$

其中，$\Delta=i-j$ 表示临界频带差值，$i,j=1,2,\cdots,i_{\max}$。

将临界带功率谱 $B_i(m)$ 与扩展函数 SF_{ij} 进行卷积，得到扩散功率谱（扩展谱）：

$$C_i(m) = \sum_{j=1}^{i_{\max}} B_i(m) * SF_{ij} \tag{6-52}$$

(3) 计算扩展谱的掩蔽阈值

各个频带的掩蔽阈值由每个临界频带的扩展谱 $C_i(m)$ 减去一个相对偏移量 O_i 得到。由于纯音和噪声的掩蔽特性不同，相对偏移量的大小也不同。当纯音掩蔽噪声时，相对偏移量为 $(14.5+i)$ dB；当噪声掩蔽纯音时，相对偏移量为 6.4 dB。因此，在计算掩蔽阈值时要先判断声音信号是纯音还是噪声特性，一般根据谱平坦度测度 SFM_{dB} 来计算。

$$SFM_{dB} = 10\lg\frac{G_m}{A_m} = 10\lg\frac{\left[\prod_{k=1}^{K} P_s(m,k)\right]^{\frac{1}{K}}}{\frac{1}{K}\sum_{k=1}^{K} P_s(m,k)} \tag{6-53}$$

其中，G_m 为干净语音信号功率谱的几何均值；A_m 为干净语音信号功率谱的算术均值；K 为功率谱的频带总数。

纯音系数按照下式进行计算：

$$\alpha=\min\left(\frac{SFM_{dB}}{-60},1\right) \tag{6-54}$$

当 $\alpha=1$ 时，表示声音信号具有完全纯音特性；当 $\alpha=0$ 时，表示信号为完全噪声特性。

听觉门限的偏移量 O_i 为

$$O_i=\alpha(14.5+i)+(1-\alpha)\cdot 5.5 \tag{6-55}$$

最终，扩展谱的听觉掩蔽阈值 T_{Bi} 可表示为

$$T_{Bi}=10^{(\lg C_i-O_i/10)} \tag{6-56}$$

(4) 计算扩展前 Bark 域的掩蔽阈值并和绝对听阈比较

T_{Bi} 是计算的扩展谱的掩蔽阈值，需要将第（3）步的计算结果重新变换到扩展前 Bark 域的掩蔽阈值。由于扩展谱是通过卷积得到的，转换回去则需要解卷积，但解卷积的过程并不稳定，会产生负值，一般采用简单的归一化来近似处理。

第 i 个临界频带的归一化掩蔽阈值 T_i^{norm} 计算如下：

$$T_i^{norm} = \frac{T_{Bi}}{\sum_{j=1}^{i_{\max}} SF_{ij}} \tag{6-57}$$

在安静环境下，一个纯音需要一定的声压级才能恰好被人耳所感知到，这个声压级即是人耳的绝对听阈，并且与纯音的频率有关，可以用式（6-58）表示：

$$T_i^{abs}(f)=3.64\,(f/1000)^{-0.8}-6.5\mathrm{e}^{-0.6(f/1000-3.3)^2}+10^{-3}(f/1000)^4 \tag{6-58}$$

如果计算出来的掩蔽阈值在绝对阈值之下，则没有任何意义。因此，将计算出的掩蔽阈值和绝对阈值相比较，得到最终的掩蔽阈值：

$$T_i=\max(T_i^{abs},T_i^{norm}) \tag{6-59}$$

以使残留噪声保持在掩蔽阈值之下且语音失真最小为目标，可得到系统的增益函数为

$$H(m,k)=\frac{1}{1+\max\left(\sqrt{\frac{|V(m,k)|^2}{T(m,k)}}-1,0\right)}=\min\left(\sqrt{\frac{T(m,k)}{|V(m,k)|^2}},1\right) \tag{6-60}$$

其中，$V(m,k)$为估计的噪声幅度谱。根据不同的目标，会得到不同的增益函数，其他增益函数可以参阅相关文献。

6.4 基于深度学习的语音增强方法

随着基于监督学习的语音分离问题的推演，基于深度学习的语音增强算法在短短几年的时间内极大地提高了语音分离任务的技术水平，包括单声道语音增强、语音去混响、说话人分离和阵列语音分离。随着域知识与数据驱动框架的紧密整合以及深度学习本身的进步，这种技术带来的进步还会继续。

考虑到噪声污染的复杂特性，借鉴于人类的学习能力和神经推导能力，有学者提出采用非线性模型来学习从含噪信号映射到目标语音信号的映射函数。早期研究主要运用浅层神经网络作为非线性滤波器来预测时域或者频域的目标语音信号。然而，这些浅层神经网络没有很好的初始化方案，容易让有监督训练陷入局部最优。此外，由于网络规模不够大，过小的神经网络结构无法精准描述带噪语音信号和干净语音信号之间的相互作用关系。

深度学习的概念的提出以及在语音识别领域的成功应用，使得基于非线性模型的语音增强算法开始体现价值。2013 年，俄亥俄州立大学终身教授汪德亮使用 DNN 进行子带分类来估算理想二值掩蔽（Ideal Binary Mask，IBM），通过在每个 T-F 单元内从子带信号中提取声学特征，并作为子带 DNN 的输入以学习更多的可分辨特征。而且，后继的两阶段 DNN 算法充分利用了背景信息从而显著提高了分类准确性。测试表明，这个 DNN 为 HI（听力受损）和 NH（正常听力）听众的可懂度带来了提升，HI 听众的受益更多。此外，CNN 网络、LSTM 网络和 GAN 网络都被用来实现语音增强。

图 6-6 为基于深度学习的语音增强基本框架。基于深度学习的语音增强模型通常包括训练和测试两个部分。在训练阶段，大量的带标签的含噪样本被输入语音增强模型来获得有效的网络模型参数。在测试阶段，将测试语音输入到训练好的模型中就可得到去噪后的语音信号。

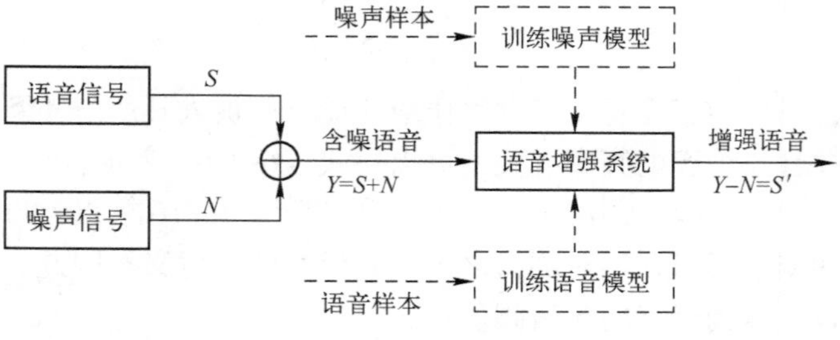

图 6-6　基于深度学习的语音增强基本框架

对基于深度学习的算法来说，有效的大数据是算法的保障。目前，常用的语音增强的相关数据集有 NoiseX-92 噪声库、NOIZEUS 语料库、Voice Bank 数据集以及 DNS Challenge 提供的数据集。这些数据集有的是纯噪声库，可以通过与干净语音叠加生成不同信噪比的仿真语音；有的本身就包含真实含噪语音，可以直接用来测试语音增强算法的性能。

6.4.1 典型算法概述

（1）RNNnoise 算法

RNNnoise 是早期比较有影响力的基于深度学习的降噪项目。它与传统的算法的处理框架相似，都是计算频点的掩码，然后使用掩码和对应频点相乘进行频域降噪，与传统方法的区别在于掩码的计算是通过深度学习网络获得的。

系统的信号级结构框图如图 6-7 所示。RNN 在低分辨率频谱包络上从带噪样本特征中估计理性频带增益，这些增益是理想比值掩模的平方根。使用一个基音梳状滤波器进一步抑制基音谐波之间的噪声，然后将带噪语音的频谱与估计的增益相乘，恢复出干净语音频谱。

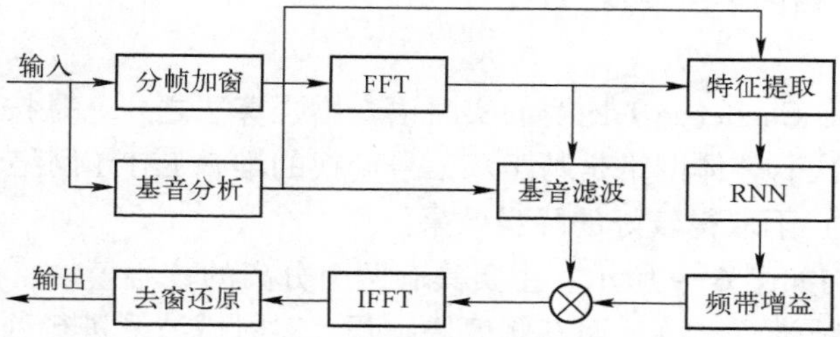

图 6-7 RNNnoise 系统结构框图

算法中帧长为 10 ms，按照半帧叠拼为 20 ms 处理帧，即 320 个采样点。窗函数采用 Vorbis 窗，它满足 Princen-Bradley 准则。Vorbis 窗的定义为

$$\boldsymbol{w}(n)=\sin\left[\frac{\pi}{2}\sin^2\left(\frac{\pi n}{N}\right)\right] \tag{6-61}$$

参考 Opus 频带的划分，在 Bark 域一共划分为 22 个频带。Opus 每两个频带的相交处为 Bark 频带的中心频率，同时频率越高划分越粗糙。频带在高频时遵循 Bark 尺度，但在低频时始终为至少 4 个频点组成一个频带。

网络的输入为 42 维特征，包括 22 维的 Bark 域倒谱系数，前 6 个倒谱系数的时间一阶导数和二阶导数共 12 维，前 6 维的基音相关系数的离散余弦变换（DCT）共 6 维，基音周期 1 维，频谱非平稳性度量系数 1 维。网络输出为 22 维的各频带增益。

频带 b 的频带增益 $\boldsymbol{g}_b$ 定义为

$$\boldsymbol{g}_b=\sqrt{\frac{\boldsymbol{E}_s(b)}{\boldsymbol{E}_x(b)}} \tag{6-62}$$

其中，$\boldsymbol{E}_s(b)$ 和 $\boldsymbol{E}_x(b)$ 分别表示干净语音和输入（带噪）语音在频带 b 内的能量。设估计的理想频带增益为 $\hat{\boldsymbol{g}}_b$，以下内插增益被应用于每个频点 k：

$$\boldsymbol{r}(k)=\sum_b \boldsymbol{w}_b(k)\hat{\boldsymbol{g}}_b \tag{6-63}$$

RNNnoise 算法遵循噪声抑制算法的传统结构，如图 6-8 所示，将网络结构分为活性检测、噪声估计和谱减三个模块。网络的三个循环层各自负责图中的一个基本模块，但是实际

上这种假设是有所偏离的。网络主要使用了全连接神经元和门控循环神经网络，共包含 215 个单元、4 个隐藏层，最大层有 96 个单元。算法通过很小的成本输出了语音活跃度（VAD）指标，这也正是该网络的一个特点。

对网络的增益输出$\hat{\boldsymbol{g}}_b$ 使用如下的损失函数：

$$L(\boldsymbol{g}_b,\hat{\boldsymbol{g}}_b)=(\boldsymbol{g}_b^{\gamma}-\hat{\boldsymbol{g}}_b^{\gamma})^2 \tag{6-64}$$

其中，指数 γ 是一个感知参数，用来控制算法抑制噪声的程度。对网络的 VAD 输出使用交叉熵损失函数。

当使用增益$\hat{\boldsymbol{g}}_b$ 来抑制噪声时，输出信号有时听起来过于生硬。通过在帧与帧之间限制 $\hat{\boldsymbol{g}}_b$ 的衰减可以解决该问题。平滑增益$\widetilde{\boldsymbol{g}}_b$ 计算如下：

$$\widetilde{\boldsymbol{g}}_b=\max(\lambda\widetilde{\boldsymbol{g}}_b^{(prev)},\hat{\boldsymbol{g}}_b) \tag{6-65}$$

其中，$\widetilde{\boldsymbol{g}}_b^{(prev)}$ 表示前一帧的平滑增益。

（2）DTLN 算法

DTLN 算法是 DNS Challenge 1 比赛的实时语音增强算法之一，是按帧计算的模型，在比赛中取得了较好的名次。整体网络是基于双信号变换的堆叠 LSTM 网络，能够在较小的参数量规模（小于 100 万）下取得较好的降噪效果。

DTLN 的网络结构如图 6-9 所示，主要具有两个分离的核心模块，其中左侧的模块可以看作是在频域中对特征进行计算，而右侧模块则是针对时域波形进行处理。而这两个核心模块的网络部分是相同的，均是两层 LSTM 网络层以及一层全连接层，最后通过 Sigmoid 激活函数输出预测的掩蔽值。第一个核心模块首先对输入音频进行 STFT 变换到频域，在频域中应用网络进行增强，得到预测掩蔽后通过 IFFT 借助输入带噪音频的相位得到时域形式，但

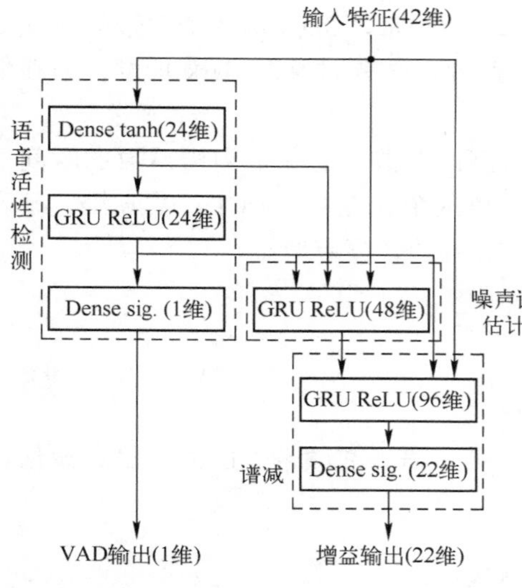

图 6-8　RNNnoise 神经网络的结构

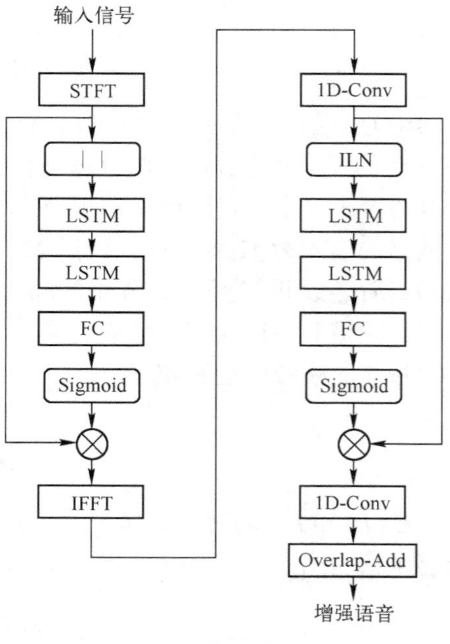

图 6-9　DTLN 网络结构

不使用重叠相加算法合成波形，而是将所得到的时域帧级特征继续输入到一维卷积网络层，从而得到时域的特征表示，紧接着通过层归一化方法逐帧对该层的时域特征做归一化处理，再输入到第二个增强网络模块以预测时域的掩蔽，而预测出的掩蔽将与未归一化的时域特征表示相乘，再通过一维卷积层重建时域波形，最后通过重叠相加算法得到增强语音。网络在时域增强网络中使用的归一化方法为瞬时层归一化法，即所有帧的特征表示将独立归一化而不会累计随时间变化的统计特性，并使用相同的可学习参数进行缩放。

DTLN 模型训练所使用的损失函数是时域负 SNR 损失，给定时域干净语音波形 y 以及预测语音波形$\hat{y}$，则 SNR 损失计算如下：

$$f(y,\hat{y}) = -10\lg\left(\frac{\sum_t y_t^2}{\sum_t (y_t - \hat{y}_t)^2}\right) \tag{6-66}$$

由于该损失直接计算时域波形的差异，因此相比于频域 STFT 谱的 MSE 损失，能够考虑一定的相位影响。

DTLN 模型是在 DNS Challenge 数据库上进行训练的，整体网络的结构比较简单，仅是全连接层和 LSTM 网络层的堆叠，但优势在于整体网络是帧到帧的结构，且能在实时语音增强任务上取得较好的效果。

6.4.2 不足与改进

（1）特征与机器学习

特征对语音增强很重要。然而，深度学习的主要特点是针对特定的任务学习适当的特征，而不是去设计这样的特征。特征提取是一种从问题域中传授知识的方式，并且以这种方式将域知识结合起来是合乎情理的。

CNN 在视觉模式识别中的成功应用有部分原因是，在其结构中使用了权重分享和池化（采样）层，从而有助于为特征位置的小变化建立一个不变量。CNN 中的卷积层相当于特征提取。虽然 CNN 的权重因子是经过训练的，但特定 CNN 架构的使用反映了其用户的设计选择。

现有的基于深度学习的网络通常直接选用语音信号本身或者频谱等简单变换的形式来作为输入特征，这种做法的目的是期望通过原始输入让网络直接选用有效特征，而不是费尽心思地去设计特征。端到端的模型通常都是基于这种考虑。

（2）多源环境下的有效语音

对于语音增强来说，语音信号被认为是目标，而非语音信号被认为是干扰。当声学环境中存在多个语音时，情况会变得棘手。一般来说，这属于听觉注意点和意图的问题。即使在相同的输入下，从一个时刻到下一个时刻究竟什么会转变是一个复杂的问题，并且这不仅仅是语音信号的问题。然而，也有实用的解决方案。例如，定向助听器通过假设目标位于观察方向，即利用视觉解决问题。在源分离情况下，目标定义还有其他合理的替代方案，如最响亮的源、之前使用过的（即跟踪）或最熟悉的（如在多说话人的情况下）。

（3）鸡尾酒会问题

计算听觉场景分析（CASA）将鸡尾酒会问题的真正解决方案定义为在所有声学环境下

实现说话人分离的系统。但是如何在实际情况中通过机器或人类受试听众来判断分离性能的好坏？一种简单的方法是在各种声学条件下比较自动语音识别（ASR）分数和语音清晰度分数。这是一个很高的要求，尽管深度学习已经取得了巨大进展，但实际情况中的 ASR 的表现依然并不理想。

6.5 思考与复习题

1. 什么是语音增强抗噪声技术？利用语音增强解决噪声污染的问题，主要是从哪个角度来提高语音处理系统的抗噪声能力的？

2. 混叠在语音信号中的噪声一般如何分类？什么叫加性噪声和乘性噪声？什么叫平稳噪声和非平稳噪声？

3. 什么是人耳的掩蔽效应？怎样可以把人耳的掩蔽效应应用到语音系统的抗噪声处理中？人耳自动分离语音和噪声的能力与什么有关？能否把这种原理应用到语音系统的抗噪声处理中？

4. 为什么说对加性噪声的处理是语音增强抗噪声技术的基础？怎样把乘性噪声变换成加性噪声来处理？

5. 利用谱减法语音增强技术解决噪声污染的问题，在最后通过 IFFT 恢复时域语音信号时，对相位谱信息是怎么处理的？为什么可以这样处理？

6. 利用谱减法语音增强技术处理非平稳噪声时，应怎样更新噪声功率值？如果减除过度或过少时，将会产生什么后果？

7. 什么是维纳滤波？怎样利用维纳滤波法进行语音增强？

8. 听觉掩蔽值是如何计算的？基于听觉掩蔽值的语音增强的原理是什么？

第7章 回声消除

随着人机语音交互技术的发展和智能硬件计算能力的提高，越来越多的智能语音终端产品进入人们的生活中。2014年11月，亚马逊将智能语音交互技术融入传统音箱中，推出了一款全新概念的智能音箱Echo，随后谷歌和苹果公司分别推出同类型的产品Home和HomePod。国内厂商从2017年起，以“天猫精灵”为代表的阿里、以“小度”为代表的百度、以“小爱”为代表的小米等互联网公司也纷纷进入智能音箱市场。随着配备了语音交互智能助手的智能音箱越来越多，用户可以更加便捷地通过与智能音箱通话来控制其他智能设备，获得多种多样的生活便利。同时，由于期望尽可能节省时间、降低旅行成本，国内外各大企业对远程音视频会议系统的需求也越来越大。目前，远程音视频会议系统主要向灵活易用性、大众化、平民化和家用小型化发展。此外，还有智慧电视、车载语音交互、智能手表和全数字助听器等智能语音终端设备均将最新的智能语音交互技术植入到功能单一的传统终端设备，来提高用户的使用体验和生活质量。但是，智能语音终端设备不仅仅是在硬件设计上多安装几个传声器和扬声器，或在软件系统内多添加一个应用软件。事实上在实际的产品研发中，内置语音技术的智能语音终端的研发周期较长，需要针对不同的应用场景，综合考虑产品使用时的声学环境、用户的使用感受和硬件的计算资源等因素来完成整个语音交互系统的设计。因此实用语音交互技术是智能硬件产品中的一个重要研究方向，也是全世界智能硬件厂商目前的研发重点。

智能语音终端产品所涉及的语音技术的作用一般有两个：一是让人类听清，是面向语音通信，期望通过一系列语音算法处理使系统具有更高的主观听感和可懂度；二是让机器听清，是面向语音/语义识别，期望让机器通过识别和理解把语音信号转变为对应的文本或命令，再进行后续文本分析或者完成某一项操作。目前与国外技术相比，国内研究团队的研究重点主要在语音识别和语义分析的算法研究上，对声学前端信号处理的环节的重视程度不够，缺少对声学前端信号处理的理论、技术和方法的系统性研究。因此面向各种智能语音终端设备，研究和开发出完全自主知识产权的实时声学信号处理算法具有重大的社会价值和现实意义。

一般来说，声学前端算法主要指的是3A算法，即AEC（声学回声消除）、ANS（自适应噪声抑制）和AGC（自动增益控制）算法。其中，回声抵消器是前端声学信号处理的核心，也是各类智能语音终端设备所必需的关键模块。声学回声是指扬声器播放出来的声音被传声器拾取后发回远端，使远端谈话者能够听到自己的声音。声学回声又分为直接回声和间接回声。直接回声是指扬声器播放出来的声音未经任何反射直接进入传声器。这种回声延迟最短，它与远端说话者的语音能量，扬声器与话筒之间的距离、角度、扬声器的播放音量以及话筒的拾取灵敏度等因素相关；间接回声是指扬声器播放的声音经不同的路径一次或多次反射后进入传声器所产生的回声集合。回声抵消器的主要任务是消除传声器采集信号中扬声器至传声器的耦合回声，避免从扬声器中听到自己的声音，同时还需要尽可能多地保留近端说话人的声音，保持良好的全双工特性。此外，设备还需要避免因为声学路径突变而导致系统重新收敛，最后还要尽可能地减少计算复杂度，保证算法的可移植性。为提升语音质量，提高用户听觉感受和可懂度，研究高效的回声消除算法不仅仅对提升人们生活质量具有重要的现实意义，还对我国完全自主知识产权的智能硬件行业的发展具有推动作用。

本章首先介绍了回声消除的基础知识，包括回声模型和评价指标，然后重点介绍了几种基于自适应滤波器的回声消除算法，最后介绍了啸叫检测与抑制算法。

7.1 回声消除基础知识

智能语音终端产品一般至少都含有一个传声器和一个扬声器，由于扬声器和传声器之间的声学耦合，设备经常会产生回声。这些回声会对语音通话系统或者语音识别系统产生不利影响，因此，回声抵消器是智能语音终端设备中的关键声学信号处理技术之一。近几十年，回声抵消器主要采用了两种不同的技术（即声学回声消除（Acoustic Echo Cancellation，AEC）算法和声学回声抑制（Acoustic Echo Suppression，AES）算法）来消除或减少声学回声。

基于自适应滤波器的 AEC 是一种线性滤波方法，它假定扬声器至传声器的回声路径是线性的，并且可以使用自适应滤波器进行估计。在已知参考信号的情况下，自适应滤波器可以根据声学路径的估计值得到回声的估计值，然后从传声器信号中减去回声估计值，最终得到 AEC 输出信号，一般也称为残差信号。理想情况下，AEC 可以消除回声而不会对近端信号造成任何失真。

当今竞争激烈的音频消费市场可能倾向于牺牲线性性能，以降低模拟器件的成本。由于扬声器或其功放电路引入了非线性失真，线性的假设可能不再成立。事实上，低成本或小型化音频硬件中的非线性问题若单纯只靠 AEC 的处理是远远不够的，残留的回声将会严重影响整个声学系统的各项性能。在这种情况下，通常将后置滤波器与 AEC 结合使用，以进一步去除残留回声。后置滤波器一般也称为非线性声学回声消除（Nonlinear AEC，NLAEC）。目前，对回声进行非线性建模的常用方法是 Volterra 滤波器。其通用结构源自泰勒级数，可以建模各种非线性关系。但是在回声衰减性能和计算成本之间存在折中。也就是说，Volterra 滤波器的阶数越高，对高阶非线性失真建模的精度越高，但这也将导致较高的计算成本和较慢的收敛速度。

为了更好地了解回声消除的基本原理，本节主要介绍了声学回声模型和评价回声消除器的主要指标。

7.1.1 声学回声模型

典型的电话会议场景如图 7-1 所示，会议双方分处远端和近端，远端说话人的语音 1 传输至近端，经由近端扬声器放出，同近端说话人的语音 2 一起被近端传声器拾取，经过传输，由远端的扬声器放出。此时远端说话人会同时听到近端说话人的语音和自己语音的回声。由于扬声器的声音较大，且离传声器较近，近端传声器拾取的语音中的回声成分会掩盖掉近端说话人的语音。更严重的是，发送通路中常常会添加一定的增益，在这样的闭环通路中，回声会被无限放大，引起啸叫，继而导致会议无法进行。因此，必须在近端传声器拾取的信号发出之前，将其中的回声成分消除。

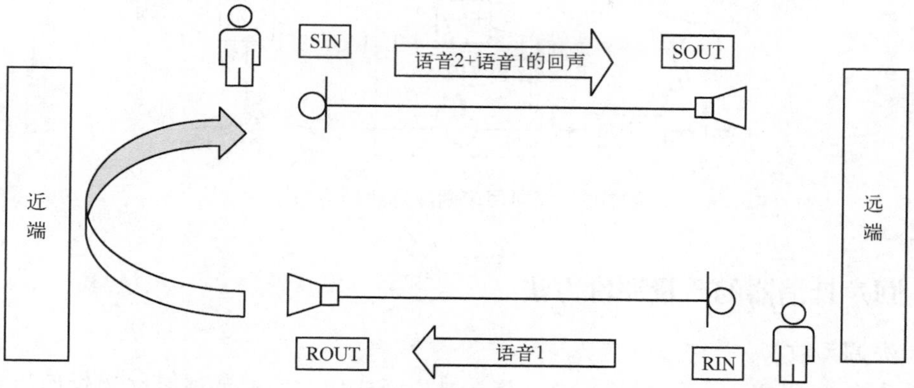

图 7-1　典型的电话会议场景

在会议电话场景中，按其工作模式可分为 4 种状态。

（1）静默模式

近端说话人和远端说话人皆不讲话，此模式称为静默模式。

（2）单近端模式

远端说话人不讲话，近端说话人讲话，此模式称为单近端模式。该模式下，近端传声器中无回声录入。

（3）单远端模式

近端说话人不讲话，远端说话人讲话，此模式称为单远端模式。该模式下，近端传声器中录入的主要是回声，然后滤波器将回声滤除。此时传声器录入信号中，除回声外其他干扰很少，最适合对房间路径冲击进行辨识，自适应滤波器系数的自适应更新过程在此模式下进行。

（4）双端模式

近端说话人和远端说话人同时讲话，此模式称为双端模式。该模式下，近端传声器将回声和近端说话人声一起拾取，然后滤波器将回声滤除，期望只获得近端说话人语音。

声学回声消除问题通常通过自适应滤波器对声学回声路径进行辨识来解决。经典声学回声消除算法处理框图如图 7-2 所示。$\boldsymbol{x}(n)$表示远端发送过来的声音，即参考信号，$\boldsymbol{w}(n)$表示真实房间路径冲击，参考信号$\boldsymbol{x}(n)$经由扬声器播放后，与房间路径的作用可看作$\boldsymbol{x}(n)$与$\boldsymbol{w}(n)$的卷积$\boldsymbol{x}(n) * \boldsymbol{w}(n)$，得到的回声信号记为$\boldsymbol{y}(n)$，$\boldsymbol{v}(n)$为近端说话人的语音，$\boldsymbol{v}(n)$和$\boldsymbol{y}(n)$一起被传声器拾取，得到信号$\boldsymbol{d}(n)$。回声消除的任务便是从$\boldsymbol{d}(n)$中将$\boldsymbol{y}(n)$消除，还原出干净的近端语音$\boldsymbol{v}(n)$。经典自适应算法通过线性自适应滤波器对真实路径$\boldsymbol{w}(n)$进行估计，用估计出的路径冲击$\hat{\boldsymbol{w}}(n)$和参考信号$\boldsymbol{x}(n)$相卷积，得到估计回声$\hat{\boldsymbol{y}}(n)$，再将其从$\boldsymbol{d}(n)$中减去，以达到消除回声的目的。在实际应用中，常常由于自适应滤波器长度不足、估计路径与真实路径差异较大、非线性信号分量产生等原因，使得自适应滤波器无法将回声滤除干净，残差信号$\boldsymbol{e}(n)$中仍有不少残余回声，故需在线性滤波过后添加一个后滤波器来对$\boldsymbol{e}(n)$中的残留回声进行进一步的抑制。

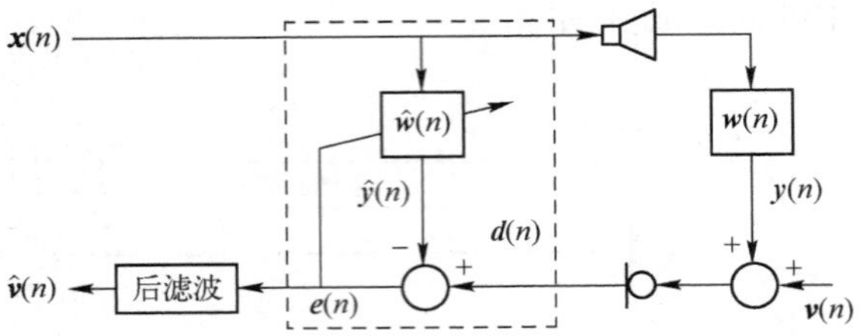

图 7-2 经典回声消除算法处理框图

7.1.2 回声抵消器的质量评价方法

（1）失调系数

失调系数（Misalignment，MIS）这一指标被广泛应用在回声抵消系统的软件仿真中。计算公式为

$$MIS = 10\lg \frac{\| \hat{\boldsymbol{w}} - \boldsymbol{w} \|^2}{\| \boldsymbol{w} \|^2} \tag{7-1}$$

在自制测试文件时，回声路径可以通过软件模拟产生。该指标评估的是估计的回声路径 $\hat{\boldsymbol{w}}$ 和真实的声学路径 $\boldsymbol{w}$ 的接近程度，该指标越小，代表回声抵消算法估计出的回声路径越接近真实情况，性能越好。

（2）回波返回损失

回波返回损失（Echo Return Loss Enhancement，ERLE）也是评价回声抵消器的一个重要指标。计算公式为

$$ERLE = 10\lg \frac{E\{\boldsymbol{d}^2(n)\}}{E\{\boldsymbol{e}^2(n)\}} \tag{7-2}$$

式中，$\boldsymbol{d}(n)$ 代表传声器输入信号；$\boldsymbol{e}(n)$ 代表回声抵消器的输出信号，也就是残留误差信号。该指标代表回声抵消器以多大的增益从传声器信号中移除回声信号。其绝对值越大，表明残留回声的能量相对值越小，回声抵消效果越好。

（3）计算复杂度

对于智能语音终端设备中的回声抵消器而言，其计算复杂度比其他类型的算法模块占比较大，尤其是一些长回声尾长的滤波器更新，其计算量一般涉及上千阶的滤波器更新。因此在评估回声抵消器的性能指标时，计算成本同样需要重点考虑。

7.2 回声消除算法

近几十年来，以自适应滤波器为核心的 AEC 方案之所以一直被深入研究，是因为自适应滤波器具有许多优异的特性，例如稳定性、非平稳跟踪能力和唯一性。在自适应滤波算法中，最小均方（Least Mean Square，LMS）和归一化 LMS（Normalized LMS，NLMS）由于其简单性和鲁棒性而被广泛使用。但是，一个主要的缺点是它们的收敛速度取决于输入信号的统计量。当高度相关的信号应用于 LMS 或 NLMS 算法时，收敛速度往往会降低。在很多种自适应滤波方案中，都可以通过选择合适的步长在较快的收敛速度和较小的稳态估计误差之

间建立折中方案。因此，步长控制策略是 AEC 方案中的一个重要研究方向。其实 NLMS 算法也能看成一种变步长的 LMS 算法，NLMS 算法通过归一化操作，可以克服由自身信号相关性带来的不稳定性。当步长较大时，算法收敛较快，但是会导致较大的稳态失调。解决该问题的一种众所周知的解决方案是在自适应过程中使用非线性递归中的测量值（通常是瞬时误差的函数）来调整步长。

NLMS 解决了 LMS 算法的随机波动问题，但其运算速度并没有提升。FDNLMS 在 NLMS 的基础上做了改进，简化了计算量。FDNLMS 算法在 NLMS 的基础上，做了以下两点改进。

1）借助离散傅里叶变换（DFT），原时域上单点误差计算所引入的 N 点乘法便转化为频域上的单点乘法。

2）原时域上，根据每点的误差更新一次，转到频域后，每块更新一次，用一块内的累加结果进行更新，此累加运算实质上是一种相关运算，因此可用 DFT 来实现。

这两个优点的共性是简化了自适应更新的运算复杂度，将运算量转移到了 DFT 的计算中，而 DFT 有快速实现方法 FFT，计算量大大简化，故 NLMS 的频域实现算法 FDNLMS 的总体计算量有所降低。

在 FDNLMS 的基础上，分块频域自适应滤波器（Partitioned Block Frequency Domain Adaptive Filter，PBFDAF）算法添加了对滤波器的分块操作，从而可以使用较小点数的 FFT 进行自适应更新。该算法的优点如下。

1）滤波器权重更新得更为频繁，提升了自适应速度。

2）自适应滤波器具有更短的块延迟，保证了系统的实时性能。

3）对硬件的要求更低。

除了上述算法外，为使期望信号与模型滤波器输出之差的平方和最小，每次迭代中接收到输入信号的新采样值时，采用递归形式求解最小二乘问题，可得到递归最小二乘（RLS）算法。相比于 LMS 算法，RLS 算法的收敛速度更快，具有更高的起始收敛速率、更小的权噪声和更大的抑噪能力。但是该算法的计算复杂度高，实时性较差。

7.2.1 LMS 算法

LMS 算法由美国斯坦福大学的 Widrow 和 Hopf 提出，此算法简单实用，是自适应滤波器的标准算法。LMS 算法框图与图 7-2 类似，只是去掉图中的后滤波部分。单远端且无背景噪声模式下，$\boldsymbol{v}(n)$为 0，理想情况下，$\hat{\boldsymbol{w}}_n$ 与 $\boldsymbol{w}_n$ 相等，误差信号 $\boldsymbol{e}(n)$为 0。真实场景下，$\hat{\boldsymbol{w}}_n$ 与 $\boldsymbol{w}_n$ 不相等，相应的误差信号 $\boldsymbol{e}(n)$也不为 0，自适应算法在单远端模式下利用 $\boldsymbol{e}(n)$来对$\hat{\boldsymbol{w}}_n$ 进行自适应调整，使其逼近 $\boldsymbol{w}_n$。

$e(n)$的计算公式如下：

$$\boldsymbol{e}(n)=\boldsymbol{y}(n)-\hat{\boldsymbol{y}}(n)=\boldsymbol{y}(n)-\boldsymbol{w}_n^{\mathrm{T}}\boldsymbol{x}(n) \tag{7-3}$$

用最陡下降法对滤波器系数$\hat{w}_n$ 进行更新：

$$\hat{\boldsymbol{w}}_{n+1}=\hat{\boldsymbol{w}}_n-\frac{1}{2}\boldsymbol{g}(n)\boldsymbol{\mu}(n) \tag{7-4}$$

式中，$\boldsymbol{\mu}(n)$为第 n 次迭代的更新步长，可以设为常量，也可设为变量。为加快收敛速度，常用的策略是依据参考信号的能量来决定步长，能量较大时，步长较大，能量较小时，步长较小。$\boldsymbol{g}(n)$是此次迭代的梯度向量，它的计算如下：

$$\boldsymbol{g}(n)=\frac{\partial E\{|\boldsymbol{e}^2(n)|\}}{\partial \hat{\boldsymbol{w}}_n^*}=\frac{\partial E\{\boldsymbol{e}(n)\boldsymbol{e}^*(n)\}}{\partial \hat{\boldsymbol{w}}_n^*}=-E\{\boldsymbol{e}(n)\boldsymbol{x}^*(n)\} \tag{7-5}$$

故滤波器系数的更新计算如下：

$$\hat{\boldsymbol{w}}_{n+1}=\hat{\boldsymbol{w}}_n+\boldsymbol{\mu}(n)E\{\boldsymbol{e}(n)\boldsymbol{x}^*(n)\} \tag{7-6}$$

式中，输入值 $\boldsymbol{x}(n)$ 为实数，$\boldsymbol{x}^*(n)=\boldsymbol{x}(n)$。$E\{\boldsymbol{e}(n)\boldsymbol{x}^*(n)\}$ 常用瞬时值来代替，故系数更新计算如下：

$$\hat{\boldsymbol{w}}_{n+1}=\hat{\boldsymbol{w}}_n+\boldsymbol{\mu}(n)\boldsymbol{e}(n)\boldsymbol{x}(n) \tag{7-7}$$

LMS 算法实现结构简单、实用。然而，它有两点明显不足。

1）LMS 算法采用瞬时值代替期望值的策略引入了随机波动，严重影响收敛性能。输入信号过大将引起梯度放大，输入信号过小又会导致收敛速度降低。

2）每一个系数的更新，都需要 N（滤波器阶数）次乘法，随着滤波器阶数的增加，计算复杂度将显著增加，这会导致此类系统在长延时回声的环境下，不能及时消除回声，使得系统无法满足实时性的要求。

7.2.2 NLMS 算法

LMS 算法用样本瞬时值 $\boldsymbol{e}(n)\boldsymbol{x}^*(n)$ 来估计 $E\{\boldsymbol{e}(n)\boldsymbol{x}^*(n)\}$，它在平均意义上是无偏的，但是会引入随机波动，影响收敛后的性能。针对此不足，NLMS 做了相应的改进。NLMS 使用 $\|\boldsymbol{x}(n)\|^2$ 对步长进行归一化限制，NLMS 的修正计算如下：

$$\hat{\boldsymbol{w}}(n+1)=\hat{\boldsymbol{w}}(n)+\mu\frac{\boldsymbol{x}(n)}{\varepsilon+\|\boldsymbol{x}(n)\|^2}\boldsymbol{e}(n) \tag{7-8}$$

式中，ε 是一个小的正数，用于避免分母很小时引入的噪声放大问题。此时算法均方收敛。

由式（7-8）可知，NLMS 算法逐点更新，计算误差需要 N 次实数乘法，系数更新要 N 次实数乘法，计算自适应步长需要 N 次实数乘法，每次迭代共需 $3N$ 次乘法，处理一个 N 点的序列共需 $3N^2$ 点实数乘法。

7.2.3 RLS 算法

最小二乘（LS）算法旨在使期望信号与模型滤波器输出之差的平方和达到最小。当每次迭代中接收到输入信号的新采样值时，可以采用递归形式求解最小二乘问题，得到递归最小二乘（RLS）算法。

递归最小二乘算法的目的在于，通过选择自适应滤波器系数，使观测期间输出信号 $y(k)$ 在最小二乘意义上尽可能与期望信号匹配。其最小化过程需要利用可以得到的全部输入信号信息。另外，其最小化目标函数是确定性的。

对于最小二乘算法，其目标函数是确定性的，并且由下式给出：

$$\xi^d(k)=\sum_{n=0}^{k}\lambda^{k-n}\varepsilon^2(n)=\sum_{n=0}^{k}\lambda^{k-n}[\boldsymbol{d}(n)-\boldsymbol{x}^{\mathrm{T}}(n)\boldsymbol{w}(n)]^2 \tag{7-9}$$

其中，$\varepsilon(n)$ 为 n 时刻的后验输出误差。参数 $0<\lambda\leqslant 1$ 为指数加权因子，也被称为遗忘因子。因为时间越久，其数据信息对系数更新的贡献也越小。

应该注意的是，在推导 LMS 算法和基于 LMS 的算法时，利用的是式（7-3）所示的先验误差 $\boldsymbol{e}(n)$。而推导 RLS 算法时，首选后验误差 $\varepsilon(n)$。

可以看到，每一个误差是由期望信号和采用最新系数 $\boldsymbol{w}(k)$ 得到的滤波器输出之差所组成的。求 $\xi^d(k)$ 相对于 $\boldsymbol{w}(k)$ 的微分，可以得到

$$\frac{\partial \xi^d(k)}{\partial \boldsymbol{w}(k)} = -2\sum_{n=0}^{k}\lambda^{k-n}\boldsymbol{x}(n)\left[\boldsymbol{d}(n) - \boldsymbol{x}^{\mathrm{T}}(n)\boldsymbol{w}(k)\right] \tag{7-10}$$

令上式等于 0，可得到最优系数向量 $\boldsymbol{w}(k)$ 的表达式为

$$\boldsymbol{w}(k) = \left[\sum_{n=0}^{k}\lambda^{k-n}\boldsymbol{x}(n)\boldsymbol{x}^{\mathrm{T}}(n)\right]^{-1}\sum_{n=0}^{k}\lambda^{k-n}\boldsymbol{x}(n)\boldsymbol{d}(n) = \boldsymbol{R}_D^{-1}(k)\boldsymbol{p}_D(k) \tag{7-11}$$

其中，$\boldsymbol{R}_D(k)$ 称为输入信号的确定性相关矩阵；$\boldsymbol{p}_D(k)$ 称为输入信号和期望信号之间的确定性互相关向量。

在式（7-11）中，假设 $\boldsymbol{R}_D(k)$ 为非奇异矩阵。如果 $\boldsymbol{R}_D(k)$ 为奇异矩阵，则应该采用广义逆矩阵求解 $\boldsymbol{w}(k)$，使得 $\xi^d(k)$ 最小化。由于在大多数实际应用中，输入信号具有持续激励特性，因此这里不讨论需要求广义逆矩阵的情况。

改写式（7-11）可得

$$\left[\sum_{i=0}^{k}\lambda^{k-i}\boldsymbol{x}(i)\boldsymbol{x}^{\mathrm{T}}(i)\right]\boldsymbol{w}(k) = \lambda\left[\sum_{i=0}^{k-1}\lambda^{k-1-i}\boldsymbol{x}(i)\boldsymbol{d}(i)\right] + \boldsymbol{x}(k)\boldsymbol{d}(k) \tag{7-12}$$

考虑到 $\boldsymbol{R}_D(k-1)\boldsymbol{w}(k-1)=\boldsymbol{p}_D(k-1)$，可得

$$\begin{aligned}\left[\sum_{i=0}^{k}\lambda^{k-i}\boldsymbol{x}(i)\boldsymbol{x}^{\mathrm{T}}(i)\right]\boldsymbol{w}(k) &= \lambda\boldsymbol{p}_D(k-1) + \boldsymbol{x}(k)\boldsymbol{d}(k)\\ &= \lambda\boldsymbol{R}_D(k-1)\boldsymbol{w}(k-1) + \boldsymbol{x}(k)\boldsymbol{d}(k)\\ &= \left[\sum_{i=0}^{k}\lambda^{k-i}\boldsymbol{x}(i)\boldsymbol{x}^{\mathrm{T}}(i) - \boldsymbol{x}(k)\boldsymbol{x}^{\mathrm{T}}(k)\right]\boldsymbol{w}(k-1) + \boldsymbol{x}(k)\boldsymbol{d}(k)\end{aligned} \tag{7-13}$$

将先验误差定义为

$$\boldsymbol{e}(k)=\boldsymbol{d}(k)-\boldsymbol{x}^{\mathrm{T}}(k)\boldsymbol{w}(k-1) \tag{7-14}$$

将 $d(k)$ 表示为先验误差的函数，并且代入式（7-14）中，则经过适当的处理以后，可以得到

$$\boldsymbol{w}(k)=\boldsymbol{w}(k-1)+\boldsymbol{e}(k)\boldsymbol{S}_D(k)\boldsymbol{x}(k) \tag{7-15}$$

其中，

$$\boldsymbol{S}_D(k)=\boldsymbol{R}_D^{-1}(k)=\frac{1}{\lambda}\left[\boldsymbol{S}_D(k-1)-\frac{\boldsymbol{S}_D(k-1)\boldsymbol{x}(k)\boldsymbol{x}^{\mathrm{T}}(k)\boldsymbol{S}_D(k-1)}{\lambda+\boldsymbol{x}^{\mathrm{T}}(k)\boldsymbol{S}_D(k-1)\boldsymbol{x}(k)}\right] \tag{7-16}$$

7.2.4 FDNLMS 算法

FDNLMS 算法将参考信号分割成 N 点的块，滤波器系数每 N 点更新一次，用 N 个样点的累加进行更新，这样处理可以有效利用 FFT 计算，也同 NLMS 算法具有相同的收敛速度。分块后，第 p 块的滤波输出值为第 p 块参考数据与对应滤波器系数的线性卷积（块内保持不变），计算方法如下：

$$\hat{\boldsymbol{y}}(pN+i) = \sum_{l=0}^{N-1}\hat{\boldsymbol{w}}_i(p)\boldsymbol{x}(pN+i-l) \quad i=0,1,\cdots,N-1;p=1,2,\cdots,N \tag{7-17}$$

将计算转换到频域计算，使用循环卷积来计算线性卷积，并采用重叠保留法实现，使用

运算效率最高半交叠。滤波器抽头系数采用补零的方法进行 2N 点 FFT。

$$\hat{\boldsymbol{W}}^{\mathrm{T}}(p)=FFT[\hat{\boldsymbol{w}}_0(p),\cdots,\hat{\boldsymbol{w}}_{N-1}(p),0,\cdots,0] \tag{7-18}$$

处理数据是联合第 $p-1$ 块与第 p 块的参考数据，整体做 2N 点 FFT。

$$\boldsymbol{X}^{\mathrm{T}}(p)=FFT[\boldsymbol{x}(pN-N),\cdots,\boldsymbol{x}(pN-1),\boldsymbol{x}(pN),\cdots,\boldsymbol{x}(pN+N-1)] \tag{7-19}$$

第 p 块的时域滤波输出如下所示：

$$\hat{\boldsymbol{y}}(p)=IFFT[\hat{\boldsymbol{W}}(p).*\boldsymbol{X}(p)]\text{后 } N \text{ 项} \tag{7-20}$$

由于数据的前一半数据受循环卷积影响，所以有效数据为后一半数据。此时，用近端值减去滤波输出，便可得到第 p 块的误差信号 $\boldsymbol{e}(p)$，用一块内的累加值对滤波器系数进行更新，如下式所示：

$$\hat{\boldsymbol{w}}_j(p+1)=\hat{\boldsymbol{w}}_j(p)+\boldsymbol{\mu}(p)\sum_{i=0}^{N-1}\boldsymbol{e}(pN+i)\boldsymbol{x}(pN+i-j) \quad j=0,1,\cdots,N-1 \tag{7-21}$$

上式中的求和实质上是一个相关运算，仍可用循环卷积计算线性卷积，从而借助 FFT 来实现此运算。在误差信号 $\boldsymbol{e}(p)$ 前面补 0 做 2N 点 FFT：

$$\boldsymbol{E}^{\mathrm{T}}(p)=FFT[0,\cdots,0,\boldsymbol{e}(pN),\cdots,\boldsymbol{e}(pN+N-1)] \tag{7-22}$$

则 p 块的时域累加更新值为：$IFFT[\boldsymbol{E}(p).*\mathrm{conj}(\boldsymbol{X}(p))]$前 N 项。

此时，式（7-21）的更新公式转化为

$$\hat{\boldsymbol{w}}_j(p+1)=\hat{\boldsymbol{w}}_j(p)+\boldsymbol{\mu}(p)\{IFFT[\boldsymbol{E}(p).*\mathrm{conj}(\boldsymbol{X}(p))]_j\} \tag{7-23}$$

对于 FDNLMS 算法，处理 N 点的序列需要 5 次 2N 点的 FFT（包含 IFFT）和 3 个 2N 点的复数乘法，每次 FFT 需要 $N\log_2(2N)$ 次复数乘法，一次复数乘法对应 4 次实数乘法，故 FDNLMS 共需 $20N\log_2(2N)+24N$ 次实数乘法。处理 N 点的序列，两个算法运算量的比值为 $[20\log_2(2N)+24]/(3N)$，当 $N=1024$ 时，FDNLMS 所需的乘法次数只占 NLMS 的 8%。运算量的降低大大提高了 FDNLMS 算法的实用性。

FDNLMS 大大降低了 NLMS 的运算复杂度，但仍有不足，其中最主要的便是其 FFT 点数需为回声路径尾长的两倍，这在嵌入式设备的实际应用上会引起一些问题。

1）限制硬件的使用：大多数可用的 FFT 或 DSP 芯片都是针对小尺寸 FFT 设计和优化的，通常小于 256 点。此时，实现几千个抽头的声学回声消除器是相当低效且昂贵的。

2）影响实时性能：在使用 FLMS 算法实现块处理时，如果滤波器长度为 1024，则每次处理需等待 1024 个样本点，在 16 kHz 采样之下便是 64 ms 的延时。如此长的延迟会严重影响设备的实时性能。

3）FFT 的量化误差：随着 FFT 尺寸的增加，乘法和缩放的数量也会增加，这将导致额外的量化误差，从而影响计算精度。

7.2.5 PBFDAF 算法

PBFDAF 将自适应滤波器 $\boldsymbol{w}$ 分成相同长度的子块并转换到频域，N 抽头自适应滤波器$\hat{\boldsymbol{w}}$被分成长度为 P 的块，将它们变换到频域：

$$\hat{\boldsymbol{w}}_p(n)=\begin{bmatrix}\hat{\boldsymbol{w}}_{pP}(n)\\ \vdots \\ \hat{\boldsymbol{w}}_{(p+1)P-1}(n)\end{bmatrix},p=0,1,\cdots,\frac{N}{P}-1 \tag{7-24}$$

$$\hat{\boldsymbol{W}}_p(n)=F\begin{bmatrix}\hat{\boldsymbol{w}}_p(n)\\ \boldsymbol{0}_{M-P}\end{bmatrix} \tag{7-25}$$

M 为 FFT 变换点数，通常 $M=2P$。滤波器的滤波输出为

$$\hat{\boldsymbol{y}}(n)=\begin{bmatrix}\boldsymbol{0}_{M-L} & 0\\ 0 & \boldsymbol{I}_L\end{bmatrix}\boldsymbol{F}^{-1}\sum_{p=0}^{\frac{N}{P}-1}\boldsymbol{X}_p(n)\ \hat{\boldsymbol{W}}_p(n) \tag{7-26}$$

其中，$\boldsymbol{X}_p(n)=\mathrm{diag}\left(\boldsymbol{F}\begin{bmatrix}\boldsymbol{x}((n+1)L-pP-M)\\ \vdots\\ \boldsymbol{x}((n+1)L-pP-1)\end{bmatrix}\right),p=0,1,\cdots,\frac{N}{P}-1$，$L$ 为块长，通常 $L=P$。

当前块的误差为

$$\boldsymbol{e}(n)=\boldsymbol{y}(n)-\hat{\boldsymbol{y}}(n) \tag{7-27}$$

$$\boldsymbol{y}(n)=\begin{bmatrix}\boldsymbol{0}_{M-L}\\ \boldsymbol{y}_n\end{bmatrix},\boldsymbol{y}_n=\begin{bmatrix}y(nL)\\ \vdots\\ y(nL+L-1)\end{bmatrix} \tag{7-28}$$

滤波器系数更新：

$$\hat{\boldsymbol{W}}_p(n+1)=\hat{\boldsymbol{W}}_p(n)+\mu(n)\boldsymbol{G}\boldsymbol{X}_P^*(n)\boldsymbol{F}\boldsymbol{e}(n),p=0,1,\cdots,\frac{N}{P}-1 \tag{7-29}$$

其中，$\boldsymbol{G}$ 表示如下操作：

$$\boldsymbol{G}=F\begin{bmatrix}\boldsymbol{I}_p & 0\\ 0 & \boldsymbol{0}_{M-p}\end{bmatrix}F^{-1} \tag{7-30}$$

由于在频域更新中，用了循环卷积计算线性卷积，必须严格执行操作 $\boldsymbol{G}$。鉴于 $\boldsymbol{G}\boldsymbol{X}_P^*(n)\boldsymbol{F}\boldsymbol{e}(n)$ 与 $\boldsymbol{X}_P^*(n)\boldsymbol{F}\boldsymbol{e}(n)$ 有极大的相似性，为了简化计算量，常令 $\boldsymbol{G}=\boldsymbol{I}_M$，这种简化算法称为无约束 PBFDAF。经过验证，这两种更新方案都收敛于相同的维纳解。相比 PBFDAF，无约束 PBFDAF 在系数的更新上少做了两次 FFT，计算复杂度有所减轻，但其收敛效果也有所下降。

7.3 啸叫检测与抑制

声反馈问题是公共广播和免提通信系统等扩声系统中长期存在的问题。当声音信号被传声器捕获，然后通过扬声器放大和播放时，扬声器声音通常通过直接声学耦合或由于混响而间接反馈到传声器。这种声反馈路径的存在导致信号闭环，从两个方面限制了扩声系统的性能。首先，如果需要系统保持稳定，则可以应用的放大量会有一个上限，这称为最大稳定增益。其次，当超过最大稳定增益（MSG）时，大概率会出现啸叫，此时，即使系统在低于 MSG 的情况下运行，也会受到过度混响的影响，从而影响音质。

虽然回声抑制算法可以通过消除回声信号的方法来降低啸叫，但是对于本地扩声系统来说，由于拾音信号和回声信号的相关性仍然容易产生啸叫。因此当检测到闭环不稳定或不稳定趋势时，算法必须以某种方式降低系统增益。从某种意义上说，啸声通常可以在啸声检测设备或算法实际检测到之前被感知。在这些方法中，啸叫检测通常基于传声器信号的组合频谱和时间分析。由于啸叫的正弦特性，具有最大幅度的传声器信号频率分量被认为是候选啸

叫分量；然后可以使用多个标准将这组候选中的真实啸叫分量与源信号音调分量区分开来。当检测到啸叫时，系统可以通过降低整体增益或者插入陷波器的方法来抑制啸叫。但是，从实际使用来说，啸叫抑制必然严重影响音质。该方法只能算作啸叫产生后的治标方法。治本的方法应该是破坏声学反馈回路，从根本上杜绝啸叫产生的可能。

本节主要介绍了几种用于啸叫检测的特征以及抑制啸叫的陷波器设计方法。

7.3.1 啸叫检测方法

虽然自适应滤波算法是常用的助听器回波抵消算法，但是当回波路径突然变化或回声信号和近端信号的相关性较大时，算法的响应速度有待改善，容易产生啸叫。啸叫检测通过比较啸叫特征是否超过阈值来判断啸叫是否产生。因此，啸叫检测的判断标准主要依赖于啸叫特征的计算，以下是 6 种主要的啸叫特征计算公式。

（1）峰值-阈值功率比（Peak-to-Threshold Power Ratio，PTPR）

$$PTPR(\omega_i,t)=10\lg\frac{|Y(\omega_i,t)|^2}{MP_0} \tag{7-31}$$

PTPR 的基本思路是当待测频点能量大于设定的绝对功率阈值 P_0 时就进行啸叫抑制。绝对功率阈值 P_0 与特定的扩声场景有关。例如，当扬声器与传声器的距离为 1 m 时，建议对应的 P_0 值为 85 dB。

（2）峰值-均值功率比（Peak-to-Average Power Ratio，PAPR）

$$PAPR(\omega_i,t)=10\lg\frac{|Y(\omega_i,t)|^2}{\dfrac{1}{M}\sum_{k=0}^{M-1}|Y(\omega_k,t)|^2} \tag{7-32}$$

PAPR 认为与正常语音频点相比，啸叫频点拥有更大的能量。

（3）峰值-谐波功率比（Peak-to-Harmonic Power Ratio，PHPR）

$$PHPR(\omega_i,t,m)=10\lg\frac{|Y(\omega_i,t)|^2}{|Y(m\omega_i,t)|^2} \tag{7-33}$$

式中，m 代表第 m 次谐波。只有当扬声器驱动到饱和时，啸叫才会显示谐波的频谱结构，PHPR 正是利用了这一特性。

（4）峰值-邻值功率比（Peak-to-Neighboring Power Ratio，PNPR）

$$PNPR(\omega_i,t,m)=10\lg\frac{|Y(\omega_i,t)|^2}{|Y(\omega_i+2\pi m/M,t)|^2} \tag{7-34}$$

由于浊音语音和音调音频可以表示为阻尼正弦信号，这些特征具有非零带宽，其功率分布在一个频谱峰值周围的多个 DFT 频带中。而啸叫是一个纯粹的正弦信号，其功率集中在一个单一的 DFT 频带中，所以可以用 PNPR 特征来区分啸叫频点。

（5）帧间峰值幅度持续性（Interframe Peak Magnitude Persistence，IPMP）

$$IPMP(\omega_i,t)=\frac{\sum_{j=0}^{Q_M-1}\omega_{i,j}}{Q_M} \tag{7-35}$$

其中，j 表示帧号，i 表示频点。

这一特征依据是，啸叫频点在时间轴上会比普通的话音点持续更长的时间，需要统计连

续 Q_M 帧的数据，判断过去 Q_M 帧的该频点是否为啸叫频点，通过与 Q_M 的比值来确定其是否为啸叫点。

（6）帧间幅度斜率偏差（Interframe Magnitude Slope Deviation，IMSD）

$$IMSD(\omega_i,t)=\frac{1}{Q_M-1}\sum_{m=1}^{Q_M-1}\Bigg[\frac{1}{Q_M}\sum_{j=0}^{Q_M-1}\frac{1}{Q_M-j}\cdot(20\lg|Y(\omega_i,t-jP)|-20\lg|Y(\omega_i,t-Q_MP)|)-\frac{1}{m}\sum_{j=0}^{m-1}\frac{1}{m-j}\times(20\lg|Y(\omega_i,t-jP)|-20\lg|Y(\omega_i,t-mP)|)\Bigg] \tag{7-36}$$

IMSD 取决于斜率的偏差（连续信号帧上的偏差），该偏差是通过对候选啸叫分量的幅度差值进行平均来定义的，从而判断新旧帧的差异，并进行啸叫检测。IMSD 的较小值是啸叫成分的特征，因为它们在时间上呈现出近似线性的幅度增加，因此可以预期接近恒定的斜率。

其中，PTPR、PAPR、PHPR 和 PNPR 为单帧频域特征的计算，不依赖于前面的语音帧，而 IPMP 和 IMSD 为时间轴上多个连续帧的特征，依赖于当前帧之前的多个连续帧。此外，IPMP 必须与其他特征搭配使用，因为它需要统计啸叫频点集合的数据。

7.3.2 啸叫抑制方法

啸叫抑制的一般思路是：首先对信号进行快速傅里叶变换，然后检测啸叫发生的频点，最后对啸叫频点进行抑制。除了直接进行增益衰减外，插入陷波器也是啸叫频点抑制的常规方法。但是，普通 FFT 算法的频率分辨率为 f_s/N，不够精确，会严重影响陷波器的啸叫消除性能。相对来说，基于复调制的 ZoomFFT 算法更能精确计算啸叫频率。算法流程如图 7-3 所示。

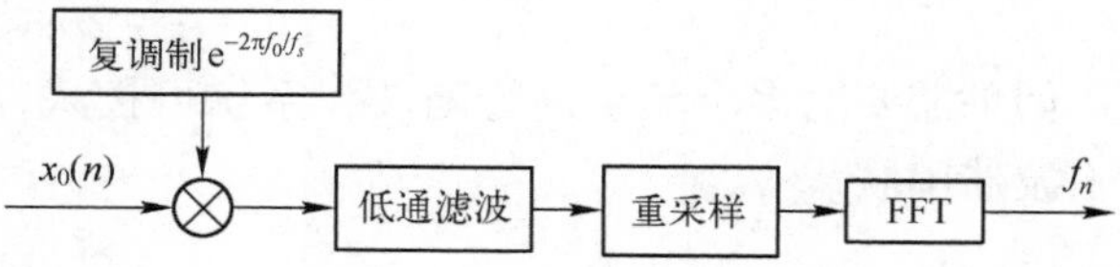

图 7-3　ZoomFFT 算法流程

通过计算普通 FFT 的最值，可以获得啸叫出现的大致频率，即 $(p_m-1)f_s/N$。此处，p_m 为 FFT 的最值位置，f_s 为采样率，N 为 FFT 的点数。考虑到频率分辨率，则信号的真实频率大致在 $(p_m-2)f_s/N\sim p_mf_s/N$ 之间。因此，选择的移频量为

$$f_0=(p_m-2)f_s/N \tag{7-37}$$

那么复调制后的信号为

$$x(n)=x_0(n)e^{-j2\pi nf_0/f_s} \tag{7-38}$$

为了提高频率分辨率，并保证降采样后的信号不发生频谱混叠，算法必须进行抗混叠滤波。如果频率的细化倍数为 D，则低通滤波器的截止频率 $f_c=f_s/2D$。为了得到好的抗混叠效果，必须满足设计的数字低通滤波器通带平，通带内的波动小，滤波器阻带衰减大，这样原信号的频率特性细化后在幅值上才不会改变。

通常，各种窗函数都具有不同带宽和最大旁瓣幅度，而带宽与 FIR 低通滤波器阶数成反比。设滤波器的长度（窗函数的长度）为 $2M+1$，由于汉明窗的主瓣精确宽带 ω_p 为 $6.6\pi/(2M+1)$，则可得半窗长 M 与主瓣宽度 ω_p 的关系为

$$\omega_p=6.6\pi/(2M+1)\approx 3.3\pi/M \tag{7-39}$$

假设降采样后滤波器的过渡带宽为 ω'_p，则重采样后的过渡带值会变为

$$\omega_p' = D\omega_p \tag{7-40}$$

令 $\omega_p' = \alpha\pi(\alpha>0)$，$\alpha$ 为滤波器过渡带宽系数，通常取 $\alpha=2/3\sim1$，则

$$M = 3.3D/\alpha \tag{7-41}$$

因此，选定过渡带宽系数 α 后，由式（7-41）就可以得到滤波器的半阶数 M 与细化倍数 D 的关系，即低通滤波器的半阶数 M 与细化倍数 D 成正比。

此时，可通过较低的采样频率 $f_s' = f_s/D$ 进行重采样，采样信号则变为 $x(Dn)$（$n\in[1, N]$）。对该采样信号进行复 FFT 变换得到频域信号。将频域信号幅度的最大值所在标号记为 p_m'，则此时啸叫的精确频率 f_n 可表示为

$$f_n - f_0 = (p_m' - 1)f_s'/N \tag{7-42}$$

在确定啸叫频率后，就可以利用陷波器对啸叫进行抑制。陷波器是一种特殊的阻带滤波器，在理想情况下，阻带只有一个频率点，主要用于消除某个频率的干扰。

二阶单频点陷波器的传递函数为

$$H(z) = \frac{(z-z_1)(z-z_1^*)}{(z-rz_1)(z-rz_1^*)} \quad (0<r<1) \tag{7-43}$$

假设陷波器的频率是 f_0，则 $\omega_0 = 2\pi f_0/f_s$，零点为 $z_1 = \mathrm{e}^{\pm j\omega_0}$，极点为 $r\mathrm{e}^{\pm j\omega_0}$。$r$ 越大，频响曲线的凹陷越深，陷波器也越窄。

将零点和极点代入式（7-43）并化简得

$$H(z) = \frac{z^2 - 2\cos\omega_0 z + 1}{z^2 - 2r\cos\omega_0 z + r^2} \tag{7-44}$$

如果需要对多个频点进行陷波，系统可按式（7-43）设计多个单频点陷波器，并将这些陷波器串联。

7.4 总结与展望

虽然回声抵消算法已历经了几十年的发展，但一方面针对更复杂的实际应用场景，传统的回声消除算法在工程实践中还是会有很多问题；而另一方面，人们对声学系统的性能指标的期望也越来越高。在学术界和工业界，由于人们对更高性能的回声抵消算法还处于不断探索之中，越来越多的方案被应用在声学回声抵消器中，因此面向智能语音终端的回声消除算法也在不断革新，相信在不久的将来会有性能更好、鲁棒性更佳的回声消除方案。未来可能的研究方向如下。

1）鲁棒的路径突变检测方法。回声跟踪能力与路径突变检测的准确度紧密相关，若能实现精准度更高、鲁棒性更强的路径突变检测模块，则整个回声抵消器的跟踪鲁棒性也能相应地提高。

2）多通道回声抵消器。立体声系统越来越多地被应用在智能语音终端设备中，而多通道回声抵消器的难点在于多路输入信号之间的强相关性，目前的研究方案还主要是对各路输入信号进行去相关性。但是该类方法会对输入语音进行非线性处理，这将直接影响到语音质量。因此目前还没有效果良好的多通道回声消除模型，需要更深入地研究。

3）基于数据驱动的非线性回声消除方案。近年来，在语音增强领域出现了很多基于数据驱动的噪声抑制方案，而深度学习方案对非线性具有较好的建模能力，因此也可以尝试将

深度学习的方案应用在回声消除领域中，以实现对非线性残留回声更好地抑制。

7.5 思考与复习题

1. 声学回声的种类有哪些？回声消除主要消除的是什么回声？
2. 回声抵消器的质量评价指标主要有哪些？
3. LMS 算法有什么特点？
4. 频域 NLMS 算法相比于时域 NLMS 算法有什么优势？
5. 常用的啸叫检测指标（单帧）有哪些？
6. 简述回声消除的未来研究方向。

第 8 章　声 源 定 位

声源定位技术主要是研究系统接收到的语音信号相对于接收传感器是来自什么方向和什么距离，即方向估计和距离估计。声源定位是一个有广泛应用背景的研究课题，其在军用、民用、工业领域都有广泛应用。在军事系统中，声源定位技术有助于武器的精确打击，为最终摧毁敌方提供有力保证。此外，利用声源定位技术，能及时、准确、快速地发现敌方狙击手的位置，为军队的进攻提供强有力的安全保障，为战斗的胜利做出重要贡献。目前，美国已开发出主要采用声测、红外和激光等原理探测敌方狙击手的技术。在民用系统中，声源定位技术可以为用户提供准确可靠的服务，起到安全便利的作用。例如，如果在可视电话上装上声源定位系统，实时探测出说话人的方位，那么摄像头便能够实时跟踪移动着的说话人，从而使电话交流更加生动有趣。此外，该技术还可以用到会议现场以及机器人的听觉系统中。在工业上，声源定位技术也有广泛的应用，如工程上的故障检测、非接触式测量以及地震学中的地震预测和分析。

声源定位技术的内容涉及信号处理、语言科学、模式识别、计算机视觉技术、生理学、心理学、神经网络以及人工智能技术等多种学科。一个完整的声源定位系统包括声源数目估计、声源定位和声源增强（波束形成）。目前的声源定位研究主要分为两类：基于仿生的双耳声源定位算法和基于传声器阵列的声源定位算法。

基于仿生的双耳声源定位算法主要是利用人耳的特性来实现的。人耳对于声音信号的方位判断主要是依靠头部结构所引起的“双耳效应”和耳朵结构的“耳郭效应”及复杂的神经系统来实现。机器人头部的听觉系统常模拟这些效应实现。基于传声器阵列的声源定位算法是采用多个传声器构成的一个传声器阵列，在时域和频域的基础上增加一个空间域，对接收到的来自空间不同方向的信号进行空时处理，这就是传声器阵列信号处理的核心，它属于阵列信号处理的研究范畴。基于传声器阵列的声源定位技术主要有三类：基于高分辨率谱估计技术、基于可控波束形成技术以及基于时延估计的定位技术。

国外的声源定位技术的研究起步较早，主要应用于军事领域。目前，美国、俄罗斯、日本、英国、以色列、瑞典等国家均已装备了被动声探测系统。国外的声源定位系统应用主要集中在智能导弹系统上，在战场上通过对目标进行智能声探测从而确定目标的方位，再反馈到控制系统并对其进行攻击。声源定位系统也可以用于探测飞机或为直升机报警以及炮位侦察。近几年，声源定位技术在单兵声源定位系统、车载声测小基阵以及新型地雷研制等方面也有一定应用。

在国内，也有许多学者深入研究声源定位技术，并受到许多国防科技基金项目和国家自然科学基金项目的支持，取得了一定的成果。但由于声源定位环境的复杂性，加之信号采集过程中不可避免的各种噪声干扰，都使得定位问题成为一个极具挑战性的研究课题。

8.1 双耳听觉定位原理及方法

研究表明，人类听觉系统对声源的定位机理主要是由于人的头部以及躯体等对入射的声波具有一定的散射作用，以致声波到达人的双耳时，两耳采集的信号存在着时间差（相位差）和强度差（声级差），这些成为听觉系统判断低频声源方向的重要客观依据。对于频率较高的声音，还要考虑声波的绕射性能。由于头部和耳郭对声波传播的遮盖阻挡影响，也会在两耳间产生声强差和音色差。总之，由于到达两耳处的声波状态的不同，造成了听觉的方位感和深度感，这就是常说的“双耳效应”。不同方向上的声源会使两耳处产生不同的（但是特定的）声波状态，从而使人能由此判断声源的方向、位置。总体来说，利用双耳听觉在水平面内的声源定位要比垂直面内的声源定位精确得多，后者存在较大的个体差异。

对双耳听觉的水平定位的研究可追溯到 19 世纪。1882 年 Thompson 在他的论文“双耳在空间感知中的功能”中对双耳听觉的水平定位理论做了介绍。当时主要有三种理论：第一种是 Steinhauser 和 Bell 支持的理论，强调了双耳强度差（Interaural Intensity Difference，IID）的作用，并认为双耳时间差（Interaural Time Difference，ITD）与声源定位无关；Mayer 支持第二种理论，认为 ITD 和 IID 在声源定位中都很重要；Mach 和 Lord Rayleigh 赞同第三种理论，在强调 IID 的作用的同时，也强调了耳郭在声源定位中的作用。20 世纪初，Lord Rayleigh 等通过实验证实了在声信号为低频时听者对 ITD 最敏感，而当声音为高频时听者对 IID 最敏感。

8.1.1 人耳听觉定位原理

人耳听觉外周系统主要由不同作用的三个部分组成，即外耳、中耳和内耳。外耳包括耳翼和外耳道。外耳腔体在听觉的中频段（3000 Hz）左右产生共鸣。在外耳道的末端，有一薄膜，称作鼓膜。鼓膜及鼓膜以内称为中耳。中耳由鼓膜、锥骨、砧骨和镫骨组成。声波由外耳道进入后推动鼓膜振动，进而使连接于鼓膜的三个听小骨也随之振动，并通过镫骨与卵形窗上的弹性膜传入内耳的。中耳主要起“阻抗变换器”的作用，使低阻抗的空气和从鼓膜开始直至耳蜗中的淋巴液高阻抗进行匹配。内耳是人耳听觉系统和听觉器官中最复杂和最重要的部分。耳蜗是内耳中专司听觉的部分，是具有蜗牛形状的中空器官，内部充满一种无色的淋巴液体。在内耳中，接受声音振动后，起“感觉”部分的是一个螺旋线似的胶质薄膜，称为基底膜。基底膜非常重要，主要分布在从卵形窗直到耳蜗顶端的整个通道中。耳蜗中的淋巴液被基底膜分隔成两部分，只是在耳蜗基底膜的底端蜗孔处被分隔的两部分淋巴液才混合在一起。沿基底膜表面分布着专司听觉的毛状神经末梢约 25000 条，其中最重要的听觉神经主要是前庭神经和蜗神经。

人耳可以听到频率在 20 Hz~20 kHz 范围内的声音。人耳听觉系统是一个音频信号处理器，可以完成对声信号的传输、转换以及综合处理的功能，最终达到感知和识别目标的目的。人耳听觉系统有两个重要的特性，一个是耳蜗对于声信号的分频特性；另一个是人耳听觉掩蔽效应。相关内容已在第 2 章中描述过，这里不再赘述。但是，不同的人耳朵结构有所区别，因此每个人的听觉灵敏度也有一定的差异。由于屏蔽效应，人耳对声源目标的水平方位评估相比其垂直仰角而言，则要精确得多。

在混响环境中，优先效应具有重要作用，它是心理声学的特性之一。所谓的优先效应，是指当同一声源的直达声和反射声被人耳听到时，听音者会将声源定位在直达声传来的方向上，因为直达声首先到达人耳处，即使反射声的密度比直达声高 10 dB。因此，声源可以在空间中进行正确的定位，从而与来自不同方向的反射声无关。但是优先效应不会完全消除反射声的影响，反射声可以增加声音的空间感和响度感。

当将优先效应用在混响环境中识别语音时，就产生了哈斯效应。哈斯观察早期反射声时，发现早期反射声只要到达人耳足够早，就不会影响语音的识别，反而由于增加了语音的强度而有利于语音的识别。而且哈斯发现语音相对于音乐来说，对反射延迟时间和混响的变化更为敏感。对于语言声来说，只有滞后 50 ms 以上的延迟声才会对语音的识别造成影响。所以，50 ms 被称为哈斯效应的最大延时量。在哈斯做的平衡实验中，证明当延时为 10～20 ms 时，先导声会对滞后声有最大程度的抑制。有研究表明，利用哈斯效应提取先导声特征，可以改善声源定位效果，抑制多源干扰。

8.1.2 人耳声源定位线索

（1）双耳定位线索

人类通过双耳来感知外界声音，除了感知声音的强度、音调和音色的感觉外，还可以判断声源的距离和方向。在实际应用中涉及的定位线索主要有 ITD、ILD、双耳相位差（Interaural Phase Difference）、双耳音色差（Interaural Timbre Difference）以及直达声和环境反射群所产生的差别。

由于声源与双耳的距离不同，因此声音到达双耳时存在时间差。此外，人头对入射声波的阻碍作用会导致两耳信号间的声级差。声级差不仅与入射声波的水平方位角有关，还与入射声波的频率有关。在低频时，声音波长大于人头尺寸，声音可以绕射过人头而使双耳信号没有明显的声级差。随着频率的增加，波长越来越短，头部对声波产生的阻碍越来越大，使得双耳信号间的声级差越来越明显，这就是人头掩蔽效应。因此，在低、中频（$f<1.5$ kHz）的情况下，双耳时间差是定位的主要因素；对于频率范围在 1.5～4.0 kHz 的信号来说，声级差和时间差都是声源定位的影响因素；而当频率 $f>5.0$ kHz 时，双耳声级差是定位的主要因素，与时间差形成互补。总的来说，双耳时间差和双耳声级差涵盖了整个声音频率范围。

（2）耳郭效应

耳郭效应的本质是改变不同空间方向声音的频谱特性，也就是说人类听觉系统在功能上相当于梳状滤波器，将不同空间方向的声音进行不同的滤波。耳郭具有不规则的形状，形成一个共振腔。当声波到达耳郭时，一部分声波直接进入耳道，另一部分则经过耳郭反射后才进入耳道。由于声音到达的方向不同，不仅反射声和直达声之间强度比发生变化，而且反射声与直达声之间在不同频率上会产生不同的时间差和相位差，使反射声与直达声在鼓膜处形成一种与声源方向和位置有关的频谱特性，听觉神经据此判断声音的空间方向。频谱特性的改变主要是针对高频信号，由于高频信号波长短，经耳郭折向耳道的各个反射波之间会出现同相相加、反相相减，甚至相互抵消的干涉现象，形成频谱上的峰谷，即耳郭对高频声波起到了梳状滤波作用。利用耳郭效应进行声源定位时，主要是将每次接收到的声音与过去存储在大脑里的重复声排列或梳状波动记忆进行比较，然后判断定位。研究证明，随着信号垂直方位角度的增加，波谷频率也会逐渐增加，而这个波谷频率值可以从信号频谱图中提取出来。因此，在对前后镜像的声源进行定位时，可以通过耳郭效应对声源做精确定位。

（3）头相关传输函数

随着生理声学的发展，人们发现声音方位的影响在频谱上表现得极其突出，这种频谱上的区别是人耳定位的主要依据。从某一个方位的声源发出的声信号在到达听者的耳膜之前必然与听者的头部、肩部、躯干和耳郭发生了反射、折射、散射以及衍射等声学作用，这种作用在时域上表示为头相关脉冲响应（Head-Related Impulse Response，HRIR）。其既与声源相对于听者的方向有关，也因人体部位形状及大小的不同而存在个体差异。人体的这些部位对声信号的影响可以统一用一个函数来表示，即头部相关传输函数（Head-Related Transfer Function，HRTF）。HRTF 描述了声波从声源到双耳的传输过程，它是综合了 ITD、ILD 和频谱结构特性的声源定位模型。在自由场情况下，HRTF 的定义为

$$H_L = H_L(l,\theta,\phi,f) = \frac{P_L(l,\theta,\phi,f)}{P_0(l,f)} \tag{8-1a}$$

$$H_R = H_R(l,\theta,\phi,f) = \frac{P_R(l,\theta,\phi,f)}{P_0(l,f)} \tag{8-1b}$$

式中，H_L 和 H_R 分别是左耳和右耳的头相关传递函数；P_L 和 P_R 分别是声源在左耳和右耳产生的频域复数声压；P_0 是头移开后声源在头中心位置处的频域复数声压；l 是声源到头中心的距离；θ 是声源的方位角；ϕ 是仰角；f 是频率。

HRTF 的谱特征反映在它们的谷点频率和峰点频率上，某些谷点频率和峰点频率会随着声源方向的改变而改变。实际上，双耳的 HRTF 除了谱特征的差异外，还包含 ITD 和 ILD 的所有特征。通常，HRTF 函数的获得有两种方法：其一是通过对假头或真实听音者的双耳信号的测量得到；其二是利用声波的散射理论计算得到。近年来，随着数字技术和测量技术的发展，国外一些科研单位已经对 HRIR 进行了较为精确的测量，其中最为著名的就是麻省理工学院媒体实验室的 CIPIC 数据库。这些数据在互联网上早已公布，而且经过心理声学对比实验发现，CIPIC 的 HRIR 数据比较适合中国人的生理构造，声像定位实验与实际情况吻合较好。

除了上述的一些定位线索外，其他定位因素还包括头部的转动因素等。在低频或者较差的环境中，当双耳效应和耳郭效应对声源的定位不能给出明确的信息时，转动头部可以消除不确定性。这种方法常用于出现空间锥形区域声像混淆现象（前后镜像声源的混淆是一种特例，此时只考虑双耳时间差和双耳声级差不能实现准确定位）的情况，因为这样会造成不确定的双耳效应。

8.1.3 声源估计方法

水平方位角是双耳听觉定位系统的最重要指标之一，也是较为精确和易于实现的定位指标。水平方位角的评估主要是利用双耳效应中的 ITD、ILD 和 IPD 等与声源方位相关的参数。综上可知，在中低频（小于 1.5 kHz，最佳信号频率为 270~500 Hz）的情况下，双耳时间差起主要作用，利用该时延差可以很好地进行方位的评估；在中频（1.5~4 kHz）段，双耳时间差和双耳声级差共同作用；而在中高频（4~5 kHz）时，双耳声级差起主要的定位作

用；在高频（5~6 kHz 及以上）时，耳郭对声波的散射起到梳状滤波的作用，并对定位中垂面上声源的方位有重要作用。

图 8-1 为水平极坐标模型中任一方向的声音信号到达患者头部坐标时的示意图。此时线路方向、左右耳传声器传感器以及中心坐标点都在同一平面，因此利用这种坐标形式求解方位比较直观、方便。图中以 O 为圆心的圆为球形模型，C、D 点为左右耳传声器，θ 为声源目标的水平方位。假设声源信号位于患者头部的右前方，与头部坐标相切的声波信号的直线线路为 L_2，信号到达右耳传声器的线路为 L_1，头部半径为 r。由于该模型为球形结构，该示意图同样适用于垂直方位。

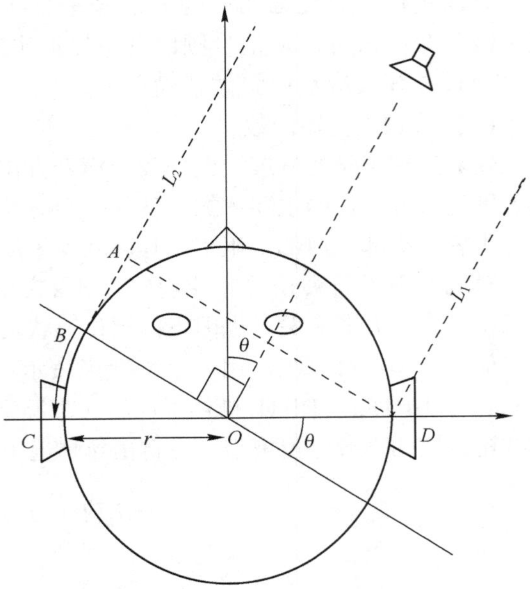

图 8-1　ITD 定位模型：球形结构

由此可见，信号到达两耳的距离 L_d 和 R_d 分别为

$$\begin{cases} L_d = L_2 + \widehat{BC} \\ R_d = L_1 \end{cases} \tag{8-2}$$

声源到左右耳之间的距离差 Δd 为

$$\Delta d = L_d - R_d = \overline{AB} + \widehat{BC} \tag{8-3}$$

L_2 与 L_1 的直线距离差$\overline{AB}$为

$$\overline{AB} = OD \times \sin\theta = r\sin\theta \tag{8-4}$$

$\widehat{BC}$的长度为

$$\widehat{BC} \approx \overline{OC} \times \theta = r\theta \tag{8-5}$$

因此，距离差 Δd 的计算公式为

$$\Delta d = \overline{AB} + \widehat{BC} \approx r(\sin\theta + \theta) \tag{8-6}$$

参数化双耳时间差模型函数为

$$ITD(\theta) = \frac{r(\sin\theta + \theta)}{c} \tag{8-7}$$

对于不同的信号频率，双耳时间差模型有一定的变化规律，可以用参数化形式表示：

$$ITD(\theta, f) = \alpha_f \frac{r(\sin\theta + \theta)}{c} \tag{8-8}$$

其中，α_f 是与频率相关的尺度因子。图 8-2 所示的灰线表示不同耳郭结构的频率和 $ITD(\theta,f)$（即 ΔT）的变化关系，黑线表示提取的耳郭结构的平均模型。在进行方位评估时，如果信号频率与建模时不一致，就需要用到参数模型。

反转模型就可以得到水平角度 θ

$$\theta = g^{-1}\left(\frac{c}{r\alpha_f} \times ITD(\theta, f)\right) \tag{8-9}$$

其中，g^{-1}为 $g(\theta)=\sin\theta+\theta$ 的反转函数。$g(\theta)$是不能通过普通方法求解的方程，可使用切比雪夫序列获得 $g(\theta)$的多项式近似表示，进而获得 g^{-1}的近似表示：

$$g^{-1}(x) \approx \frac{x}{2}+\frac{x^3}{96}+\frac{x^5}{1280} \tag{8-10}$$

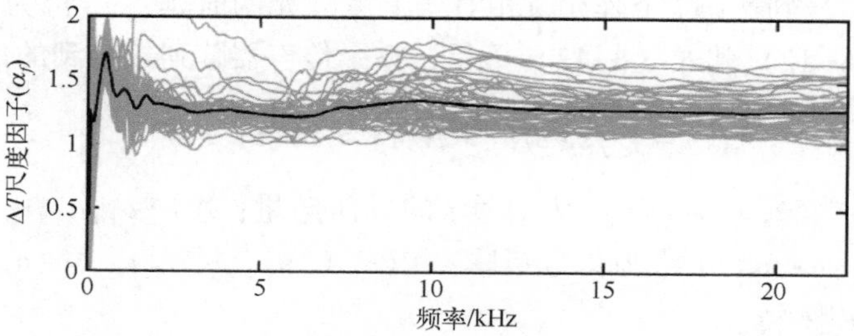

图 8-2　ITD 模型尺度因子

8.2　传声器阵列模型

传声器阵列结构就是一定数量的传声器按照一定空间放置而构成的传声器组，也称为传声器阵列的拓扑结构。对声源定位起决定性作用的就是传声器阵列中各个阵元间距和放置的具体位置。传声器阵列的导向向量是由传声器阵列的拓扑结构决定的，所携带的信息即声源位置的参数信息。因此，传声器阵列拓扑结构的好坏将会直接影响到声源定位的结果。同时，由于传声器阵列拓扑结构所接收到的声源信号不可避免地会受到人为或自然的影响，所以传声器阵列系统在定位过程中总会有些许误差存在。

根据声源距传声器阵列的位置不同，可将传声器阵列接受模型分为近场和远场。通常，近场和远场的判断公式为 $r<\frac{2L^2}{\lambda}$。其中，L 为传声器阵列的总长度，λ 为目标信号的波长，r 为传声器阵列和声源之间的距离。

对于传声器阵列处理的信号来说，建立拓扑结构需考虑的因素更为复杂。因为传声器阵列可能是近距离接收，也可能是远距离接收，所以近场和远场模型下不同的拓扑结构所构成的导向向量也不相同。不同的导向向量携带的信息也不同，声源近场模型中所携带的信息不仅有距离、时延，还有声源空间位置；而声源远场模型中携带的仅仅是声源的空间位置信息，即方位和俯仰。此外，阵元间距也直接影响声源定位的结果，而阵元个数可以适当地提高定位精度。由此可见，传声器的拓扑结构对声源定位起着至关重要的作用。在实际应用中，不同的传声器阵列拓扑结构在阵列信号处理中的作用是不同的，会产生不同的声音接收效果。

假设传声器阵列由 M 个全向传声器组成，信号源的个数为 P，所有到达阵列的波可近似为平面波。将第一个阵元设为参考阵元，则到达参考阵元的第 j 个信号为

$$s_j(t)=z_j(t)\mathrm{e}^{\mathrm{j}\omega_j t},\quad j=1,2,\cdots,P \tag{8-11}$$

式中，$z_j(t)$为第 j 个信号的复包络，包含信号信息。$\mathrm{e}^{\mathrm{j}\omega_j t}$为空间信号的载波。由于信号满足窄带假设条件，则 $z_j(t-\tau)\approx z_j(t)$，那么经过传播延迟 τ 后的信号可以表示为

$$s_j(t-\tau)=z_j(t-\tau)\mathrm{e}^{\mathrm{j}\omega_j(t-\tau)}\approx s_j(t)\mathrm{e}^{-\mathrm{j}\omega_j\tau},\quad j=1,2,\cdots,P \tag{8-12}$$

则理想情况下第 i 个阵元接收到的信号可以表示为

$$x_i(t)=\sum_{j=1}^{P}s_j(t-\tau_{ij})+n_i(t) \tag{8-13}$$

式中，τ_{ij}为第 j 个信号到达第 i 个阵元时相对于参考阵元的时延，$n_i(t)$为第 i 个阵元上的加性噪声。根据式（8-12）和式（8-13）可得，整个传声器阵列接收到的信号为

$$\boldsymbol{X}(t)=\sum_{i=1}^{M}s_i(t)a_i+\boldsymbol{N}(t)=\boldsymbol{AS}(t)+\boldsymbol{N}(t) \tag{8-14}$$

式中，$\boldsymbol{a}_i=[\mathrm{e}^{-\mathrm{j}\omega_i\tau_{i1}},\mathrm{e}^{-\mathrm{j}\omega_i\tau_{i2}},\cdots,\mathrm{e}^{-\mathrm{j}\omega_i\tau_{iP}}]^{\mathrm{T}}$ 为信号 i 的导向向量；$\boldsymbol{A}=[a_1,a_2,\cdots,a_M]$为阵列流形；$\boldsymbol{S}(t)=[s_1(t),s_2(t),\cdots,s_P(t)]^{\mathrm{T}}$ 为信号矩阵；$\boldsymbol{N}(t)=[n_1(t),n_2(t),\cdots,n_M(t)]^{\mathrm{T}}$ 为加性噪声矩阵，$[\ \cdot\ ]^{\mathrm{T}}$ 表示矩阵转置。

对于传声器阵列来说，假设 P 个声源 $\boldsymbol{S}_j$（$j=1,\cdots,P$），M 个无差异全向传声器 $\boldsymbol{D}_i$（$i=1,\cdots,M$），如图 8-3 所示。设声源为点源，位置向量为 $\boldsymbol{S}_j=r_j\times[\sin\theta_i\cos\varphi_i,\sin\theta_i\sin\varphi_i,\cos\theta_i]$。式中，$\theta_i$ 表示第 i 个声源与 z 轴的夹角，φ_i 表示第 i 个声源向量在 xOy 平面的投影与 x 轴的夹角。阵元的位置向量为 $\boldsymbol{D}_i$，通常 $\boldsymbol{D}_1=[0,0,0]$。

当传声器阵列应用于室外或者大型会议室等环境时，声源与传声器阵列相距较远，此时可采用简化的传声器阵列的远场信号模型。当声源与传声器阵列距离较远时，即 $\|\boldsymbol{S}_j\|\gg\|\boldsymbol{D}_i\|$（这里，$\|\cdot\|$代表向量的范数）。此时，两个传声器之间的幅度衰减差异近似相等，图 8-3 中的向量 $\boldsymbol{S}_j-\boldsymbol{D}_i$ 与声源位置向量 $\boldsymbol{S}_j$ 可看成是平行向量，如图 8-4 所示。时延可表示为

$$\tau_{ij}=(\|\boldsymbol{S}_j-\boldsymbol{D}_i\|-\|\boldsymbol{S}_j\|)/c=\|\boldsymbol{D}_i\|\cos\varphi/c=(\boldsymbol{u}_j\cdot\boldsymbol{D}_i)/c \tag{8-15}$$

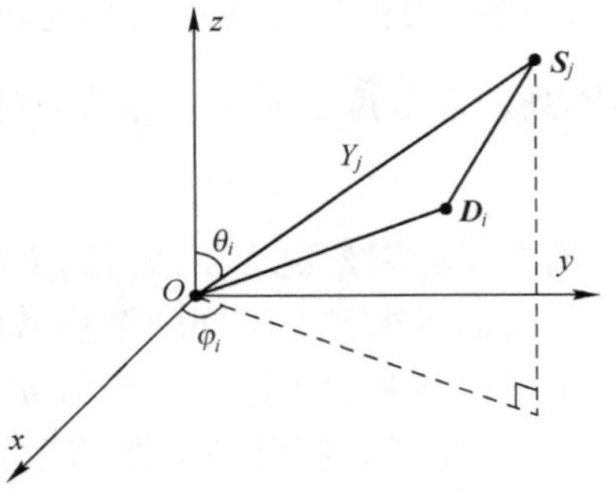

图 8-3 传声器阵列接收信号模型

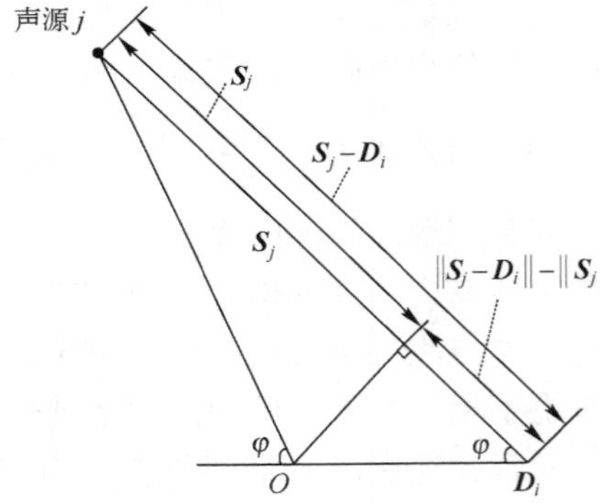

图 8-4 远场模型分析

其中，φ 为声源位置向量 $\boldsymbol{S}_j$ 与传声器位置向量 $\boldsymbol{D}_i$ 的夹角，$\boldsymbol{u}_j$ 为向量 $\boldsymbol{S}_j$ 的单位方向向量：

$$\boldsymbol{u}_j=[\sin\theta_j\cos\varphi_j,\sin\theta_j\sin\varphi_j,\cos\theta_j]^{\mathrm{T}} \tag{8-16}$$

由于声源距传声器阵列很远，可以采用近似的平面波模型，声源的位置向量实际上仅用方向就可以表示，因此可用单位方向向量来表示其位置信息。

在实际应用中，传声器阵列拓扑结构一般采用均匀线阵和均匀圆阵等。不同的拓扑结构，其导向向量表示会有所不同。

(1) 均匀线阵

均匀线阵(Uniform Linear Array, ULA)是一种最简单常用的阵列形式。如图 8-5 所示,M 个阵元等距离排列成一直线,阵元间距为 d。考虑到声源频率为 100~3400 Hz,因此在空气中波长相应为 10~340 cm。综合考虑空间采样定理、阵列尺寸等因素,阵元间距一般为 5~15 cm。假定一信源位于远场,即其信号到达各阵元的波为平面波,其波达方向(DOA)定义为与阵列法线的夹角 θ。

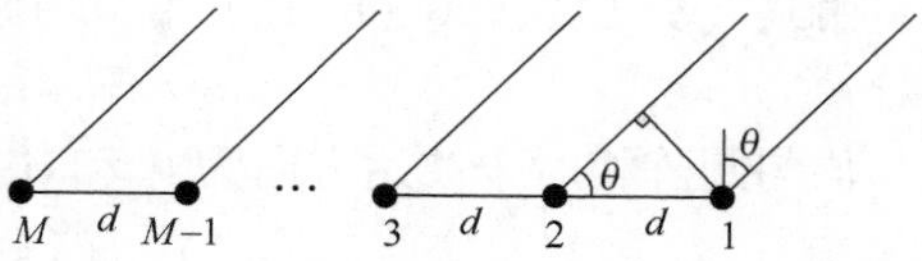

图 8-5 ULA 示意图

阵元的坐标为

$$\boldsymbol{D}_i=[(i-1)\cdot d,0,0]^{\mathrm{T}} \tag{8-17}$$

则由式(8-14)、式(8-15)和式(8-17)可得等距线阵的流形矩阵为

$$\begin{aligned}\boldsymbol{A}&=[\boldsymbol{a}(\omega_1,\theta_1,\varphi_1),\boldsymbol{a}(\omega_2,\theta_2,\varphi_2),\cdots,\boldsymbol{a}(\omega_P,\theta_P,\varphi_P)]\\&=\begin{bmatrix}1 & 1 & \cdots & 1\\ \mathrm{e}^{-\mathrm{j}\omega_1 d\sin(\theta_1)\cos(\varphi_1)/c} & \mathrm{e}^{-\mathrm{j}\omega_2 d\sin(\theta_2)\cos(\varphi_2)/c} & \cdots & \mathrm{e}^{-\mathrm{j}\omega_P d\sin(\theta_P)\cos(\varphi_P)/c}\\ \vdots & \vdots & & \vdots\\ \mathrm{e}^{-\mathrm{j}\omega_1(M-1)d\sin(\theta_1)\cos(\varphi_1)/c} & \mathrm{e}^{-\mathrm{j}\omega_2(M-1)d\sin(\theta_2)\cos(\varphi_2)/c} & \cdots & \mathrm{e}^{-\mathrm{j}\omega_P(M-1)d\sin(\theta_P)\cos(\varphi_P)/c}\end{bmatrix}\end{aligned} \tag{8-18}$$

式中,c 代表声速;ω_j 为信号 $\boldsymbol{S}_j$ 电波传播延迟在第 i 个阵元引起的相位差。当波长和阵列的几何结构确定时,该流形矩阵只与空间角 θ_j 和 φ_j 有关,与基准点的位置无关。以上给出了等距线阵的导向向量的表示形式,实际使用的阵列结构要求导向向量 $\boldsymbol{a}(\theta)$ 与空间角 θ 一一对应,不能出现模糊现象。这里需要说明的是:阵元间距 d 是不能任意选定的,甚至有时需要非常精确的校准。假设 d 很大,相邻阵元的相位延迟就会超过 2π,此时,若阵列导向向量无法在数值上分辨出具体的相位延迟,就会出现相位模糊。可见,对于等距线阵来说,为了避免导向向量的相位模糊,其阵元间距不能大于半波长$\dfrac{\lambda_0}{2}$,以保证阵列流形矩阵的各个列向量线性独立。

(2) 均匀圆阵

均匀圆周阵列简称均匀圆阵(Uniform Circular Array, UCA),是平面阵列。阵列的有效估计是二维的,能够同时确定信号的方位角和仰角。均匀圆阵由 M 个相同阵元均匀分布在 xOy 平面一个半径为 R 的圆周上,如图 8-6 所示。采用球面坐标系表示入射平面波的波达方向时,坐标系的原点 O 位于阵列的中心,即圆心。信源俯角 $\theta\in[0,\pi/2]$是原点到信源的连线与 z 轴的夹角,方向角 $\varphi\in[0,2\pi]$则是原点到信源的连线在 xOy 平面上的投影与 x 轴之间的夹角。

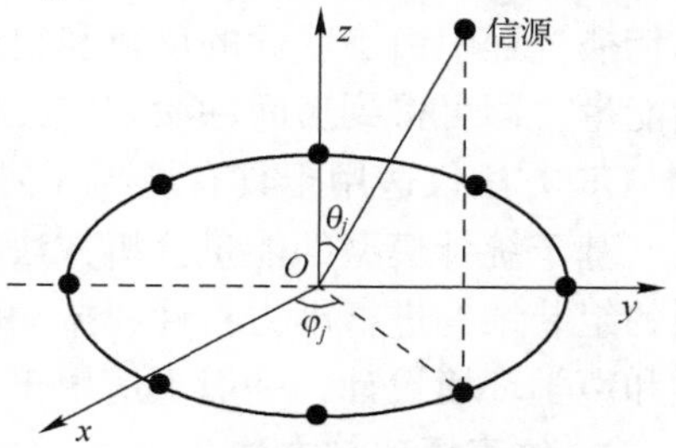

图 8-6 UCA 示意图

阵列的第 i 个阵元与 x 轴之间的夹角为

$$\gamma_i=\frac{2\pi(i-1)}{M} \tag{8-19}$$

则该处的位置向量为

$$\boldsymbol{D}_i=(r\cos\gamma_i, r\sin\gamma_i, 0) \tag{8-20}$$

由式（8-14）、式（8-15）和式（8-20）可知，时延为

$$\tau_{ij}=r\sin\theta_j\cos(\varphi_j-\gamma_i)/c \tag{8-21}$$

均匀圆阵相对于波达方向为 θ_j 和 φ_j 的信号的导向向量为

$$\boldsymbol{a}(\omega_j,\theta_j,\varphi_j)=[\mathrm{e}^{-\mathrm{j}\omega_j\tau_{1j}},\mathrm{e}^{-\mathrm{j}\omega_j\tau_{2j}},\cdots,\mathrm{e}^{-\mathrm{j}\omega_j\tau_{Mj}}]^{\mathrm{T}} \tag{8-22}$$

对于水平定位来说，此时 $\theta_j=90°$，式（8-18）和式（8-22）都可以得到相应化简，使得流形矩阵只和水平角度 φ_j 有关。

8.3 房间混响模型

1. 房间混响模型的意义

在声源定位、信号提取、回波抵消等语音信号处理算法中，建立一个灵活、合理的房间混响模型对算法运行、评估具有重要的作用。Allen J. B. 和 Berkley D. A. 在文献中提出的 IMAGE 方法（也叫镜像法）是构建房间混响模型最常用的方法之一。基于该方法在 MATLAB 中构建房间冲激响应，并通过控制信号反射阶数、房间维数和传声器方向性，为诸多算法建立一个切合实际的室内声学环境模型。常见的房间声学环境仿真方法主要分为波动方程模型、射线模型和统计模型三种。

基于波动方程模型的方法包括有限元方法、边界元方法和时域有限差分法。其中，有限元方法和边界元方法在声音频率较高时分析的数据量很大，运算复杂，因此一般适用于低频、小空间范围的声学环境仿真。时域有限差分法比其他方法更适用于视听化技术，其突出的特点是能够直接模拟声场的分布，精度比较高，适用于一些声源位于房间角落或其他一些复杂场景的情况。基于波动方程模型的方法的难点在于边界条件的界定和对象几何特征的描述。

基于射线模型的方法主要有射线跟踪法和 IMAGE 方法，主要的区别在于计算反射路径的方法不同。射线跟踪法用携带能量的有限条射线来描述声源能量的辐射，每条射线的能量在传播过程中由于墙面的反射和空气的吸收而衰减，在接收端记录每条声线的路径和到达时的能量，即可得到房间冲激响应，该方法与 IMAGE 方法相比更能胜任复杂场景的计算，而 IMAGE 方法仅适用于具有规则几何特性的房间声学环境的仿真。

基于统计模型的能量分析方法是一种模拟化分析方法，运用能量流关系式对复合的、谐振的组装结构进行动力特性、振动响应和声辐射的理论评估，常应用于车船室内高频噪声分析和声学环境设计，一般不适用于普通室内声学模型。

2. 仿真原理与方法

最简单的房间混响模型（IMAGE 法）是利用镜像法计算房间脉冲响应，该模型可以模拟出 n 个虚拟声源。图 8-7 是设定的一个矩形房间。在图中，灰色圆圈代表声源，黑色星号代表传声器位置。两点之间的连线代表声波传播的路径，此处明显是直接路径。

声波遇到墙壁后就形成反射，然后和原始声源信号一起叠加到传声器上。理论上，反射信号好像是墙后镜像的声源点发射的声波，如图 8-8 所示。如果传声器在黑色星号的位置，那么虚拟的声源就是黑色圆圈所代表的位置。图中，黑色的线代表实际的声波路径，灰色的线代表声波的虚拟路径。通过多次重复镜像步骤，多个虚拟声源就可以被模拟出来。图 8-9

是带有两个虚拟声源的模拟场景。

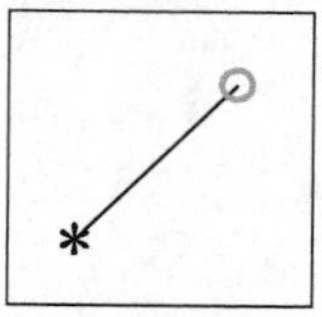

图 8-7　声波直接传输的路径

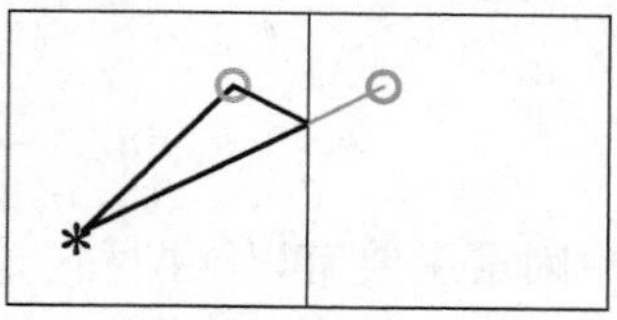

图 8-8　虚拟声源传输的路径

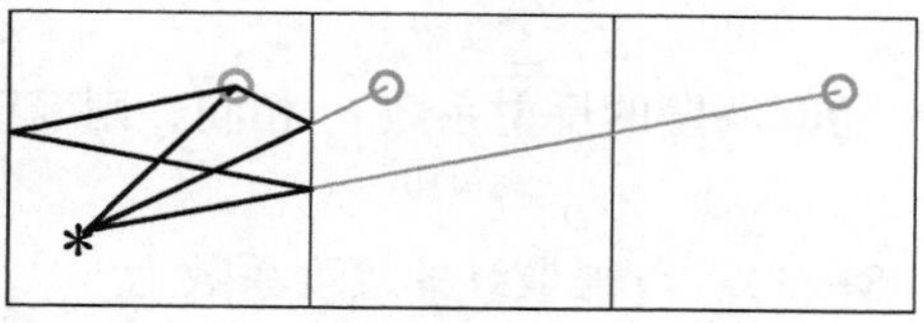

图 8-9　带双虚拟声源的模拟场景

为了简化，此处只把虚拟声源当作独立的源，而不考虑虚拟声源的反射。

图 8-10 是一维的场景模型。“+”是原点。虚拟点的 x 坐标 x_i 可以用下式表示：

$$x_i=(-1)^i x_s+\left[i+\frac{1-(-1)^i}{2}\right]x_r \tag{8-23}$$

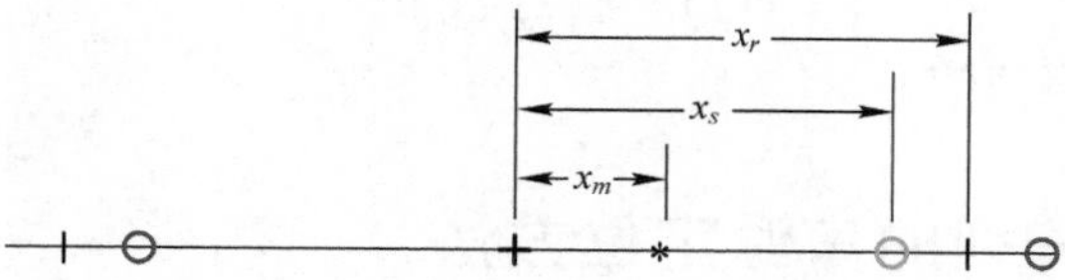

图 8-10　一维的场景模型

x_s 是声源的 x 坐标，x_r 是房间 x 轴的长度。虚拟声源的个数用下标 i 表示。当 i 为负值时，虚拟声源的 x 轴坐标在 x 的负轴上。此处，$i=0$ 表示虚拟声源就是实际声源。传声器和第 i 个虚拟声源的距离可表示为

$$x_i=(-1)^i x_s+\left[i+\frac{1-(-1)^i}{2}\right]x_r-x_m \tag{8-24}$$

式中，x_r 代表传声器的 x 轴坐标。同理，虚拟声源的 y 轴和 z 轴坐标可以分别表示为

$$y_j=(-1)^j y_s+\left[i+\frac{1-(-1)^j}{2}\right]y_r-y_m \tag{8-25}$$

$$z_k=(-1)^k z_s+\left[i+\frac{1-(-1)^k}{2}\right]z_r-z_m \tag{8-26}$$

此时，虚拟源到原点的距离为

$$d_{ijk}=\sqrt{x_i^2+y_j^2+z_k^2} \tag{8-27}$$

每个虚拟源的延迟点数为

$$u_{ijk}(t)=f_s\frac{d_{ijk}}{c} \tag{8-28}$$

式中，t 代表时间，$\frac{d_{ijk}}{c}$代表回响的有效时延。定义单位脉冲响应函数 $a_{ijk}(u)$为

$$a_{ijk}(u_{ijk})=\begin{cases}1 & u_{ijk}=0\\0 & \text{其他}\end{cases} \tag{8-29}$$

影响回响幅度的因素主要有以下两种。

1）声源到传声器的距离：幅度系数 b_{ijk}反比于距离 d_{ijk}，即

$$b_{ijk}\propto\frac{1}{d_{ijk}} \tag{8-30}$$

2）声波反射个数：如果所有墙壁的反射系数 r_w 相同，则墙壁系数 r_{ijk}定义为

$$r_{ijk}=r_w^{|i|+|j|+|k|} \tag{8-31}$$

综合式（8-30）和式（8-31），可得最终的幅度系数为

$$e_{ijk}=b_{ijk}r_{ijk} \tag{8-32}$$

综上所述，单位脉冲响应 $\boldsymbol{h}(t)$为

$$\boldsymbol{h}(t)=\sum_{i=-n}^{n}\sum_{j=-n}^{n}\sum_{k=-n}^{n}a_{ijk}e_{ijk} \tag{8-33}$$

3. 传声器接收信号的模拟

获得单位脉冲响应 $\boldsymbol{h}(t)$后，传声器接收到的信号 $\boldsymbol{s}(t)$为

$$\boldsymbol{s}(t)=\boldsymbol{h}(t)\otimes\boldsymbol{p}(t) \tag{8-34}$$

此处，$\boldsymbol{p}(t)$代表实际的声源信号。

8.4 基于传声器阵列的声源定位方法

基于传声器阵列的声源定位算法大致可以分为三类：基于最大输出功率的可控波束形成器的声源定位算法、基于到达时间差的声源定位算法和基于高分辨率谱估计的声源定位算法。

1）基于最大输出功率的可控波束形成算法：对传声器阵列接收到的语音信号进行滤波、加权求和，然后直接控制传声器指向使波束有最大输出功率的方向。

2）基于到达时间差的定位算法：首先求出声音到达不同位置传声器的时间差，再利用该时间差求得声音到达不同位置传声器的距离差，最后用搜索或几何知识确定声源位置。

3）基于高分辨率谱估计的定向算法：利用求解传声器信号间的相关矩阵来确定方向角，从而进一步确定声源位置。

8.4.1 基于最大输出功率的可控波束形成算法

基于可控波束的定位算法是最早期的一种定位算法。该算法的基本思想是：采用波束形成技术，调节传声器阵列的接收方向，在整个接收空间内扫描，得到的能量最大的方向即为声源的方位，采用不同的波束形成器可以得到不同的算法。该方法是在满足最大似然准则的前提下，以搜索整个空间的方式，使传声器阵列所形成的波束能够对准信源的方向，从而可以获得最大的输出功率。通过对传声器所接收到的声源信号进行滤波，并加权求和来得到波束，进而通过搜索声源可能的方位来引导该波束，得到波束输出功率最大的点就是声源的方

位。基于可控波束形成的定位算法，主要分为延迟累加波束算法和自适应波束算法。前者的运算量较小，信号失真小，但抗噪性能较差，需要阵元数较多才能有比较好的效果。而后者因为添加了自适应滤波的环节，运算量相对于前者会比较大，并且运算结果会产生一定的失真，但传声器数目较少的情况下也会得到不错的效果，在没有混响的情况下也有比较不错的性能。

目前，波束形成技术已经广泛应用于基于传声器阵列的语音拾取技术中，但要达到精确有效的声源定位还是十分困难的。主要原因在于该方法需要对整个空间进行搜索，运算量非常大，很难实时进行。虽然也可以采用一些迭代的算法来减少运算量，但是常常没有一个有效的全局峰值，常收敛于几个局部的最大值，且对初始搜索值极其敏感。可控波束定位技术依赖于声源信号的频谱特性，其优化准则绝大多数都是基于背景噪声和声源信号的频谱特性的先验知识。因此，该类方法在实际系统应用中的性能差异较大，加之其计算复杂程度高，限制了该类算法的应用范围。

本节主要介绍延迟-求和波束形成法的原理。假设传声器的数目为 M，延迟-求和波束形成法对接收到的传声器信号 $x_i(t)$ 进行校正并求和，以期望从不同的空间位置中得到源信号，同时削弱噪声和混响的影响。该方法可简单定义为

$$y(t,q_s)=\sum_{i=1}^{M}x_i(t+\boldsymbol{\Delta}_i) \tag{8-35}$$

其中，$\boldsymbol{\Delta}_i$ 是当阵列指向声源 q_s 时的“可控延时”，用来补偿从声源到传声器的每个直达信号的时延。式（8-35）表明，用声波到达时间差来控制波束方向可以达到声源定位的目的。

该方法的优点是可以一步完成定位，且在最大似然意义上是最优的，同时对不相关的噪声有抑制作用，最优的条件有以下两个。

1）接收到的噪声是加性噪声、彼此互不相关、方差均一且数值不大。

2）声源到传声器距离相等。

但是，在实际情况下，存在反射以及复杂的噪声影响，会影响该方法的精度。

为了削弱噪声和混响的影响，可以在传声器进行时间校正之前进行滤波，从而产生滤波-累加方法。该方法的频域表达式如下：

$$\boldsymbol{Y}(\boldsymbol{\omega},q)=\sum_{n=1}^{N}\boldsymbol{G}_n(\boldsymbol{\omega})X_n(\boldsymbol{\omega})\mathrm{e}^{\mathrm{j}\omega\Delta_n} \tag{8-36}$$

其中，$X_n(\boldsymbol{\omega})$和$\boldsymbol{G}_n(\boldsymbol{\omega})$分别为第 n 个传声器接收到的信号的傅里叶变换及对应的滤波器。对于某一声源位置 q，该方法将传声器信号进行该位置下的可控时延相位校正，其形式同时域中的波束形成在本质上是等同的。传声器间的信号相加以及基于频率的滤波，在某种程度上补偿了环境以及信道效应（噪声、反射）所造成的影响。根据声源信号的性质、噪声和混响的特性来选择适当的滤波器，可以提高算法的性能，但很难获得最优滤波器。

通过控制阵列方向来引导该波束，搜索声源的可能位置，最终得到使波束输出功率最大的点就是声源的方位。波束输出功率可定义为

$$P(q)=\int_{-\infty}^{+\infty}|\boldsymbol{Y}(\omega)|^2\mathrm{d}\omega \tag{8-37}$$

所得的声源位置为

$$\hat{q}_s=\arg\max_q P(q) \tag{8-38}$$

滤波-累加可控波束形成声源定位方法原理框图如图 8-11 所示。

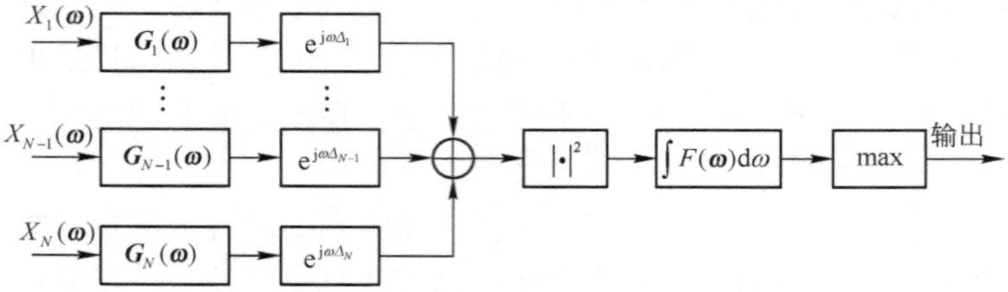

图 8-11　滤波-累加可控波束形成声源定位法原理框图

8.4.2　基于到达时间差的定位算法

基于到达时间差的定位技术称为时延估计技术。时延估计（Time Delay Estimation，TDE）是语音增强与声源定位领域的一项关键技术。所谓时延是指传感器阵列中不同位置的传感器接收到的同源信号由于传输距离的差异而产生的时间差。时延估计就是利用信号处理和参数估计的相关知识，来对上述时延进行估计和确定。基于时延估计的声源定位算法就是根据传声器阵列中不同位置的传声器接收语音信号的时延，来估计出信号源的方位。

在现有的基于传声器阵列的声源定位算法中，基于到达时间差的定位算法的运算量较小，实时性效果比较好，而且硬件成本低，因而倍受关注。基于 TDE 的声源定位算法一般要分为两个步骤：第一，先进行时延估计，并确定传声器阵列中不同传声器对同源语音信号的到达时间差（Time Different of Arrive，TDOA）；第二，就是根据测定出的 TDOA 和各个传声器的几何位置，通过双曲线方程，来最终确定声源的方位和距离。

因此，只要测定出时间延迟，就可以计算出方位角的度数，从而确定声源的位置。但是，两个传声器只适用于二维平面的情况，要在实际应用也就是三维空间中确定声源位置，就必须采用传声器阵列，用多个传声器测定多个时延和方位角，才能最终准确确定声源的位置。

时延估计算法有很多，例如广义互相关（Generalized Cross Correlation，GCC）法、LMS 自适应滤波法、线性回归法以及互功率谱相位，其中，广义互相关法应用最为广泛。广义互相关法通过求两信号之间的互功率谱，并在频域内给予一定的加权，来抑制噪声和反射的影响，再反变换到时域，得到两信号之间的互相关函数。而互相关函数的峰值处，就是两信号之间的相对时延。然而在实际应用中，由于噪声等的影响，相关函数会受到或多或少的影响，最大峰会被弱化，有时甚至还会出现多个峰值，这些都造成了实际峰值检测的困难。而广义互相关法就是在功率谱域对信号进行加权，突出相关的信号部分并抑制受噪声干扰的部分，从而使相关函数在时延处的峰值更为突出。

时延估计的具体过程如图 8-12 所示。

设 $h_1(n)$ 和 $h_2(n)$ 分别为声源信号 $s(n)$ 到两个传声器的冲激响应，则传声器接收到的信号可用以下模型来表示：

$$\begin{cases} x_1(n)=h_1(n)\otimes s(n)+n_1(n) \\ x_2(n)=h_2(n)\otimes s(n)+n_2(n) \end{cases} \tag{8-39}$$

其中，$n_1(n)$ 和 $n_2(n)$ 分别为两个传声器所接收到的噪声信号。

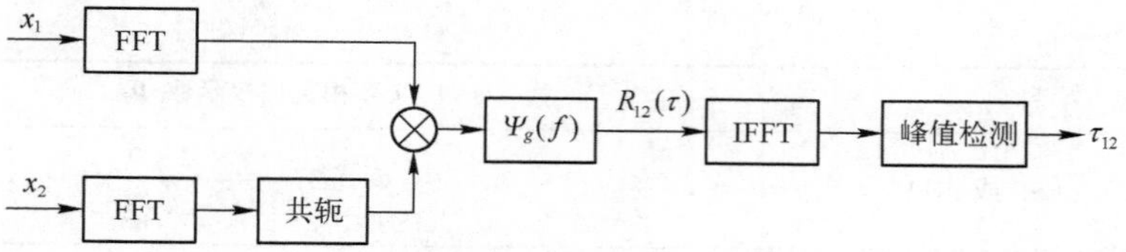

图 8-12　广义互相关时延估计基本流程

对两信号进行滤波处理，设 $x_1(n)$ 与 $x_2(n)$ 的傅里叶变换分别为 $X_1(\omega)$ 和 $X_2(\omega)$，两路滤波器的系统函数分别为 $F_1(\omega)$ 和 $F_2(\omega)$，则滤波后的信号可表示为

$$\begin{cases} Y_1(\omega)=F_1(\omega)X_1(\omega) \\ Y_2(\omega)=F_2(\omega)X_2(\omega) \end{cases} \tag{8-40}$$

两传声器接收到信号的广义互相关函数 $R_{12}(\tau)$ 可表示为

$$\begin{aligned} R_{12}(\tau) &= \int_0^{2\pi} Y_1(\omega)Y_2^*(\omega)\mathrm{e}^{-\mathrm{j}\omega\tau}\mathrm{d}\omega \\ &= \int_0^{2\pi} F_1(\omega)F_2^*(\omega)X_1(\omega)X_2^*(\omega)\mathrm{e}^{-\mathrm{j}\omega\tau}\mathrm{d}\omega \\ &= \int_0^{2\pi} \Phi_{12}(\omega)X_1(\omega)X_2^*(\omega)\mathrm{e}^{-\mathrm{j}\omega\tau}\mathrm{d}\omega \end{aligned} \tag{8-41}$$

其中，$\Phi_{12}(\omega)=F_1(\omega)F_2^*(\omega)$ 为广义互相关加权函数。针对不同的噪声和反射的情况，可以选择不同的加权函数 $\Phi_{12}(\omega)$，使广义互相关函数具有比较尖锐的峰值。而互相关函数的峰值处，就是两个传声器之间的相对时延。但实际应用中，由于信噪比较低以及窗长有限，这种分析往往不稳定。因此，选择适当的加权函数 $\Phi_{12}(\omega)$ 时，要考虑到高分辨率和稳定性。常用到的一些广义互相关加权函数见表 8-1。

表 8-1 中，$G_{x_1x_1}(\omega)$ 和 $G_{x_2x_2}(\omega)$ 分别表示接收信号 $x_1(n)$ 与 $x_2(n)$ 的自功率谱，$G_{n_1n_1}(\omega)$ 和 $G_{n_2n_2}(\omega)$ 分别表示噪声信号 $n_1(n)$ 和 $n_2(n)$ 的自功率谱，$G_{ss}(\omega)$ 表示信源信号的自功率谱，$|\gamma(\omega)|^2$ 表示两传声器接收信号的模平方相干函数，其定义为

$$|\gamma(\omega)|^2=\frac{|G_{x_1x_2}(\omega)|^2}{G_{x_1x_1}(\omega)G_{x_2x_2}(\omega)} \tag{8-42}$$

表 8-1 中，$\Phi_{12}(\omega)=1$ 表示基本相关法的加权函数。在这些加权函数中，Eckart 加权、最大似然加权、HB 加权和 WP 加权的广义相关时延估计，能够达到误差性能下界。但是，由于实际应用中一般不能预先得到有关信号和噪声的先验知识，只能用其估计值来代替加权函数的理论值。因此，实际结果跟理论性能有较大的差距，尤其是在混响较强的情况下。

表 8-1　常用的广义互相关加权函数

名　称	广义互相关加权函数 $\Phi_{12}(\omega)$
ROTH	$\Phi_{12}(\omega)=\dfrac{1}{G_{x_1x_1}(\omega)}$
平滑相干变换（SCOT）	$\Phi_{12}(\omega)=\dfrac{1}{\sqrt{G_{x_1x_1}(\omega)G_{x_2x_2}(\omega)}}$

（续）

名　称	广义互相关加权函数 $\Phi_{12}(\omega)$
互功率谱相位（CSP 或 PHAT）	$\Phi_{12}(\omega)=\dfrac{1}{\lvert G_{x_1x_2}(\omega)\rvert}$
Eckart 加权	$\Phi_{12}(\omega)=\dfrac{G_{ss}(\omega)}{\lvert G_{n_1n_1}(\omega)G_{n_2n_2}(\omega)\rvert}$
最大似然加权（ML）	$\Phi_{12}(\omega)=\dfrac{\lvert\gamma(\omega)\rvert^2}{\lvert G_{x_1x_2}(\omega)\rvert(1-\lvert\gamma(\omega)\rvert^2)}$
HB 加权	$\Phi_{12}(\omega)=\dfrac{\lvert G_{x_1x_2}(\omega)\rvert}{G_{x_1x_1}(\omega)G_{x_2x_2}(\omega)}$
WP 加权	$\Phi_{12}(\omega)=\dfrac{\lvert G_{x_1x_2}(\omega)\rvert^2}{G_{x_1x_1}(\omega)G_{x_2x_2}(\omega)}$

由上述讨论可知，广义相关时延算法主要是基于信号和噪声的先验知识，需要通过较多的数据才能准确估计出来。但是实际上，往往只用一帧数据来获得信号的功率谱和互功率谱的估计，因此误差会比较大。在理论上，几乎每一种加权的广义相关时延算法均可采用自适应的方式来实现。自适应滤波是基于一定的误差准则，在收敛的情况下给出的时延估计，因此它对于功率谱和互功率谱的估计相对来说更为精确。此外，自适应滤波法还可以处理时变信号，它会根据信号统计特性的变化，自动调节滤波器系数，鲁棒性更好。

从理论上看，估计二维或者是三维的参数仅需要两个到三个独立的时延估计值，每一个时延估计值都对应于一个双曲线或双曲面，它们的交点即为声源的位置。但是，由于实际的估计误差和分辨率的影响，往往不能交于一个点。而由多个时延估计值对应的双曲线或双曲面在空间上交于一个区域，可采用最小二乘拟合的方法来求出最优解。

基于时延估计的声源定位算法在运算量上往往优于其他算法，可以在实际系统中以较低的成本实现。但是该算法也有许多的缺点。

1）估计时延和定位是分成两个阶段来完成的，因此在定位阶段用到的参数已经是对过去时间的估计，这在某种意义上是对声源位置的次最优估计。

2）基于时延估计的声源定位技术仅适用于单声源的情况，其对多声源定位的效果较差。

3）在房间有较强的噪声和混响的情况下，时延估计的误差相对较大，从而影响第二步的定位精度。

8.4.3　基于高分辨率谱估计的定位算法

由现代高分辨谱估计技术发展而来的声源定位算法，称为子空间技术。子空间技术是阵列信号处理技术中应用最广、研究最多、最基本、最重要的技术之一。如今，子空间技术已成功运用到通信和雷达等许多民用和军事领域。由于空间信号的方向估计和时间信号的频率估计有许多相似之处，所以许多时域的非线性谱估计方法都可以推广为空域的谱分析方法。传统的阵列信号处理均假设信号为远场窄带信号。此时，信源距阵列足够远，则阵列接收的信号是一系列平面波的叠加。

特征子空间类算法是现代谱估计最重要的算法之一，通过对阵列接收数据做数学分解，划分为两个相互正交的子空间：与信号源的阵列流形空间一致的信号子空间和与信号子空间正交的噪声子空间。子空间分解类算法就是利用两个子空间的正交特性，构造出“针状”空间谱峰，从而大大提高算法的分辨力。子空间分解类算法从处理方式上大致可以分为两类：一类是以 MUSIC 为代表的噪声子空间类算法；另一类是以旋转不变子空间（ESPRIT）为代表的信号子空间类算法。以 MUSIC 为代表的算法包括特征向量法、MUSIC 以及求根 MUSIC 法等；以 ESPRIT 为代表的算法主要有 TAM、LS-ESPRIT 以及 TLS-ESPRIT 等。

由式（8-14）可知，在第 n 次采样时得到的数据向量为

$$\boldsymbol{X}(n)=\boldsymbol{A}\boldsymbol{S}(n)+\boldsymbol{N}(n),n=1,2,\cdots,L \tag{8-43}$$

其中，L 为采样点数；$\boldsymbol{X}(n)$ 为 M 个阵元输出；$\boldsymbol{A}$ 为流形矩阵；$\boldsymbol{S}(n)$ 为平面波的复振幅；$\boldsymbol{N}(n)$ 是均值为零、方差为 σ_N^2 的白噪声且与信号源无关。上述变量可表示为

$$\begin{cases}\boldsymbol{X}(n)=[X_1(n),X_2(n),\cdots,X_M(n)]^{\mathrm{T}}\\ \boldsymbol{A}=[\boldsymbol{a}(\theta_1),\boldsymbol{a}(\theta_2),\cdots,\boldsymbol{a}(\theta_P)]\\ \boldsymbol{S}(n)=[S_1(n),S_2(n),\cdots,S_P(n)]^{\mathrm{T}}\\ \boldsymbol{N}(n)=[N_1(n),N_2(n),\cdots,N_M(n)]^{\mathrm{T}}\end{cases} \tag{8-44}$$

阵列 $\boldsymbol{A}$ 也可以理解为阵列方向向量的集合，表示所有信源的方向，其中 $\boldsymbol{a}(\theta_j)$ 称为第 j 个源信号的方向向量。因此通过求解式（8-44），可以估计出信源位置。

（1）古典谱估计法

古典谱估计法是通过计算空间谱求取其局部最大值，从而估计出信号的波达方向。Bartlett 波束形成方法是经典傅里叶分析对传感器阵列数据的一种自然推广，其原理是使波束形成器的输出功率相对于某个输入信号最大。设希望来自 θ 方向的输出功率为最大，结合式（8-44）可得代价函数为

$$\begin{aligned}\theta&=\arg\max_w[E\{\boldsymbol{w}^{\mathrm{H}}\boldsymbol{X}(n)\}^2]\\&=\arg\max_w[\boldsymbol{w}^{\mathrm{H}}E\{\boldsymbol{X}(n)\boldsymbol{X}^{\mathrm{H}}(n)\}\boldsymbol{w}]\\&=\arg\max_w[\boldsymbol{w}^{\mathrm{H}}\boldsymbol{R}_X\boldsymbol{w}]\\&=\arg\max_w[E\{|d(t)|^2\}|\boldsymbol{w}^{\mathrm{H}}\boldsymbol{a}(\theta)|^2+\sigma_n^2\ \|\boldsymbol{w}\|^2]\end{aligned} \tag{8-45}$$

在白噪声方差 σ_n^2 一定的情况下，权重向量的范数 $\|\boldsymbol{w}\|$ 不影响输出信噪比，故取权重向量的范数为 1，用拉格朗日因子的方法求得上述最大优化问题的解为

$$\boldsymbol{w}_{BF}=\frac{\boldsymbol{a}(\theta)}{\|\boldsymbol{a}(\theta)\|} \tag{8-46}$$

从式（8-46）可以看出，阵列权重向量是信号在各阵元上产生的延迟均衡，以便使它们各自的贡献最大限度地综合在一起。空间谱是以空间角为自变量分析到达波的空间分布，其定义为

$$P_{BF}(\theta)=\frac{\boldsymbol{a}^{\mathrm{H}}(\theta)\boldsymbol{R}_X\boldsymbol{a}(\theta)}{\boldsymbol{a}^{\mathrm{H}}(\theta)\boldsymbol{a}(\theta)} \tag{8-47}$$

将所有导向向量的集合 $\{\boldsymbol{a}(\theta)\}$ 称为流形矩阵。在实际应用中，流形矩阵可以在阵列校

准时确定或者利用接收的采样值计算得到。

从式（8-47）可知，利用空间谱的峰值就可以估计出信号的波达方向。当有 $P>1$ 个信号存在时，对于不同的 θ，利用式（8-47）计算得到不同的输出功率。最大输出功率对应的空间谱的峰值也就最大，而最大空间谱峰值对应的 DOA 值即为信号波达方向的估计值。古典谱估计方法将阵列所有可利用的自由度都用于在所需观测方向上形成一个波束。当只有一个信号时，这个方法是可行的。但是当存在来自多个方向的信号时，阵列的输出将包括期望信号和干扰信号，估计性能会急剧下降。而且该方法要受到波束宽度和旁瓣高度的限制，这是由于大角度范围的信号会影响观测方向的平均功率，因此，这种方法的空间分辨率比较低。虽然可以通过增加传声器阵列的阵元来提高分辨率，但是这样会增加系统的复杂度和算法对于空间的存储要求。

（2）Capon 最小方差法

为了解决 Bartlett 方法的一些局限性，Capon 提出了最小方差法。该方法使部分（不是全部）自由度在期望观测方向形成一个波束，同时利用剩余的自由度在干扰信号方向形成零陷，可以使输出功率最小，达到使非期望干扰的贡献最小的目的，同时增益在观测方向保持为常数（通常为 1），即

$$\min_{w} E[\,|y(n)|^2\,] = \min_{w} E[\,|\boldsymbol{w}\cdot\boldsymbol{x}(n)|^2\,] = \min_{w} \boldsymbol{W}^{\mathrm{H}}\boldsymbol{R}_X\boldsymbol{W} \tag{8-48}$$

其中，约束条件为 $\boldsymbol{W}^{\mathrm{H}}\boldsymbol{a}(\theta_0)=1$，$\boldsymbol{R}_X=E(\boldsymbol{X}\cdot\boldsymbol{X}^{\mathrm{H}})$是接收信号 $\boldsymbol{X}$ 的协方差矩阵。求解式（8-48）得到的权向量通常称为最小方差无畸变响应波束形成器权值，因为对于某个观测方向，它既能使输出信号的方差（平均功率）最小，又能使来自观测方向的信号无畸变地通过（增益为 1，相移为 0）。这是个约束优化问题，可以利用拉格朗日乘子法求解。

令 $\boldsymbol{L}=\boldsymbol{W}^{\mathrm{H}}\boldsymbol{R}_X\boldsymbol{W}-\lambda[\boldsymbol{W}^{\mathrm{H}}\boldsymbol{a}(\theta_0)-1]$，$\boldsymbol{L}$ 分别对 $\boldsymbol{W}^{\mathrm{H}}$ 和 λ 求偏导数可得

$$\boldsymbol{W}^{\mathrm{H}}\boldsymbol{a}(\theta_0)=1 \tag{8-49a}$$

$$\boldsymbol{R}_X\boldsymbol{W}=\lambda\boldsymbol{a}(\theta_0) \tag{8-49b}$$

式（8-49b）两端分别左乘 $\boldsymbol{W}^{\mathrm{H}}$ 得

$$\boldsymbol{W}^{\mathrm{H}}\boldsymbol{R}_X\boldsymbol{W}=\lambda\boldsymbol{W}^{\mathrm{H}}\boldsymbol{a}(\theta_0)=\lambda \tag{8-50}$$

上式两端分别右乘 $\boldsymbol{a}^{\mathrm{H}}(\theta_0)$得

$$\lambda\boldsymbol{a}^{\mathrm{H}}(\theta_0)=\boldsymbol{W}^{\mathrm{H}}\boldsymbol{R}_X\left(\boldsymbol{W}^{\mathrm{H}}\boldsymbol{a}(\theta_0)\right)^{\mathrm{H}}=\boldsymbol{W}^{\mathrm{H}}\boldsymbol{R}_X \tag{8-51}$$

因此，

$$\boldsymbol{W}^{\mathrm{H}}=\lambda\boldsymbol{a}^{\mathrm{H}}(\theta_0)\boldsymbol{R}_X^{-1} \tag{8-52}$$

对式（8-52）两端分别右乘 $\boldsymbol{a}(\theta_0)$有

$$\lambda\boldsymbol{a}^{\mathrm{H}}(\theta_0)\boldsymbol{R}_X^{-1}\boldsymbol{a}(\theta_0)=\boldsymbol{W}^{\mathrm{H}}\boldsymbol{a}(\theta_0)=1 \tag{8-53}$$

所以，

$$\lambda=\frac{1}{\boldsymbol{a}^{\mathrm{H}}(\theta_0)\boldsymbol{R}_X^{-1}\boldsymbol{a}(\theta_0)} \tag{8-54}$$

将式（8-54）代入式（8-52）中，并对两边取共轭对称，最终得到

$$\boldsymbol{W}=\frac{\boldsymbol{R}_X^{-1}\boldsymbol{a}(\theta_0)}{\boldsymbol{a}^{\mathrm{H}}(\theta_0)\boldsymbol{R}_X^{-1}\boldsymbol{a}(\theta_0)} \tag{8-55}$$

利用 Capon 波束形成法得到的空间功率谱公式如下：

$$P_{\text{Capon}}(\theta)=\frac{1}{\boldsymbol{a}^{\mathrm{H}}(\theta)\boldsymbol{R}_X^{-1}\boldsymbol{a}(\theta)} \tag{8-56}$$

计算 Capon 谱并在全部 θ 范围上搜索其峰值，就可估计出 DOA。

虽然与古典谱估计法相比，Capon 法能够提供更佳的分辨率，但 Capon 法也有很多缺点。如果存在与感兴趣信号相关的其他信号，Capon 法就不能再起作用，因为它在减小处理器输出功率时无意中利用了这种相关性，而没有为其形成零陷。换句话说，在使输出功率达到最小的过程中，相关分量可能会恶性合并。另外，Capon 法需要对矩阵求逆运算，会使计算量非常大。

（3）MUSIC 算法

MUSIC 算法是由 R. O. Schmidt 于 1979 年提出来的，并于 1986 年重新发表。它是最早的也是最经典的超分辨 DOA 估计方法，利用信号子空间和噪声子空间的正交性，构造空间谱函数，通过谱峰搜索来检测信号的 DOA。MUSIC 算法对 DOA 的估计从理论上可以有任意高的分辨率。

由式（8-43）可得接收信号的协方差矩阵为

$$\begin{aligned}\boldsymbol{R}_X&=E[\boldsymbol{X}(t)\boldsymbol{X}^{\mathrm{H}}(t)]\\&=\boldsymbol{A}E[\boldsymbol{S}\boldsymbol{S}^{\mathrm{H}}]\boldsymbol{A}^{\mathrm{H}}+\boldsymbol{A}E[\boldsymbol{S}\boldsymbol{N}^{\mathrm{H}}]+E[\boldsymbol{N}\boldsymbol{S}^{\mathrm{H}}]\boldsymbol{A}^{\mathrm{H}}+E[\boldsymbol{N}\boldsymbol{N}^{\mathrm{H}}]\end{aligned} \tag{8-57}$$

由于假设信号与噪声是不相关的，且噪声为平稳的加性高斯白噪声，因此式（8-57）中的第二、三项为零，且有 $E[\boldsymbol{N}\boldsymbol{N}^{\mathrm{H}}]=\sigma_N^2\boldsymbol{I}$。则式（8-57）可以简化为

$$\boldsymbol{R}_X=\boldsymbol{A}\boldsymbol{R}_s\boldsymbol{A}^{\mathrm{H}}+\sigma_N^2\boldsymbol{I} \tag{8-58}$$

式中，$\boldsymbol{R}_s$ 是有用信号的协方差矩阵。由于假设信号源之间互不相关，因此 $\boldsymbol{R}_s$ 为满秩矩阵，其秩为 P。而 $\boldsymbol{A}$ 为 $M\times P$ 维的矩阵，其秩也是 P，并且 $\boldsymbol{A}\boldsymbol{R}_s\boldsymbol{A}^{\mathrm{H}}$ 是 Hermite 半正定矩阵，其秩也是 P。因此，令 $\boldsymbol{A}\boldsymbol{R}_s\boldsymbol{A}^{\mathrm{H}}$ 的特征值为 $\mu_0\geqslant\mu_1\geqslant\cdots\geqslant\mu_{P-1}>0$，那么 $\boldsymbol{R}_X$ 的 M 个特征值为

$$\lambda_k=\begin{cases}\mu_k+\delta_N^2 & k=0,1,\cdots,P-1\\ \delta_N^2 & k=P,P+1,\cdots,M-1\end{cases} \tag{8-59}$$

特征值对应的特征向量分别为 $\boldsymbol{q}_0,\boldsymbol{q}_1,\cdots,\boldsymbol{q}_{P-1},\boldsymbol{q}_P,\cdots,\boldsymbol{q}_{M-1}$，其中前 P 个对应大特征值，后 $M-P$ 个对应小特征值。由此可知，协方差矩阵 $\boldsymbol{R}_X$ 经过特征值分解后可以产生 P 个较大的特征值和 $M-P$ 个较小的特征值，并且这 $M-P$ 个小特征值非常接近。所以当这些小特征值的重数 K 确定后，信号的个数就可以由式（8-59）估计出来：

$$\hat{P}=M-K \tag{8-60}$$

对于与 $M-P$ 个小特征值对应的特征向量，有

$$(\boldsymbol{R}_X-\lambda_i\boldsymbol{I})\boldsymbol{q}_i=0,i\in[P,M-1] \tag{8-61}$$

即

$$(\boldsymbol{R}_X-\sigma_N^2\boldsymbol{I})\boldsymbol{q}_i=(\boldsymbol{A}\boldsymbol{R}_s\boldsymbol{A}^{\mathrm{H}}+\sigma_N^2\boldsymbol{I}-\sigma_N^2\boldsymbol{I})\boldsymbol{q}_i=\boldsymbol{A}\boldsymbol{R}_s\boldsymbol{A}^{\mathrm{H}}\boldsymbol{q}_i=0 \tag{8-62}$$

因为 $\boldsymbol{A}$ 满秩，$\boldsymbol{R}_s$ 非奇异，因此有

$$\boldsymbol{A}^{\mathrm{H}}\boldsymbol{q}_i=\begin{bmatrix}\boldsymbol{a}^{\mathrm{H}}(\theta_0)\boldsymbol{q}_i\\ \boldsymbol{a}^{\mathrm{H}}(\theta_1)\boldsymbol{q}_i\\ \vdots\\ \boldsymbol{a}^{\mathrm{H}}(\theta_{P-1})\boldsymbol{q}_i\end{bmatrix}=\begin{bmatrix}0\\0\\ \vdots\\0\end{bmatrix} \tag{8-63}$$

这表明与 $M-P$ 个最小特征值对应的特征向量和 P 个信号特征值对应的导向向量正交，即信号子空间和噪声子空间正交。因此，构造 $M\times(M-P)$ 维的噪声子空间为

$$\boldsymbol{V}_N=[\boldsymbol{q}_P,\boldsymbol{q}_{P+1},\cdots,\boldsymbol{q}_{M-1}] \tag{8-64}$$

则定义 MUSIC 空间谱为

$$P_{\text{MUSIC}}(\theta)=\frac{\boldsymbol{a}^{\text{H}}(\theta)\boldsymbol{a}(\theta)}{\boldsymbol{a}^{\text{H}}(\theta)\boldsymbol{V}_N\boldsymbol{V}_N^{\text{H}}\boldsymbol{a}(\theta)} \tag{8-65}$$

或

$$P_{\text{MUSIC}}(\theta)=\frac{1}{\boldsymbol{a}^{\text{H}}(\theta)\boldsymbol{V}_N\boldsymbol{V}_N^{\text{H}}\boldsymbol{a}(\theta)} \tag{8-66}$$

由于信号子空间和噪声子空间正交，所以当 θ 等于信号的入射角时，MUSIC 空间谱将产生极大值。因此当对 MUSIC 空间进行谱搜索时，其 P 个峰值将对应 P 个信号的入射方向，这就是 MUSIC 算法。

具体来说，MUSIC 算法的步骤归纳如下。

1）收集信号样本 $\boldsymbol{X}(n)$，$n=0,1,\cdots,L-1$，其中 L 为采样点数，估计协方差函数为 $\hat{\breve{\boldsymbol{R}}}_X=\frac{1}{L}\sum_{i=0}^{L-1}\boldsymbol{X}\boldsymbol{X}^{\text{H}}$。

2）对 $\hat{\breve{\boldsymbol{R}}}_X$ 进行特征值分解，得 $\hat{\breve{\boldsymbol{R}}}_X\boldsymbol{V}=\boldsymbol{V}\boldsymbol{\Lambda}$。式中 $\boldsymbol{\Lambda}=\text{diag}(\lambda_0,\lambda_1,\cdots,\lambda_{M-1})$ 为特征值对角阵，且从大到小顺序排列 $\boldsymbol{V}=[\boldsymbol{q}_0,\boldsymbol{q}_1,\cdots,\boldsymbol{q}_{M-1}]$ 是对应的特征向量。

3）利用最小特征值的重数 K，按照式（8-60）估计信号数 $\hat{P}$，并构造噪声子空间 $\boldsymbol{V}_N=[\boldsymbol{q}_P,\boldsymbol{q}_{P+1},\cdots,\boldsymbol{q}_{M-1}]$。

4）按照式（8-66）搜索 MUSIC 空间谱，找出 $\hat{P}$ 个峰值，得到 DOA 估计值。

尽管从理论上讲，MUSIC 算法可以达到任意精度，但是也有其局限性。它在低信噪比的情况下不能分辨出较近的 DOA。另外，当阵列流形存在误差时，对 MUSIC 算法也有较大的影响。

虽然空间谱估计已经取得了大量的研究成果，但是目前的方法绝大多数是基于远场窄带信号而设计的。基于传声器阵列的声源定位算法与传统的 DOA 估计方法有许多的共同点，同属于阵列信号处理的范畴。但是，基于传声器阵列的信号处理，是针对没有经过任何调制的宽带自然语音信号，且信号源不总是位于阵列的远场，尤其是在室内的情况下，信号源一般位于阵列的近场。因此，窄带假设和远场假设将不再成立。

8.5 总结与展望

声源定位技术研究是一项涉及声学、信号检测、数字信号处理、电子学、软件设计等诸多技术领域的新技术课题。声源定位的研究涉及广泛而复杂的理论知识和实际情况，需要采用多方面的先进技术才能取得好的研究成果。由于声源定位技术具有被动探测方式、不受通视条件干扰、可全天候工作的特点，其定位技术具有较好的军事应用前景，在民用方面还可以进行声源监测、室内声源跟踪等。但由于声源定位环境的复杂性，再加之信号采集过程中

不可避免地给语音信号掺进了各种噪声干扰，都使得定位问题成为一个极具挑战性的研究课题。现有的定位算法普遍存在着计算复杂、检测速度慢、效率低和误报率高的缺点。

基于传声器阵列的音频信号处理在声源定位与语音增强方面扮演着非常重要的角色，近些年来国内外研究人员也提出了许多新的算法与新的应用。根据这些新的发展，依然可以进一步进行下面的研究。

1）结合定位与增强的方法，对传声器阵列的实际工作性能进行进一步的实验，得到传声器阵列的工作参数，并对阵列本身的性能与参数的关系进行详细分析。

2）改变传声器阵列的拓扑结构，对更加复杂的拓扑结构（如二维阵列或三维阵列）进行探讨，甚至对无规则形状的拓扑结构进行理论分析与实验证明。

3）对于复杂环境，可使用多组传声器阵列的协同定位，对各阵列间的信息融合方法进行探讨。

4）利用传声器阵列与成熟的语音识别系统共同构建功能更丰富的智能拾音系统。

8.6 思考与复习题

1. 声源定位有什么意义，主要应用在哪些场合？
2. 人耳听觉定位的基本原理是什么？利用了哪些人耳特性？
3. 人耳的定位线索有哪些？各有什么特点？
4. 简述双耳声源定位的过程。
5. 传声器阵列模型有哪些？各有什么特点？
6. 基于传声器阵列的声源定位的优点有哪些？
7. 基于传声器阵列的声源定位方法有哪些？各有什么优缺点？

第 9 章　波束形成技术

远场语音应用场景中会遇到同时有多个人说话的嘈杂情形（如咖啡馆的噪声），学术上称为鸡尾酒效应，也可能会遇到周围有噪声源（如空调、风扇等）的情况，这时利用空域信息（波束形成方法由于使用了空域信息，也被称为空域滤波）的传声器阵列方法比基于单个传声器方法获得的降噪性能更好。这种方法被广泛用于远场语音交互产品中，如智能音箱、智能电视等。声源分离技术主要分为以下四类。

1）波束形成技术（BF）。

2）盲源分离技术（BSS）。

3）时频掩码技术（T-F Masking）。

4）基于深度学习（Deep Learning）技术。

上述四类声源分离技术不是独立存在的，相互之间可以有交集。波束形成一直是阵列信号处理的核心问题，并且已经研发了大量算法。

波束形成技术具有悠久的发展历史，它已经在许多领域得到研究，如雷达、声呐、地震学、通信等。它可以应用于许多不同的方向，例如信号检测、波达方向估计（DOA）以及从被噪声、干扰源和混响污染的观测信号中增强目标信号。传统的波束形成可以描述为一个作用于传感器阵列输出的空间滤波器，以构造特定的波束方向图（方向特性）。这样一个空间滤波过程可以进一步分解为两个子过程：时间对齐和加权求和。时间对齐将每个传感器的输出延迟（或提前）适当的时间，使各个传感器接收的来自目标方向的信号成分能够在时间上同步。该步骤需要事先知道到达时间差（TDOA）。TDOA 能够从阵列观测信号中通过时延估计得到。加权求和就是要对时间对齐的信号进行加权，然后将加权结果加在一起形成一个输出。尽管这两个步骤在控制阵列波束模式中都具有重要作用（时间对齐控制着波束方向，加权求和控制着主瓣的波束宽度和旁瓣的特性），波束形成的重点通常集中于加权系数的确定。在许多应用中，加权系数可以根据事先确定的阵列波束模式来确定，但通常更好的方法是根据信号和噪声的特性以自适应的方式估计加权系数。

基于空间滤波的波束形成是针对单一频率就足以描述的窄带信号而设计的。对于具有丰富频率成分的宽带语音而言，这些波束形成对不同频率具有不同的波束模式，并且波束带宽会随着频率的增加而减小。如果采用这样的波束形成，当波束指向与源入射角度不一致时，源信号会被低通滤波。此外，来自于与波束形成指向不同方向的噪声将在其整个频谱范围内非均匀地衰减，导致阵列输出中出现某些令人烦扰的现象。因此，必须研究具有不变响应的宽带波束形成技术。设计这样的宽带波束形成的常见方法是进行子带分解，并在不同频率上独立地设计窄带波束形成。这等价于对阵列输出进行空-时滤波，也就是众所周知的滤波-求和结构。宽带波束形成的核心问题则变为确定空-时滤波器的系数。

本章讨论了波束形成算法的两个主要类别：固定波束或自适应波束形成，并在最后介绍了常与波束形成算法相结合的后置滤波算法。

9.1 基本理论

传声器阵列是以特定方式排列，从而能够准确获取空间信息的一组传声器。类比于无线通信的空间分集，传声器阵列的空间多样性通常由辐射源到传感器之间的声脉冲响应来表示，并且可以通过不同的方式加以理解和应用。但是，这些采用有限冲激响应（Finite Impulse Response，FIR）滤波器建模的声信道通常是非唯一的。对于空间多样性所提供的丰富信息需要做进一步处理。因此，传声器阵列信号处理的主要目的就是：根据应用的不同，利用传声器阵列输出信号中包含的空域-时域（也可能是频域）信息，估计某些参数或提取感兴趣的信号。

根据传声器应用场合不同，传声器阵列可以采用不同的几何排列，传声器阵列的几何排列形状对处理算法的构建具有重要影响。例如，在声源定位中，阵列的几何排列形状必须是已知的，由此才能正确地对声源进行定位。在某些情况下，适当的规则排列可以简化估计问题，这就是均匀线性阵列和圆形阵列得到广泛应用的原因。尽管目前这两种排列形状的阵列占据了大部分的市场，但同时也出现了一些能够更好地获取声场信息的高复杂度三维球状阵列。然而，在另外一些关键问题，如噪声抑制或者源分离应用中，阵列几何形状对算法的影响较小。二者的区别在具体场合下是显而易见的，因此不需要对这两种情况严格区分。

本节首先介绍了阵列信号处理的基础知识，然后介绍了线性阵列模型和衡量波束形成性能的指标，最后介绍了阵列信号处理中的空间混叠问题。

9.1.1 信号模型和问题表述

远场中的平面波在消声环境中以速度 c 传播到由 M 个全向传感器组成的均匀线性传感器阵列。两个连续传感器之间的距离等于 δ，源信号到阵列的方向由方位角参数化（见图 9-1）。在这种情况下，导向向量（长度为 M）为

$$\boldsymbol{d}(f,\cos\theta)=[1,\mathrm{e}^{-\mathrm{j}2\pi f\tau_0\cos\theta},\cdots,\mathrm{e}^{-\mathrm{j}(M-1)2\pi f\tau_0\cos\theta}]^{\mathrm{T}} \tag{9-1}$$

其中，f 是频率（$f>0$），$\tau_0=\delta/c$ 是两个连续传感器在角度 $\theta=0$ 处的延迟。$\omega=2\pi f$ 表示角频率，$\lambda=c/f$ 表示波长。因为 $\cos\theta$ 是偶函数，所以对 $\boldsymbol{d}(f,\cos\theta)$ 的研究仅限于 $\theta\in[0,\pi]$。

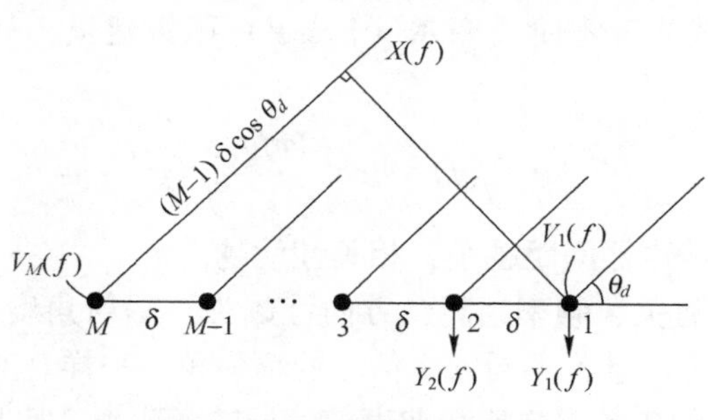

图 9-1 线性阵列的信号模型

假设期望信号位于角度 θ_d，观察信号向量（长度为 M）为

$$\boldsymbol{y}(f)=[Y_1(f),Y_2(f),\cdots,Y_M(f)]^{\mathrm{T}}=\boldsymbol{x}(f)+\boldsymbol{v}(f)=\boldsymbol{d}(f,\cos\theta_d)X(f)+\boldsymbol{v}(f) \tag{9-2}$$

其中，$Y_M(f)$是第 M 个传感器信号；$X(f)$是期望信号；$\boldsymbol{d}(f,\cos\theta_d)$是 $\theta=\theta_d$ 上的导向向量；$\boldsymbol{v}(f)$是相似于 $\boldsymbol{y}(f)$的加性噪声信号。$\boldsymbol{y}(f)$的自相关矩阵定义为

$$\boldsymbol{\Phi}_y(f)=E[\boldsymbol{y}(f)\boldsymbol{y}^{\mathrm{H}}(f)]=\phi_X(f)\boldsymbol{d}(f,\cos\theta_d)\boldsymbol{d}^{\mathrm{H}}(f,\cos\theta_d)+\boldsymbol{\Phi}_v(f) \tag{9-3}$$

其中，$\phi_X(f)$是 $X(f)$的方差，而 $\boldsymbol{\Phi}_v(f)$是 $\boldsymbol{v}(f)$的相关矩阵。

固定波束形成的目标是设计独立于信号统计的波束形成器，使其能够在期望信号 θ_d的方向上形成主波束，以便在无失真地提取期望信号的同时衰减来自其他方向的信号。

波束形成的一个目标是提升期望信号而压制其他方向上的信号，对来自其他方向上的各种各样的噪声通过空域滤波的方法进行消除，不同的噪声情况使用不同的方法进行降噪，噪声场分为相干、非相干和散射三种情况。噪声之间的互功率谱相关性定义为

$$\boldsymbol{\Gamma}_{ij}(f)=\frac{\boldsymbol{\Phi}_{ij}(f)}{\sqrt{\boldsymbol{\Phi}_{ii}(f)\boldsymbol{\Phi}_{jj}(f)}} \tag{9-4}$$

其中，$\boldsymbol{\Phi}_{ij}(f)$是传声器 i 和 j 采集信号的互功率谱密度，这三种噪声场的互功率谱特点如下。

（1）相干噪声场

相干噪声场条件下，不同传声器采集到同一个噪声源发出的噪声是高度相似的。在消声室环境下，不论噪声源在消声室何处，消声室的结构和吸波材料使得信号的反射和散射分量都非常小，可认为符合相干噪声场模型。由于低频的信号波长较长，在日常环境中，同一个噪声源发出的噪声传播到不同的传声器也是有相似性的，有时低频分量的相似性还比较高，这是相对于中高频而言的，低频需要额外处理，相干噪声场的互功率谱满足$|\boldsymbol{\Gamma}_{ij}|^2\approx1(i\neq j)$。

（2）非相干噪声场

非相干噪声场条件下，互功率谱的相关性比较弱，满足 $\boldsymbol{\Gamma}_{ij}\approx0(i\neq j)$。在传声器阵列满足空域混叠的前提条件下，对于语音等宽带信号，不同传声器采集到的噪声完全不相干的可能性极小，但是由于传声器属于半导体器件，而半导体器件自身产生的电气噪声可以认为是完全不相关的，这类噪声本身就非常低，通常可以设计到-65 dB 以下。

（3）散射噪声场

一束很粗的光束打到光滑的镜面上时，其反射角度是确定的，如果光束和镜面垂直，那么反射光将沿着原路返回；如果镜面是坑坑洼洼的，那么光将向各个方向反射，这就是散射。散射噪声场模型下，噪声是在各个方向上以相等的能量同时均匀传播，这使得每个传声器接收到的信号相关性较小，散射噪声场适用于许多场景，如办公室和汽车内等。散射噪声场可以用辛格（sinc）函数或者零阶贝塞尔（Bessel）函数建模，如式（9-5）使用了辛格函数建模。

$$\boldsymbol{\Gamma}_{ij}(f)=\mathrm{sinc}\left(\frac{2\pi f d_{ij}}{c}\right) \tag{9-5}$$

从式（9-5）可知，传声器间距越小，相关性就越高。

声音的方向性和频率有关，频率越高，方向性越强，辐射角度越小。语音是宽带信号，从 60 Hz~8 kHz 均含有语音信息，不同频率信号的辐射角不一样。对波束宽度不随频率改变的波束方法，波束后信号的各频率之比和波束前信号的各频率之比将会发生较大差异，从而造成一定程度的失真，这不会影响可懂度，但会影响语音品质。

大多数波束形成方法的主瓣宽度有限，为使波束在全频带上具有较强的适用性和鲁棒性，通常会对低频带和高频带做额外的处理。

9.1.2 线性阵列模型

通常，通过对每个传感器信号应用时域滤波器并对滤波后的信号求和，来执行阵列处理或波束形成。在频域中，这等于在每个传感器的输出上添加一个复杂的权重，然后求和，表示如下：

$$Z(f) = \sum_{m=1}^{M} H_m^*(f) Y_m(f) = \boldsymbol{h}^{\mathrm{H}}(f)\boldsymbol{y}(f) = X_{rd}(f) + V_{rn}(f) \tag{9-6}$$

其中，$Z(f)$是波束形成器的输出信号，$\boldsymbol{h}(f)$是波束形成权重向量，在频率f处执行空间滤波，表示为

$$\boldsymbol{h}(f)=[H_1(f),H_2(f),\cdots,H_M(f)]^{\mathrm{T}} \tag{9-7}$$

$X_{rd}(f)$是滤波后的期望信号，

$$X_{rd}(f)=X(f)\boldsymbol{h}^{\mathrm{H}}(f)\boldsymbol{d}(f,\cos\theta_d) \tag{9-8}$$

$V_{rn}(f)$是残留噪声，

$$V_{rn}(f)=\boldsymbol{h}^{\mathrm{H}}(f)\boldsymbol{v}(f) \tag{9-9}$$

由于式（9-6）右边的两个项是不相关的，因此$Z(f)$的方差是两个方差的总和：

$$\phi_Z(f)=\boldsymbol{h}^{\mathrm{H}}(f)\boldsymbol{\Phi}_y(f)\boldsymbol{h}(f)=\phi_{Xrd}(f)+\phi_{Vrn}(f) \tag{9-10}$$

其中，

$$\begin{cases}\phi_{Xrd}(f)=\phi_X(f)\,|\boldsymbol{h}^{\mathrm{H}}(f)\boldsymbol{d}(f,\cos\theta_d)|^2\\ \phi_{Vrn}(f)=\boldsymbol{h}^{\mathrm{H}}(f)\boldsymbol{\Phi}_v(f)\boldsymbol{h}(f)\end{cases} \tag{9-11}$$

在固定波束形成的情况下，无失真约束为

$$\boldsymbol{h}^{\mathrm{H}}(f)\boldsymbol{d}(f,\cos\theta_d)=1 \tag{9-12}$$

这意味着沿$\boldsymbol{d}(f,\cos\theta_d)$到达的任何信号都将不失真地通过波束形成器。

9.1.3 性能指标

在固定波束形成中，习惯上只关注窄带性能指标，以第一个传感器为参考。

（1）方向灵敏度

每个波束形成器都有一个方向灵敏度模式：它对来自不同方向的声音具有不同的灵敏度，用于描述波束形成器对从该方向到达阵列的平面波（源信号）的灵敏度，在数学上，它定义为

$$B[\boldsymbol{h}(f),\cos\theta]=\boldsymbol{d}^{\mathrm{H}}(f,\cos\theta)\boldsymbol{h}(f)=\sum_{m=1}^{M}H_m(f)\mathrm{e}^{\mathrm{j}(m-1)2\pi f\tau_0\cos\theta} \tag{9-13}$$

通常，$|B[\boldsymbol{h}(f),\cos\theta]|^2$是功率模式，用极坐标图表示。

（2）阵列增益

定义为

$$\mathcal{G}[\boldsymbol{h}(f)]=\frac{oSNR[h(f)]}{iSNR(f)}=\frac{|\boldsymbol{h}^{\mathrm{H}}(f)\boldsymbol{d}(f,\cos\theta_d)|^2}{\boldsymbol{h}^{\mathrm{H}}(f)\boldsymbol{\Gamma}_v(f)\boldsymbol{h}(f)} \tag{9-14}$$

其中，输入 SNR（窄带）为

$$iSNR(f)=\frac{\phi_X(f)}{\phi_{V_1}(f)} \tag{9-15}$$

其中，$\phi_{V_1}(f)=E[|V_1(f)|^2]$是 $V_1(f)$ 的方差，它是 $\boldsymbol{v}(f)$ 的第一个元素。

输出 SNR（窄带）定义为

$$oSNR[h(f)]=\phi_X(f)\frac{|\boldsymbol{h}^{\mathrm{H}}(f)\boldsymbol{d}(f,\cos\theta_d)|^2}{\boldsymbol{h}^{\mathrm{H}}(f)\boldsymbol{\Phi}_v(f)\boldsymbol{h}(f)}=\frac{\phi_X(f)}{\phi_{V_1}(f)}\times\frac{|\boldsymbol{h}^{\mathrm{H}}(f)\boldsymbol{d}(f,\cos\theta_d)|^2}{\boldsymbol{h}^{\mathrm{H}}(f)\boldsymbol{\Gamma}_v(f)\boldsymbol{h}(f)} \tag{9-16}$$

其中，$\boldsymbol{\Gamma}_v(f)$ 是 $\boldsymbol{v}(f)$ 的伪相干矩阵，

$$\boldsymbol{\Gamma}_v(f)=\frac{\boldsymbol{\Phi}_v(f)}{\phi_{V_1}(f)} \tag{9-17}$$

（3）白噪声增益（WNG）

评估阵列对某些缺陷（如传感器噪声）的敏感性的最便捷方法是通过所谓的（窄带）白噪声增益（WNG），其定义为：将 $\boldsymbol{\Gamma}_v(f)=\boldsymbol{I}_M$ 代入公式，其中，$\boldsymbol{I}_M$ 是 $M\times M$ 单位矩阵：

$$\mathcal{W}[\boldsymbol{h}(f)]=\frac{|\boldsymbol{h}^{\mathrm{H}}(f)\boldsymbol{d}(f,\cos\theta_d)|^2}{\boldsymbol{h}^{\mathrm{H}}(f)\boldsymbol{h}(f)} \tag{9-18}$$

利用柯西-施瓦茨不等式，有

$$|\boldsymbol{h}^{\mathrm{H}}(f)\boldsymbol{d}(f,\cos\theta_d)|^2\leqslant\boldsymbol{h}^{\mathrm{H}}(f)\boldsymbol{h}(f)\times\boldsymbol{d}^{\mathrm{H}}(f,\cos\theta_d)\boldsymbol{d}(f,\cos\theta_d) \tag{9-19}$$

由式（9-18）推导出，对于任意 $\boldsymbol{h}(f)$，有

$$\mathcal{W}[\boldsymbol{h}(f)]\leqslant M \tag{9-20}$$

因此，白噪声增益的最大值为

$$\mathcal{W}_{\max}=M \tag{9-21}$$

（4）指向性因子

另一个量化传感器阵列在混响情况下性能的重要指标是（窄带）指向性因子（DF）。考虑到球面各向同性（漫反射）噪声场，DF 定义为

$$\mathcal{D}[\boldsymbol{h}(f)]=\frac{|B[\boldsymbol{h}(f),\cos\theta]|^2}{\dfrac{1}{2}\displaystyle\int_0^{\pi}|B[\boldsymbol{h}(f),\cos\theta]|^2\sin\theta\mathrm{d}\theta}=\frac{|\boldsymbol{h}^{\mathrm{H}}(f)\boldsymbol{d}(f,\cos\theta_d)|^2}{\boldsymbol{h}^{\mathrm{H}}(f)\boldsymbol{\Gamma}_{0,\pi}(f)\boldsymbol{h}(f)} \tag{9-22}$$

其中，

$$\boldsymbol{\Gamma}_{0,\pi}(f)=\frac{1}{2}\int_0^{\pi}\boldsymbol{d}(f,\cos\theta_d)\boldsymbol{d}^{\mathrm{H}}(f,\cos\theta_d)\sin\theta\mathrm{d}\theta \tag{9-23}$$

可以证实，$M\times M$ 矩阵 $\boldsymbol{\Gamma}_{0,\pi}(f)$ 的元素为

$$[\boldsymbol{\Gamma}_{0,\pi}(f)]_{ij}=\frac{\sin[2\pi f(j-i)\tau_0]}{2\pi f(j-i)\tau_0}=\mathrm{sinc}[2\pi f(j-i)\tau_0] \tag{9-24}$$

其中，$[\boldsymbol{\Gamma}_{0,\pi}(f)]_{mm}=1, m=1,2,\cdots,M$。

DF 的最大值可推导为

$$\begin{aligned}&\mathcal{D}_{\max}(f,\cos\theta_d)\boldsymbol{\Gamma}_{0,\pi}^{-1}(f)\boldsymbol{d}(f,\cos\theta_d)\\&=\mathrm{tr}[\boldsymbol{\Gamma}_{0,\pi}^{-1}(f)\boldsymbol{d}(f,\cos\theta_d)\boldsymbol{d}^{\mathrm{H}}(f,\cos\theta_d)]\\&\leqslant M\mathrm{tr}[\boldsymbol{\Gamma}_{0,\pi}^{-1}(f)]\end{aligned} \tag{9-25}$$

其取值取决于频率和期望信号的角度。式中，tr 表示矩阵的迹。

9.1.4 空间混叠

空间混叠问题类似于以低于其最高频率两倍的速率对连续时间信号进行采样时发生的时间混叠。假设 θ_1 和 θ_2 为两个不同的角度，即 $\theta_1 \neq \theta_2$。当 $\boldsymbol{d}(f,\cos\theta_1)=\boldsymbol{d}(f,\cos\theta_2)$ 时发生空间混叠，这意味着源位置存在歧义。假设

$$\cos\theta_1=\frac{c}{f\delta}+\cos\theta_2=\frac{\lambda}{\delta}+\cos\theta_2 \tag{9-26}$$

即

$$\mathrm{e}^{-\mathrm{j}(m-1)2\pi f\tau_0\cos\theta_1}=\mathrm{e}^{-\mathrm{j}(m-1)2\pi f\tau_0\cos\theta_2},m=1,2,\cdots,M \tag{9-27}$$

因此，

$$\boldsymbol{d}(f,\cos\theta_1)=\boldsymbol{d}(f,\cos\theta_2) \tag{9-28}$$

这意味着会发生空间混叠。由于 $|\cos\theta|\leqslant 1$，则

$$|\cos\theta_1-\cos\theta_2|\leqslant 2 \tag{9-29}$$

从式（9-26）可知，要防止混叠，需要确保

$$\frac{\delta}{\lambda}<\frac{1}{2} \tag{9-30}$$

这是经典的窄带混叠标准。

9.2 固定波束形成器

固定波束形成器是一种空间滤波器，它能够在所需信号方向上（或在干扰方向上置零）形成主波束，而无须知道阵列采集的数据或所需信号和噪声信号的统计信息。因此，该滤波器的系数是固定的，并且不依赖于阵列执行时所处的波传播环境。然而，固定波束形成需要传感器位置信息，以及期望源和干扰源的方向信息。因此，需要知道阵列的几何形状。在固定波束形成中，将使用阵列几何信息以及假定的视线方向和噪声统计信息对波束形成滤波器进行明确设计。一旦计算完成，无论特定的应用环境如何，都将固定系数的波束形成滤波器。因此，此设计过程称为固定波束形成。代表性算法包括延迟和求和波束形成器、最大方向因数波束形成器和超指向波束形成器。本节将推导并研究一大类具有均匀线性阵列（ULA）的固定波束形成器，其中传感器沿着均匀间隔的线放置。在其余部分，仅考虑 ULA，这简化了主要结果的表示。一般而言，将其推广到其他几何形状并不困难。

9.2.1 延迟和求和

最著名的固定波束形成器是所谓的延迟求和（DS），它是通过最大化 WNG 得出的，当 $\boldsymbol{h}^{\mathrm{H}}(f)\boldsymbol{d}(f,\cos\theta_d)=1$ 时，有

$$\min_{\boldsymbol{h}(f)}\boldsymbol{h}^{\mathrm{H}}(f)\boldsymbol{h}(f) \tag{9-31}$$

其最优滤波器为

$$\boldsymbol{h}_{DS}(f,\cos\theta_d)=\frac{\boldsymbol{d}(f,\cos\theta_d)}{\boldsymbol{d}^{\mathrm{H}}(f,\cos\theta_d)\boldsymbol{d}(f,\cos\theta_d)}=\frac{\boldsymbol{d}(f,\cos\theta_d)}{M} \tag{9-32}$$

因此，使用该波束形成器，WNG 和 DF 分别为

$$\mathcal{W}[\boldsymbol{h}_{DS}(f,\cos\theta_d)] = M = \mathcal{W}_{\max} \tag{9-33}$$

$$\mathcal{D}[\boldsymbol{h}_{DS}(f,\cos\theta_d)] = \frac{M^2}{\boldsymbol{d}^{\mathrm{H}}(f,\cos\theta_d)\boldsymbol{\Gamma}_{0,\pi}(f)\boldsymbol{d}(f,\cos\theta_d)} \tag{9-34}$$

由于

$$\boldsymbol{d}^{\mathrm{H}}(f,\cos\theta_d)\boldsymbol{\Gamma}_{0,\pi}(f)\boldsymbol{d}(f,\cos\theta_d) \leqslant M\mathrm{tr}[\boldsymbol{\Gamma}_{0,\pi}(f)] = M^2 \tag{9-35}$$

则 $\mathcal{D}[\boldsymbol{h}_{DS}(f,\cos\theta_d)] \geqslant 1$，其表示尽管 DS 波束形成器的 WNG 最大，但由于 $\mathcal{D}[\boldsymbol{h}_{\mathrm{DS}}(f,\cos\theta_d)] \geqslant 1$，因此并未放大散射噪声。

波束模式是

$$\begin{aligned} |\mathcal{B}[\boldsymbol{h}_{DS}(f,\cos\theta_d),\cos\theta]|^2 &= \frac{1}{M^2}\left|\boldsymbol{d}^{\mathrm{H}}(f,\cos\theta)\boldsymbol{d}(f,\cos\theta_d)\right|^2 \\ &= \frac{1}{M^2}\left|\sum_{m=1}^{M} \mathrm{e}^{\mathrm{j}(m-1)2\pi f\tau_0(\cos\theta-\cos\theta_d)}\right|^2 \\ &= \frac{1}{M^2}\left|\frac{1-\mathrm{e}^{\mathrm{j}M2\pi f\tau_0(\cos\theta-\cos\theta_d)}}{1-\mathrm{e}^{\mathrm{j}2\pi f\tau_0(\cos\theta-\cos\theta_d)}}\right|^2 \end{aligned} \tag{9-36}$$

其中，$|\mathcal{B}[\boldsymbol{h}_{DS}(f,\cos\theta_d),\cos\theta]|^2 \leqslant 1$。DS 波束形成器的波束图非常依赖于频率。

9.2.2 最大指向性因子

顾名思义，最大 DF 波束形成器使 DF 最大化，当 $\boldsymbol{h}^{\mathrm{H}}(f)\boldsymbol{d}(f,\cos\theta_d)=1$ 时，有

$$\min_{\boldsymbol{h}(f)} \boldsymbol{h}^{\mathrm{H}}(f)\boldsymbol{\Gamma}_{0,\pi}(f)\boldsymbol{h}(f) \tag{9-37}$$

最大 DF 波束形成器为

$$\boldsymbol{h}_{mDF}(f,\cos\theta_d) = \frac{\boldsymbol{\Gamma}_{0,\pi}^{-1}(f)\boldsymbol{d}(f,\cos\theta_d)}{\boldsymbol{d}^{\mathrm{H}}(f,\cos\theta_d)\boldsymbol{\Gamma}_{0,\pi}^{-1}(f)\boldsymbol{d}(f,\cos\theta_d)} \tag{9-38}$$

对应的 WNG 和 DF 为

$$\mathcal{W}[\boldsymbol{h}_{mDF}(f,\cos\theta_d)] = \frac{|\boldsymbol{d}^{\mathrm{H}}(f,\cos\theta_d)\boldsymbol{\Gamma}_{0,\pi}^{-1}(f)\boldsymbol{d}(f,\cos\theta_d)|^2}{\boldsymbol{d}^{\mathrm{H}}(f,\cos\theta_d)\boldsymbol{\Gamma}_{0,\pi}^{-2}(f)\boldsymbol{d}(f,\cos\theta_d)} \tag{9-39}$$

$$\begin{aligned} \mathcal{D}[\boldsymbol{h}_{mDF}(f,\cos\theta_d)] &= \boldsymbol{d}^{\mathrm{H}}(f,\cos\theta_d)\boldsymbol{\Gamma}_{0,\pi}^{-1}(f)\boldsymbol{d}(f,\cos\theta_d) \\ &= \mathcal{D}_{\max}(f,\cos\theta_d) \end{aligned} \tag{9-40}$$

其波束图是

$$|\mathcal{B}[\boldsymbol{h}_{mDF}(f,\cos\theta_d),\cos\theta]|^2 = \frac{|\boldsymbol{d}^{\mathrm{H}}(f,\cos\theta)\boldsymbol{\Gamma}_{0,\pi}^{-1}(f)\boldsymbol{d}(f,\cos\theta_d)|^2}{|\boldsymbol{d}^{\mathrm{H}}(f,\cos\theta_d)\boldsymbol{\Gamma}_{0,\pi}^{-1}(f)\boldsymbol{d}(f,\cos\theta_d)|^2} \tag{9-41}$$

WNG 可能小于 1，这意味着白噪声放大。

9.2.3 零值导向

假设有 N 个信号源，$N<M$，从 $\theta_1 \neq \theta_2 \neq \cdots \neq \theta_N \neq \theta_d$ 方向到达阵列，这些信号源被认为是想要完全消除的干扰。换句话说，模型想要用 $\boldsymbol{h}(f)$ 在 $\theta_n(n=1,2,\cdots,N)$ 方向上置 0，并且同时恢复来自方向 θ_d 的期望信号。将所有这些约束组合在一起，约束方程为

$$\boldsymbol{C}^{\mathrm{H}}(f,\theta_d,\theta_{1:N})\boldsymbol{h}(f) = \boldsymbol{i}_c \tag{9-42}$$

其中，

$$C(f,\theta_d,\theta_{1:N})=[\boldsymbol{d}(f,\theta_d),\boldsymbol{d}(f,\theta_1),\cdots,\boldsymbol{d}(f,\theta_N)] \tag{9-43}$$

是 $M\times(N+1)$ 阶约束矩阵，其中 $N+1$ 是线性独立的，且

$$\boldsymbol{i}_c=[1,0,\cdots,0]^{\mathrm{T}} \tag{9-44}$$

是长度为 $N+1$ 的向量。

基于 WNG 和 DF 作为标准得到最佳滤波器的方法有以下两种。

1）第一个波束形成器是通过最大化 WNG 并基于式（9-42）获得，当 $\boldsymbol{C}^{\mathrm{H}}(f,\theta_{\mathrm{d}},\theta_{1:N})\boldsymbol{h}(f)=\boldsymbol{i}_c$ 时，有

$$\min_{\boldsymbol{h}(f)}\boldsymbol{h}^{\mathrm{H}}(f)\boldsymbol{h}(f) \tag{9-45}$$

可得最小范数（MN）波束形成器：

$$\boldsymbol{h}_{MN}(f,\cos\theta_d)=\boldsymbol{C}(f,\theta_d,\theta_{1:N})[\boldsymbol{C}^{\mathrm{H}}(f,\theta_d,\theta_{1:N})\boldsymbol{C}(f,\theta_d,\theta_{1:N})]^{-1}\boldsymbol{i}_c \tag{9-46}$$

式（9-46）是式（9-42）的最小范数解。显然有

$$\mathcal{W}[\boldsymbol{h}_{MN}(f,\cos\theta_d)]\leqslant\mathcal{W}[\boldsymbol{h}_{NS}(f,\cos\theta_d)] \tag{9-47}$$

2）第二个波束形成器是通过最大化 DF 并基于式（9-42）获得，当 $\boldsymbol{C}^{\mathrm{H}}(f,\theta_d,\theta_{1:N})\boldsymbol{h}(f)=\boldsymbol{i}_c$ 时，有

$$\min_{\boldsymbol{h}(f)}\boldsymbol{h}^{\mathrm{H}}(f)\boldsymbol{\Gamma}_{0,\pi}(f)\boldsymbol{h}(f) \tag{9-48}$$

可得零导向波束形成器：

$$\boldsymbol{h}_{NS}(f,\cos\theta_d)=\boldsymbol{\Gamma}_{0,\pi}^{-1}(f)\boldsymbol{C}(f,\theta_d,\theta_{1:N})[\boldsymbol{C}^{\mathrm{H}}(f,\theta_d,\theta_{1:N})\boldsymbol{\Gamma}_{0,\pi}^{-1}(f)\boldsymbol{C}(f,\theta_d,\theta_{1:N})]^{-1}\boldsymbol{i}_c \tag{9-49}$$

可得

$$\mathcal{D}[\boldsymbol{h}_{NS}(f,\cos\theta_d)]\leqslant\mathcal{D}[\boldsymbol{h}_{mDF}(f,\cos\theta_d)] \tag{9-50}$$

9.2.4 性能分析

如图 9-2 所示为三种固定波束形成器在不同条件下的极性图（目标角度为 0°）。其中，图 9-2a、d、g 为延迟求和法，图 9-2b、e、h 为最大指向因子法，而图 9-2c、f、i 为零值导向法（抑制角度为 180°）。图 9-2a、b、c 的对比条件为传声器数量 8 个，信号频率为 1 kHz，传声器间距 3 cm；图 9-2d、e、f 的对比条件为传声器数量 8 个，信号频率为 4 kHz，传声器间距 3 cm；图 9-2g、h、i 的对比条件为传声器数量 8 个，信号频率为 4 kHz，传声器间距 1 cm。

如图 9-2 所示，三个波束形成器的主光束均位于所需信号的方向上。对于 DS 波束形成器来说，随着频率的增加，主光束的宽度减小。随着传声器间距的增加，空间混叠问题会出现。

与 DS 波束形成器相比，最大 DF 波束形成器可以获得更高的 DF，但获得的 WNG 更低。一般来说，对于高频，随着传感器数量的增加，最大 DF 波束形成器的 DF 和 WNG 都会增加。但是，对于低频，最大 DF 波束形成器的 WNG 明显低于 0 dB，这意味着最大 DF 波束形成器在低频时会放大白噪声。

与上述波束形成器相比，零值导向波束形成器的主波束宽度对频率较不敏感。

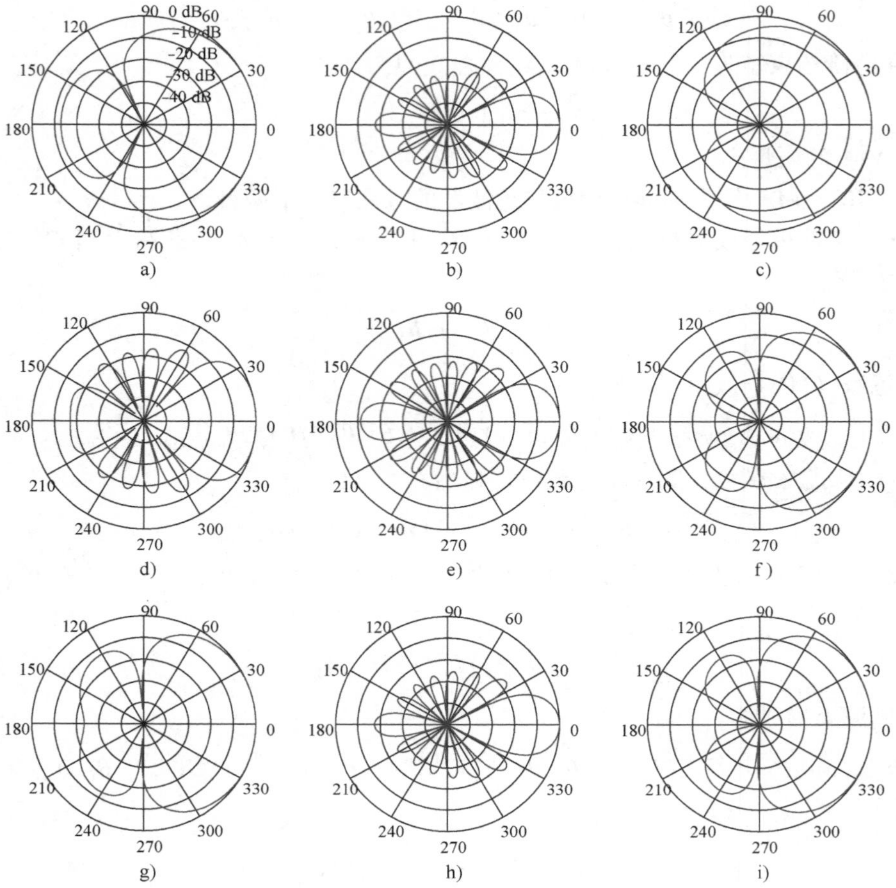

图 9-2　固定波束形成器性能对比

9.3　自适应波束形成

因为固定波束形成器使用了噪声场模型，所以它不依赖于阵列数据的统计信息。这种波束形成器易于实现，并且适用于多种不同的场景。然而在多径传播等非常复杂的环境下，这种算法的性能（尤其是在降噪方面）可能会受到限制。因此，有必要实现一种传入数据统计信息的最佳线性滤波器。而由此产生的波束形成器被称为自适应波束形成器。这些自适应波束形成器通常可以快速地适应工作环境的变化，并不像固定波束形成器那样依赖于噪声场的某种模型。

与固定波束形成相比，自适应波束形成算法考虑使用噪声统计量和阵列观测数据的统计量来优化波束形成滤波器。只要正确估计信号统计量，自适应波束形成的性能就会比固定的波束形成性能更好。这一类别中的代表性算法包括最小方差无失真响应（MVDR）波束形成器和线性约束最小方差（LCMV）波束形成器等。

9.3.1 性能指标

根据窄带信噪比的定义，在不考虑频带的情况下，宽带输入 SNR 和宽带输出 SNR 的定义分别为

$$iSNR=\frac{\int_f \phi_X(f)\,\mathrm{d}f}{\int_f \phi_{V_1}(f)\,\mathrm{d}f} \tag{9-51}$$

$$oSNR(\boldsymbol{h})=\frac{\int_f \phi_X(f)\ \left|\boldsymbol{h}^{\mathrm{H}}(f)\boldsymbol{d}(f,\cos\theta_d)\right|^2\mathrm{d}f}{\int_f \boldsymbol{h}^{\mathrm{H}}(f)\boldsymbol{\Phi}_v(f)\boldsymbol{h}(f)\,\mathrm{d}f} \tag{9-52}$$

则宽带阵列增益为

$$\mathcal{G}(\boldsymbol{h})=\frac{oSNR(\boldsymbol{h})}{iSNR} \tag{9-53}$$

自适应波束形成器应该满足 $\mathcal{G}[\boldsymbol{h}(f)]>1$ 和 $\mathcal{G}(\boldsymbol{h})>1$。

频率 f 处的估计信号和期望信号之间的误差信号为

$$\begin{aligned}\mathcal{E}(f)&=Z(f)-X(f)\\&=X_{rd}(f)+V_{rn}(f)-X(f)\\&=\mathcal{E}_d(f)+\mathcal{E}_n(f)\end{aligned} \tag{9-54}$$

其中，

$$\mathcal{E}_d(f)=[\boldsymbol{h}^{\mathrm{H}}(f)\boldsymbol{d}(f,\cos\theta_d)-1]X(f) \tag{9-55}$$

是由波束形成器引起的期望信号失真，而

$$\mathcal{E}_n(f)=\boldsymbol{h}^{\mathrm{H}}(f)\boldsymbol{v}(f) \tag{9-56}$$

则表示剩余噪声。假设 $\mathcal{E}_d(f)$ 和 $\mathcal{E}_n(f)$ 是不相干的，则窄带均方误差可以表示为

$$\begin{aligned}J[\boldsymbol{h}(f)]&=E[\ |\mathcal{E}(f)|^2]\\&=E[\ |\mathcal{E}_d(f)|^2]+E[\ |\mathcal{E}_n(f)|^2]\\&=J_d[\boldsymbol{h}(f)]+J_n[\boldsymbol{h}(f)]\\&=\phi_X(f)+\boldsymbol{h}^{\mathrm{H}}(f)\boldsymbol{\Phi}_y(f)\boldsymbol{h}(f)-\phi_X(f)\boldsymbol{h}^{\mathrm{H}}(f)\boldsymbol{d}(f,\cos\theta_d)-\\&\quad\ \phi_X(f)\boldsymbol{d}^{\mathrm{H}}(f,\cos\theta_d)\boldsymbol{h}(f)\end{aligned} \tag{9-57}$$

其中，

$$J_d[\boldsymbol{h}(f)]=\phi_X(f)\left|\boldsymbol{h}^{\mathrm{H}}(f)\boldsymbol{d}(f,\cos\theta_d)-1\right|^2 \tag{9-58}$$

$$J_n[\boldsymbol{h}(f)]=\boldsymbol{h}^{\mathrm{H}}(f)\boldsymbol{\Phi}_v(f)\boldsymbol{h}(f) \tag{9-59}$$

9.3.2 维纳波束形成器

维纳波束形成器是通过最小化窄带均方误差 $J[\boldsymbol{h}(f)]$ 实现的，可得

$$\boldsymbol{h}_W(f,\cos\theta_d)=\phi_X(f)\boldsymbol{\Phi}_y^{-1}(f)\boldsymbol{d}(f,\cos\theta_d) \tag{9-60}$$

求解式（9-60）需要估计 $\phi_X(f)$ 和 $\boldsymbol{\Phi}_y(f)$。后一个量很容易从观察中估计出来，但前一个量不容易获得。令

$$\boldsymbol{\Gamma}_y(f)=\frac{\boldsymbol{\Phi}_y(f)}{\phi_{Y_1}(f)} \tag{9-61}$$

为观测值的伪相干矩阵，其中 $\phi_{Y_1}(f)$ 是 $Y_1(f)$ 的方差，则式（9-60）可重写为

$$\begin{aligned}\boldsymbol{h}_W(f,\cos\theta_d)&=\frac{iSNR(f)}{1+iSNR(f)}\boldsymbol{\Gamma}_y^{-1}(f)\boldsymbol{d}(f,\cos\theta_d)\\&=H_W(f)\boldsymbol{\Gamma}_y^{-1}(f)\boldsymbol{d}(f,\cos\theta_d)\end{aligned} \tag{9-62}$$

其中，$H_W(f)$ 是单通道维纳增益。此时，估计 $\phi_X(f)$ 将转换为估计窄带输入信噪比 $iSNR(f)$ 或者等效的 $H_W(f)$。

维纳滤波器也可以表示为观测信号统计量的函数：

$$\boldsymbol{h}_W(f,\cos\theta_d)=[\boldsymbol{I}_M-\boldsymbol{\Phi}_y^{-1}(f)\boldsymbol{\Phi}_v(f)]\boldsymbol{i}_1 \tag{9-63}$$

其中，$\boldsymbol{i}_1$ 是 $\boldsymbol{I}_M$ 的第 1 列。

维纳波束形成器可以使窄带阵列增益最大化，但不一定能使宽带阵列增益最大化，但它肯定会使宽带阵列增益大于 1。显然，当输入信噪比降低时，失真会增大。但是，如果增加传感器的数量就可以减少失真。

9.3.3 最小方差无失真响应（MVDR）波束形成器

Capon 提出的最小方差无失真响应（MVDR）波束形成器是通过最小化剩余噪声 $J_r[\boldsymbol{h}(f)]$ 的窄带均方误差来获得的，该波束形成器满足无失真约束，即 $\boldsymbol{h}^{\mathrm{H}}(f)\boldsymbol{d}(f,\cos\theta_d)=1$ 时，有

$$\min_{\boldsymbol{h}(f)}\boldsymbol{h}^{\mathrm{H}}(f)\boldsymbol{\Phi}_v(f)\boldsymbol{h}(f) \tag{9-64}$$

这个优化问题的解决方案是

$$\boldsymbol{h}_{MVDR}(f,\cos\theta_d)=\frac{\boldsymbol{\Phi}_v^{-1}(f)\boldsymbol{d}(f,\cos\theta_d)}{\boldsymbol{d}^{\mathrm{H}}(f,\cos\theta_d)\boldsymbol{\Phi}_v^{-1}(f)\boldsymbol{d}(f,\cos\theta_d)} \tag{9-65}$$

其仅取决于噪声的统计量。

使用伍德伯里恒等式可以得到 MVDR 波束形成器的另一种表达方式：

$$\begin{aligned}\boldsymbol{h}_{MVDR}(f,\cos\theta_d)&=\frac{\boldsymbol{\Phi}_y^{-1}(f)\boldsymbol{d}(f,\cos\theta_d)}{\boldsymbol{d}^{\mathrm{H}}(f,\cos\theta_d)\boldsymbol{\Phi}_y^{-1}(f)\boldsymbol{d}(f,\cos\theta_d)}\\&=\frac{\boldsymbol{\Gamma}_y^{-1}(f)\boldsymbol{d}(f,\cos\theta_d)}{\boldsymbol{d}^{\mathrm{H}}(f,\cos\theta_d)\boldsymbol{\Gamma}_y^{-1}(f)\boldsymbol{d}(f,\cos\theta_d)}\end{aligned} \tag{9-66}$$

这个公式很重要而且很实用，因为它只依赖于观测的统计数据，而这些数据在实践中很容易估计。

显然，MVDR 波束形成器最大化了窄带阵列增益。然而，对于宽带阵列增益，总是有

$$1\leqslant G(\boldsymbol{h}_{MVDR})\leqslant G(\boldsymbol{h}_W) \tag{9-67}$$

由理论可知

$$|\boldsymbol{h}_{MVDR}^{\mathrm{H}}(f)\boldsymbol{d}(f,\cos\theta_d)-1|=0 \tag{9-68}$$

但在实际中，由于混响的存在，通常情况下并非如此。

9.3.4 线性约束最小方差（LCMV）波束形成器

假设有 N 个干扰，其中 $N<M$，分别从 $\theta_1\neq\theta_2\neq\cdots\neq\theta_N\neq\theta_d$ 方向射向阵列。模型期望用

波束形成器 $\boldsymbol{h}(f)$ 在 $\theta_n(n=1,2,\cdots,N)$ 方向上放置零点，同时恢复来自 θ_d 方向的期望信号源。将所有这些约束结合在一起，就得到了约束方程：

$$\boldsymbol{C}^{\mathrm{H}}(f,\theta_d,\theta_{1:N})\boldsymbol{h}(f)=\boldsymbol{i}_c \tag{9-69}$$

其中，

$$\boldsymbol{C}(f,\theta_d,\theta_{1:N})=[\boldsymbol{d}(f,\theta_d),\boldsymbol{d}(f,\theta_1),\cdots,\boldsymbol{d}(f,\theta_N)] \tag{9-70}$$

是大小为 $M\times(N+1)$ 的约束矩阵，其 $N+1$ 列是线性无关的，且

$$\boldsymbol{i}_c=[1,0,\cdots,0]^{\mathrm{T}} \tag{9-71}$$

是长度为 $N+1$ 的向量。

解决这个问题最方便的方法是在约束于式（9-69）的条件下最小化剩余噪声的窄带均方误差，即 $\boldsymbol{C}^{\mathrm{H}}(f,\theta_d,\theta_{1:N})\boldsymbol{h}(f)=\boldsymbol{i}_c$ 时，有

$$\min_{h(f)}\boldsymbol{h}^{\mathrm{H}}(f)\boldsymbol{\Phi}_v(f)\boldsymbol{h}(f) \tag{9-72}$$

这个优化问题的解决方案即著名的线性约束最小方差（LCMV）波束形成器：

$$\boldsymbol{h}_{LCMV}(f,\cos\theta_d)=\boldsymbol{\Phi}_v^{-1}(f)\boldsymbol{C}(f,\theta_d,\theta_{1:N})[\boldsymbol{C}^{\mathrm{H}}(f,\theta_d,\theta_{1:N})\boldsymbol{\Phi}_v^{-1}(f)\boldsymbol{C}(f,\theta_d,\theta_{1:N})]^{-1}\boldsymbol{i}_c \tag{9-73}$$

其仅取决于噪声的统计量。

LCMV 波束形成器的一个更实用的公式是

$$\boldsymbol{h}_{LCMV}(f,\cos\theta_d)=\boldsymbol{\Gamma}_y^{-1}(f)\boldsymbol{C}(f,\theta_d,\theta_{1:N})[\boldsymbol{C}^{\mathrm{H}}(f,\theta_d,\theta_{1:N})\boldsymbol{\Gamma}_y^{-1}(f)\boldsymbol{C}(f,\theta_d,\theta_{1:N})]^{-1}\boldsymbol{i}_c \tag{9-74}$$

这个表达式仅取决于观测值的统计量，而实际中一般很容易估计这些数据。

9.3.5　性能分析

如图 9-3 所示为三种固定波束形成器在不同条件下的极性图（目标角度为 90°，干扰角度为 50°）。其中，图 9-3a、b、c 为维纳法，图 9-3d、e、f 为 MVDR 法，而图 9-3g、h、i 为 LCMV 法。图 9-3a、d、g 的对比条件为传声器数量 8 个；图 9-3b、e、h 的对比条件为传声器数量 16 个；图 9-3c、f、i 的对比条件为传声器数量 24 个。

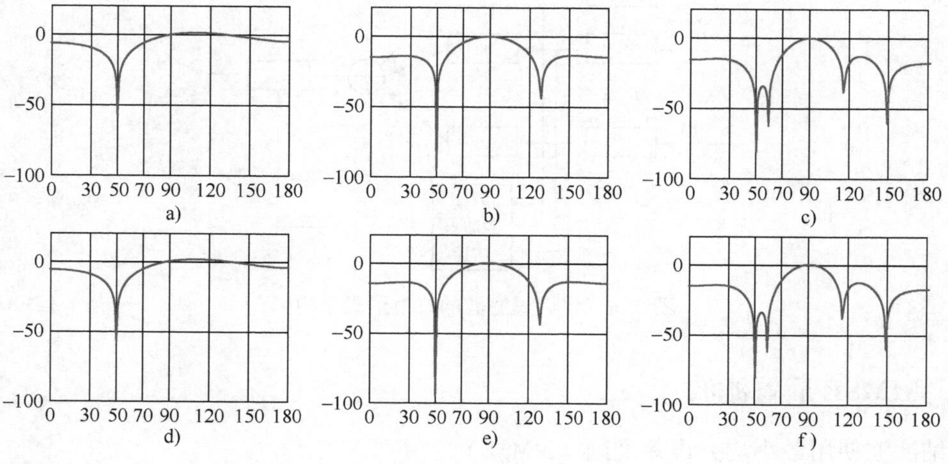

图 9-3　自适应波束形成器性能对比

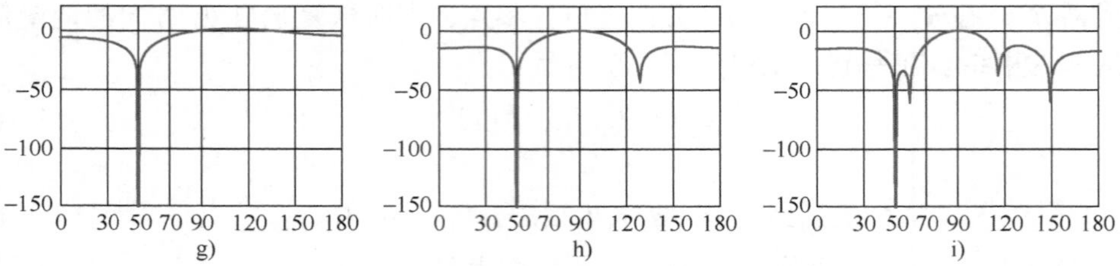

图 9-3　自适应波束形成器性能对比（续）

如图 9-3 所示，在传感器数量不同的情况下，三个波束形成器的主波束位于期望信号的方向，并且在干扰方向上存在零点。随着传感器数量的增加，主瓣的宽度减小，干扰方向的零点变深。与前两种波束形成器相比，LCMV 波束形成器对干扰方向的抑制强度最大。

9.4　后置滤波

波束形成方法在实际使用时会由于多种非理想假设而导致实际的 SNR 提升与理论最大值有较大的差距，且无法消除同方向的噪声，后置滤波的提出是为了进一步提高噪声和干扰的抑制能力。后置滤波可以用来去除非相干噪声，但是在相干噪声情况下会发生性能退化，甚至不可用。后置滤波主要通过估计语音、噪声和干扰的功率谱密度对波束的结果做进一步处理，以降低噪声和干扰。估计出这些功率谱密度后，对波束形成后的结果按功率谱情况再做一次增益处理，在实时处理语音时，噪声以及干扰的功率谱密度并不容易准确地估计得到，不同的估计方法可以得到不同形式的功率谱密度估计。

后置滤波最基本的方法和单通道维纳滤波一样，但是空域上有些信息依然可以在后置滤波上使用，后置滤波常见的方法有 Zelinski、McCowan、最小均方误差准则（MMSE）等。含后置滤波的波束形成基本结构如图 9-4 所示。下面主要介绍三种后置滤波的基本方法。

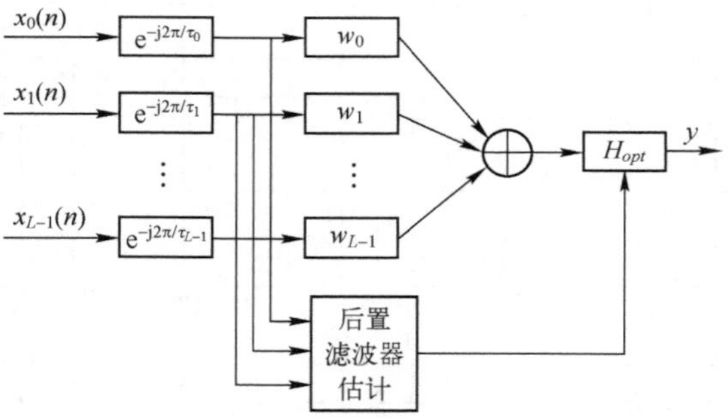

图 9-4　含后置滤波的波束形成结构图

9.4.1　MMSE 后置滤波

维纳滤波使用最小均方误差准则（MMSE）：

$$W_{MMSE}=\arg\min_{w}E\{|e(t)|^2\} \tag{9-75}$$

其中，

$$
\begin{aligned}
E\{|e(t)|^2\} &= E\{|\boldsymbol{h}^{\mathrm{H}}(t)\boldsymbol{x}(t)-\boldsymbol{y}(t)|^2\} \\
&= E\{\boldsymbol{h}^{\mathrm{H}}\boldsymbol{x}\boldsymbol{x}^{\mathrm{H}}\boldsymbol{h}-\boldsymbol{h}^{\mathrm{H}}\boldsymbol{x}\boldsymbol{y}^*-\boldsymbol{x}^{\mathrm{H}}\boldsymbol{h}\boldsymbol{y}+\boldsymbol{y}\boldsymbol{y}^*\} \\
&= \boldsymbol{h}^{\mathrm{H}}\boldsymbol{R}_{xx}\boldsymbol{h}-\boldsymbol{h}^{\mathrm{H}}\boldsymbol{r}_{xd}-\boldsymbol{r}_{xd}^{\mathrm{H}}\boldsymbol{h}+\boldsymbol{y}\boldsymbol{y}^*
\end{aligned} \tag{9-76}
$$

式（9-76）对 $\boldsymbol{h}$ 求偏导数后可得

$$\boldsymbol{h}_{MMSE}=\boldsymbol{R}_{xx}^{-1}\boldsymbol{r}_{xy} \tag{9-77}$$

其中，$\boldsymbol{R}_{xx}=E[\boldsymbol{x}\boldsymbol{x}^{\mathrm{H}}]$，$\boldsymbol{r}_{xy}=E[\boldsymbol{x}\boldsymbol{y}^*]$。

9.4.2 Zelinski 后置滤波

Zelinski 后置滤波方法根据通道间的互功率谱密度采用维纳滤波法进一步抑制噪声和干扰。这种方法不需要方向向量，但是依赖输入信号和目标信号，当应用场景确定时，可以预先根据传输信号和目标信号，训练得到 $\boldsymbol{W}_{MMSE}$。

该算法的主要作用是抑制不相关的散射噪声，首先对信号 x_i 进行传播延迟补偿，即根据声源位置计算到达传声器的时间差，计算语音频带内各个频点的补偿值，得到延迟信号 v_i，然后对信号 v_i 做快速傅里叶变换，在频域补偿各个频点后，再变换到时域得到信号。经过一个维纳滤波后处理，则其最优权重为

$$\boldsymbol{W}=\frac{\boldsymbol{\Phi}_{ss}}{\boldsymbol{\Phi}_{xx}} \tag{9-78}$$

其中，$\boldsymbol{\Phi}_{ss}$是信号的自功率谱；$\boldsymbol{\Phi}_{xx}$是带噪声的自功率谱；s 是原始纯净信号；x 是带噪信号。

又假设噪声是不相关的，则有 $\boldsymbol{\Phi}_{xx}=\boldsymbol{\Phi}_{ss}+\boldsymbol{\Phi}_{nn}$，式（9-78）可以变为

$$\boldsymbol{W}=\frac{\boldsymbol{\Phi}_{ss}}{\boldsymbol{\Phi}_{ss}+\boldsymbol{\Phi}_{nn}} \tag{9-79}$$

其中，$\boldsymbol{\Phi}_{nn}$表示噪声功率谱。对于 MVDR 方法，将延迟求和的权重调整和后置滤波合二为一，则权重变为

$$\boldsymbol{W}_{opt}=\left[\frac{\boldsymbol{\Phi}_{ss}}{\boldsymbol{\Phi}_{ss}+\boldsymbol{\Phi}_{nn}}\right]\frac{\boldsymbol{\Phi}_{nn}^{-1}}{\boldsymbol{d}^{\mathrm{H}}\boldsymbol{\Phi}_{nn}^{-1}} \tag{9-80}$$

则式（9-80）最优权重的求解转变为式（9-81）的求解。

当如下假设成立时：

- 噪声和信号不相关。
- 噪声功率谱比较小，则对任意 i，有 $\boldsymbol{\Phi}_{n_in_j}=\boldsymbol{\Phi}_{nn}$。
- 噪声是不相关的。

则可得如下简化：

$$\boldsymbol{\Phi}_{x_ix_j}=\boldsymbol{\Phi}_{ss} \tag{9-81}$$

使用迭代的方式求解互功率谱：

$$\boldsymbol{\Phi}_{x_ix_j}(n+1)=\beta\boldsymbol{\Phi}_{x_ix_j}(n)+(1-\beta)x_ix_j^* \tag{9-82}$$

其中，β 是接近单位 1 的值，$\beta=\exp(-D/\tau f_s)$，D 是滤波器组抽取因子。可以根据 $\boldsymbol{\Phi}_{v_iv_j}$ 估计 $\boldsymbol{\Phi}_{ss}$，使用平均的方法进一步提高估计的准确性，这样可以得到

$$h(f)=\frac{\dfrac{2}{N(N-1)}\mathrm{Re}\left[\sum_{i=1}^{N-1}\sum_{j=i+1}^{N}\boldsymbol{\Phi}_{v_iv_j}\right]}{\dfrac{1}{N}\sum_{i=1}^{N}\boldsymbol{\Phi}_{v_iv_j}} \tag{9-83}$$

式中，$\boldsymbol{\Phi}_{v_i v_j}$为延迟信号的互功率谱。

Zelinski 算法假设不同传声器采集到的信号是完全不相关的，也就是传声器采集到的信号是独立的，当低频信号和传声器间距较小时，这一假设并不成立，将导致相干的噪声无法消除。另外，该算法引入了语音失真，具体是否采用还要综合考虑。

9.4.3 McCowan 后置滤波

当不同传声器的噪声存在相关性时，它们的相关性定义如式（9-4）所示，取值小于或等于 1。假设噪声符合各向同性散射声场模型场景（如办公室、汽车），它们的相关性可用辛格函数或者第一类零阶贝塞尔函数来表示，Zelinski 假设 $\boldsymbol{\Gamma}_{nn}=\boldsymbol{I}$，这完全忽视了通道间噪声的相关性。如果考虑相关性，则自功率谱和互功率谱分别为

$$\boldsymbol{\Phi}_{x_i x_j}=\boldsymbol{\Phi}_{ss}+\boldsymbol{\Phi}_{n_i n_j} \tag{9-84}$$

$$\boldsymbol{\Gamma}_{n_i n_j}=\frac{\boldsymbol{\Phi}_{n_i n_j}}{\sqrt{\boldsymbol{\Phi}_{n_i n_i}\boldsymbol{\Phi}_{n_j n_j}}} \tag{9-85}$$

如果对于任意 i，有 $\boldsymbol{\Phi}_{n_i n_j}=\boldsymbol{\Phi}_{nn}$，则上式可化简为

$$\boldsymbol{\Phi}_{x_i x_j}=\boldsymbol{\Phi}_{ss}+\boldsymbol{\Gamma}_{n_i n_j}\boldsymbol{\Phi}_{nn} \tag{9-86}$$

此时，计算信号功率谱可得

$$\boldsymbol{\Phi}_{ss}^{ij}=\frac{\mathrm{Re}[\boldsymbol{\Phi}_{x_i x_j}]-\frac{1}{2}\mathrm{Re}[\boldsymbol{\Gamma}_{n_i n_j}](\boldsymbol{\Phi}_{x_i x_i}+\boldsymbol{\Phi}_{x_j x_j})}{1-\mathrm{Re}[\boldsymbol{\Gamma}_{n_i n_j}]} \tag{9-87}$$

$$\boldsymbol{\Phi}_{ss}=\frac{\boldsymbol{\Phi}_{ss}+\boldsymbol{\Gamma}_{n_i n_j}\boldsymbol{\Phi}_{nn}-\hat{\boldsymbol{\Gamma}}_{n_i n_j}\boldsymbol{\Phi}_{ss}-\hat{\boldsymbol{\Gamma}}_{n_i n_j}\boldsymbol{\Phi}_{nn}}{1-\hat{\boldsymbol{\Gamma}}_{n_i n_j}}=\boldsymbol{\Phi}_{ss}+\boldsymbol{\Phi}_{nn}\frac{\boldsymbol{\Gamma}_{n_i n_j}-\hat{\boldsymbol{\Gamma}}_{n_i n_j}}{1-\hat{\boldsymbol{\Gamma}}_{n_i n_j}} \tag{9-88}$$

可得到 McCowan 的后滤波权重：

$$h_{mccowan}=\frac{\boldsymbol{\Phi}_{ss}}{\boldsymbol{\Phi}_{ss}+\boldsymbol{\Phi}_{nn}}+\frac{\boldsymbol{\Phi}_{nn}}{\boldsymbol{\Phi}_{ss}+\boldsymbol{\Phi}_{nn}}\left[\frac{2}{N(N-1)}\mathrm{Re}\left\{\sum_{i=1}^{N-1}\sum_{j=i+1}^{N}\frac{\boldsymbol{\Gamma}_{n_i n_j}-\hat{\boldsymbol{\Gamma}}_{n_i n_j}}{1-\hat{\boldsymbol{\Gamma}}_{n_i n_j}}\right\}\right] \tag{9-89}$$

9.5 思考与复习题

1. 波束形成技术主要分为哪几类？各有什么特点？
2. 噪声场分为几类？各有什么特点？
3. 波束形成的主要性能指标有哪些？
4. 防止空间混叠的条件是什么？
5. 什么是固定波束形成器？
6. 自适应波束形成器的特点有哪些？
7. 后置滤波的作用是什么？

第10章 语音识别

语音识别的研究工作可以追溯到20世纪50年代。1952年，AT&T贝尔研究所研制成功了世界上第一个语音识别系统——Audry系统，它可以识别10个英文数字的发音。20世纪60年代，计算机的应用推动了语音识别技术的发展，动态规划线性预测分析技术理论被提出，相关的研究成果随之出现。20世纪70年代，伴随着自然语言理解的研究以及微电子技术的发展，语音识别领域取得了突破性进展。这一时期的语音识别方法基本上是采用传统的模式识别策略，还提出了向量量化和隐马尔可夫模型理论。20世纪80年代，语音识别研究进一步走向深入，隐马尔可夫模型技术逐渐成熟并不断完善，最终成为语音识别的主流方法；以知识为基础的语音识别的研究日益受到重视；人工神经网络在语音识别中的应用研究兴起。20世纪90年代，语音识别技术逐渐走向实用化，在建立模型、提取和优化特征参数方面取得了突破性的进展，使系统具有更好的自适应性。许多具有代表性的产品问世，比如IBM公司研发的中文语音输入系统——ViaVoice系统，都具有说话人自适应能力，能在用户使用过程中不断提高识别率。

进入21世纪以后，深度学习技术极大地促进了语音识别技术的进步和应用的广泛发展，大大提高了识别精度。语音识别技术在手机、家电、游戏机等嵌入式设备中得到了大量应用，并主要应用于语音的控制以及文本内容的输入中。2009年，Hinton将深度神经网络（DNN）应用于语音的声学建模，在TIMIT上获得了当时的最好结果。

过去十年，随着人工智能机器学习领域深度学习研究的发展，以及大数据语料的积累，语音识别技术得到了突飞猛进的发展。随着计算机小型化的发展趋势出现，语音识别成为人机接口的关键一步。语音识别技术已逐渐被应用于工业、通信、商务、家电、医疗、汽车电子以及家庭服务等各个领域，逐渐走入人们的日常生活。例如，现今流行的手机语音助手（智能360语音助手、百度语音助手、美国苹果公司的Siri语音助手等），就是将语音识别技术应用到智能手机中，能够实现人与手机的智能对话功能。

10.1 基本理论

语音识别主要指让机器听懂人说的话，即在各种情况下，准确地识别出语音的内容，从而根据其信息，执行人的各种意图。语音识别是一门涉及面很广的交叉学科，它与计算机、通信、语音语言学、数理统计、信号处理、神经生理学、神经心理学和人工智能等学科都有着密切的关系。随着计算机技术、模式识别和信号处理技术及声学技术等的发展，能满足各种需要的语音识别系统的实现成为可能。近二三十年来，语音识别在工业、军事、交通、医学、民用诸方面，特别是在计算机、信息处理、通信与电子系统、自动控制等领域中有着广泛的应用。当今，语音识别产品在人机交互应用中已经占到越来越大的比例，如语音打字机、数据库检索和特定环境下的语音命令等。

1. 语音识别系统的分类

语音识别系统按照不同的角度、应用范围和性能要求有不同的分类方法。

1）孤立词、连接词、连续语音识别系统以及语音理解和会话系统。按所要识别的对象来分，有孤立字（词）识别（即识别的字（词）之间有停顿的识别，包括音素识别、音节识别等）、连接词识别、连续语音识别与理解、会话语音识别等。孤立词识别系统要求说话人每次只说一个字（词）、一个词组或一条命令让识别系统识别。例如：一个使用语音进行家电控制的孤立词语音识别系统，可以识别用户发出的诸如“开”“关”“请打开”“提高音量”等词条。连接词识别一般特指由 10 个数字（0~9）连接而成的多位数字识别或由少数指令构成的连接词条的识别。连接词识别系统在电话、数据库查询以及控制操作系统中用途很广。随着近年来的研究和发展，连续语音识别技术已渐趋成熟，将成为语音识别研究及实用系统的主流。语音理解是在语音识别的基础上，用语言学知识来推断语音的含义，系统不需要完全识别出语音内容，可能只需要理解语句的意思，是更高一级的语音识别。会话语音识别系统的识别对象是人们的会话语言。会话语言和书写语言不同，它可以出现省略、倒置等非语法现象。因此，会话语音识别不但要利用语法信息，还要利用谈话话题、上下文等对话环境的有关信息。

2）小词汇、中词汇和大词汇量语音识别系统。从理论上来说，一台计算机如果能听懂“是”及“不是”的语音输入，那它就可以采用语音方式进行操作。在语音识别技术的发展过程中，词汇量也正是从小到大发展的，随着词汇量的增大，对系统各方面的要求也越来越高，成本也越来越高。一般来说，小词汇量系统是指能识别 1~20 个词汇的语音识别系统，中等词汇量指 20~1000 个词汇，大词汇量指 1000 个以上的词汇。但是，想要识别的词汇量越多，所用识别基元应选得越小、越少，这样的系统才越有价值，然而这也是一种矛盾。

3）特定人和非特定人语音识别系统。按讲话人的范围来分，有单个特定讲话人识别系统、多讲话人（即有限的讲话人）和与讲话者无关的三种语音识别系统。特定讲话人的语音识别比较简单，能得到较高的识别率，但使用前必须由特定人输入大量的发音数据，并对其进行训练。后两种为非特定说话人识别系统，这种识别系统通用性好、应用面广，但难度也较大，不容易得到高识别率。但是，与讲话者无关的识别系统的实用化将会有很高的经济价值和深远的社会意义。语音信号的可变性很大，不同的人说话的时候，即使是同一个音节，如果对其进行仔细分析，也会发现存在相当大的差异。要让一个语音识别系统能够识别非特定人的语音，必须使这样的识别系统能从大量的不同人的发音样本中学习到非特定人语音的发音速度、语音强度、发音方式等基本特征，寻找并归纳其相似性作为识别时的标准。因为学习和训练相当复杂，所用的语音样本也要预先采集，所以必须在系统生成之前完成，并把有关的信息存入系统的数据库中，以供真正识别时使用。比如一个语音识别系统是为了一个机构的主管人员使用，那么该系统最好是以这个主管为特定人的识别系统，这样才能具有最高的识别率。此时，即使特定人有点口音，识别系统也能够识别无误。

2. 语音识别方法

语音识别方法一般有模板匹配法、随机模型法和概率语法分析法三种。虽然这三种方法都可以说是建立在最大似然决策贝叶斯判决的基础上的，但其具体做法不同。

1）模板匹配法。早期的语音识别系统大多是按照简单的模板匹配原理构造的特定人、小词汇量、孤立词识别系统。在训练阶段，用户将词汇表中的每一个词依次说一遍，并且将其特征向量作为模板存入模板库。在识别阶段，将输入语音的特征向量序列依次与模板库中的每个模板进行相似度比较，将相似度最高者作为识别结果输出。由于语音信号有较大的随机性，即使是同一个人在不同时刻的同一句话中发出的同一个音，也不可能具有完全相同的时间长度，因此时间伸缩处理是必不可少的。此外，对于连续语音识别系统来讲，如果选择词、词组、短语甚至整个句子作为识别单位，为每个词条建立一个模板，那么随着系统用词量的增加，模板的数量将会是天文数字。所以为了使识别算法更有效，对于非特定人、大词汇量、连续语音识别系统来讲，必须选择模板匹配以外的识别方法，如随机模型法或概率语法分析法。

2）随机模型法。语音信号可以看成是一种信号过程，它在足够短的时间段上的信号特性近似于稳定，而总的过程可看成是依次从相对稳定的某一特性过渡到另一特性。概率统计方法可以描述这种时变的过程，因此可使用概率参数来对似然函数进行估计与判决，从而得到识别结果。

3）概率语法分析法。这种方法是用于大长度范围的连续语音识别。一方面，语音学家通过研究不同的语音语谱及其变化发现，虽然不同的人说同一些语音时，相应的语谱及其变化有种种差异，但是总有一些共同的特点足以使它们区别于其他语音，即语音学家提出的“区别性特征”。另一方面，人类的语言要受词法、语法、语义等的约束，人在识别语音的过程中充分应用了这些约束以及对话环境的有关信息。于是，将语音识别专家提出的“区别性特征”与来自构词、句法、语义等语用约束相互结合，就可以构成一个“由底向上”或“自顶向下”的交互作用的知识系统，不同层次的知识可以用若干规则来描述。这种方法研究的重点在于知识的获取、专家经验的总结、规则的形成和规则的调用等方面。从语音识别的角度看，语音恰恰是随机的、多变的，其语法规则既复杂又不完全确定，这给获取完备的规则以及执行高效的算法带来了极大的难度。

10.2 语音识别原理与系统构成

语音识别系统的典型原理框图如图 10-1 所示。由图可知，语音识别系统的本质就是一种模式识别系统，包括前端预处理、后端模式识别以及训练模型等基本单元。由于语音信号是一种典型的非平稳信号，加之呼吸气流、外部噪声、电流干扰等使得语音信号不能直接用于提取特征，而要进行前期的预处理。预处理过程包括预滤波、采样、量化、分帧、加窗、预加重和端点检测等。在噪声比较突出的情况下，语音信号还要经过降噪处理。但是，降噪算法虽然可以提高信噪比，但是也会破坏部分语音成分，从而影响识别效果。经过预处理后，语音数据就可以进行识别特征参数的提取。随着研究的发展，特征的数量和维度呈增加的趋势。从图 10-1 可知，语音识别系统分为两个主要阶段。

1）训练阶段：将数据库中的语音样本进行特征参数提取，为每个词条建立一个识别基本单元的声学模型以及进行文法分析的语言模型，并保存为模板库。训练部分的声学模型和语言模型在识别时会用到，发音字典是根据人类发音特点的先验知识得到的。声学模型依赖于语料库，在做语音识别时需要较为完善的语料。语言模型依赖文本库，其描述的是字的连接关系。例如，对于“爱家”和“哎家”，通常认为“爱家”的出现概率高于“哎家”，语言模型可以通过若干已知语句（如日常用语）的顺序衔接关系获得。声学模型和语言模型的参数在训练过程中逐渐收敛，到达一定条件后会用于识别，识别阶段将提取待识别的语音特征，然后通过声学模型、发音字典以及解码环节后识别出声波信号对应的文字。

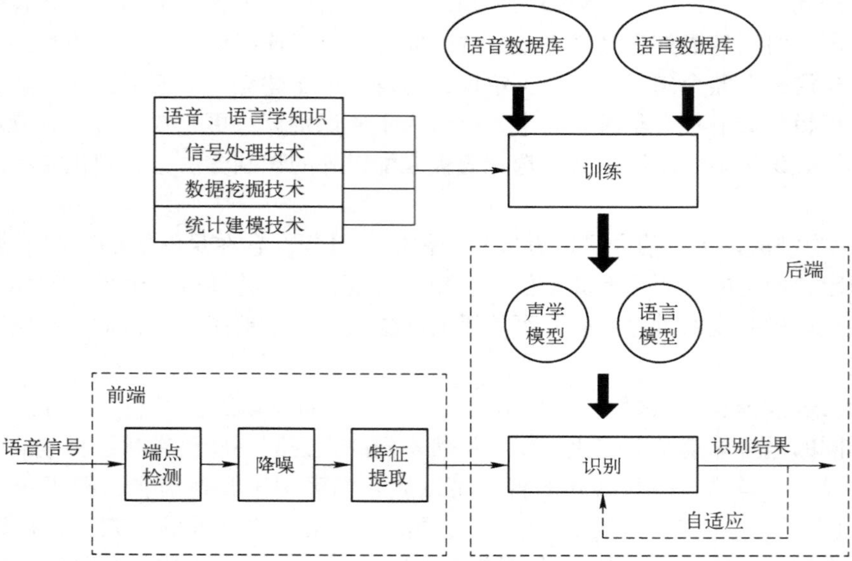

图 10-1　语音识别系统原理框图

2）识别阶段：将待识别语音信号经过相同的处理获得语音参数，然后根据识别系统的类型选择能够满足要求的一种识别方法，最后按照一定的准则和测度将待识别样本特征与训练样本特征进行比较，通过判决后得出识别结果。

对于不同的识别要求来说，所选用的数据可以是语音数据库，也可以是语言数据库。此外，为了提高模型的鲁棒性和可靠性，样本训练还可以引入一些辅助技术，如语音和语言学知识、信号处理技术、数据挖掘技术和统计建模技术等。

10.2.1　前端处理

语音识别的前端和说话人识别基本相同。但是根据应用的不同，相应的参数会有所差异，如抽样频率、帧长的选定、特征的种类等。

预处理过程包括的内容比较多，比如预滤波、采样和量化、分帧、加窗、预加重、端点检测等，这些内容已在前面的章节中介绍过，这里就不再赘述。

语音特征提取的关键在于如何使语音识别的类内距离尽量小，类间距离尽量大。特征参数提取是语音识别的关键问题，特征参数选择的好坏直接影响到语音识别的精度。识别参数可以是下面的某一种或几种的组合：平均能量、过零率、频谱、共振峰、倒谱、线性预测系数、偏自相关系数、声道形状的尺寸函数，以及音长、音高、声调等超声短信息函数。此外，美尔倒谱参数也是常用的语音识别特征参数。除了这些静态参数以外，上述参数的时间变化反映了语音特征的动态特性，因此也常常被用于语音识别当中。此外，提取的语音特征参数有时还要进行进一步的变换处理（如正交变换、主元素分析等），以达到特征降维、减少运算量、提高识别性能的目的。

除了上述这些显性特征外，原始信号的时频表示也可以作为特征直接输入到深度学习网络中。通过训练，利用深度学习网络的前几层来提取信号中的隐性特征。其中，最典型的案例就是利用 CNN 网络的前几层从语谱图中提取隐性特征用于语音识别。

10.2.2 关键组成

（1）语音与语言模型

语音模型一般指的是用于参数匹配的声学模型。而语言模型一般是指在匹配搜索时用于字词和路径约束的语言规则。语音声学模型的好坏对语音识别性能的影响很大，现在公认的较好的概率统计模型是隐马尔可夫模型（Hidden Markov Model，HMM）。因为 HMM 可以吸收环境和说话人引起的特征参数的变动，实现非特定人的语音识别。

对于汉语来说，音素、声母和韵母、字、词等都可以作为识别的基本单元。但是，正确识别率和系统的复杂度（运算量和存储量等）之间总是存在矛盾。基元选得越小，存储量越小，正确识别率也越低；其次，基元选择也与实际用途有关。一般地，有限词汇量的识别基元可以选得大一些（如字词或短语等），而无限词汇量的识别基元则不得不选得小一些（如音素、声母和韵母等）。否则，词或句的数量有千千万万个，语音库就没法建立。但是识别基元的选择还要考虑其自动分割问题，即怎样从语音信号流中分割出这个基元，因为有时这种分割本身就要用到词义和语义的理解。

汉语中字的分割是比较容易的，字的总数也不是太多（约 1300 个），因而即使对汉语全字进行识别也是可行的。但是，这种识别基元的识别结果是字，因而为了理解所识别的连续汉语的内容，需要增加从字构成词的部分，然后才能从词至句进行理解。但是，由于汉语中存在一音多字（即同音字）问题，所以又要增加同音字理解的部分。此外，由于汉语的音位变体过于复杂，因此不宜选用音素作为识别单元。总之，在进行汉语连续语音识别时，采用声母和韵母作为识别的参数基元、以音节字为识别基元，结合同音字理解技术以及词以上的句子理解技术的一整套策略，可望实现汉语全字（词）语音识别和理解的目标。

对于语言模型来说，其建模对象为自然语言。通常情况下，若想要获取文字系统中的文本信息，需要了解对应文字的内部结构，以及其与自然语言相对应的关系。由于语言模型仅仅从文本中创建，能够表示的则是文字系统本身的内部结构信息。语言建模的目的是构建自然语言中词序列的分布，然后评估某个词序列的概率。若某词序列符合语法习惯，则置为高概率，否则置为低概率。在语言建模过程中，可以利用链式法则将一句话分解为各个词的条件概率的乘积，因此语言模型即为计算一个句子概率的模型。

在语言模型的发展历程中，N-Gram 是一种经典的统计语言模型，它的基本思想是将文本里面的内容按照字节进行大小为 N 的滑动窗口操作，形成了长度是 N 的字节片段序列。该模型基于这样一种假设，第 N 个词的出现只与前面 N-1 个词相关，而与其他任何词都不相关，整句的概率就是各个词出现概率的乘积，这些概率可以通过直接从语料中统计 N 个词同时出现的次数得到。然而在实际应用中，N-Gram 语言模型难以满足统计模型的假设条件。

1）假设人的书写过程是先决定一个词，再决定下一个词的序列随机过程。

2）随机过程满足 N 阶马尔可夫条件。

神经语言模型的出现解决了这个问题，模型为每个词学习分布式表示，允许模型处理具有类似共同特征的词来实现这种共享，使之不仅能够识别两个相似的词，并且不丧失为每个词独特编码的能力。

（2）语音识别算法

早期，语音识别技术的主流算法主要有基于参数模型的 HMM 的方法和基于非参数模型的向量量化（Vector Quantization，VQ）的方法等。基于 HMM 的方法主要用于大词汇量的语音识别系统，它需要较多的模型训练数据、较长的训练时间及识别时间，而且还需要较大的内存空间。而基于向量量化的算法所需的模型训练数据、训练与识别时间、工作存储空间都很小，但是 VQ 算法对于大词汇量语音识别的识别性能不如 HMM 好。传统语音识别声学模型基于高斯混合模型，而基于深度学习方法的声学模型则基于神经网络，这两种方法都依赖一个先验语音数据集，根据该数据集训练出一个识别模型。近年来，基于深度学习的语音识别算法几乎完全取代了传统的语音识别算法。

10.2.3 语音识别目标

语音识别的目标是预测正确的类序列，如果 z 表示从声波提取的特征向量序列，那么语音系统可以根据最优分类方程表示为

$$\hat{\boldsymbol{w}}=\arg\max_{w\in W}P(\boldsymbol{w}\mid \boldsymbol{z}) \tag{10-1}$$

$\hat{\boldsymbol{w}}$可用贝叶斯准则来计算：

$$\hat{\boldsymbol{w}}=\arg\max_{w\in W}\frac{P(\boldsymbol{z}\mid \boldsymbol{w})P(\boldsymbol{w})}{P(\boldsymbol{z})} \tag{10-2}$$

其中，$P(\boldsymbol{z}\mid \boldsymbol{w})$是声学似然（声学打分），代表词 $\boldsymbol{w}$ 被说的情况下语音序列 $\boldsymbol{z}$ 出现的概率。$P(\boldsymbol{w})$是语言打分，是文字出现的先验概率，其计算依赖于语言模型，在忽略语音序列出现概率的情况下式（10-2）可以简化为

$$\hat{\boldsymbol{w}}=\arg\max_{w\in W}P(\boldsymbol{z}\mid \boldsymbol{w})P(\boldsymbol{w}) \tag{10-3}$$

在语音识别中，对孤立字（词）的识别，研究得最早也最成熟。孤立字（词）识别的特点包括：单词之间有停顿，可使识别问题简化；单词之间的端点检测比较容易；单词之间的协同发音影响较小；一般孤立单词的发音都比较清晰等。所以，该系统存在的问题较少，较容易实现，且其许多技术对其他类型的系统有通用性并易于推广，如稍加补充一些知识即可用于其他类型的系统（如在识别部分添加适当语法信息等，则可用于连续语音识别中）。目前，对孤立字（词）的识别，无论是小词汇量还是大词汇量，无论是与讲话者有关还是与讲话者无关，实验的正确识别率均已达到 95%以上。

在语音识别中，孤立单词识别是基础。词汇量的扩大、识别精度的提高和计算复杂度的降低是孤立字（词）识别的三个主要目标。要达到这三个目标，关键的问题是特征的选择和提取、失真测度的选择以及匹配算法的有效性。值得说明的是，对于类似的语音类识别系统（说话人识别系统、情感识别系统等）来说，识别的原理和系统构成都与图 10-1 相似，只是存在一些细节上的差异，比如特征的选取等。

10.3 基于动态时间规整的语音识别系统

动态时间规整（DTW）是把时间规整和距离测度计算结合起来的一种非线性规整技术，它是模板匹配的方法。在实现小词汇表孤立词识别系统时，其性能指标与 HMM 算法几乎相同。但是，HMM 算法比较复杂，在训练阶段需要提供大量的语音数据通过反复计算才能得到模型参数。因此，简单有效的 DTW 算法在特定场合下获得了广泛的应用。本节主要介绍了 DTW 算法的基本原理和基于 DTW 的语音识别系统的基本构成。

10.3.1 系统构成

在识别阶段的模式匹配中，不能简单地将输入模板和词库中的模板相比较来实现识别，因为语音信号具有相当大的随机性，这些差异不仅包括音强的大小、频谱的偏移，更重要的是发音持续时间不可能完全相同，而词库中的模板不可能随着输入模板持续时间的变化而进行伸缩，所以时间规整是必不可少的。

基于 DTW 的语音识别系统首先对语音进行预处理，具体包括分帧、预加重、加窗等。然后逐帧进行特征提取。不同于线性预测系数，由于美尔倒谱系数可以将人耳的非线性听觉特性和语音产生相结合，因此基于 DTW 的语音识别系统常选用美尔频率倒谱系数（MFCC）及其一阶和二阶差分作为特征参数。MFCC 特征的计算可以参见第 3 章。

在训练阶段，用户将词汇表中的每一个词依次说一遍，并且将其特征向量时间序列作为模板存入模板库；在识别阶段，将输入语音的特征向量时间序列依次与模板库中的每个模板进行相似度比较，将相似度最高者作为识别结果输出。

10.3.2 动态时间规整

基于模板匹配的语音识别算法需要解决的一个关键问题是，说话人对同一个词的两次发音不可能完全相同，这些差异不仅包括音强的大小、频谱的偏移，更重要的是发音时音节的长短也不可能完全相同，而且两次发音的音节往往不存在线性对应关系。设参考模板 $\boldsymbol{R}$ 有 M 帧向量$\{\boldsymbol{R}(1),\boldsymbol{R}(2),\cdots,\boldsymbol{R}(m),\cdots,\boldsymbol{R}(M)\}$，$\boldsymbol{R}(m)$为第 m 帧的语音特征向量，测试模板 $\boldsymbol{T}$ 有 N 帧向量，$\boldsymbol{T}(n)$是第 n 帧的语音特征向量。$d[\boldsymbol{T}(i_n),\boldsymbol{R}(i_m)]$表示 $\boldsymbol{T}$ 中第 i_n 帧特征与 $\boldsymbol{R}$ 中第 i_m 帧特征之间的距离，通常用欧几里得距离（简称欧氏距离）表示。一般的匹配算法包括直接匹配和线性时间规整技术两种。直接匹配是假设测试模板和参考模板长度相等，即 $i_m=i_n$；线性时间规整技术假设说话速度是按不同说话单元的发音长度等比例分布的，即 $i_n=\dfrac{N}{M}i_m$。显然，这两种假设都不符合实际语音的发音情况，需要一种更加符合实际情况的非线性时间规整技术。如图 10-2 所示为三种匹配模式对同一词两次发音的匹配距离（两条曲线间的阴影面积），显然 $D_3<D_2<D_1$。

DTW 是把时间规整和距离测度计算结合起来的一种非线性规整技术，它寻找一个规整函数 $i_m=\boldsymbol{\Phi}(i_n)$，将测试向量的时间轴 n 非线性地映射到参考模板的时间轴 m 上，并使该函数满足

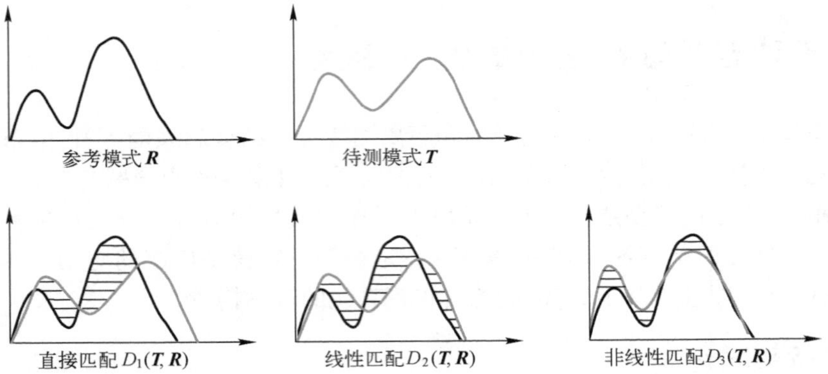

图 10-2　三种匹配模式对比

$$D=\min_{\boldsymbol{\Phi}(i_n)}\sum_{i_n=1}^{N} d(\boldsymbol{T}(i_n),\boldsymbol{R}(\boldsymbol{\Phi}(i_n))) \tag{10-4}$$

D 就是处于最优时间规整情况下两向量的距离。由于 DTW 不断地计算两向量的距离以寻找最优的匹配路径，所以得到的是两向量匹配时累积距离最小所对应的规整函数，这就保证了它们之间存在的最大声学相似性。DTW 算法的实质就是运用动态规划的思想，利用局部最佳化的处理来自动寻找一条路径，沿着这条路径，两个特征向量之间的累积失真量最小，从而避免由于时长不同而可能引入的误差。

DTW 算法要求参考模板与测试模板采用相同类型的特征向量、相同的帧长、相同的窗函数和相同的帧移。为了使动态路径搜索问题变得有实际意义，在规整函数上必须要加一些限制，不加限制使用式（10-4）找出的最优路径很可能会使两个根本不同的模式之间的相似性很大，从而使模式比较变得毫无意义。通常规整函数必须满足如下的约束条件。

（1）边界限制

当待比较的语音已经进行精确的端点检测时，规整发生在起点帧和端点帧之间，反映在规整函数上就是

$$\begin{cases}\boldsymbol{\Phi}(1)=1\\ \boldsymbol{\Phi}(N)=M\end{cases} \tag{10-5}$$

（2）单调性限制

由于语音在时间上的顺序性，规整函数必须保证匹配路径不会违背语音信号各部分的时间顺序，即规整函数必须满足单调性限制：

$$\boldsymbol{\Phi}(i_n+1)\geqslant\boldsymbol{\Phi}(i_n) \tag{10-6}$$

（3）连续性限制

有些特殊的音素有时会对语音的正确识别起到很大的帮助，某个音素的差异很可能就是区分不同发声单元的依据，为了保证信息损失最小，规整函数一般规定不允许跳过任何一点，即

$$\boldsymbol{\Phi}(i_n+1)-\boldsymbol{\Phi}(i_n)\leqslant 1 \tag{10-7}$$

DTW 算法的原理图如图 10-3 所示。把测试模板的各个帧号 $n=1,2,\cdots,N$ 在一个二维直角坐标系中的横轴上标出，把参考模板的各帧 $m=1,2,\cdots,M$ 在纵轴上标出，通过这些表示帧号的整数坐标画出一些纵横线即可形成一个网格，网格中的每一个交叉点表示测试模式中

某一帧与训练模式中某一帧的交汇。DTW 算法分两步进行，第一步是计算两个模式各帧之间的距离，即求出帧匹配距离矩阵；第二步是在帧匹配距离矩阵中找出一条最佳路径。搜索这条路径的过程可以描述如下：搜索从（1,1）点出发，对于局部路径约束如图 10-4 所示，达到点(i_n,i_m)的前一个格点只可能是(i_{n-1},i_m)、(i_{n-1},i_{m-1})和(i_n,i_{m-1})，那么(i_n,i_m)一定选择这三个点中距离最小的点作为其前续格点，这时此路径的累积距离为

$$D(i_n,i_m)=d(\boldsymbol{T}(i_n),\boldsymbol{R}(i_m))+\min\{D(i_{n-1},i_m),D(i_{n-1},i_{m-1}),D(i_n,i_{m-1})\} \qquad (10-8)$$

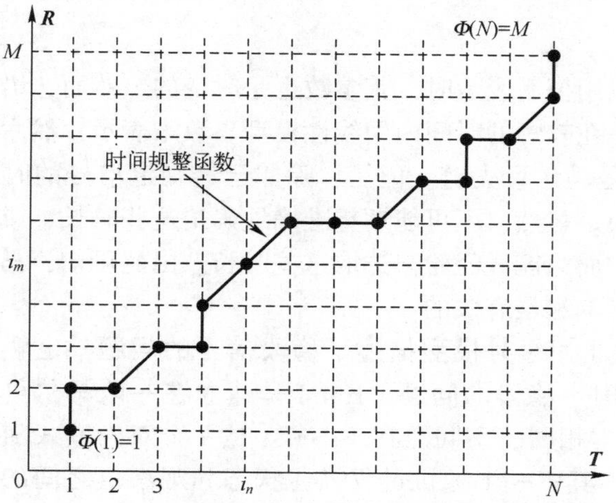

图 10-3　DTW 算法原理图

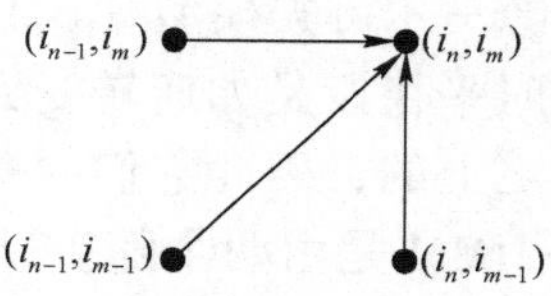

图 10-4　局部路径约束

这样从$(1,1)$点（$D(1,1)=0$）出发搜索，反复递推，直到(N,M)点就可以得到最优路径，而且$D(N,M)$就是最佳匹配路径所对应的匹配距离。在进行语音识别时，将测试模板与所有参考模板进行匹配，得到的最小匹配距离$D_{\min}(N,M)$所对应的语音即为识别结果。

注：矩阵距离的运算可使用 Python 语言中 sklearn. metrics. pairwise 库函数，如曼哈顿距离 manhattan_distances。

DTW 算法虽然简单有效，但是动态规划方法需要存储较大的矩阵，直接计算将会占据较大的空间，计算量也比较大。由图 10-4 的局部路径约束可知，DTW 算法的动态搜索的空间其实并不是整个矩形网格，而是局限于对角线附近的带状区域，许多点实际上是达不到的。因此，在实际应用中会将 DTW 算法进行一些改进以减少存储空间和降低计算量。常见的改进方法有搜索宽度限制、放宽端点限制等。

10.4　基于隐马尔可夫模型的语音识别系统

隐马尔可夫模型（Hidden Markov Model，HMM），作为语音信号的一种统计模型，如今正在语音处理的各个领域中获得广泛的应用。大约 100 年前，数学家和工程师们就已经知道马尔可夫链了。但是，只是在近几十年里，它才被用到语音信号处理中来，其主要原因在于当时缺乏一种能使该模型参数与语音信号达到最佳匹配的有效方法。直到 20 世纪 60 年代后期，才有人提出了这种匹配方法，而有关它的理论基础，是在 1970 年前后由 L. E. Baum 等

人建立起来的，随后由 CMU 的 Baker 和 IBM 的 Jelinek 等人将其应用到语音识别之中。由于 Bell 实验室的 Rabiner 等人在 20 世纪 80 年代中期对 HMM 的研究，才逐渐使 HMM 为世界各国从事语音信号处理的研究人员所了解和熟悉，进而成为一个公认的研究热点。近几十年来，隐马尔可夫模型技术无论在理论上或是在实践上都取得了许多进展。其基本理论和各种实用算法是现代语音识别等的重要基础之一。

本节主要介绍了 HMM 模型的基本理论以及基于 HMM 模型的语音识别基本系统。

10.4.1 隐马尔可夫模型概述

整体来讲，语音信号是时变的，所以用模型表示时，其参数也是时变的。然而，语音信号是慢时变信号，所以简单的表示方法是在较短的时间内用线性模型参数来表示，然后再将许多线性模型在时间上串接起来，这就是马尔可夫链。但是，除非已经知道信号的时变规律，否则经过一段时间，模型就必须变换。显然，不可能期望准确地确定这些时长，或者不可能做到模型的变化与信号的变化同步，而只能凭经验来选取这些时长。由此可知，马尔可夫链虽然可以描述时变信号，但不是最佳的和最有效的。

而隐马尔可夫模型（HMM）既解决了用短时模型描述平稳段信号的问题，也解决了每个短时平稳段是如何转变到下一个短时平稳段的问题。HMM 是建立在一阶马尔可夫链的基础之上的，因此它们的概率特性基本相同。不同点在于 HMM 是一个双内嵌式随机过程，即 HMM 是由两个随机过程组成的，其中一个随机过程描述状态和观察值之间的统计对应关系，它解决了用短时模型描述平稳段的信号的问题；由于实际问题比马尔可夫链模型所描述的更为复杂，观察到的事件并不像马尔可夫链模型一样与状态一一对应，所以 HMM 通过另一组与概率分布相联系的状态转移的统计对应关系来描述每个短时平稳段是如何转变到下一个短时平稳段的情况。

HMM 是一个输出符号序列的统计模型，具有 N 个状态 $S_1,S_2,\cdots,S_N$，它按一定的周期从一个状态转移到另一个状态，每次转移时，输出一个符号。转移到哪一个状态，转移时输出什么符号，分别由状态转移概率和转移时的输出概率决定。因为只能观测到输出符号序列，而不能观测到状态转移序列（即模型输出符号序列时，无法知道通过了哪些状态路径），所以称为隐藏的马尔可夫模型。

假设一个实际的物理过程产生了一个可观察的序列，此时如果能用一个模型来描述该信号序列，那么也就有可能去识别它。所谓用一个 HMM 来描述该信号序列，即这个 HMM 是由该信号序列训练而成，它代表该信号序列。换言之，当该信号序列通过该 HMM 时，比通过其他 HMM 时，产生的输出概率要大。图 10-5 是一个简单的 HMM 的例子，它具有三个状态，其中 S_1 是起始状态，S_3 是终了状态。该 HMM 只能输出两种符号，即 a 和 b。每一条弧上有一个状态转移概率以及该弧发生转移时输出符号 a 和 b 的概率。从一个状态转移出去的概率之和为 1；每次转移时输出符号 a 和 b 的概率之和也为 1。图中 a_{ij} 是从 S_i 状态转移到 S_j 状态的概率，每个转移弧上输出概率矩阵中 a 和 b 两个符号所对应的数字，分别表示在该弧发生转移时该符号的输出概率值。

设在如图 10-5 所示的 HMM 例子中，从 S_1 出发到 S_3 截止，输出的符号序列是 aab。因为从 S_1 到 S_3，并且输出 aab 时，可能的路径只有 $S_1\rightarrow S_1\rightarrow S_2\rightarrow S_3$、$S_1\rightarrow S_2\rightarrow S_2\rightarrow S_3$、$S_1\rightarrow S_1\rightarrow S_1\rightarrow S_3$ 三种。每一种路径输出 aab 的概率分别如下。

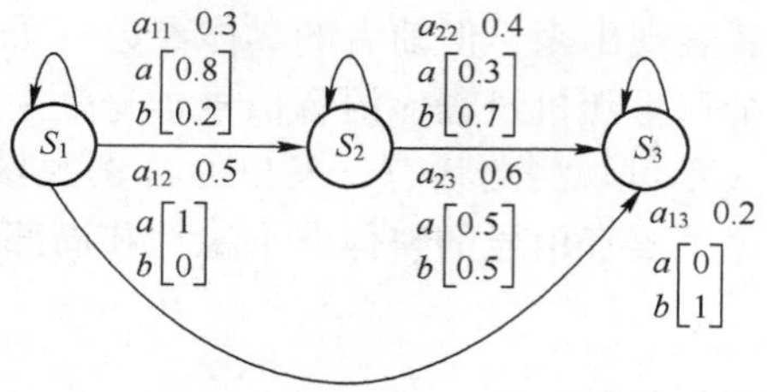

图 10-5　一个简单的三状态 HMM 的例子

$S_1 \to S_1 \to S_2 \to S_3$：　　$0.3\times0.8\times0.5\times1.0\times0.6\times0.5=0.036$

$S_1 \to S_2 \to S_2 \to S_3$：　　$0.5\times1.0\times0.4\times0.3\times0.6\times0.5=0.018$

$S_1 \to S_1 \to S_1 \to S_3$：　　$0.3\times0.8\times0.3\times0.8\times0.2\times1.0=0.01152$

由于是 HMM 模型，所以状态序列不可知，即不知道 HMM 输出 aab 时，到底是经过了哪一条不同状态组成的路径。如果知道了该 HMM 输出 aab 时所通过的路径，就可以把该路径的输出概率作为该 HMM 输出 aab 的概率。因为不知道该 HMM 输出 aab 时是通过了哪一条路径，所以，作为计算输出概率的一种方法，是把每一种可能路径的概率相加得到的总的概率值作为 aab 的输出概率值。所以该 HMM 输出的 aab 的总概率是 $0.036+0.018+0.01152=0.06552$。通过这个例子，可以对 HMM 有一个初步的认识。

HMM 用概率或统计范畴的理论成功解决了怎样辨识具有不同参数的短时平稳的信号段以及怎样跟踪它们之间的转化等问题。语音识别的最大困难之一就是如何对语音的发音速率及声学变化建立模型。随着 HMM 被引入到语音识别领域中，这一棘手问题得到了较圆满的解决。HMM 通过状态转移概率对基元发音速率建模；通过依赖状态的观察输出概率对基元发音的声学变化建模。另外，由于语音的信息结构是多层次的，除了语音特性之外，它还涉及音长、音调、能量等超音段信息，以及语法、句法等高层次语言结构的信息。HMM 的特长还在于它既可以描述瞬态的（随机过程）特性，又可以描述动态的（随机过程转移）特性，所以 HMM 也能很好地利用这些超音段和语言结构的信息。

为了更好地理解 HMM 的含义，介绍一个说明 HMM 概念的著名例子——球和缸的实验。设有 N 个缸，每个缸中装有很多彩色的球，在同一个缸中不同颜色球的多少由一组概率分布来描述。实验的步骤如下：根据某个初始概率分布，随机地选择 N 个缸中的一个缸，如第 i 个缸。再根据这个缸中彩色球颜色的概率分布，随机地选择一个球，记下球的颜色，记为 o_1，再把球放回缸中。又根据描述缸的转移的概率分布，选择下一个缸，如第 j 个缸，再从缸中随机选一个球，记下球的颜色，记为 o_2。照此一直进行下去，可以得到一个描述球的颜色的序列 $o_1, o_2, \cdots$，由于这是观察到的事件，因而称之为观察值序列。如果每个缸中只装有一种彩色的球，则根据球的颜色的序列 $o_1, o_2, \cdots$，就可以知道缸的排列。但球的颜色和缸之间不是一一对应的，所以缸之间的转移以及每次选取的缸被隐藏起来了，并不能直接观察到。从每个缸中选择什么颜色的球是由彩色球颜色的概率分布随机决定的，而且，每次选取哪个缸又由一组转移概率所决定。

通过以上的分析可以知道，HMM 用于语音信号建模时，是对语音信号的时间序列结构建立统计模型，它是数学上的双重随机过程：一个是用具有有限状态数的马尔可夫链来模拟语音信号统计特性变化的隐含随机过程，另一个是与马尔可夫链的每一状态相关联的观测序列的随机过程。前者通过后者表现出来，但前者的具体参数（如状态序列）是不可观测的。人的言语过程实际上就是一个双重随机过程，语音信号本身是一个可观测的时变序列，是大脑根据语法知识和言语需要（不可观测的状态）发出的音素的参数流。可见，HMM 合理地模仿了这一过程，很好地描述了语音信号的整体非平稳性和局部平稳性，是一种较为理想的语音信号模型。

10.4.2 隐马尔可夫模型的定义

1. 离散马尔可夫过程

马尔可夫链是马尔可夫随机过程的特殊情况，即马尔可夫链是状态和时间参数都离散的马尔可夫过程。

设在时刻 t 的随机变量 S_t 的观察值为 s_t，则在 $S_1=s_1, S_2=s_2, \cdots, S_t=s_t$ 的前提下，$S_{t+1}=s_{t+1}$的概率如式（10-9）所示，则称其为 n 阶马尔可夫过程。

$$P(S_{t+1}=s_{t+1} \mid S_1^t=s_1^t)=P(S_{t+1}=s_{t+1} \mid S_{t-n+1}^t=s_{t-n+1}^t) \tag{10-9}$$

此处，$S_1^t=s_1^t$ 表示 $S_1=s_1, S_2=s_2, \cdots, S_t=s_t$。

为了处理问题方便，考虑式（10-9）右边的概率与时间无关的情况，即

$$P_{ij}(t,t+1)=P(S_{t+1}=s_j \mid S_t=s_i) \tag{10-10}$$

同时满足

$$\begin{cases} P_{ij}(t,t+1) \geqslant 0 \\ \sum_{j=1}^{N} P_{ij}(t,t+1)=1 \end{cases} \tag{10-11}$$

其中，$P_{ij}(t,t+1)$是从时刻 t 的状态 i 到时刻 $t+1$ 的状态 j 的转移概率。当这个转移概率是与时间无关的常数时，称其为具有常数转移概率的马尔可夫过程。另外，$P(t)_{ij} \geqslant 0$ 表示 t 存在时，从状态 i 到状态 j 的转移是可能的。对于任意的 i、j，如果都有 $P(t)_{ij} \geqslant 0$，则称这个马尔可夫过程是正则马尔可夫过程。

假设有 N 个不同的状态（$S_1, S_2, \cdots, S_N$），系统在经历了一段时间后，按照式（10-9）所定义的概率关系经历了一系列状态的变化，此时输出的是状态序列，这种随机过程称为可观察马尔可夫模型，在这种模型中，每一个状态对应一个物理事件。

2. 隐马尔可夫模型

HMM 类似于一阶马尔可夫过程，不同的是 HMM 是一个双内嵌式随机过程。如前所述，HMM 由两个随机过程组成：一个是状态转移序列，它对应着一个一阶马尔可夫过程；另一个是每次转移时输出的符号组成的符号序列。在语音识别用的 HMM 中，相邻符号之间是不相关的（这不符合语音信号的实际情况，因此是 HMM 的一个缺点）。这两个随机过程，其中一个随机过程是不可观测的，只能通过另一个随机过程的输出观察序列来观测。设状态转移序列为 $\boldsymbol{S}=s_1 s_2 \cdots s_T$，输出的符号序列为 $\boldsymbol{O}=o_1 o_2 \cdots o_T$，则在一阶马尔可夫过程和相邻符号之间是不相关的假设下（即 s_{i-1}和 s_i 之间转移时的输出观察值 o_i 和其他转移无关），有下式成立：

$$P(\boldsymbol{S})=\prod_i P(s_i \mid s_1^{i-1})=\prod_i P(s_i \mid s_{i-1}) \tag{10-12}$$

$$P(\boldsymbol{O} \mid \boldsymbol{S})=\prod_i P(o_i \mid s_1^i)=\prod_i P(o_i \mid s_{i-1}, s_i) \tag{10-13}$$

对于隐马尔可夫模型，把所有可能的状态转移序列都考虑进去，则有

$$P(\boldsymbol{O})=\sum_S P(\boldsymbol{O}\mid\boldsymbol{S})P(\boldsymbol{S})=\sum_S\prod_i P(s_i\mid s_{i-1})P(o_i\mid s_{i-1},s_i) \tag{10-14}$$

由此可知，上式就是计算输出符号序列 aab 的输出概率所用的方法。

3. HMM 的基本元素

通过前面讨论的马尔可夫链以及球与缸实验的例子，一个 HMM 可以用下面 6 个模型参数来定义，即

$$\boldsymbol{M}=\{\boldsymbol{S},\boldsymbol{O},\boldsymbol{A},\boldsymbol{B},\boldsymbol{\pi},\boldsymbol{F}\} \tag{10-15}$$

$\boldsymbol{S}$：模型中状态的有限序列，即模型由几个状态组成。设有 N 个状态，$\boldsymbol{S}=\{S_i\mid i=1,2,\cdots,N\}$。记 t 时刻模型所处状态为 s_t，显然 $s_t\in(S_1,\cdots,S_N)$。在球与缸的实验中，缸就相当于状态。

$\boldsymbol{O}$：输出的观测值符号的序列，即每个状态对应的可能的观察值。记 L 个观察值为 $O_1,\cdots,O_L$，记 t 时刻观察到的观察值为 o_t，其中 $o_t\in(O_1,\cdots,O_L)$。在球与缸实验中，所选彩色球的颜色就是观察值。

$\boldsymbol{A}$：状态转移概率的集合。所有转移概率可以构成一个转移概率矩阵，即

$$\boldsymbol{A}=\begin{bmatrix} a_{11} & \cdots & a_{1N} \\ \vdots & & \vdots \\ a_{N1} & \cdots & a_{NN} \end{bmatrix} \tag{10-16}$$

其中，a_{ij}是从状态 S_i 转移到状态 S_j 时的转移概率，$1\leqslant i,j\leqslant N$ 且有 $0\leqslant a_{ij}\leqslant 1$，$\sum_{j=1}^{N}a_{ij}=1$。在球与缸实验中，其描述了在选取当前缸的条件下选取下一个缸的概率。

$\boldsymbol{B}$：输出观测值概率的集合。$\boldsymbol{B}=\{b_{ij}(k)\}$，其中 $b_{ij}(k)$是从状态 S_i 到状态 S_j 转移时观测值符号 k 的输出概率，即缸中球的颜色 k 出现的概率。根据 $\boldsymbol{B}$ 可将 HMM 分为连续型和离散型 HMM 等。

$$\sum_k b_{ij}(k)=1 \qquad \text{（离散型 HMM）} \tag{10-17}$$

$$\int_{-\infty}^{+\infty} b_{ij}(k)\,\mathrm{d}k=1 \qquad \text{（连续型 HMM）} \tag{10-18}$$

$\boldsymbol{\pi}$：系统初始状态概率的集合，$\boldsymbol{\pi}=\{\pi_i\}$。$\pi_i$ 表示初始状态是 s_i 的概率，即

$$\pi_i=P(S_1=s_i),\quad 1\leqslant i\leqslant N,\quad \sum\pi_j=1 \tag{10-19}$$

在球与缸实验中，它指开始时选取某个缸的概率。

$\boldsymbol{F}$：系统终了状态的集合。

严格来说，马尔可夫模型是没有终了状态的，只是语音识别的马尔可夫模型要设定终了状态。因此，一个 HMM 可记为 $\boldsymbol{M}=\{\boldsymbol{S},\boldsymbol{O},\boldsymbol{A},\boldsymbol{B},\boldsymbol{\pi},\boldsymbol{F}\}$，为了便于表示，可简写为 $\boldsymbol{M}=\{\boldsymbol{A},\boldsymbol{B},\boldsymbol{\pi}\}$。因此，HMM 的两部分可表示为：一部分是马尔可夫链，由 $\boldsymbol{\pi}$、$\boldsymbol{A}$ 描述，产生的输出为状态序列；另一部分是一个随机过程，由 $\boldsymbol{B}$ 描述，产生的输出为观察值序列。

10.4.3 隐马尔可夫模型的基本算法

如果要将 HMM 用于孤立字（词）的识别过程，必须解决以下三个问题。

（1）识别问题

给定观察符号序列 $\boldsymbol{O}=o_1o_2\cdots o_T$ 和模型 $\boldsymbol{M}=\{\boldsymbol{A},\boldsymbol{B},\boldsymbol{\pi}\}$，如何快速有效地计算观察符号序列的输出概率 $P(\boldsymbol{O}\mid\boldsymbol{M})$？

（2）寻找与给定观察符号序列对应的最佳的状态序列

给定观察符号序列和输出该符号序列的模型 $\boldsymbol{M}=\{\boldsymbol{A},\boldsymbol{B},\boldsymbol{\pi}\}$，如何有效地确定与之对应的最佳的状态序列，即估计出模型产生观察符号序列时最有可能经过的路径，也就是所有可能的路径中概率最大的路径。尽管在上述的介绍中，一直讲状态序列无法知道，但实际上存在一种有效的算法可以计算最佳的状态序列。这种算法的指导思想是概率最大的路径就是最有可能经过的路径，即最佳的状态序列路径。

（3）模型训练问题

模型训练问题实际上是一个模型参数估计问题，即对于初始模型和给定用于训练的观察符号序列 $\boldsymbol{O}=o_1o_2\cdots o_T$，如何调整模型 $\boldsymbol{M}=\{\boldsymbol{A},\boldsymbol{B},\boldsymbol{\pi}\}$ 的参数，使得输出概率 $P(\boldsymbol{O}\mid\boldsymbol{M})$ 最大。

其中，问题（1）和问题（3）在语音识别中必须解决；问题（2）在有些应用中需要解决。针对这三个问题，下面介绍 HMM 的基本算法。

1. 前向-后向算法

前向-后向算法（Forward-Backward，F-B）是用来计算给定一个观察值序列 $\boldsymbol{O}=o_1o_2\cdots o_T$ 以及一个模型 $\boldsymbol{M}=\{\boldsymbol{A},\boldsymbol{B},\boldsymbol{\pi}\}$ 时，由模型 $\boldsymbol{M}$ 产生出 $\boldsymbol{O}$ 的概率 $P(\boldsymbol{O}\mid\boldsymbol{M})$ 的。虽然由图 10-5 可知，在已知观察值序列 aab 和模型 $M=\{\boldsymbol{A},\boldsymbol{B},\boldsymbol{\pi}\}$ 时，aab 的输出概率的计算方法和步骤可以获得。但是，该例只是一种非常简单的情况，实际上每一种可能的路径是不可能知道的，而且计算量十分惊人，大约为 $2TN^T$ 数量级。即当 HMM 的状态数 $N=5$，观察值序列长度 $T=100$ 时，计算量达10^{72}，这是完全不能接受的。在此情况下，要求出 $P(\boldsymbol{O}\mid\boldsymbol{M})$ 还必须寻求更有效的算法，这就是 Baum 等人提出的前向-后向算法。设 S_1 是初始状态，S_N 是终了状态，则下面对前向-后向算法进行介绍。

（1）前向算法

前向算法，即按输出观察值序列的时间，从前向后递推计算输出概率。具体计算方法如下。

1）初始化：

$$\alpha_0(1)=1,\ \alpha_0(j)=0\quad(j\neq 1)\tag{10-20}$$

2）递推公式：

$$\alpha_t(j)=\sum_i \alpha_{t-1}(i)a_{ij}b_{ij}(o_t)\quad(t=1,2,\cdots,T;i,j=1,2,\cdots,N)\tag{10-21}$$

其中，$\alpha_t(j)$ 为输出部分符号序列 $o_1,o_2,\cdots,o_t$ 并且到达状态 S_j 的概率；$b_{ij}(o_t)$ 表示从状态 S_i 到状态 S_j 发生转移时输出 o_t 的概率；a_{ij} 表示从状态 S_i 到状态 S_j 的转移概率。

3）给定模型 $\boldsymbol{M}$ 时，输出符号序列 $\boldsymbol{O}$ 的最终概率为

$$P(\boldsymbol{O}\mid\boldsymbol{M})=\alpha_T(N)\tag{10-22}$$

在 t 时刻的 $\alpha_t(j)$ 等于 $t-1$ 时刻的所有状态的 $\alpha_{t-1}(i)a_{ij}b_{ij}(o_t)$ 之和；当然，如果状态 S_i 到状态 S_j 没有转移时，$a_{ij}=0$。这样，在 t 时刻对所有状态 $S_j(j=1,2,\cdots,N)$ 的 $\alpha_t(j)$ 都计算一次，则每个状态的前向概率都更新了一次，然后进入 $t+1$ 时刻的递推过程。图 10-6 以上面计算 aab 的输出概率为例，说明了利用前向递推算法计算模型 $\boldsymbol{M}=\{\boldsymbol{A},\boldsymbol{B},\boldsymbol{\pi}\}$ 在输出观察符号

序列为 $\boldsymbol{O}=o_1,o_2,\cdots,o_T$ 时的输出概率 $P(\boldsymbol{O}\mid\boldsymbol{M})$ 的全过程。具体步骤如下。

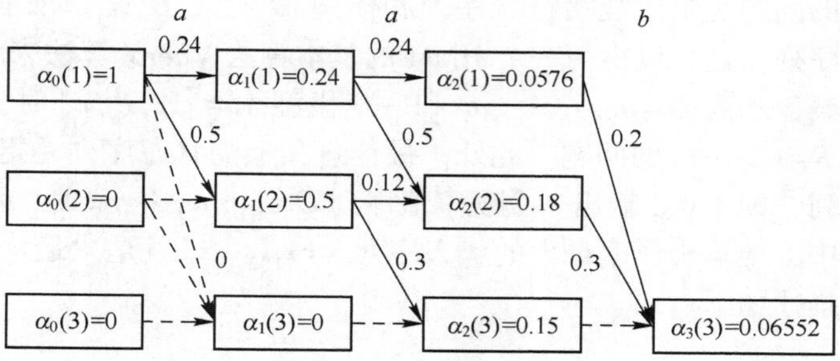

图 10-6　$\alpha_t(j)$ 的计算过程

1）给每个状态准备一个数组变量 $\alpha_t(j)$，初始化时令初始状态 S_1 的数组变量 $\alpha_0(1)$ 为 1，其他状态的数组变量 $\alpha_0(j)$ 为 0。

2）根据 t 时刻输出的观察符号 o_t 计算 $\alpha_t(j)$：

$$\alpha_t(j)=\sum_i \alpha_{t-1}(i)a_{ij}b_{ij}(o_t)=\alpha_{t-1}(1)a_{1j}b_{1j}(o_t)+\alpha_{t-1}(2)a_{2j}b_{2j}(o_t)+\cdots+\alpha_{t-1}(N)a_{Nj}b_{Nj}(o_t)\quad(j=1,2,\cdots,N)\tag{10-23}$$

当状态 S_i 到状态 S_j 没有转移时（对应图中虚线），$a_{ij}=0$。

3）当 $t\neq T$ 时转移到 2)，否则执行 4)。

4）把最终的数组变量 $\alpha_T(N)$ 内的值取出，则

$$P(\boldsymbol{O}\mid\boldsymbol{M})=\alpha_T(N)\tag{10-24}$$

这种前向递推计算算法的计算量大为减少，变为 $N(N+1)(T-1)+N$ 次乘法和 $N(N-1)\cdot(T-1)$ 次加法。同样，当 $N=5$，$T=100$ 时，只需大约 3000 次计算（乘法）。另外，这种算法也是一种典型的格型结构，和动态规划（DP）递推方法类似。

（2）后向算法

与前向算法类似，后向算法为按输出观察值序列的时间，从后向前递推计算输出概率的方法。定义 $\beta_t(i)$ 为后向概率，即从状态 S_i 开始到状态 S_N 结束输出部分符号序列 $o_{t+1},o_{t+2},\cdots,o_T$ 的概率，则 $\beta_t(i)$ 可由下面的递推公式计算得到。

1）初始化：

$$\beta_T(N)=1,\ \beta_T(j)=0\ (j\neq N)\tag{10-25}$$

2）递推公式：

$$\beta_t(i)=\sum_j \beta_{t+1}(j)a_{ij}b_{ij}(o_{t+1})\quad(t=T,T-1,\cdots,1;\ i,j=1,2,\cdots,N)\tag{10-26}$$

3）最后结果：

$$P(\boldsymbol{O}\mid\boldsymbol{M})=\sum_{i=1}^{N}\beta_1(i)\pi_i=\beta_0(1)\tag{10-27}$$

后向算法的计算量大约在 N^2T 数量级，也是一种格型结构。显然，根据定义的前向和后向概率，有如下关系成立：

$$P(\boldsymbol{O}\mid\boldsymbol{M})=\sum_{i=1}^{N}\sum_{j=1}^{N}\alpha_t(i)a_{ij}b_{ij}(o_{t+1})\beta_{t+1}(j),\ 1\leqslant t\leqslant T-1\tag{10-28}$$

2. 维特比（Viterbi）算法

第二个要解决的问题是给定观察符号序列和模型 $\boldsymbol{M}=\{\boldsymbol{A},\boldsymbol{B},\boldsymbol{\pi}\}$，如何有效地确定与之对应的最佳的状态序列。这可以由另一个 HMM 的基本算法 Viterbi 算法来解决。Viterbi 算法解决了给定一个观察值序列 $\boldsymbol{O}=o_1,o_2,\cdots,o_T$ 和一个模型 $\boldsymbol{M}=\{\boldsymbol{A},\boldsymbol{B},\boldsymbol{\pi}\}$ 时，在最佳的意义上确定一个状态序列 $\boldsymbol{S}=s_1s_2\cdots s_T$ 的问题。此处，最佳意义上的状态序列是指使 $P(\boldsymbol{S},\boldsymbol{O}\mid\boldsymbol{M})$ 最大时确定的状态序列，即 HMM 输出一个观察值序列 $\boldsymbol{O}=o_1,o_2,\cdots,o_T$ 时，可能通过的状态序列路径有多种，其中，使输出概率最大的状态序列 $\boldsymbol{S}=s_1s_2\cdots s_T$ 就是"最佳"。

Viterbi 算法可描述如下。

1）初始化：

$$\alpha'_0(1)=1,\ \alpha'_0(j)=0\ (j\neq 1) \tag{10-29}$$

2）递推公式：

$$\alpha'_t(j)=\max_i \alpha'_{t-1}(j)a_{ij}b_{ij}(o_t)\quad (t=1,2,\cdots,T;\ i,j=1,2,\cdots,N) \tag{10-30}$$

3）最后结果：

$$P_{\max}(\boldsymbol{S},\boldsymbol{O}\mid\boldsymbol{M})=\alpha'_T(N) \tag{10-31}$$

在这个递推公式中，每一次使 $\alpha'_t(j)$ 最大的状态 i 组成的状态序列就是所求的最佳状态序列。

3. Baum-Welch 算法

Baum-Welch 算法实际上是用来解决 HMM 训练的，即 HMM 参数估计问题。给定一个观察值序列 $\boldsymbol{O}=o_1,o_2,\cdots,o_T$，该算法能确定一个 $\boldsymbol{M}=\{\boldsymbol{A},\boldsymbol{B},\boldsymbol{\pi}\}$，使 $P(\boldsymbol{O}\mid\boldsymbol{M})$ 最大，这是一个泛函极值问题。但是，由于给定的训练序列有限，因而不存在一个最佳的方法来估计 $\boldsymbol{M}$。Baum-Welch 算法利用递归的思想，使 $P(\boldsymbol{O}\mid\boldsymbol{M})$ 局部放大，最后得到优化的模型参数 $\boldsymbol{M}=\{\boldsymbol{A},\boldsymbol{B},\boldsymbol{\pi}\}$。可以证明，利用 Baum-Welch 算法的重估公式得到的重估模型参数构成的新模型 $\hat{\boldsymbol{M}}$，一定有 $P(\boldsymbol{O}\mid\hat{\boldsymbol{M}})>P(\boldsymbol{O}\mid\boldsymbol{M})$ 成立，即由重估公式得到的 $\hat{\boldsymbol{M}}$ 比 $\boldsymbol{M}$ 在表示观察值序列 $\boldsymbol{O}=o_1,o_2,\cdots,o_T$ 方面更好。重复该过程，逐步改进模型参数，直到 $P(\boldsymbol{O}\mid\hat{\boldsymbol{M}})$ 收敛（即不再明显增大），此时的 $\hat{\boldsymbol{M}}$ 即为所求的模型。

Baum-Welch 算法的步骤如下。

给定一个（训练）观察值符号序列 $\boldsymbol{O}=o_1,o_2,\cdots,o_T$，以及一个需要通过训练进行重估参数的 HMM 模型 $\boldsymbol{M}=\{\boldsymbol{A},\boldsymbol{B},\boldsymbol{\pi}\}$。按前向-后向算法，设对于符号序列 $\boldsymbol{O}=o_1,o_2,\cdots,o_T$，在时刻 t 从状态 S_i 转移到状态 S_j 的转移概率为 $\gamma_t(i,j)$，则 $\gamma_t(i,j)$ 可表示为

$$\gamma_t(i,j)=\frac{\alpha_{t-1}(i)a_{ij}b_{ij}(o_t)\beta_t(j)}{\alpha_T(N)}=\frac{\alpha_{t-1}(i)a_{ij}b_{ij}(o_t)\beta_t(j)}{\sum_i \alpha_t(i)\beta_t(i)} \tag{10-32}$$

同时，对于符号序列 $\boldsymbol{O}=o_1,o_2,\cdots,o_T$，在时刻 t 时马尔可夫链处于状态 S_i 的概率为

$$\sum_{j=1}^{N}\gamma_t(i,j)=\frac{\alpha_t(i)\beta_t(i)}{\sum_i \alpha_t(i)\beta_t(i)} \tag{10-33}$$

此时，对于符号序列 $\boldsymbol{O}=o_1,o_2,\cdots,o_T$，从状态 S_i 转移到状态 S_j 的转移次数的期望值为 $\sum_t \gamma_t(i,j)$；而从状态 S_i 转移出去的次数的期望值为 $\sum_j\sum_t \gamma_t(i,j)$。由此，可导出 Baum-

Welch 算法中著名的重估公式：

$$\hat{a}_{ij}=\frac{\sum_{t}\gamma_t(i,j)}{\sum_{j}\sum_{t}\gamma_t(i,j)}=\frac{\sum_{t}\alpha_{t-1}(i)a_{ij}b_{ij}(o_t)\beta_t(j)}{\sum_{t}\alpha_t(i)\beta_t(j)} \tag{10-34}$$

$$\hat{b}_{ij}(k)=\frac{\sum_{t:o_t=k}\gamma_t(i,j)}{\sum_{t}\gamma_t(i,j)}=\frac{\sum_{t:o_t=k}\alpha_{t-1}(i)a_{ij}b_{ij}(o_t)\beta_t(j)}{\sum_{t}\alpha_{t-1}(i)a_{ij}b_{ij}(o_t)\beta_t(j)} \tag{10-35}$$

所以根据观察值序列 $\boldsymbol{O}=o_1,o_2,\cdots,o_T$ 和选取的初始模型 $\boldsymbol{M}=\{\boldsymbol{A},\boldsymbol{B},\boldsymbol{\pi}\}$，由式（10-34）和式（10-35），求得一组新参数$\hat{a}_{ij}$和$\hat{b}_{ij}(k)$，即得到了一个新的模型$\hat{\boldsymbol{M}}=\{\hat{\boldsymbol{A}},\hat{\boldsymbol{B}},\hat{\boldsymbol{\pi}}\}$。

下面给出利用 Baum-Welch 算法进行 HMM 训练的具体步骤。

1）适当地选择 a_{ij}和 $b_{ij}(k)$的初始值，常用的设定方式如下。

① 给予从状态 i 转移出去的每条弧相等的转移概率，即

$$a_{ij}=\frac{1}{\text{从状态 } i \text{ 转移出去的弧的条数}} \tag{10-36}$$

② 给予每一个输出观察符号相等的输出概率初始值，即

$$b_{ij}(k)=\frac{1}{\text{码本中码字的个数}} \tag{10-37}$$

并且每条弧上给予相同的输出概率矩阵。

2）给定一个（训练）观察值符号序列 $\boldsymbol{O}=o_1,o_2,\cdots,o_T$，由初始模型计算 $\gamma_t(i,j)$等，并且由式（10-34）和式（10-35），计算$\hat{a}_{ij}$和$\hat{b}_{ij}(k)$。

3）再给定一个（训练）观察值符号序列 $\boldsymbol{O}=o_1,o_2,\cdots,o_T$，把前一次的$\hat{a}_{ij}$和$\hat{b}_{ij}(k)$作为初始模型计算 $\gamma_t(i,j)$等，由式（10-34）和式（10-35），重新计算$\hat{a}_{ij}$和$\hat{b}_{ij}(k)$。

4）如此反复，直到$\hat{a}_{ij}$和$\hat{b}_{ij}(k)$收敛为止。

需要说明的是，语音识别一般采用从左到右型 HMM，所以初始状态概率 π_i 不需要估计，总设定为

$$\pi_1=1,\ \pi_i=0(i=2,\cdots,N) \tag{10-38}$$

模型收敛，停止训练的判定方法也很重要。因为并不是训练得越多越好，训练过度反而会使模型参数的精度变差。一种判定方法是前后两次的输出概率的差值小于一定阈值或模型参数几乎不变为止；另一种判定方法是采用固定训练次数的办法，如对于一定数量的训练数据，利用这些数据反复训练十次（或若干次）即可。另外，训练数据的数量也很重要，一般来讲，要想训练一个好的 HMM，至少需要几十个同类别数据。

应当指出，HMM 训练（参数估计问题）是 HMM 在语音处理中应用的关键问题，与前面讨论的两个问题相比，这也是最困难的一个问题。Baum-Welch 算法只是得到广泛应用的解决这一问题的经典方法之一，它并不是唯一的，也不是最完善的方法。

理论上，Baum-Welch 训练算法能够给出似然函数的局部最大点。因此 HMM 的一个关键的问题是如何选择有效的初始参数，使局部最大点尽量接近全局最优点。好的初值还可以保证达到收敛时所需的迭代次数最小，即计算效率较高。一般来说，初始概率 π 和状态转

移系数矩阵 $\boldsymbol{a}_{ij}$的初值较易确定。通常，这两组参数的初值均设置为均匀分布的值或非零的随机数。

参数 $\boldsymbol{B}$ 的初值设置较其他两组参数的设置更重要，也更困难。对离散型 HMM 等较简单的情况，$\boldsymbol{B}$ 的设置较容易，可以均匀地或随机地设置每一字符出现的概率初值。在连续分布 HMM 的 $\boldsymbol{B}$ 中，包含的参数越多、越复杂，则参数初值的设置对于迭代计算的结果越至关重要，一种较简单的 $\boldsymbol{B}$ 初值的设置方法是对输入的语音进行手工状态划分并统计出相应的概率分布作为初值，这适合于较小的语音单位。对于较大的语音单位，普遍采用 K-均值聚类算法。

注：在 Python 中，隐马尔可夫模型可以通过调用 sklearn 库的 HMM 方法来实现。

10.4.4 隐马尔可夫声学模型

单词序列 $\boldsymbol{W}(w_1,w_2,\cdots,w_k)$被分解为基音序列，在已知单词序列 $\boldsymbol{W}$ 的情况下，观察到特征序列 $\boldsymbol{Y}$ 的概率 $P(\boldsymbol{Y}\mid\boldsymbol{W})$为

$$P(\boldsymbol{Y}\mid\boldsymbol{W})=\sum_{Q}P(\boldsymbol{Y}\mid\boldsymbol{Q})P(\boldsymbol{Q}\mid\boldsymbol{W}) \tag{10-39}$$

$\boldsymbol{Q}$ 是单词发音序列 $\boldsymbol{Q}_1,\cdots,\boldsymbol{Q}_k$，每一个序列又是基音的序列 $\boldsymbol{Q}_k=q_1^k,q_2^k,\cdots$，则有

$$P(\boldsymbol{Q}\mid\boldsymbol{W})=\prod_{k=1}^{K}P(\boldsymbol{Q}_k\mid\boldsymbol{w}_k) \tag{10-40}$$

基于 HMM 的音素模型如图 10-7 所示，基音 q 由隐马尔可夫模型表示，状态转移参数是 a_{ij}，观察分布 b_j 通常是混合高斯分布：

$$b_j(y)=\sum_{m=1}^{M}c_{jm}N\left(\boldsymbol{y};\boldsymbol{\mu}_{jm},\sum_{jm}\right) \tag{10-41}$$

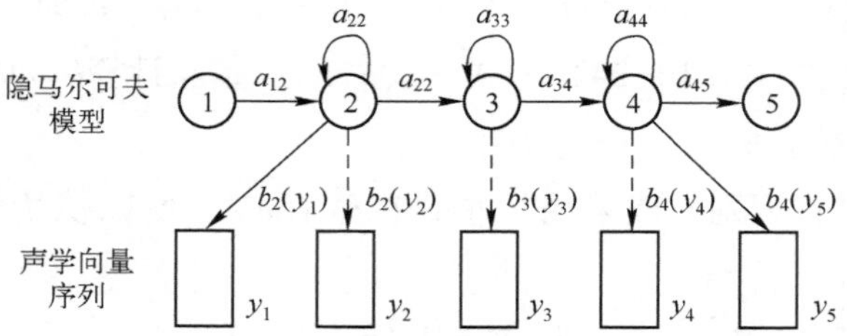

图 10-7 基于 HMM 的音素模型

其中，N 是均值为 $\boldsymbol{\mu}_{jm}$、协方差为 $\sum_{jm}$ 的 10~20 维的联合高斯分布。由于声学向量 $\boldsymbol{y}$ 的维度较高，协方差矩阵通常限制为对角阵以降低计算复杂度，则

$$P(\boldsymbol{Y}\mid\boldsymbol{Q})=\sum_{X}P(\boldsymbol{X},\boldsymbol{Y}\mid\boldsymbol{Q}) \tag{10-42}$$

其中，$\boldsymbol{X}=x(0),\cdots,x(T)$是混合模型的状态序列。

$$P(\boldsymbol{X},\boldsymbol{Y}\mid\boldsymbol{Q})=a_{x(0),x(1)}\prod_{t=1}^{T}b_x(t)(y_t)a_{x(t),x(t+1)} \tag{10-43}$$

声学模型参数 a_{ij}和观察分布 b_j 可以使用期望最大化的方式从语料库中训练得到。由于发音通常是时序相关的，故常使用三音素模型。如果有 N 个基音，那么将有 N^3个可能的三音素组合，可使用映射集群的方式缩减三音素的规模。三音素模型根据前后音素来选择当前

最有可能的音素组合，完整的三音素集非常大，并且训练数据也可能没有百分之百覆盖所有的三音素。为了获得好的模型参数估计，三音素之间需要尽可能使用相同的参数。最常用的方法是在 HMM 状态层面上进行三音素之间的合并（声学聚类）。

三音素模型并不能很好地处理训练语料不足的发音情况，这类情况的一种解决方法是使用音素决策树。逻辑到物理模型集群通常是对状态层次的聚类操作，而非模型层级的集群，每个状态所属的集群通过决策树确定，每个音素 q 的状态位置都与一个二进制决策树相关。每一个音素模型有三个状态，决策树的每个节点是对语义的判断，以最大化训练数据集的最终状态概率集为准则设置各个节点的判断条件。

10.4.5 基于隐马尔可夫模型的孤立字（词）识别

利用 HMM 进行孤立字（词）语音识别时，主要分为两个阶段，即训练阶段和识别阶段。假设总共有 G 个待识别的孤立字（词），在训练阶段，对于每一个孤立字（词）g 进行预处理和特征提取，得到的语音信号的特征向量序列的集合作为观察值序列 $\boldsymbol{O}(g)$。然后，利用 HMM 的 Baum-Welch 算法估计出与当前孤立字（词）对应的 HMM 的参数 $\boldsymbol{M}(g)$。当所有孤立字（词）所对应的 HMM 参数估计出之后，训练过程结束。

在识别阶段，对于任一待识别的语音 $\boldsymbol{X}'=X'_1,X'_2,\cdots,X'_T$，首先将其进行预处理和特征提取，得到对应的特征向量序列 $\boldsymbol{O}'=O'_1,O'_2,\cdots,O'_T$（如果是离散型的 HMM，则需进行向量量化）。然后，利用 HMM 的前向-后向算法计算该特征向量序列在训练好的每个孤立字（词）HMM 上的输出概率 $P(\boldsymbol{O}'|\boldsymbol{M}(g))$，把输出概率最大的 HMM 所对应的孤立字（词）作为识别结果。图 10-8 表示了基于离散型 HMM 的孤立字（词）的识别过程。

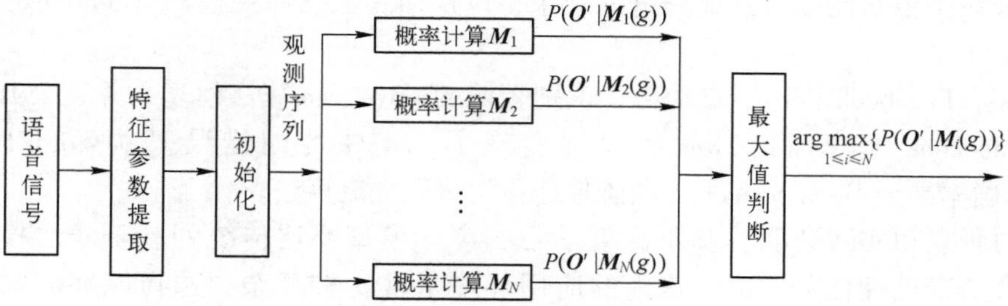

图 10-8 基于 HMM 的孤立字（词）的识别过程

10.5 人工智能与语音识别

人工智能的主要任务之一是人机交互，也就是希望计算机可以像人一样具有各种模式认知功能，并进一步和人交流。人类在沟通交流的过程中最重要的两个信息源就是图像和语音，因此图像识别和语音识别也是人工智能领域首要的研究对象。语音识别的研究最早可以追溯到 20 世纪 50 年代，经过众多研究工作者的努力，从最初只能识别 10 个英文数字的简单系统到如今涵盖各种语言甚至方言的连续语音识别系统，语音识别技术从实验室走向了工业生产，也走进了人们的日常生活。语音识别的发展离不开深度学习技术的发展。

2006 年，Geoffrey Hinton 提出了深度置信网络，标志着深度学习的序幕正式拉开，也为语音识别的发展提供了多种途径。深度置信网络解决的是在训练过程中容易出现的陷入局部最优问题。通过深层网络的学习，最大化地分析数据本身的特性，继而提取更加优异的数据特征，以实现更好的模型表现。2009 年，学者将传统的 HMM-GMM 中的声学模型替换为 DBN-HMM 模型，对 HMM 的分布状态采用 DBN 进行建模，成功搭建了一个单音素的语音识别系统。随后，越来越多的神经网络架构被挖掘出来并成功应用在语音识别系统中，如 DNN、CNN、RNN 等。在语音深度识别领域中，端到端的学习模型逐渐成为这几年研究的热门。与传统框架相比，端到端的语音识别模型省去了繁杂的发音模型、声学模型、语言模型的分支，完成的是从语音输入到文字输出的直接映射。

2011 年底，微软研究院将 DNN 技术应用在了大词汇量连续语音识别的任务上，大大降低了语音识别的错误率，从此语音识别进入 DNN-HMM 时代。DNN 带来的好处是不再需要对语音数据分布进行假设，将相邻的语音帧拼接且包含了语音的时序结构信息，使得对于状态的分类概率有了明显的提升。同时，DNN 还具有强大的环境学习能力，可以提升对噪声和口音的鲁棒性。

语音识别经历了从 2012 年的 DNN 的引入时的 Hybrid HMM 结构，再到 2015 年吸引大家研究兴趣的 CTC 算法，2016 年科大讯飞提出的全序列卷积神经网络，而后到 2018 年的 Attention 相关结构的研究热点。Attention 相关算法在语音识别或者说话人识别研究的文章中出现的频率极高。从最开始的 Attention，到 Listen-Attend-Spell，再到 Self-Attention（或者 Transformer），有不同的文章被作者多次介绍和分析，频繁出现在相关文章的 Introduction 环节中。在 Attention 结构下，依然还有很多内容需要研究者们进一步探索：例如，在一些情况下 Hybrid 结构依然能够得到最先进的结果，以及语音数据库规模和 Attention 模型性能之间的关系。

2019 年，Facebook 推出了自动语音识别领域的 wave2vec 算法模型，并且公开了该算法的细节。Facebook 基于 wave2vec 的模型实现了 2.43% 的词错误率（Word Error Rate，WER），准确率高于 Deep Speech 2 和监督迁移学习等主流算法。

长期的研究和实践证明，基于深度学习的声学模型要比传统的基于浅层模型的声学模型更适合语音处理任务。语音识别的应用环境常常比较复杂，选择能够应对各种情况的模型建模声学模型是工业界及学术界常用的建模方式。但单一模型都有局限性，HMM 能够处理可变长度的表述，CNN 能够处理可变声道，RNN 和 CNN 能够处理可变语境信息。在声学模型建模中，混合模型由于能够结合各个模型的优势，是目前乃至今后一段时间内声学建模的主流方式。近年来，智能语音进入了快速增长期，语音识别作为语音领域的重要分支获得了广泛的关注，如何提高声学建模能力和如何进行端到端的联合优化是语音识别领域中的重要课题。

在近两年的研究中，端到端语音识别仍然是 ASR（Automatic Speech Recognition）研究的一大热点。基于 Attention 机制的识别系统已经成为语音技术的研究主流。同时，随着端到端语音识别框架的日益完善，研究者们对端到端模型的训练和设计也更加关注。远场语音识别、模型结构、模型训练、跨语种或者多语种语音识别以及一些端到端语音识别成为研究热点。

10.5.1 常用开源数据集介绍

1. 英文数据集

（1）LibriSpeech

LibriSpeech 是公开数据集中最常用的英文语料，它包含了 1000 h 的 16 kHz 有声书录音，并且经过切割和整理成每条 10 s 左右的、经过文本标注的音频文件，非常适合入门使用。其数据取自 LibriVox 项目的已读有声读物。

（2）2000 HUB5 English Evaluation Transcripts

该数据集由语言数据协会开发，由 NIST（美国国家标准与技术研究院）赞助的 2000 HUB5 评估中使用的 40 段英语电话对话组成。HUB5 系列评估的重点是通过电话进行对话语音，其特殊任务是将对话语音转录为文本。

2. 中文数据集

（1）THCHS30

THCHS30 是一个很经典的中文语音数据集，它包含了 1 万余条语音文件，大约 40 h 的中文语音数据，内容以文章、诗句为主。它是由清华大学语音与语言技术中心公布的开放式中文语音数据库。原创录音于 2002 年在清华大学计算机科学系智能技术与系统国家重点实验室监督下进行，原名为“TCMSD”，代表“清华连续”普通话语音数据库，目的是为语音识别领域的新入门的研究人员提供基础级别的数据库，因此，该数据集对学术用户完全免费。

（2）ST-CMDS

ST-CMDS 是由 AI 数据公司冲浪科技发布的中文语音数据集，包含 10 万余条语音文件，大约 100 h 的语音数据。数据内容以平时的网上语音聊天和智能语音控制语句为主，来自 855 个不同说话者，同时有男声和女声，适合多种场景下使用。

（3）AISHELL-1

AISHELL-1 是由北京希尔公司发布的一个中文语音数据集，其中包含 178 h 的开源版数据。该数据集包含 400 个来自我国不同地区、具有不同口音的人的声音。录音是在安静的室内环境中使用高保真传声器进行录音的，并采样降至 16 kHz。通过专业的语音注释和严格的质量检查，手动转录准确率达到 95%以上。该数据集免费供给学术用户使用。

（4）aidatatang_1505zh

为解决在各应用领域数据匮乏的现状，帮助更多的研究人员拓宽研究领域，丰富研究内容，加速迭代，数据堂推出 AI 数据开源计划，该计划面向高校和学术机构等非商业组织群体，首次开源的数据集为 1505 h 中文普通话语音数据集。该数据集是目前业内数据量较大、句准确率较高的中文普通话开源数据集。

10.5.2 语音唤醒

语音唤醒技术也称为关键词检测技术，是语音识别任务的一个分支，需要从一串语音流中检测出有限个预先定义的激活词或者关键词，而不需要对所有的语音进行识别。这类技术是嵌入式设备具备语音交互能力的基础，可以被应用到多种设备上，如手机、智能音箱、机器人、智能家居、车载设备、可穿戴设备等。通常，设备唤醒词是默认的或者预先设定的，大部分中文唤醒词是4个字，音节覆盖越多，其差异越大，相应的唤醒和误唤醒性能越好。有些技术领先的算法公司能做到三字或者二字唤醒词。当设备处于休眠状态时，保持拾音并检测唤醒词，一旦检测到唤醒词，设备立刻从休眠状态切换到工作状态等待后续交互。

目前，常用的算法主要有基于隐马尔可夫模型和基于神经网络两种。相比隐马尔可夫方法，神经网络方法不再需要解码步骤，实现了端到端的输出，也就是输入语音，输出关键词。

1. 常用特征

与其他机器学习的任务类似，特征提取对于模型训练来说至关重要，目前最常用的语音特征包括语谱和MFCC等。在语音唤醒任务里，通常采用一组听觉滤波器提取特征，在一定程度上逼近人耳拾音特点，从而提高唤醒识别的准确性，典型特征为Mel谱特征。

基于对数表示的特征（如MFCC）会压缩动态范围，但是经过对数运算之后，放大了小幅值的动态范围，而压缩了大幅值的动态范围，比如安静语音幅值会占据大部分动态范围。其次，这些特征与语音响度强相关，而预期音量不应该对唤醒结果造成影响。基于此，Google提出了信道能量归一化的特征（Per-Channel Energy Normalization，PCEN），计算公式为

$$PCEN(t,f)=\left(\frac{E(t,f)}{\varepsilon+M(t,f)^{\alpha}}+\delta\right)^{r}-\delta^{r} \tag{10-44}$$

$$M(t,f)=(1-s)M(t-1,f)+sE(t,f) \tag{10-45}$$

其中，$E(t,f)$是原始特征；$M(t,f)$是采用一阶无限滤波器平滑之后的特征平滑系数；ε是一个防止除数为0的极小值。$\frac{E(t,f)}{\varepsilon+M(t,f)^{\alpha}}$部分实现了一个前馈自动增益控制（AGC），归一化强度由α控制，$\alpha\in[0,1]$，α值越大，归一化程度越高。通过归一化消除了响度影响，这里的归一化操作是基于通道的。

PCEN的另一个重要优点是可微分，那就意味着公式中的超参数是可训练的，可以作为模型结构中的一层加入训练。实验证明，训练得到的PCEN参数比固定的PCEN参数性能更优。

2. 典型的深度学习模型

近年来，基于神经网络的方法大量应用于语音识别任务，唤醒任务作为语音识别任务的一个分支，借鉴其模型结构，同时基于自身资源小、任务相对简单、远场语音等特点，相应地做了优化改进。

Google在2014年提出了用深度神经网络的方法来实现语音唤醒，称之为Deep KWS。唤醒分为三个步骤：特征提取、经过深度神经网络输出后验概率和后处理判决。首先，对输入语音做特征提取；然后，经过DNN网络得到一个三分类的后验概率，三分类分别对应关键字Okay、Google和其他；最后，经过后处理得到置信度得分，用于唤醒判决。

（1）特征提取

出于减少计算量的考量，模型通过VAD检测来判断人声。在人声范围内，基于25ms窗长和10ms滑窗得到40维Mel谱特征。模型输入是在当前帧的特征的基础上拼接了前后帧的特征，前后拼接的帧数越多，越有利于算法性能，但相应也会增加计算量和计算时延。在权衡计算量、时延和精度后，Deep KWS在实现中向前拼接了10帧，向后拼接了30帧。

（2）网络结构

网络结构部分用的是标准的全连接网络，包含 k 层隐藏层。每层隐藏层包含 n 个节点并用 RELU 作为激活函数，最后一层通过 Softmax 得到每个标签的后验概率。训练中采用交叉熵作为损失函数，同时可以复用其他语音识别网络结构来初始化隐藏层，实现迁移学习，避免训练陷入局部最小值，从而提高模型性能。

（3）后处理判决

得到基于帧的标签后验概率之后，后处理部分会对后验概率进行平滑处理，得到唤醒置信度得分。平滑过程是为了消除原始后验概率噪声，假设$\hat{p}_{ij}$是原始后验概率 p_{ij}经平滑处理之后的结果，平滑窗口为 w_s，平滑公式为

$$\hat{p}_{ij} = \frac{1}{j - h_s + 1}\sum_{k=h_s}^{j} p_{ik} \tag{10-46}$$

其中，$h_s = \max\{1, j-w_s+1\}$ 是平滑窗 w_s 内的最早帧号索引。然后基于平滑处理之后的后验概率 $\hat{p}_{ij}$计算得到置信度，在一个滑动窗 $w_{\max}$第 j 帧的置信度为

$$confidence = \sqrt[n-1]{\prod_{i=1}^{n-1} \max_{h_{\max}<k<j} \hat{p}_{ik}} \tag{10-47}$$

其中，$h_{\max} = \max\{1, j-w_{\max}+1\}$ 是平滑窗 $w_{\max}$内的最早帧号索引。将计算得到的置信度和预定义的阈值进行比较，做出唤醒判决。当 Deep KWS 中 $w_s = 30$、$w_{\max} = 100$ 时，能得到相对较好的性能。

2015 年，Google 提出了基于 CNN 的 KWS 模型，典型的卷积网络结构含一层卷积层和一层最大池化层。相比 DNN，CNN 的优势如下。

1）DNN 不关心频谱结构，输入特征做任何拓扑变形都不会影响最终性能，然而频谱在时频域都有高度相关性，CNN 在抓取空间信息方面更有优势。

2）CNN 通过对不同时频区域内的隐藏层节点输出取平均的方式，比 DNN 用更少的参数量，能克服不同的说话风格带来的共振峰偏移问题。

但是，CNN 建模的一个缺陷是：一般尺寸的卷积核不足以表达整个唤醒词上下文，而 RNN 正好擅长基于上下文建模。RNN 的缺点在于无法表达连续频谱的空间关系，而 CNN 正好擅长基于空间关系建模。因此，语音任务中出现了将 CNN 和 RNN 结合的 CRNN 模型结构，并以 CTC 作为损失函数，百度将这个模型结构应用在唤醒任务上，并大幅缩减了模型参数量。

出于减小复杂度的考量，训练中的标签指示当前帧是否包含唤醒词，语音识别任务中的 CTC 损失函数被替换成开销更小的 CE 损失函数。从 CTC 损失函数到 CE 损失函数，给训练任务带来的重要变化就是训练样本需要精确、严格对齐，并且需要由一个更大的识别模型预先得到唤醒词在训练样本中出现和结束的时间点。试验可得，增大卷积核数目和 RNN 节点数目可以显著提高模型的性能。RNN 层选择的 GRU 比 LSTM 计算量更小，而且性能更好，但是增加 RNN 层数对提高性能几乎没有帮助。

10.5.3 Deep Speech

（1）Deep Speech V1

百度研究团队于 2014 年底发布了第一代深度语音识别系统 Deep Speech。该系统采用了

端到端的深度学习技术，也就是说，系统不需要人工设计组件对噪声、混响或扬声器波动进行建模，而是直接从语料中进行学习。团队采用 7000 h 的干净语音语料，通过添加人工噪声的方法生成 10 万小时的合成语音语料，并在 SwitchBoard 评测语料上获得了 16.5% 的 WER（词错误率，是一项语音识别的通用评估标准）。当时的实验显示，百度的语音识别效果比谷歌、Bing 与 Apple 更有优势。

Deep Speech V1 的模型如图 10-9 所示，其核心是一个 RNN。它的输入是语音的频谱，输出是英文字符串。训练数据集是 $\boldsymbol{X}=\{(\boldsymbol{x}^{(1)},\boldsymbol{y}^{(1)}),(\boldsymbol{x}^{(2)},\boldsymbol{y}^{(2)}),\cdots\}$。每个输入 $\boldsymbol{x}^{(i)}$，它的长度是 $T^{(i)}$，每个时刻就是第 t 帧的特征向量 $\boldsymbol{x}_t^{(i)},t=1,2,\cdots,T^{(i)}$。RNN 的输入是 x，输出是每个时刻输出不同字符的概率 $P(c_t \mid x)$。其中，$c_t \in \{a,b,c,\cdots,z,\text{space},\text{apostrophe},\text{blank}\}$，也就是每个时刻 RNN 输出的是一个概率分布，表示这个时刻输出某个字符的概率。字符集包括 a~z 这 26 个字母、空格、撇号和空字符。

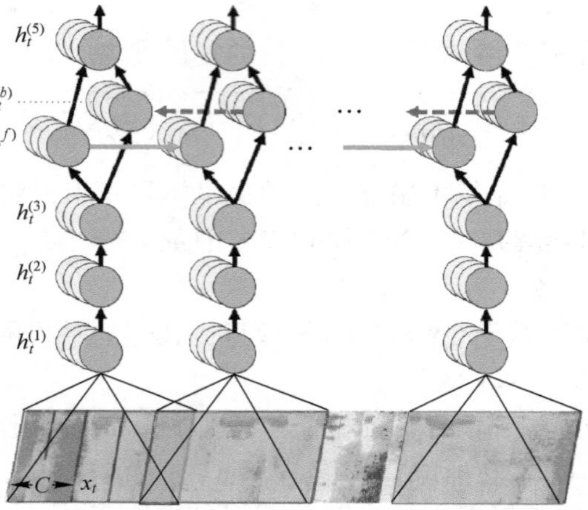

图 10-9　Deep Speech V1 模型

Deep Speech V1 的模型包含 5 个隐藏层。对于输入 x，用 h^l 表示第 l 层，h^0 表示输入。前 3 层是全连接层，对于第 1 层，在 t 时刻的输入不只是 t 时刻的特征 x_t，而且还包括它的前后 C 帧特征，共计 $2C+1$ 帧。前 3 层通过如下公式计算：

$$h_t^{(l)}=g(w^l h_t^{(l-1)}+b^{(l)}) \tag{10-48}$$

其中，激活函数 g 为矫正的线性激活函数，$g(z)=\min\{\max(0,z),20\}$。

第 4 层是一个双向的递归层（Bidirectional Recurrent Layer），包含了两组隐藏单元，其中一组是前向递归，另一组是后向递归，计算公式为

$$\begin{aligned} h_t^{(f)} &= g(w^{(4)}h_t^{(3)}+w_r^{(f)}h_{t-1}^{(f)}+b^{(4)}) \\ h_t^{(b)} &= g(w^{(4)}h_t^{(3)}+w_r^{(f)}h_{t+1}^{(f)}+b^{(4)}) \end{aligned} \tag{10-49}$$

这里使用了最普通的 RNN，而不是 LSTM 或 GRU，原因是为了使网络结构简单一致，便于计算速度的优化。在这个双向 RNN 中，输入到隐单元的参数是共享的（包括偏置），每个方向的 RNN 有自己的隐单元-隐单元参数。$h_t^{(f)}$ 是从时刻 1 开始一直计算到 T，而 $h_t^{(b)}$ 是反过来从 T 时刻开始计算。

第 5 层把第 4 层的前向和后向输出加起来作为输入：

$$h_t^{(5)} = g(w^{(5)} h_t^{(4)} + b^{(5)})$$
$$h_t^{(4)} = h_t^{(f)} + h_t^{(b)} \tag{10-50}$$

最后一层是一个全连接层（无激活函数），它使用 Softmax 把输出变成对应每个字符的概率：

$$h_{t,k}^6 = \hat{y}_{t,k} = P(c_t = k \mid x) = \frac{\exp(w_k^6 h_t^5 + b_k^6)}{\sum_j \exp(w_j^6 h_t^5 + b_j^6)} \tag{10-51}$$

有了 $P(c_t=k \mid x)$之后，可以计算 CTC 损失 $L(\hat{y},y)$，并且求 L 对参数的梯度。

得到 RNN 的输出以后，再根据语言模型将字符转化为单词。目标条件是最大化 $Q(c)$：

$$Q(c) = \lg(P(c \mid x)) + \alpha \lg P_{lm}(c) + \beta word\_count(c) \tag{10-52}$$

其中，α，β 控制语言模型约束、句子长度之间的平衡；$P_{lm}(c)$ 指字符 c 在语言模型中出现的概率；引入 *word_count* 的目的是避免语言模型选择短文本的倾向（因为语言模型的概率一般是文本越长值越小）。

（2）Deep Speech V2

2015 年，百度推出了 Deep Speech V2，它基于 LSTM-CTC（Connectionist Temporal Classification）的端到端语音识别技术，通过将机器学习领域的 LSTM 建模与 CTC 训练引入传统的语音识别框架里，提出了具有创新性的汉字语音识别方法。并能够通过深度学习网络识别嘈杂环境下的两种完全不同的语言——普通话与英语，而端到端的学习能够使系统处理各种条件下的语音，包括嘈杂环境、口音及不同语种。而在 Deep Speech V2 中，百度应用了高性能的计算技术缩短了训练时间（如开发针对 GPU 的 CTC 快速实现、自定义内存分配等），使得以往在几个星期才能完成的实验只需要几天就能完成。在基准测试时，系统能够呈现与人类具有竞争力的结果。

Deep Speech V2 相对于 Deep Speech V1 来说，加深了其网络结构。Deep Speech V2 共有 9 层网络（表现最好），其中包括了双向 RNN（或 GRU），一层前瞻卷积（Lookahead Convolution），一层时序卷积以及三层 CNN。在 Deep Speech V1 中未使用 LSTM 是考虑到计算量的缘故，而在 Deep Speech V2 中使用了 GRU，这是因为 GRU 的参数更少，更容易收敛。

在网络结构上，百度提出的前瞻卷积主要是为了实现低延迟的实时转录。将这个卷积层置于所有的递归层上，其输出为

$$r_{t,i} = \sum_{j=1}^{\tau+1} W_{i,j} h_{t+j-1,i}, 1 \leqslant i \leqslant d \tag{10-53}$$

实际意义就是，在某个时间点 t，人为设定一个 τ，认为当前时间点的信息不仅与上一层 t 时刻的输出有关，还与上一次邻近的 τ 个时间点的输出有关。

（3）Deep Speech V3

2017 年 10 月 31 日，百度的硅谷 AI 实验室发布了 Deep Speech V3，这是下一代的语音识别模型，它进一步简化了模型，并且可以在使用预训练过的语言模型时继续进行端到端训练。并开发了冷聚变（Cold Fusion），它可以在训练端到端模型的时候使用一个预训练的语言模型。带有冷聚变的端到端模型可以更好地运用语言信息，带来了更好的泛化效果和更快的收敛，同时只需用不到 10%的标注训练数据就可以完全迁移到一个新领域。冷聚变还可以在测试过程中切换不同的语言模型以便对任何内容进行优化，在 RNN 变换器上也能发挥

出同样好的效果。

10.5.4 N-Gram 语言模型

语言模型的基本任务是估计单词序列出现的概率 $P(w_1,w_2,\cdots,w_m)$，所有单词序列出现的概率之和满足 $\sum_m P(w_m)=1$。由于很多字的发音相同，语言模型有助于选择正确的字。比如她喜欢“chi”苹果，对于“吃”和“痴”两个字，这里倾向于选择“吃”。

在传统的语言模型中，当前词的概率依赖前 n 个单词，这可由式（10-54）的马尔可夫过程描述。

$$P(w_1,\cdots,w_m)=\prod_{i=1}^{m}P(w_i|w_1,\cdots,w_{i-1})\approx\prod_{i=1}^{m}P(w_i|w_{i-(n-1)},\cdots,w_{i-1}) \tag{10-54}$$

由于时序上的关系，第 N 个单词的概率可设为只依赖于前 $N-1$ 个词，这时一个单词序列 $W(w_1,w_2,\cdots,w_k)$ 的概率可以表示为

$$P(W)=\prod_{k=1}^{K}P(w_k|w_{k-N+1},w_{k-N},\cdots,w_{k-1}) \tag{10-55}$$

式中，N 通常取 2~4，通过计算训练文本数据集中 N-Gram 出现的次数计算各词出现的最大似然概率。例如，$C(w_{k-2}w_{k-1}w_k)$ 是 $w_{k-2}w_{k-1}w_k$ 三个词按先后顺序出现的次数，$C(w_{k-2}w_{k-1})$ 是 $w_{k-2}w_{k-1}$ 出现的次数，则

$$P(w_k|w_{k-2},w_{k-1})\approx\frac{C(w_{k-2}w_{k-1}w_k)}{C(w_{k-2}w_{k-1})} \tag{10-56}$$

由此可知，一元语法模型概率（见式（10-57））、二元语法模型概率（见式（10-58））和三元语法模型概率（见式（10-59））可基于训练文集中单词出现的次数统计值获得。

$$P(w_1)=\frac{C(w_1)}{\sum_i C(w_i)} \tag{10-57}$$

$$P(w_2|w_1)=\frac{C(w_1,w_2)}{C(w_1)} \tag{10-58}$$

$$P(w_3|w_1,w_2)=\frac{C(w_1,w_2,w_3)}{C(w_1,w_2)} \tag{10-59}$$

单词出现的概率可以用出现次数的比值代替，概率的比值转变成了出现次数的比值，这实际上使用了大数定律，在语法模型训练集充分的前提下是合理的。虽然文本语料比较容易获得，但可能存在统计语料不充分的情况，一个更好的平滑策略为

$$P_1(w_n|w_{n-2},w_{n-1})=\lambda_3P(w_n|w_{n-2},w_{n-1})+\lambda_2P(w_n|w_{n-2})+\lambda_1P(w_n) \tag{10-60}$$

其中，$\lambda_3+\lambda_2+\lambda_1=1$。

平滑策略使用了一元、二元和三元语法模型，该方法的优点如下。

1）具有卓越的可拓展性，训练的文本集可以包括上万亿个单词。

2）测试时间固定且快。

3）复杂的平滑技术可以获得效果很好的语言模型。

缺点如下。

1）当 N 很大时，将获得稀疏分布，长时依赖性差。

2）单词之间的相似性无法获得。

语言模型分布的非理想性可以从参数估计策略和模型等方面修正。当然，语言模型也可以通过深度学习的方法获取，比声学模型简单得多。

注：在 Python 的 sklearn 库中，通过 feature_extraction. text 方法的 CountVectorizer 函数可实现 N-Gram。

10.6 性能评价指标

如何合理地评价和比较各种语音识别系统的性能，对于改进和完善现有系统设计、提高系统性能、实现优势互补、减少研究工作的重复性和盲目性、适时地引导语音识别研究向着期望的目标发展等，都有着重要意义。

对于评测语音识别算法来说，目前主要有两个指标：词错误率和句错误率。

1）词错误率（Word Error Rate，WER）：为了使识别出来的词序列和标准的词序列之间保持一致，需要进行替换、删除或者插入某些词，这些插入、替换或删除的词的总个数除以标准的词序列中词的总个数的百分比，即为词错误率。计算公式为

$$WER=\frac{S+D+I}{N}\times 100\% \tag{10-61}$$

其中，S 代表替换的词的数目；D 代表删除的词的数目；I 代表插入的词的数目；N 代表词的总数。需要注意的是，在一般的学术研究中，对于英文语音识别系统来说，通常采用 WER，又称为词错误率，因为英文语句是由单词组成，例如“Hello World”记为两个词。而在中文语音识别系统中，采用的评测指标称为字符错误率（CER），因为中文是由单个字组成的，如“你好世界”记为四个字符。CER 的计算方式与 WER 的计算方式是相同的。

2）句错误率（Sentence Error Rate，SER）：句子中如果有一个词识别错误，那么这个句子被认为识别错误，句子识别错误的个数除以总的句子个数即为 SER。

10.7 思考与复习题

1. 语音识别的目的是什么？语音识别系统可以如何分类？当前，语音识别的主流方法是什么方法？

2. 为什么影响语音识别技术实用化的困难是不可低估的？实用语音识别研究中存在哪些主要问题和困难？

3. 一个实用语音识别系统应由哪几个部分组成？语音识别中常用的语音特征参数有哪些？什么是动态语音特征参数？怎样提取动态语音特征参数？

4. 给定一个输出符号序列，怎样计算 HMM 对于该符号序列的输出似然概率？

5. 为了应用 HMM，都有哪些基本算法？什么是前向-后向算法？它是怎样解决似然概率的计算问题的？叙述前向-后向算法的工作原理及其节约运算量的原因。

6. 什么是维特比算法？维特比算法是为了解决什么问题而设计的？

7. 为了保证 HMM 计算的有效性和训练的可实现性，基本 HMM 本身隐含了哪三个基本

假设？它是怎样影响 HMM 描述语音信号时间上帧间相关动态特性能力的？怎样才能弥补基本 HMM 的这一缺陷？

8. 什么是孤立字（词）语音识别？孤立字（词）语音识别有哪些有效方法？请简要说明它们的工作原理。

9. 为什么在语音识别时需要做时间规整？时间规整既然只是对时长的规整，那为什么又要说它是一种重要的测度估计的方法？请叙述动态规划方法的过程。

10. 为什么语音识别系统的性能评价研究很重要？应怎样评测语音识别系统的性能好坏？

第 11 章　说话人识别

人的声音提供了许多身份识别的线索，从一段简短的声音录音，听众可以区分说话人，识别他们熟悉的人，并通过他们的名字来记住他们。每个人的声带器官解剖结构的变化（如声带的厚度、人的上颚形状的差异和声道的动态使用），都会导致一个人发音、口音和发声器官等特殊特征的差异。个体之间的这些差异所产生的声学结果使听者能够仅从说话人的声音信号来判断说话人的身份。

自动说话人识别（Automatic Speaker Recognition，ASR）是一种自动识别说话人的过程。说话人识别是从语音中提取不同的特征，然后通过判断逻辑来判定该语句的归属类别。说话人识别并不注重包含在语音信号中的文字符号及其语义内容信息，而是着眼于包含在语音信号中的个人特征，以达到识别说话人的目的。因此，相比于语音识别，说话人识别更简单。

说话人发音器官的生理差异以及后天形成的行为差异使得每个人的语音都带有强烈的个人色彩，这使得通过分析语音信号来识别说话人成为可能。用语音鉴别说话人的身份有着许多独特的优点，如语音是人的固有特征，不会丢失或遗忘；语音信号采集方便，系统设备成本低；另外，利用电话网络还可以实现远程客户服务等。而且，近年来自动说话人识别在相当广泛的领域内已经发挥出重要的作用，如安保领域（机密场所进入许可）、公安司法领域（罪犯监听与鉴别）、军事领域（战场环境监听及指挥员鉴别）、财经领域（自动转账与出纳）、信息服务领域（自动信息检索或电子商务）等。由此可知，自动说话人识别具有广泛的应用前景，越来越受到人们的重视。

自动说话人识别按其最终完成的任务可分为两类：自动说话人确认和自动说话人辨认。本质上，这两类应用都是从说话人所说的测试语句或关键词中提取与说话人本人特征有关的信息，再与存储的参考模型比较，做出正确的判断。不过，自动说话人确认是确认一个人的身份，只涉及一个特定的参考模型和待识别模式之间的比较，系统只需做出“是”或“不是”的二元判决；而对于自动说话人辨认，系统则必须辨认出待识别的语音是来自待考查的 N 个人中的哪一个，有时还要对这 N 个人以外的语音做出拒绝的判断。由于需要 N 次比较和判决，所以自动说话人辨认的误识率要大于自动说活人确认，并且随着 N 的增加，其性能将会逐渐下降。此外，自动说话人识别按输入的测试语音来分，可分为三类，即与文本无关、与文本有关和文本指定型。与文本无关的说话人识别指的是不规定说话内容的说话人识别，即识别时不限定所用的语音内容；而与文本有关的说话人识别指的是规定内容的说话人识别，即只能用规定内容的语句进行识别。但是，这两种识别存在一个问题，即如果事先用录音装置把说话人本人的讲话内容记录下来，然后用于识别，则存在被识别装置误接受的危险。而在指定文本型说话人识别中，每一次识别时必须先由识别装置向说话人指定需发音的文本内容，只有在系统确认说话人对指定文本内容正确发音时才可以被接受，这样可降低本人语声被盗用的危险。

说话人识别的研究始于20世纪30年代，早期的工作主要集中在人耳听辨实验和探讨听音识别的可能性方面。随着研究手段和工具的改进，研究工作逐渐脱离了单纯的人耳听辨。现代说话人识别的研究重点转向语音中说话人个性特征的分离提取、个性特征的增强、对各种反映说话人特征的声学参数的线性或非线性处理，以及新的说话人识别模式匹配方法上，如动态时间规整、主分量（成分）分析、向量量化、隐马尔可夫模型、人工神经网络方法以及这些方法的组合技术等。

近年来，随着深度学习技术的发展，像语音识别一样，基于深度学习的说话人模型体现出卓越的性能。在模型结构、损失函数等方面的探讨已经较为成熟。一些主流模型（如TDNN、结合LMCL的ResNet、ArcFace等）开始不断刷新各数据集的性能上限。模型以外的因素逐渐成为制约说话人系统的瓶颈。说话人技术目前也逐渐暴露出与人脸识别同样的易受攻击的问题。因此，从2015年起，各国学者开始关注声纹反作弊问题。相信随着此类研究的不断深入，结合声纹系统的性能提升，声纹将有望变成人们的“声音身份证”。

11.1 说话人识别的原理

说话人识别就是从说话人的一段语音中提取出说话人的个性特征，通过对这些个人特征的分析和识别，从而达到对说话人进行辨认或者确认的目的。说话人识别不同于语音识别，前者利用的是语音信号中说话人的个性特征，不考虑包含在语音中的字词的含义，强调的是说话人的个性；而后者的目的是识别出语音信号中的语义内容，并不考虑说话人的个性，强调的是语音的共性。图11-1是说话人识别系统的结构框图，它由预处理、特征提取、模式匹配和识别决策等部分组成。除此之外，完整的说话人识别系统还应包括模板库的建立、专家知识库的建立和判决阈值选择等部分。

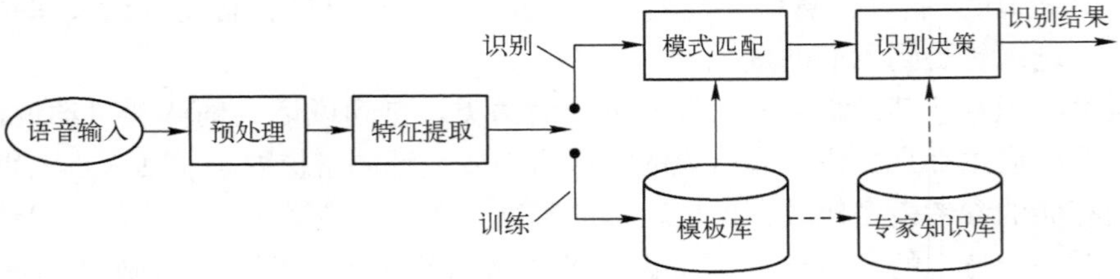

图11-1　说话人识别系统的结构框图

建立和应用一个说话人识别系统可分为两个阶段，即训练（注册）阶段和识别阶段。在训练阶段，系统的每一个使用者说出若干训练语料，系统根据这些训练语料，通过训练学习建立每个使用者的模板或模型参数参考集。而在识别阶段，把从待识别说话人说出的语音信号中提取的特征参数，与在训练过程中得到的模板或模型参数参考集加以比较，并且根据一定的相似性准则进行判定。对于说话人辨认来说，所提取的参数要与训练过程中的每一个人的参考模型进行比较，并把与它距离最近的那个参考模型所对应的使用者辨认为是发出输入语音的说话人。而对于说话人确认而言，则是将从输入语音中导出的特征参数与其声言为某人的参考量相比较。如果两者的距离小于规定的阈值，则予以确认，否则予以拒绝。

11.1.1 特征选择与评价方法

一般来说，人能从声音的音色、音高、能量的大小等信息中感知说话人的个人特性。因此，如果能获得特征的有效组合，系统就可以得到比较稳定的识别性能。通常，选取的特征应当满足下述准则。

1）能够有效区分不同的说话人，但又能在同一说话人的语音发生变化时相对保持稳定。

2）易于从语音信号中提取。

3）不易被模仿。

4）尽量不随时间和空间变化。

一般来说，同时满足上述要求的特征通常是不可能找到的，只能使用折中方案。

同一说话人的不同语音会在参数空间映射出不同的点，若对同一人来说，这些点分布比较集中，而不同说话人的分布相距较远，则选取的参数就是有效的。因此，可以选取两种分布的方差之比（F 比）作为有效性准则。

$$F=\frac{\text{不同说话人特征参数均值的方差均值}}{\text{同一说话人特征的方差均值}}=\frac{<[\mu_i-\bar{\mu}]^2>_i}{<[x_a^{(i)}-\mu_i]^2>_{a,i}} \tag{11-1}$$

此处，F 值越大，所选取的特征越有效，即不同说话人的特征量的均值分布的离散程度越分散越好；而同一说话人的越集中越好。式中，$<\cdot>_i$ 是指对说话人做平均，$<\cdot>_a$ 是指对某说话人各次的某语音特征做平均，$x_a^{(i)}$ 为第 i 个说话人的第 a 次语音特征。$\mu_i=<x_a^{(i)}>_a$ 是第 i 个说话人的各次特征的估计平均值，而$\bar{\mu}=<\mu_i>_i$ 是将所有说话人的 μ_i 取平均所得的均值。

需要说明的是，在 F 比的定义过程中是假定差别分布是服从正态分布的，这基本符合实际情况。虽然由 F 比并不能直接得到误差概率，但是 F 比越大误差概率越小，所以 F 比可以作为所选特征参数的有效性准则。如果把 F 比的概念推广到多个特征参量构成的多维特征向量，则可用来评价多维特征向量的有效性。

11.1.2 识别方法

说话人识别可以分为声学语音学、模式识别和人工智能方法。模式识别可以是基于模板的方法，也可以是随机方法。基于模板的方法具有优于声学语音方法的优势，因为它可以避免由于较小单元（如音素）的分类或分段而引起的错误。随着词汇量的增加，基于模板的方法变得昂贵且不切实际。随机方法是一种概率方法，它可以处理信息不确定或缺失的数据，还可以处理说话人的变异性、令人困惑的声音和同调音。神经网络是以上两种方法的混合。

常用的建模技术包括向量量化（VQ）、动态时间规整（DTW）、高斯混合模型（GMM）、隐马尔可夫模型（HMM）、支持向量机（SVM）和人工神经网络（ANN）。根据训练范例，模型也可以分为生成模型和判别模型。如图 11-2 所示为说话人识别系统的各种识别技术。

生成模型是在给定一些隐藏参数的情况下随机生成可观察数据的模型。它指定了观察序列和标签序列的联合概率分布。生成模型在机器学习中用于直接对数据建模（即对从概率密度函数得出的观测值建模）或者作为形成条件概率密度函数的中间步骤。条件分布可以通过贝叶斯规则从生成模型中形成，生成模型包括高斯混合模型和其他类型的混合模型。

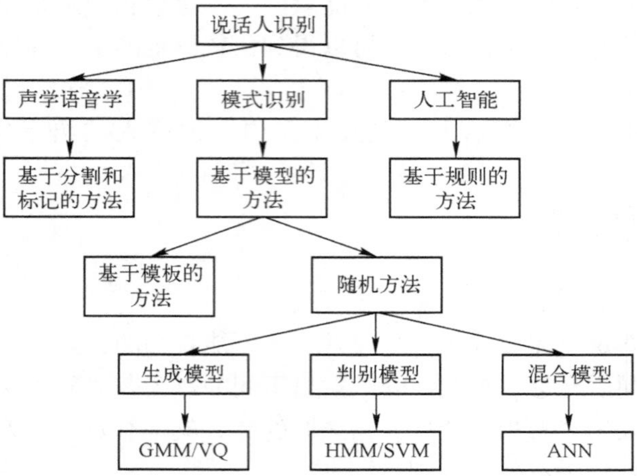

图 11-2　说话人识别的各种识别技术

判别模型（也称为条件模型）是机器学习中使用的一类模型，用于在概率框架内对未观察到的变量与观察变量的相关性进行建模。机器学习中使用的判别模型包括支持向量机和隐马尔可夫模型。

生成模型（如 GMM 和 VQ）估计每个说话人的特征分布。相反，诸如隐马尔可夫模型和支持向量机之类的判别模型则对说话人之间的边界进行了建模。混合模型是将生成模型和判别模型结合起来使用，以提高识别率。

11.1.3　判别策略

系统的准确性可以通过错误接受率和错误拒绝率来衡量。错误接受率是指被接受为有效的无效输入的百分比；错误拒绝率是指假设无效的有效输入被拒绝的百分比。对于输入语音，存在两种情况：y 是语音属于说话人的条件，n 是语音不属于说话人的条件；还存在两个决策条件：Y 代表说话人接受话语的条件，N 代表拒绝说话人的条件。这些条件组合起来构成了四个条件概率。$P(Y|y)$ 是正确接受的概率；$P(Y|n)$ 错误接受的概率（FA）；$P(N|y)$ 错误拒绝的概率（FR）；$P(N|n)$ 正确拒绝的概率。由于 $P(Y|y)+P(N|y)=1$、$P(Y|n)+P(N|n)=1$，所以说话人识别系统可以使用 $P(N|y)$ 和 $P(Y|n)$ 来评估。另一个流行的度量是半错误率（Half Total Error Rate，HTER），它是两个错误率 FR 和 FA 的平均值。

对于要求快速处理的说话人确认系统，可以采用多门限判决和预分类技术来达到加快系统响应时间而又不降低确认率的效果。多门限判决相当于一种序贯判决方法，它使用多个门限来做出接受还是拒绝的判决。例如，用两个门限把判断分为三段：如果测试语音与模板的距离低于第一门限，则接受；高于第二门限，则拒绝；若距离处于这两个门限之间，则系统要求补充更多的输入语句，再进行更精细的判决。该方法使用短的初始测试文本，使系统能够最快地做出响应，而只有当模板匹配出现模糊时才需要较长的测试语音来帮助识别。此外，预分类可以从另一个角度来缩短系统响应的时间。在进行说话人辨认时，每个人的模板都要被检查一遍，所以系统的响应时间一般随待识别人数的增加而线性增加，但是如果按照某些特征参数预先将待识别的人聚成几类，那么在识别时，根据测试语音的类别，只要与该类的一组候选人的模板参数匹配，就可以大大减少模板匹配所需的次数和时间。在说话人识别的实际应用中，有时还需要考虑依照方言和某些韵律等超音段特征来预分类。

门限的设定对说话人确认系统来说很重要。太高的门限有可能拒绝真正的说话人；太低又有可能接受假冒者。在说话人确认系统中，确认错误用错误拒绝率（False Rejection，FR）和错误接受率（False Acceptance，FA）来表示。前者是拒绝真实说话人而造成的错误，后者则是把冒名顶替者错认为真实说话人引起的错误。通常由这些错误率决定对门限的估计，此时门限一般用 FR 和 FA 的相等点来确定。这两种错误率与接受门限的关系如图 11-3 所示。理论方式是先将正确者和错误者的得分一起排序，然后找到一个点，在这点上，错误者和正确者的得分正好相等。虽然在一般情况下，判决门限都应该选取在 FR 和 FA 相等的点上，但这个点的确定需要较多数据的实验结果，还不一定能够得到正好相等的点。通常，每一个说话人的数据都很少，因此，说话人门限确定的统计性不太明显。这就是对小数据使用全局门限（对每人都一样）的缘故。必须注意，FA 和 FR 都是门限的离散函数，点的个数取决于对真实者的 FR 测试和假冒者的 FA 测试次数。很明显，如果两者的测试点相等，FA 和 FR 会在某一点相交。然而在实际实验中假冒者通常要比真实者多许多，因此采用上面的方法会发现 FR 和 FA 不会相等，但会接近。此时，一些实验就将此接近点当作门限。更精确的门限可以由 FR 和 FA 的线性近似函数得到。

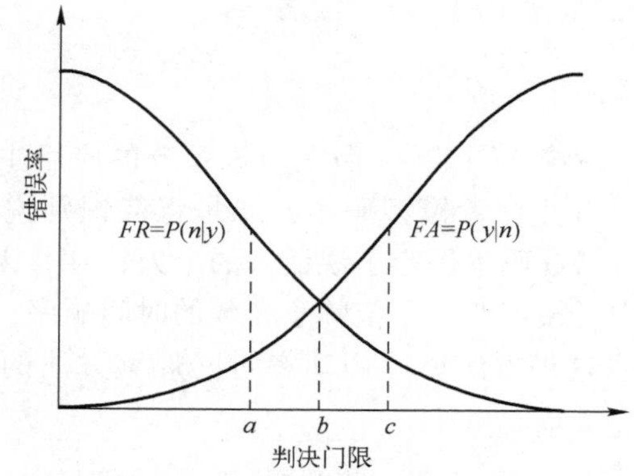

图 11-3　两种错误率与接受门限的关系（y 表示本人，n 表示他人）

11.1.4　性能评价

一个说话人识别系统的好坏是由许多因素决定的，主要包括正确识别率（或出错率）、训练时间的长短、识别时间、对模板存储量的要求、使用者使用的方便程度等。如果训练时间过长会造成用户的厌烦情绪，而识别时间过长在某些场合也是不能接受的；但这往往又与系统的其他性能要求相矛盾，因此需要在设计中加以折中。

正如上面介绍的，表征说话人确认系统性能的两个最重要参数是 FR 和 FA。根据使用场合的不同，这两类差错造成的影响也不同。比如，对于非常机密场所的进入控制系统来说，FA 应该尽量低，以免非法者进入造成严重的后果。此时，一般要求 FA 在 0.1%以下。虽然 FR 必然增加，但可以通过一些辅助手段的弥补。相反，对于大量使用者利用电话访问公共数据库的情况，由于缺少对使用者环境的控制，FR 过高会造成用户的不满，但错误的接受不至于引起严重的后果。这样的系统可以把 FR 定在 1%以下，相应地，FA 会略有上升。

说话人辨认与说话人确认系统的不同还在于其性能与用户数有关。因为它是通过把输入语音的特征与所存储的每个合法使用者的参考模型相比较，所以当用户数增多时，不仅处理时间会变长，还会使各用户之间变得难以区分，即差错率变大。而对于说话人确认系统来说，其差错率并不会随用户数的增加而变化，能够容纳的用户数是由存储量决定的。

下面结合实际，重点介绍基于 VQ 和 GMM 的两种典型的说话人识别系统，其他系统可以参考相关书籍。

11.2 应用 VQ 的说话人识别系统

向量量化（Vector Quantization，VQ）技术是 20 世纪 70 年代后期发展起来的一种数据压缩和编码技术，广泛应用于语音编码、语音合成、语音识别和说话人识别等领域。向量量化在语音信号处理中占有十分重要的地位，在许多重要的研究课题中，向量量化都起着非常重要的作用。在说话人识别领域，当可用于训练的数据量较小时，基于 VQ 的方法比连续的 HMM 方法有更大的鲁棒性。同时，基于 VQ 的方法比较简单，实时性也较好。因此，基于 VQ 的说话人识别方法，仍然是常用的识别方法之一。

11.2.1 系统模型

应用 VQ 的说话人识别系统如图 11-4 所示。该系统的应用主要有两个步骤：一是利用每个说话人的训练语音，建立参考模型码本；二是将待识别说话人的语音的每一帧和码本的码字进行匹配。由于 VQ 码本保存了说话人的个人特性，因此可以利用 VQ 法来进行说话人识别。在 VQ 法中，模型匹配不依赖于参数的时间顺序，因而匹配过程中无须采用动态时间规整技术；而且这种方法比应用动态时间规整方法的参考模型存储量小，即码本的码字小。

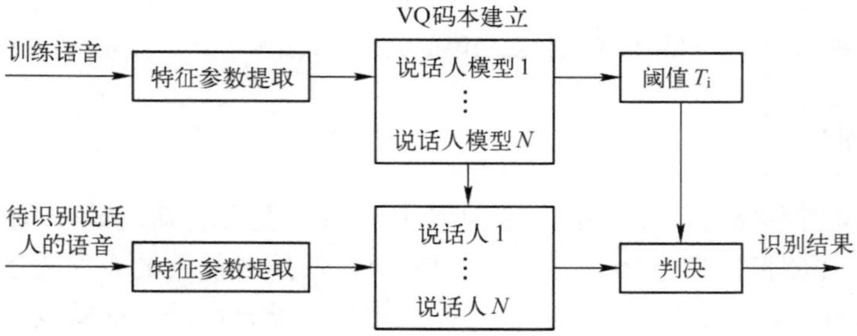

图 11-4　基于 VQ 的说话人识别系统

说话人识别系统可以将每个待识别的说话人看作是一个信源，用一个码本来表征，码本由该说话人的训练序列中提取出的特征向量聚类而生成，只要训练的数据量足够，就可以认为这个码本有效地包含了说话人的个人特征，而与说话的内容无关。识别时，首先提取待识别语音段的特征向量序列，然后对系统已有的每个码本依次进行向量量化，计算各自的平均量化失真。选择平均量化失真最小的码本所对应的说话人作为系统识别的结果。

11.2.2 VQ基本原理

向量量化是对向量进行量化，和标量量化一样，把向量空间分成若干个小区域，每个小区域寻找一个代表向量，量化时落入小区域的向量就用这个代表向量代替。可以说，凡是需要量化的地方都可以应用向量量化。20世纪70年代末，向量量化码书（或码本）生成的方法被提出，并首先用于语音编码并获得成功。向量量化技术不仅在语音识别、语音编码和说话人识别等方面发挥了重要作用，也被很快推广到了其他领域。

向量量化将若干个标量数据组成一个向量（或者是从一帧语音数据中提取出特征向量），在多维空间给予整体量化，从而可以在信息量损失较小的情况下压缩数据量，这是香农信息论中“率失真理论”在信源编码中的重要运用。向量量化有效应用了向量中各元素之间的相关性，因此可以比标量量化有更好的压缩效果。

设有 N 个 K 维特征向量 $\boldsymbol{X}=\{\boldsymbol{X}_1,\boldsymbol{X}_2,\cdots,\boldsymbol{X}_N\}$（$\boldsymbol{X}$ 位于 K 维欧几里得空间 $\boldsymbol{R}^K$ 中），其中，第 i 个向量可记为

$$\boldsymbol{X}_i=\{x_1,x_2,\cdots,x_K\},i=1,2,\cdots,N \tag{11-2}$$

$\boldsymbol{X}_i$ 可以被看作是由语音信号中某帧参数组成的向量。将 K 维欧几里得空间 $\boldsymbol{R}^K$ 无遗漏地划分成 J 个互不相交的子空间 $\boldsymbol{R}_1,\boldsymbol{R}_2,\cdots,\boldsymbol{R}_J$，即满足

$$\begin{cases}\bigcup\limits_{j=1}^{J}\boldsymbol{R}_j=\boldsymbol{R}^K\\ \boldsymbol{R}_i\cap\boldsymbol{R}_j=\varnothing,\quad i\neq j\end{cases} \tag{11-3}$$

这些子空间 $\boldsymbol{R}_j$ 称为胞腔。在每一个子空间 $\boldsymbol{R}_j$ 找一个代表向量 $\boldsymbol{Y}_j$，则 J 个代表向量可以组成向量集

$$\boldsymbol{Y}=\{\boldsymbol{Y}_1,\boldsymbol{Y}_2,\cdots,\boldsymbol{Y}_J\} \tag{11-4}$$

这样，$\boldsymbol{Y}$ 就组成了一个向量量化器，被称为码书或码本；$\boldsymbol{Y}_j$ 称为码字或码向量；$\boldsymbol{Y}$ 内向量的个数 J，则叫作码本长度或码本尺寸。不同的划分或不同的代表向量选取方法就可以构成不同的向量量化器。

当在向量量化器中输入一个任意向量 $\boldsymbol{X}_i\in\boldsymbol{R}^K$ 进行向量量化时，向量量化器会首先判断该向量属于哪个子空间 $\boldsymbol{R}_j$，然后输出该子空间 $\boldsymbol{R}_j$ 的代表向量 $\boldsymbol{Y}_j$。也就是说，向量量化过程就是用 $\boldsymbol{Y}_j$ 代表 $\boldsymbol{X}_i$ 的过程，或者说是把 $\boldsymbol{X}_i$ 量化成 $\boldsymbol{Y}_j$ 的过称，即

$$\boldsymbol{Y}_j=Q(\boldsymbol{X}_i),\quad 1\leqslant j\leqslant J,1\leqslant i\leqslant N \tag{11-5}$$

式中，$Q(\boldsymbol{X}_i)$ 为量化器函数。由此可知，向量量化的全过程就是完成一个从 K 维欧几里得空间 $\boldsymbol{R}^K$ 中的向量 $\boldsymbol{X}_i$ 到 K 维空间 $\boldsymbol{R}^K$ 有限子集 $\boldsymbol{Y}$ 的映射，即

$$Q:\boldsymbol{R}^K\supset\boldsymbol{X}\rightarrow\boldsymbol{Y}=\{\boldsymbol{Y}_1,\boldsymbol{Y}_2,\cdots,\boldsymbol{Y}_J\} \tag{11-6}$$

下面以 $K=2$ 为例来说明向量量化的过程。当 $K=2$ 时，所得到的是二维向量。所有可能的二维向量就形成了一个平面。如果记第 i 个二维向量为 $\boldsymbol{X}_i=\{x_{i1},\ x_{i2}\}$，则所有可能的 $\boldsymbol{X}_i=$

$\{x_{i1}, x_{i2}\}$就是一个二维空间。向量量化就是先把这个平面划分成 J 块互不相交的子区域 $\boldsymbol{R}_1$，$\boldsymbol{R}_2,\cdots,\boldsymbol{R}_J$，然后从每一块中找出一个代表向量 $\boldsymbol{Y}_j(j=1,2,\cdots,J)$，这样就构成了一个有 J 块区域的二维向量量化器。图 11-5 是一个码本尺寸为 $J=7$ 的二维向量量化器，共有 7 块区域和 7 个码字表示代表值，码本 $\boldsymbol{Y}=\{\boldsymbol{Y}_1,\boldsymbol{Y}_2,\cdots,\boldsymbol{Y}_7\}$。

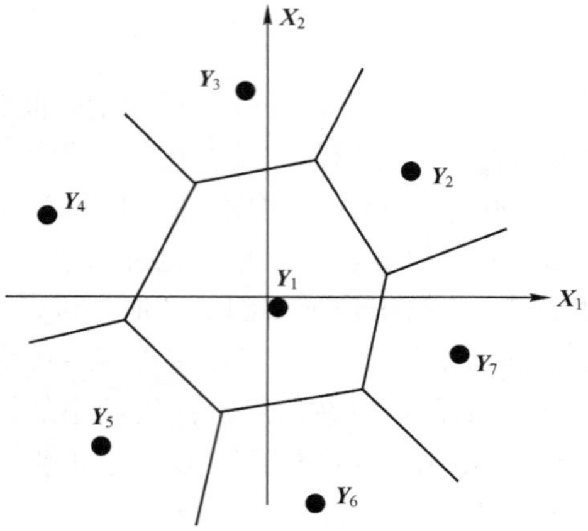

图 11-5　二维向量量化概念示意图

如果利用该量化器对一个向量 $\boldsymbol{X}_i=\{x_{i1}, x_{i2}\}$进行量化，那么首先要选择一个合适的失真测度，而后根据最小失真原理，分别计算用各码字 $\boldsymbol{Y}_j$ 代替 $\boldsymbol{X}_i$ 所带来的失真。其中，产生最小失真值的码字，就是向量 $\boldsymbol{X}_i$ 的重构向量（或称恢复向量），或者称为向量 $\boldsymbol{X}_i$ 被量化成了那个码字。

如上所述，码本中的每个元素码字是一个向量。在向量量化时，将 K 维无限空间划分为 J 块区域边界，然后将输入向量与这些边界进行比较，然后被量化为“距离”最小的区域边界的中心向量值。向量量化与标量量化一样，会产生量化误差（即量化噪声），但只要码本尺寸足够大，量化误差就会足够小。另外，合理选择码本的码字也可以降低误差，这是码本优化的问题。

利用向量量化技术进行语音处理时，通常有两个问题要解决。

（1）设计一个好的码本

设计码本的关键是如何划分 J 个区域边界，这需要用大量的输入信号向量，经过统计实验才能确定。建立码本的过程称为“训练”或“学习”，主要通过聚类算法，按照一定的失真度准则，对训练数据进行分类，从而在多维空间中把训练数据划分为若干以形心（码字）为中心的胞腔，常用算法是 LBG 算法。为了建立一个好的码本，首先，要求建立码本的训练数据不仅数据量要充分大，而且要有代表性；其次，要选择一个好的失真度准则以及码本优化方法。

（2）未知向量的量化

对未知模式向量，要按照选定的失真测度准则，把未知向量量化为失真测度最小的区域边界的中心向量值（码字向量），并获得该码字的序列号（码字在码本中的地址或标号）。两向量进行比较主要包含以下两个问题。

1）测度问题。通常选用的测度就是两向量之间的距离，或以其中某一向量为基准时的失真度。它描述了当输入向量用码本中对应的码字来表征时所应付出的代价。

2）搜索问题。该问题指的是未知向量量化时的搜索策略，好的搜索策略可以减少量化时间。

注：在 Python 的 scipy. cluster 包中，有封装好的向量量化方法。

11.2.3 失真测度

在应用 VQ 法进行说话人识别时，失真测度的选择将直接影响到聚类结果，进而影响说话人识别系统的性能。失真测度（距离测度）是将输入向量 $\boldsymbol{X}_i$ 用码本重构向量 $\boldsymbol{Y}_j$ 来表征时所产生的误差或失真的度量方法，它可以描述两个或多个模型向量间的相似程度。失真测度的选择要根据所使用的参数类型来定。在语音信号处理所采用的向量量化中，最常用的失真测度是欧氏距离测度、加权欧氏距离测度、Itakura-Saito 距离、似然比失真测度和识别失真测度等。欧氏距离测度的介绍如下。

设未知模式的 K 维特征向量为 $\boldsymbol{X}$，与码本中某个 K 维码字 $\boldsymbol{Y}$ 进行比较，x_i 和 y_i 分别表示 $\boldsymbol{X}$ 和 $\boldsymbol{Y}$ 的同维分量（$0 \leqslant i \leqslant K-1$），则几种常用的欧氏距离测度如下。

1）均方误差，其定义为

$$d_2(\boldsymbol{X},\boldsymbol{Y}) = \frac{1}{K}\sum_{i=1}^{K}(x_i - y_i)^2 \tag{11-7}$$

2）r 方平均误差，其定义为

$$d_r(\boldsymbol{X},\boldsymbol{Y}) = \frac{1}{K}\sum_{i=1}^{K}(x_i - y_i)^r \tag{11-8}$$

3）r 平均误差，其定义为

$$d'_r(\boldsymbol{X},\boldsymbol{Y}) = \left(\frac{1}{K}\sum_{i=1}^{K}|x_i - y_i|^r\right)^{\frac{1}{r}} \tag{11-9}$$

4）加权欧氏距离测度，其定义为

$$d(\boldsymbol{X},\boldsymbol{Y}) = \frac{1}{K}\sum_{i=1}^{K}w(i)(x_i - y_i)^2 \tag{11-10}$$

其中，$w(i)$ 称为加权系数。将式（11-10）用于码本训练及识别，这个过程实质上等效于在训练及识别时采用不加权的欧氏距离而对特征向量的各个分量进行预加重。常用的加权函数有

$$\begin{cases} w(i) = i \\ w(i) = i^{2s}, \quad 0 \leqslant s \leqslant 1 \\ w(i) = 1+(1+k)\sin[\pi i(k+4)]/2 \end{cases} \tag{11-11}$$

11.2.4 系统的设计与实现

说话人识别系统通常包括两个步骤：训练和识别。其中，训练步骤包括：①从训练语音提取特征向量，得到特征向量集。②选择合适的失真测度，并通过码本优化算法生成码本。③重复训练修正优化码本。④存储码本。

相比于训练过程而言，识别过程相对简单。下面将详细讨论码本建立的步骤和关键点。训练的关键就是建立码本，进行向量量化器的最佳设计。所谓最佳设计，就是从大

量信号样本中训练出好的码本；从实际效果出发寻找到好的失真测度定义公式；用最少的搜索和计算失真的运算量，来实现最大可能的平均信噪比。如果用 $d(\boldsymbol{X},\boldsymbol{Y})$ 表示训练用特征向量 $\boldsymbol{X}$ 与训练出的码本的码字 $\boldsymbol{Y}$ 之间的畸变，那么最佳码本设计的任务就是在一定的条件下，使得此畸变的统计平均值 $D=E[d(\boldsymbol{X},\boldsymbol{Y})]$ 达到最小。这里，$E[\cdot]$ 表示对 $\boldsymbol{X}$ 的全体所构成的集合以及码本的所有码字 $\boldsymbol{Y}$ 进行统计平均。为了实现这一目的，应该遵循以下两条原则。

1）根据 $\boldsymbol{X}$ 选择相应的码字 $\boldsymbol{Y}_l$ 时应遵从最近邻准则，可表示为

$$d(\boldsymbol{X},\boldsymbol{Y}_l)=\min_j d(\boldsymbol{X},\boldsymbol{Y}_j) \tag{11-12}$$

2）设所有选择码字 $\boldsymbol{Y}_l$（即归属于 $\boldsymbol{Y}_l$ 所表示的区域的）的输入向量 $\boldsymbol{X}$ 的集合为 $\boldsymbol{S}_l$，那么 $\boldsymbol{Y}_l$ 应使此集合中的所有向量与 $\boldsymbol{Y}_l$ 之间的畸变值最小。如果 $\boldsymbol{X}$ 与 $\boldsymbol{Y}$ 之间的畸变值等于它们的欧氏距离，那么容易证明，对于任意 l，$\boldsymbol{Y}_l$ 应等于 $\boldsymbol{S}_l$ 中所有向量的质心，即 $\boldsymbol{Y}_l$ 应由下式表示：

$$\boldsymbol{Y}_l=\frac{1}{N}\sum_{\boldsymbol{X}\in\boldsymbol{S}_l}\boldsymbol{X} \tag{11-13}$$

这里，N 是 $\boldsymbol{S}_l$ 中所包含的向量的个数。

根据这两条原则，可以设计出一种码本设计的递推算法——LBG 算法。整个算法实际上就是上述两个条件的反复迭代过程，即从初始码本寻找最佳码本的迭代过程。它由对初始码本进行迭代优化开始，一直到系统性能满足要求或不再有明显的改进为止。

1. 用欧氏距离计算两个向量畸变时的 LBG 算法的具体实现步骤

1）设定码本和迭代训练参数：设全部输入训练向量 $\boldsymbol{X}$ 的集合为 $\boldsymbol{S}$，设置码本的尺寸为 J，迭代算法的最大迭代次数为 L，畸变改进阈值为 δ。

2）设定初始化值：设置 J 个码字的初值 $\boldsymbol{Y}_1^{(0)},\boldsymbol{Y}_2^{(0)},\cdots,\boldsymbol{Y}_J^{(0)}$，设置畸变初值 $D^{(0)}=\infty$，设置迭代次数初值 $m=1$。

3）假定根据最近邻准则将 $\boldsymbol{S}$ 分成了 J 个子集 $\boldsymbol{S}_1^{(m)},\boldsymbol{S}_2^{(m)},\cdots,\boldsymbol{S}_J^{(m)}$，即当 $\boldsymbol{X}\in\boldsymbol{S}_l^{(m)}$ 时，下式应成立：$d(\boldsymbol{X},\boldsymbol{Y}_l^{(m-1)})\leqslant d(\boldsymbol{X},\boldsymbol{Y}_i^{(m-1)})$，其中 $i, i\neq l$。

4）计算总畸变 $D^{(m)}$：$D^{(m)}=\sum_{l=1}^{J}\sum_{x\in\boldsymbol{S}_l^{(m)}}d(\boldsymbol{X},\boldsymbol{Y}_l^{(m-1)})$。

5）计算畸变改进量 $\Delta D^{(m)}$ 的相对值 $\delta^{(m)}$：$\delta^{(m)}=\dfrac{\Delta D^{(m)}}{D^{(m)}}=\dfrac{|D^{(m-1)}-D^{(m)}|}{D^{(m)}}$。

6）计算新码本的码字 $\boldsymbol{Y}_1^{(m)},\boldsymbol{Y}_2^{(m)},\cdots,\boldsymbol{Y}_J^{(m)}$：$\boldsymbol{Y}_l^{(m)}=\dfrac{1}{N_l}\sum_{\boldsymbol{X}\in\boldsymbol{S}_{li}^{(m)}}X$。

7）判断 $\delta^{(m)}$ 是否小于 δ。若是，转入步骤 9）执行；否则，转入步骤 8）执行。

8）判断 m 是否小于 L。若否，转入步骤 9）执行；否则，令 $m=m+1$，转入步骤 3）执行。

9）迭代终止；输出 $\boldsymbol{Y}_1^{(m)},\boldsymbol{Y}_2^{(m)},\cdots,\boldsymbol{Y}_J^{(m)}$ 作为训练成的码本的码字，并且输出总畸变 $D^{(m)}$。

2. 初始码本的生成

从上面的 LBG 算法步骤可以看出，在开始迭代前，必须先确定一个初始码本。这个初

始码本的设计会对最佳码本的设计产生很大影响。初始码本的构造有许多方法，如随机码本法和分裂码本法等。

（1）随机码本法

最简单的方法是从训练序列中随机选取 J 个向量作为初始码字，从而构成初始码本，这就是随机码本法。这种方法的优点是简单，不需要初始化计算。问题是可能会选到一些非典型的向量作为码字，即被选中的码字在训练序列中的分布不均匀。这样的码字没有代表性，会导致码本训练中，收敛速度变慢或不能收敛；以及训练好的码本中的有限个码字得不到充分利用，使最终设计的码本达不到最优。

（2）分裂码本法

为了弥补随机码本法的缺陷，可采用分裂码本法来解决初始码本的问题，其步骤如下。

1）求出 S 中全体训练向量 $\boldsymbol{X}$ 的质心作为初始码本的码字 $\boldsymbol{Y}_1^{(0)}$。

2）利用一个较小的阈值向量 $\boldsymbol{\varepsilon}$ 将 $\boldsymbol{Y}_1^{(0)}$ 一分为二，即

$$\begin{aligned}\boldsymbol{Y}_{1n}^{(1)}&=\boldsymbol{Y}_1^{(0)}-\boldsymbol{\varepsilon}\\ \boldsymbol{Y}_{2n}^{(1)}&=\boldsymbol{Y}_1^{(0)}+\boldsymbol{\varepsilon}\end{aligned}\tag{11-14}$$

以 $\boldsymbol{Y}_{1n}^{(1)}$、$\boldsymbol{Y}_{2n}^{(1)}$ 为新的初始码本，利用 LBG 算法进行迭代计算，求得新码本 $\boldsymbol{Y}_1^{(1)}$ 和 $\boldsymbol{Y}_2^{(1)}$。

3）重复上面的循环，即将 $\boldsymbol{Y}_1^{(1)}$、$\boldsymbol{Y}_2^{(1)}$ 各分裂为二，得

$$\begin{cases}\boldsymbol{Y}_{1n}^{(2)}=\boldsymbol{Y}_1^{(1)}-\boldsymbol{\varepsilon}\\ \boldsymbol{Y}_{2n}^{(2)}=\boldsymbol{Y}_1^{(1)}+\boldsymbol{\varepsilon}\\ \boldsymbol{Y}_{3n}^{(2)}=\boldsymbol{Y}_2^{(1)}-\boldsymbol{\varepsilon}\\ \boldsymbol{Y}_{4n}^{(2)}=\boldsymbol{Y}_2^{(1)}+\boldsymbol{\varepsilon}\end{cases}\tag{11-15}$$

再以 $\boldsymbol{Y}_{1n}^{(2)}$、$\boldsymbol{Y}_{2n}^{(2)}$、$\boldsymbol{Y}_{3n}^{(2)}$、$\boldsymbol{Y}_{4n}^{(2)}$ 为新的初始码本，利用 LBG 算法等进行迭代计算，求取新的重心，如此继续。设所需要的码本码字数是 $J=2^r$（r 是整数），则共需做 r 轮上述的循环处理。直至聚类完毕，此时各类的重心即为所需的码字。

上述方法中，如果阈值向量 $\boldsymbol{\varepsilon}$ 不好确定，也可采用下述方法：第一步求出 S 中全体训练向量 $\boldsymbol{X}$ 的质心作为初始码本的码字 $\boldsymbol{Y}_1^{(0)}$；然后在 S 中找一个与此质心的畸变最大的向量 $\boldsymbol{X}_j$，再在 S 中找一个与 $\boldsymbol{X}_j$ 的误差最大的向量 $\boldsymbol{X}_k$；以 $\boldsymbol{X}_j$ 和 $\boldsymbol{X}_k$ 为基准进行划分，得到 S_j 和 S_k 两个子集；对这两个子集分别按同样的方法进行处理，就可以得到四个子集。以此类推，若 $J=2^r$（r 是整数），则只要进行 r 次分裂就可以得到 J 个子集。

训练后的基于向量量化的说话人识别系统的识别过程可概况如下。

1）从测试语音提取特征向量序列 $\boldsymbol{X}_1,\boldsymbol{X}_2,\cdots,\boldsymbol{X}_M$。

2）每个模板依次对特征向量序列进行向量量化，计算各自的平均量化误差：

$$D_i=\frac{1}{M}\sum_{n=1}^{M}\min_{1\leqslant l\leqslant L}[d(\boldsymbol{X}_n,\boldsymbol{Y}_l^i)]\tag{11-16}$$

式中，$\boldsymbol{Y}_l^i$（$l=1,2,\cdots L;i=1,2,\cdots N$）是第 i 个码本中第 l 个码本向量，而 $d(\boldsymbol{X}_n,\boldsymbol{Y}_l^i)$ 是待测向量 $\boldsymbol{X}_n$ 和码本向量 $\boldsymbol{Y}_l^i$ 之间的失真测度。

3）选择平均量化误差最小的码本所对应的说话人作为系统的识别结果。

11.3 应用 GMM 的说话人识别系统

高斯混合模型（Gaussian Mixture Model，GMM）就是用高斯概率密度函数（正态分布曲线）精确地量化事物，是一个将事物分解为若干个的基于高斯概率密度函数（正态分布曲线）形成的模型。高斯混合模型是一种拟合能力很强的统计建模工具，其主要优势在于对数据的建模能力强，理论上来说，它可以拟合任何一种概率分布函数。而 GMM 的主要缺点是对数据的依赖性过高。高斯混合模型在说话人识别和语种识别中获得了极大的成功。

11.3.1 系统模型

给定一个语音样本，说话人识别的目的是要判断这个语音属于 N 个说话人中的哪一个。在一个封闭的说话人集合里，只需要确认该语音属于语音库中的哪一个说话人。在识别任务中，目的是找到一个说话人 i^*，其对应的模型参数 θ_i^* 使得待识别语音特征向量组 $\boldsymbol{X}$ 具有最大后验概率 $P(\theta_i \mid \boldsymbol{X})$。基于 GMM 的说话人识别系统的结构框图与图 11-4 相似，将代表说话人的 VQ 码本替换为 GMM 模型即可。

根据贝叶斯理论，最大后验概率可表示为

$$P(\theta_i \mid \boldsymbol{X}) = \frac{P(\boldsymbol{X} \mid \theta_i) P(\theta_i)}{P(\boldsymbol{X})} \tag{11-17}$$

这里，$P(\boldsymbol{X} \mid \theta) = \prod_{i=1}^{S} P(\boldsymbol{X}_i \mid \theta)$，其对数形式为 $\ln P(\boldsymbol{X} \mid \theta) = \sum_{i=1}^{S} \ln P(\boldsymbol{X}_i \mid \theta)$。因为 $P(\theta_i)$ 的先验概率未知，假定该语音信号出自封闭集里的每个人的可能性相等，也就是说：

$$P(\theta_i) = 1/N, i \in [1, N] \tag{11-18}$$

对于一个确定的观察值向量 $\boldsymbol{X}$，$P(\boldsymbol{X})$ 是一个确定的常数值，即该值对所有说话人都相等。因此，求取后验概率的最大值可以通过求取 $P(\boldsymbol{X} \mid \theta_i)$ 获得，这样，识别该语音属于语音库中的哪一个说话人可以表示为

$$i^* = \arg \max_i P(\boldsymbol{X} \mid \theta_i) \tag{11-19}$$

式中，i^* 为识别出的说话人。

11.3.2 GMM 概述

高斯密度函数估计是一种参数化模型，分为单高斯模型（Single Gaussian Model，SGM）和高斯混合模型（Gaussian Mixture Model，GMM）两类。在聚类问题中，根据高斯概率密度函数参数的不同，每一个高斯模型可以看作一种类别，输入一个样本 $\boldsymbol{x}$，即可通过概率密度函数计算其值，然后通过一个阈值来判断该样本是否属于高斯模型。根据模型定义可知，SGM 适用于仅有两类别问题的划分，而 GMM 由于具有多个模型，其划分更为精细，适用于多类别的划分，可以应用于复杂对象建模。

多维高斯（正态）分布概率密度函数的定义如下：

$$N(\boldsymbol{x}; \boldsymbol{\mu}, \boldsymbol{\Sigma}) = \frac{1}{\sqrt{(2\pi) \mid \boldsymbol{\Sigma} \mid}} \exp\left\{-\frac{1}{2}(\boldsymbol{X}-\boldsymbol{\mu})^{\mathrm{T}} \boldsymbol{\Sigma}^{-1} (\boldsymbol{X}-\boldsymbol{\mu})\right\} \tag{11-20}$$

与一维高斯分布不同，此处的 $\boldsymbol{x}$ 是维数为 d 的样本向量（列向量），$\boldsymbol{\mu}$ 是模型期望，$\boldsymbol{\Sigma}$ 是模型方差。

对于单高斯模型（两类区分问题），由于可以明确训练样本是否属于该高斯模型，故 $\boldsymbol{\mu}$ 通常由训练样本均值代替，$\boldsymbol{\Sigma}$ 由样本方差代替。为了将高斯分布用于模式分类，假设训练样本属于类别 y，那么式（11-20）可以表示样本属于类别 y 的概率大小。将任意测试样本 $\boldsymbol{x}_i$ 输入式（11-20），均可得到一个标量 $N(\boldsymbol{x}_i;\boldsymbol{\mu},\boldsymbol{\Sigma})$，然后根据阈值 t 来确定该样本是否属于该类别。阈值 t 可以为经验值，也可以通过实验确定。

高斯混合模型是单一高斯概率密度函数的延伸，由于 GMM 能够平滑地近似任意形状的密度分布，因此近年来常被用在语音、图像识别等领域，并取得不错的效果。下面以一个实例来解释高斯混合模型：有一批观察数据 $\boldsymbol{X}=\{\boldsymbol{x}^{(1)},\boldsymbol{x}^{(2)},\cdots,\boldsymbol{x}^{(S)}\}$，数据个数为 S。这些观察数据在 d 维空间中的分布不是椭球状，因此不适合以单一的高斯密度函数来描述这些数据点的概率密度函数，需要采用其他方法来表示。假设每个点均由一个单高斯分布生成（具体参数 $\boldsymbol{\mu}_j$ 和 $\boldsymbol{\Sigma}_j$ 未知），而这一批数据共由 M（明确）个单高斯模型生成，具体某个数据 $\boldsymbol{x}_i$ 属于哪个单高斯模型未知，且每个单高斯模型在混合模型中所占的比例 α_j 也未知。将所有来自不同分布的数据点混在一起，该分布称为高斯混合分布。

从数学上讲，这些数据的概率分布密度函数可以通过加权函数表示，即

$$P(\boldsymbol{x}^{(i)})=\sum_{j=1}^{M}\alpha_j N_j(\boldsymbol{x}^{(i)};\boldsymbol{\mu}_j,\boldsymbol{\Sigma}_j) \tag{11-21}$$

上式即为高斯混合模型。其中，$\sum_{j=1}^{M}\alpha_j=1$。显然，GMM 共有 M 个 SGM 模型，第 j 个 SGM 的概率密度函数可表示为

$$N_j(\boldsymbol{x};\boldsymbol{\mu}_j,\boldsymbol{\Sigma}_j)=\frac{1}{\sqrt{(2\pi)^d|\boldsymbol{\Sigma}_j|}}\exp\left\{-\frac{1}{2}(\boldsymbol{X}-\boldsymbol{\mu}_j)^{\mathrm{T}}\boldsymbol{\Sigma}_j^{-1}(\boldsymbol{X}-\boldsymbol{\mu}_j)\right\} \tag{11-22}$$

由式（11-22）可知，GMM 需要确定的参数包括影响因子 α_j、各类均值 $\boldsymbol{\mu}_j$ 和各类协方差 $\boldsymbol{\Sigma}_j$。最佳的一组参数应该使其所确定的概率分布生成的数据点的概率最大，这个概率实际上等于 $\prod_{i=1}^{S}P(\boldsymbol{x}^{(i)})$，称作似然函数。通常单个点的概率都很小，许多很小的数字相乘在计算机里很容易造成浮点数下溢，因此通常会对其取对数，把乘积变成求和的形式 $\sum_{i=1}^{S}\ln P(\boldsymbol{x}^{(i)})$，从而得到对数似然函数。如果想最大化该函数，那么通常的做法是求导并令导数等于零，然后解方程，完成参数估计。因此，GMM 的对数似然函数，即样本 $\boldsymbol{X}$ 的概率公式为

$$\ell(\boldsymbol{X}\mid\boldsymbol{\Theta})=\sum_{i=1}^{S}\ln\left\{\sum_{j=1}^{M}\alpha_j N_j(\boldsymbol{x};\boldsymbol{\mu}_j,\boldsymbol{\Sigma}_j)\right\} \tag{11-23}$$

此处，$\boldsymbol{\Theta}=(\theta_1,\theta_2,\cdots,\theta_M)^{\mathrm{T}}$ 表示样本集 $\boldsymbol{X}$ 可估计 GMM 的所有参数，其中 $\theta_j=(\alpha_j,\boldsymbol{\mu}_j,\boldsymbol{\Sigma}_j)$。

SGM 与 GMM 在应用上的区别如下。

1）SGM 需要进行初始化，否则模型无法使用。

2）SGM 只能适应微小性渐变，不能适应突变情况。

3）SGM 无法适应有多个状态背景的情况，而 GMM 能够很好地描述不同状态。

4）混合高斯模型的自适应变化要健壮得多，能够解决很多单高斯模型不能解决的问题，如无法解决同一样本点的多种状态、无法进行模型状态转化等。

注：在 Python 的 sklearn. mixture 包里有封装好的高斯混合模型 GaussianMixture。

11.3.3 GMM 的参数估计

说话人识别可以认为是一种聚类问题。因此可以假定现有数据是由 GMM 生成的，然后根据数据推出 GMM 的概率分布，GMM 的 M 个高斯成分实际上就对应 M 个聚类。根据数据来推算概率密度通常被称作密度估计。特别地，当已知（或假定）概率密度函数的形式时，估计其中的参数的过程被称作“参数估计”。但是，由式（11-23）可知，由于在对数函数里面又有求和，因此无法直接用求导办法求得最大值。常用的方法是期望最大化（Expectation Maximization，EM）算法。下面首先介绍 EM 算法的基本原理，然后介绍基于 EM 算法的 GMM 模型。

1. EM 算法

为简化表述，这里重新定义了一些变量。给定的训练样本是 $\boldsymbol{X}=\{\boldsymbol{x}^{(1)},\boldsymbol{x}^{(2)},\cdots,\boldsymbol{x}^{(S)}\}$，样本个数为 S。样本间独立，需要找到每个样本隐含的类别 $\boldsymbol{y}$，能使得 $P(\boldsymbol{x},\boldsymbol{y})$ 最大。$P(\boldsymbol{x},\boldsymbol{y})$ 的最大似然估计如下：

$$\ell(\boldsymbol{\theta})=\sum_{i=1}^{S}\ln P(\boldsymbol{x};\boldsymbol{\theta})=\sum_{i=1}^{S}\ln\sum_{y}P(\boldsymbol{x},\boldsymbol{y};\boldsymbol{\theta}) \tag{11-24}$$

第一步是对极大似然取对数，第二步是对每个样本的每个可能类别 $\boldsymbol{y}$ 求联合分布概率和。但是直接求 $\boldsymbol{\theta}$ 一般比较困难，因为有隐藏变量 $\boldsymbol{y}$ 存在。但是一旦确定了 $\boldsymbol{y}$ 后，求解就相对简单了。

EM 算法是一种解决存在隐含变量优化问题的有效方法。该算法不能直接最大化 $\ell(\boldsymbol{\theta})$，但是可以不断地建立 $\ell(\boldsymbol{\theta})$ 的下界（E 步），然后优化下界（M 步）。

对于每一个样本 i，令 Q_i 表示该样本隐含变量 $\boldsymbol{y}$ 的某种分布，Q_i 满足的条件是 $\sum_{y}Q_i(\boldsymbol{y})=1$，$Q_i(\boldsymbol{y})\geqslant 0$。举例来说，如果将班上学生聚类，假设隐藏变量是身高，那么学生是连续的高斯分布；如果隐藏变量是性别，则学生是伯努利分布。转换式（11-24）可得

$$\begin{aligned}\sum_{i=1}^{S}\ln P(\boldsymbol{x}^{(i)};\boldsymbol{\theta})&=\sum_{i=1}^{S}\ln\sum_{\boldsymbol{y}^{(i)}}P(\boldsymbol{x}^{(i)},\boldsymbol{y}^{(i)};\boldsymbol{\theta})\\&=\sum_{i=1}^{S}\ln\sum_{\boldsymbol{y}^{(i)}}Q_i(\boldsymbol{y}^{(i)})\frac{P(\boldsymbol{x}^{(i)},\boldsymbol{y}^{(i)};\boldsymbol{\theta})}{Q_i(\boldsymbol{y}^{(i)})}\\&\geqslant\sum_{i=1}^{S}\sum_{\boldsymbol{y}^{(i)}}Q_i(\boldsymbol{y}^{(i)})\ln\frac{P(\boldsymbol{x}^{(i)},\boldsymbol{y}^{(i)};\boldsymbol{\theta})}{Q_i(\boldsymbol{y}^{(i)})}\end{aligned} \tag{11-25}$$

这里，不等式的成立利用了 Jensen 不等式⊖（当 f 是（严格）凹函数且 $-f$ 是（严格）凸函数时，$E[f(x)]\leqslant f(E(x))$。当 $f(x)$ 为常数时，等号成立。考虑到 $\ln(x)$ 是凹函数（二

⊖ Jensen 不等式规则定义：当 f 是（严格）凹函数，且 $-f$ 是（严格）凸函数时，$E[f(x)]\leqslant f[E(x)]$。

阶导数小于0)，且 $\sum_{y^{(i)}} Q_i(\boldsymbol{y}^{(i)}) \dfrac{P(\boldsymbol{x}^{(i)},\boldsymbol{y}^{(i)};\boldsymbol{\theta})}{Q_i(\boldsymbol{y}^{(i)})}$ 就是$\dfrac{P(\boldsymbol{x}^{(i)},\boldsymbol{y}^{(i)};\boldsymbol{\theta})}{Q_i(\boldsymbol{y}^{(i)})}$的期望（期望公式的 Lazy Statistician 规则㊀）。

对应于上述问题，Y 是$\dfrac{P(\boldsymbol{x}^{(i)},\boldsymbol{y}^{(i)};\boldsymbol{\theta})}{Q_i(\boldsymbol{y}^{(i)})}$，$X$ 是 $\boldsymbol{y}^{(i)}$，$Q_i(\boldsymbol{y}^{(i)})$ 是 p_k，g 是 $\boldsymbol{y}^{(i)}$ 到$\dfrac{P(\boldsymbol{x}^{(i)},\boldsymbol{y}^{(i)};\boldsymbol{\theta})}{Q_i(\boldsymbol{y}^{(i)})}$ 的映射。该过程即是求 $\ell(\boldsymbol{\theta})$ 的下界。假设 $\boldsymbol{\theta}$ 已经给定，那么 $\ell(\boldsymbol{\theta})$ 的值就取决于 $Q_i(\boldsymbol{y}^{(i)})$ 和 $P(\boldsymbol{x}^{(i)},\boldsymbol{y}^{(i)})$。通过调整这两个概率可使下界不断上升以逼近 $\ell(\boldsymbol{\theta})$ 的真实值，当不等式变成等式时，说明调整后的概率等价于 $\ell(\boldsymbol{\theta})$。根据 Jensen 不等式，要想让等式成立，需要让随机变量变成常数值，即$\dfrac{P(\boldsymbol{x}^{(i)},\boldsymbol{y}^{(i)};\boldsymbol{\theta})}{Q_i(\boldsymbol{y}^{(i)})}=c$。其中，$c$ 为常数，不依赖于 $\boldsymbol{y}^{(i)}$。已知 $\sum_{y} Q_i(\boldsymbol{y}^{(i)})=1$，则有 $\sum_{y} P(\boldsymbol{x}^{(i)},\boldsymbol{y}^{(i)};\boldsymbol{\theta})=c$。因此，可得

$$Q_i(\boldsymbol{y}^{(i)}) = \frac{P(\boldsymbol{x}^{(i)},\boldsymbol{y}^{(i)};\boldsymbol{\theta})}{\sum_{y} P(\boldsymbol{x}^{(i)},\boldsymbol{y};\boldsymbol{\theta})} = \frac{P(\boldsymbol{x}^{(i)},\boldsymbol{y}^{(i)};\boldsymbol{\theta})}{P(\boldsymbol{x}^{(i)};\boldsymbol{\theta})} = P(\boldsymbol{y}^{(i)} \mid \boldsymbol{x}^{(i)};\boldsymbol{\theta}) \tag{11-26}$$

在固定其他参数 $\boldsymbol{\theta}$ 后，$Q_i(\boldsymbol{y}^{(i)})$ 的计算公式就是后验概率，即解决 $Q_i(\boldsymbol{y}^{(i)})$ 如何选择的问题。这一步就是 EM 算法的 E 步，建立 $\ell(\boldsymbol{\theta})$ 的下界。接下来的 M 步，就是在给定 $Q_i(\boldsymbol{y}^{(i)})$ 后，调整 $\boldsymbol{\theta}$，去极大化 $\ell(\boldsymbol{\theta})$ 的下界（在固定 $Q_i(\boldsymbol{y}^{(i)})$ 后，下界可以调整得更大）。一般的 EM 算法的步骤如下。

循环重复直到收敛：

（E 步）对于每一个 i，计算 $Q_i(\boldsymbol{y}^{(i)})=P(\boldsymbol{y}^{(i)} \mid \boldsymbol{x}^{(i)};\boldsymbol{\theta})$；

（M 步）计算 $\boldsymbol{\theta} = \arg\max\limits_{\boldsymbol{\theta}} \sum_{i=1}^{S} \sum_{y^{(i)}} Q_i(\boldsymbol{y}^{(i)}) \ln \dfrac{P(\boldsymbol{x}^{(i)},\boldsymbol{y}^{(i)};\boldsymbol{\theta})}{Q_i(\boldsymbol{y}^{(i)})}$。

算法的关键是如何保证 EM 收敛。假定 $\boldsymbol{\theta}^{(t)}$ 和 $\boldsymbol{\theta}^{(t+1)}$ 是 EM 第 t 次和 $t+1$ 次迭代后的结果。如果 $\ell(\boldsymbol{\theta}^{(t)}) \leqslant \ell(\boldsymbol{\theta}^{(t+1)})$，即极大似然估计单调增加，那么该值会到达极大似然估计的最大值。证明步骤可参考相关参考文献。

2. 基于 EM 算法求解混合高斯模型

之前提到的混合高斯模型的参数 $\boldsymbol{\alpha}_j$、$\boldsymbol{\mu}_j$ 和 $\boldsymbol{\Sigma}_j$ 的计算公式都是根据很多假定得出的，为了简化，此处只给出 M 步的 $\boldsymbol{\alpha}_j$ 和 $\boldsymbol{\mu}_j$ 的推导方法。

E 步很简单，按照一般 EM 公式得到每个样本 i 的隐含类别 $\boldsymbol{y}^{(i)}$ 为 j 的概率（后验概率）：

$$\boldsymbol{\omega}_j^{(i)} = Q_i(\boldsymbol{y}^{(i)}=j) = P(\boldsymbol{y}^{(i)}=j \mid \boldsymbol{x}^{(i)};\boldsymbol{\theta}) = \frac{\alpha_i N_i(\boldsymbol{x}^{(i)};\boldsymbol{\mu}_i,\boldsymbol{\Sigma}_i)}{\sum_{j=1}^{M} \alpha_j N_j(\boldsymbol{x}^{(j)};\boldsymbol{\mu}_j,\boldsymbol{\Sigma}_j)} \tag{11-27}$$

式（11-27）表示每个样本 i 的隐含类别 $\boldsymbol{y}^{(i)}$ 为 j 的概率可以通过后验概率计算得到。

在 M 步中，通过固定 $Q_i(\boldsymbol{y}^{(i)})$ 后的最大化极大似然估计可得

㊀ Lazy Statistician 规则定义：设 Y 是随机变量 X 的函数，$Y=g(X)$（g 是连续函数）。当 X 是离散型随机变量时，其分布律为 $P(X=x_k)=p_k(k=1,2,\cdots)$。若 $\sum_{k=1}^{\infty} g(x_k)p_k$ 绝对收敛，则有 $E(Y)=E[g(X)]=\sum_{k=1}^{\infty} g(x_k)p_k$。

$$\begin{aligned}
&\sum_{i=1}^{S}\sum_{y^{(i)}} Q_i(\boldsymbol{y}^{(i)})\ln\frac{P(\boldsymbol{x}^{(i)},\boldsymbol{y}^{(i)};\boldsymbol{\alpha},\boldsymbol{\mu},\boldsymbol{\Sigma})}{Q_i(\boldsymbol{y}^{(i)})}\\
&=\sum_{i=1}^{S}\sum_{j=1}^{M} Q_i(\boldsymbol{y}^{(i)}=j)\ln\frac{P(\boldsymbol{x}^{(i)}\mid \boldsymbol{y}^{(i)}=j;\boldsymbol{\mu},\boldsymbol{\Sigma})P(\boldsymbol{y}^{(i)}=j;\boldsymbol{\alpha})}{Q_i(\boldsymbol{y}^{(i)}=j)}\\
&=\sum_{i=1}^{S}\sum_{j=1}^{M}\boldsymbol{\omega}_j^{(i)}\ln\frac{\frac{1}{(2\pi)^{d/2}\,|\boldsymbol{\Sigma}_j|^{1/2}}\exp\left\{-\frac{1}{2}(\boldsymbol{x}^{(i)}-\boldsymbol{\mu}_j)^{\mathrm{T}}\boldsymbol{\Sigma}_j^{-1}(\boldsymbol{x}^{(i)}-\boldsymbol{\mu}_j)\right\}\cdot\boldsymbol{\alpha}_j}{\boldsymbol{\omega}_j^{(i)}}
\end{aligned}\tag{11-28}$$

上式是 $\boldsymbol{y}^{(i)}$ 按 M 种情况展开的，参数 $\boldsymbol{\alpha}_j$、$\boldsymbol{\mu}_j$ 和 $\boldsymbol{\Sigma}_j$ 未知。固定 $\boldsymbol{\alpha}_j$ 和 $\boldsymbol{\Sigma}_j$，对 $\boldsymbol{\mu}_j$ 求导，得

$$\begin{aligned}
&\nabla\boldsymbol{\mu}_l\sum_{i=1}^{S}\sum_{j=1}^{M}\boldsymbol{\omega}_j^{(i)}\ln\frac{\frac{1}{(2\pi)^{d/2}\,|\boldsymbol{\Sigma}_j|^{1/2}}\exp\left\{-\frac{1}{2}(\boldsymbol{x}^{(i)}-\boldsymbol{\mu}_j)^{\mathrm{T}}\boldsymbol{\Sigma}_j^{-1}(\boldsymbol{x}^{(i)}-\boldsymbol{\mu}_j)\right\}\cdot\boldsymbol{\alpha}_j}{\boldsymbol{\omega}_j^{(i)}}\\
&=-\nabla\boldsymbol{\mu}_l\sum_{i=1}^{S}\sum_{j=1}^{M}\boldsymbol{\omega}_j^{(i)}\frac{1}{2}(\boldsymbol{x}^{(i)}-\boldsymbol{\mu}_j)^{\mathrm{T}}\boldsymbol{\Sigma}_j^{-1}(\boldsymbol{x}^{(i)}-\boldsymbol{\mu}_j)\\
&=\sum_{i=1}^{S}\boldsymbol{\omega}_l^{(i)}\nabla\boldsymbol{\mu}\,\boldsymbol{\mu}_l^{\mathrm{T}}\boldsymbol{\Sigma}_l^{-1}\boldsymbol{x}^{(i)}-\boldsymbol{\mu}_l^{\mathrm{T}}\boldsymbol{\Sigma}_l^{-1}\boldsymbol{\mu}_l\\
&=\sum_{i=1}^{S}\boldsymbol{\omega}_l^{(i)}(\boldsymbol{\Sigma}_l^{-1}\boldsymbol{x}^{(i)}-\boldsymbol{\Sigma}_l^{-1}\boldsymbol{\mu}_l)
\end{aligned}\tag{11-29}$$

令上式等于零，且保持一致，用 j 替换 l，可得到 $\boldsymbol{\mu}$ 的更新公式为

$$\boldsymbol{\mu}_j=\frac{\sum_{i=1}^{S}\boldsymbol{\omega}_j^{(i)}\boldsymbol{x}^{(i)}}{\sum_{i=1}^{S}\boldsymbol{\omega}_j^{(i)}}\tag{11-30}$$

在确定 $\boldsymbol{\Sigma}$ 和 $\boldsymbol{\mu}$ 后，式（11-28）的分子大部分都是常数，可简化为 $\sum_{i=1}^{S}\sum_{j=1}^{M}\boldsymbol{\omega}_j^{(i)}\ln\boldsymbol{\alpha}_j$。需要知道的是，$\boldsymbol{\alpha}_j$ 还需要满足一定的约束条件，即 $\sum_{j=1}^{M}\boldsymbol{\alpha}_j=1$。因此，该问题可通过构造拉格朗日乘子来优化。

$$Y(\boldsymbol{\alpha})=\sum_{i=1}^{S}\sum_{j=1}^{M}\boldsymbol{\omega}_j^{(i)}\ln\boldsymbol{\alpha}_j+\beta\Big(\sum_{j=1}^{M}\ln\boldsymbol{\alpha}_j-1\Big)\tag{11-31}$$

求导可得，

$$\frac{\partial Y(\boldsymbol{\alpha})}{\partial\boldsymbol{\alpha}_j}=\sum_{i=1}^{S}\frac{\boldsymbol{\omega}_j^{(i)}}{\boldsymbol{\alpha}_j}+\beta\tag{11-32}$$

令上式等于零，可得

$$\boldsymbol{\alpha}_j=\frac{\sum_{i=1}^{S}\boldsymbol{\omega}_j^{(i)}}{-\beta}\tag{11-33}$$

因为 $\sum_{j=1}^{M}\boldsymbol{\alpha}_j=1$，可得到

$$-\beta = \sum_{i=1}^{S}\sum_{j=1}^{N}\boldsymbol{\omega}_j^{(i)} = \sum_{i=1}^{S} 1 = S \tag{11-34}$$

因此，M 步中的 $\boldsymbol{\alpha}_j$ 更新公式为

$$\boldsymbol{\alpha}_j = \frac{1}{S}\sum_{i=1}^{S}\boldsymbol{\omega}_j^{(i)} \tag{11-35}$$

$\boldsymbol{\Sigma}$ 的推导也类似，因为其是矩阵，所以推导比较复杂。这里只给出具体结果，不再介绍其推导过程，读者可以参考相关书籍。

$$\boldsymbol{\Sigma}_j = \frac{\sum_{i=1}^{S}\boldsymbol{\omega}_j^{(i)}(\boldsymbol{x}^{(i)}-\boldsymbol{\mu}_j)^{\mathrm{T}}(\boldsymbol{x}^{(i)}-\boldsymbol{\mu}_j)}{\sum_{i=1}^{S}\boldsymbol{\omega}_j^{(i)}} \tag{11-36}$$

3. 算法流程总结

（1）估计步骤（E 步）

令 $\boldsymbol{\alpha}_j$ 的后验概率为

$$\boldsymbol{\omega}_j^{(i)} = P(\boldsymbol{y}^{(i)}=j \mid \boldsymbol{x}^{(i)};\boldsymbol{\theta}) = \frac{\boldsymbol{\alpha}_i N_i(\boldsymbol{x}^{(i)};\boldsymbol{\mu}_i,\boldsymbol{\Sigma}_i)}{\sum_{j=1}^{M}\boldsymbol{\alpha}_j N_j(\boldsymbol{x}^{(j)};\boldsymbol{\mu}_j,\boldsymbol{\Sigma}_j)} \tag{11-37}$$

在实现公式（11-37）时，对于每个 SGM 分别用式（11-22）计算每个样本点 $\boldsymbol{x}_i$ 在该模型下的概率密度值 $N_i(\boldsymbol{x}^{(i)};\boldsymbol{\mu}_i,\boldsymbol{\Sigma}_i)$，对于所有样本，得到一个 $S\times1$ 的向量，计算 M 次，得到 $S\times M$ 的矩阵，每一列为所有点在该模型下的概率密度值；实现 $\sum_{j=1}^{M}\boldsymbol{\alpha}_j N_j(\boldsymbol{x}^{(j)};\boldsymbol{\mu}_j,\boldsymbol{\Sigma}_j)$ 时，需要针对每个点计算在各个 SGM 的概率值总和。

（2）最大化步骤（M 步）

1）更新权值：$\boldsymbol{\alpha}_j = \frac{1}{S}\sum_{i=1}^{S}\boldsymbol{\omega}_j^{(i)}$

2）更新均值：$\boldsymbol{\mu}_j = \frac{\sum_{i=1}^{S}\boldsymbol{\omega}_j^{(i)}\boldsymbol{x}^{(i)}}{\sum_{i=1}^{S}\boldsymbol{\omega}_j^{(i)}}$

3）更新方差矩阵：$\boldsymbol{\Sigma}_j = \frac{\sum_{i=1}^{S}\boldsymbol{\omega}_j^{(i)}(\boldsymbol{x}^{(i)}-\boldsymbol{\mu}_j)^{\mathrm{T}}(\boldsymbol{x}^{(i)}-\boldsymbol{\mu}_j)}{\sum_{i=1}^{S}\boldsymbol{\omega}_j^{(i)}}$

在使用 EM 算法训练 GMM 时，GMM 模型的高斯分量的个数 M 的选择是一个相当重要而困难的问题。如果 M 取值太小，则训练出的 GMM 模型不能有效刻画说话人的特征，从而使整个系统的性能下降。如果 M 取值过大，则模型参数会很多，从有限的训练数据中可能得不到收敛的模型参数，而且训练得到的模型参数误差会很大。此外，太多的模型参数要求更多的存储空间，而且训练和识别的运算复杂度也会大大增加。高斯分量 M 的大小，很难从理论上推导出来，需要根据不同的识别系统，由实验确定。

在实验应用中，往往得不到大量充分的训练数据对模型参数进行训练。由于训练数

据不充分，GMM 模型的协方差矩阵的一些分量可能会很小，这些很小的值对模型参数的似然度函数的影响很大，严重影响系统的性能。为了避免小的值对系统性能的影响，一种方法是在 EM 算法的迭代计算中，对协方差的值设置一个门限值，在训练过程中令协方差的值不小于设定的门限值，否则用设置的门限值代替。门限值设置可以通过观察协方差矩阵来确定。

在 Python 中，sklearn. mixture 包里有封装好的高斯混合模型 GaussianMixture。

11.3.4 GMM 模型的问题

（1）初始的选择

初始值的选择对于聚类问题非常关键，针对 GMM 模型常用的初始值的设定方案主要有两种。

1）协方差矩阵 $\boldsymbol{\Sigma}_{j0}$ 设为单位矩阵；每个模型比例的先验概率 $\alpha_{j0}=1/M$ 和均值 μ_{j0} 设为随机数。

2）由 K 均值聚类算法对样本进行聚类，利用各类的均值作为 μ_{j0}，并计算 $\boldsymbol{\Sigma}_{j0}$、α_{j0} 取各类样本占样本总数的比例。

实际应用中，系统可以两者结合，即先按照第一种方案进行初始化，然后按照 K 均值聚类算法进行优化。下面简要介绍 K 均值聚类算法。

K 均值聚类算法是最为经典的基于划分的聚类方法，是十大经典数据挖掘算法之一。K 均值聚类算法的基本思想是：以空间中 K 个点为中心进行聚类，对最靠近它们的对象归类。通过迭代的方法，逐次更新各聚类中心的值，直至得到最好的聚类结果。该算法的最大优势在于简洁和快速。算法的关键在于初始中心的选择和距离公式。

聚类属于无监督学习，聚类的样本中却没有给定类别 y，只有特征 x。聚类的目的是找到每个样本 x 潜在的类别 y，并将同类别 y 的样本 x 放在一起。假设宇宙中的星星可以表示成三维空间中的点集(x,y,z)，聚类后的结果就是一个个星团，星团里面的点相互距离比较近，星团间的点相互距离就比较远。

在聚类问题中，训练样本是$\{\boldsymbol{x}_1,\boldsymbol{x}_2,\cdots,\boldsymbol{x}_m\}$，每个 $\boldsymbol{x}_i\in\mathbb{R}^n$。K 均值聚类算法是将样本聚类成 K 个簇，具体算法描述如下。

1）随机选取 K 个聚类质心点为 $\boldsymbol{\mu}_1,\boldsymbol{\mu}_2,\cdots,\boldsymbol{\mu}_K\in\mathbb{R}^n$。

2）重复下面过程直到收敛：

对于每一个样本 $\boldsymbol{x}_i$，计算其应该属于的类 $c_i=\arg\min\limits_j\|\boldsymbol{x}_i-\boldsymbol{\mu}_j\|^2$。

对于每一个类 j，重新计算该类的质心 $\boldsymbol{\mu}_j=\dfrac{\sum_{i=1}^{m}1\{c_i=j\}\boldsymbol{x}_i}{\sum_{i=1}^{m}1\{c_i=j\}}$。

此处，K 是事先给定的聚类数，c_i 代表样本 $\boldsymbol{x}_i$ 与 K 个类中距离最近的那个类，质心 $\boldsymbol{\mu}_j$ 代表属于同一个类的样本中心点。以星团模型为例，就是要将所有的星星聚成 K 个星团。第一步，随机选取 K 个宇宙中的点（或 K 个星星）作为 K 个星团的质心；第二步，计算每个星星到每个质心的距离，并选取距离最近的那个星团作为 c_i，即经过一轮后每个星星都会有所属的星团；第三步，对于每一个星团，重新计算其质心 $\boldsymbol{\mu}_j$（对里面所有的星星坐标求平均）。最后，重复迭代第一步和第二步直到质心不变或者变化很小。K 均值聚类算法的聚类过程如图 11-6 所示。

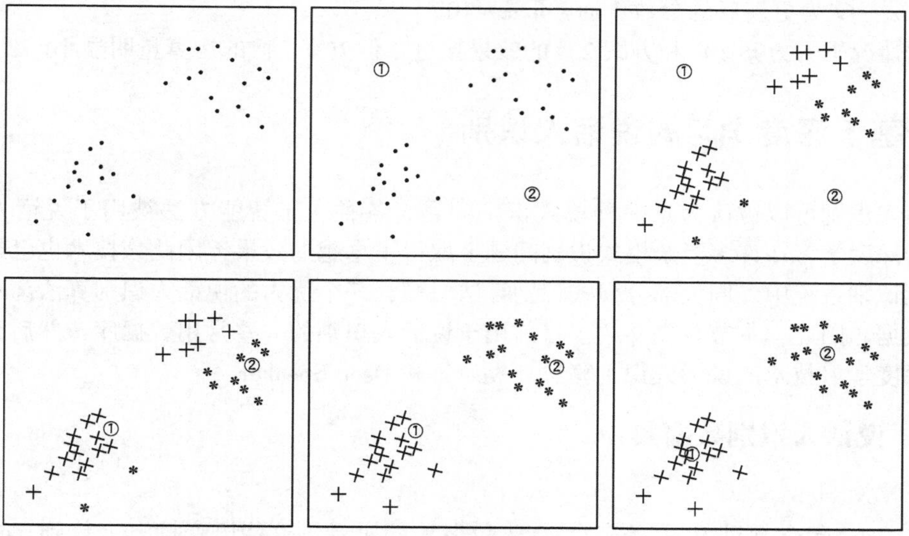

图 11-6　K 均值聚类算法的聚类过程

下面讨论一下 K 均值聚类算法的收敛性。首先定义畸变函数如下：

$$J(c,\mu)=\sum_{i=1}^{m}\|\boldsymbol{x}_i-\boldsymbol{\mu}_{c,i}\|^2 \tag{11-38}$$

J 函数表示每个样本点到其质心的距离平方和。K 均值聚类算法是要将 J 调整到最小。假设当前 J 没有达到最小值，可以固定每个类的质心 $\boldsymbol{\mu}_j$，调整每个样本的所属的类别 c_i 来让 J 函数减少；同样，固定 c_i，调整每个类的质心 $\boldsymbol{\mu}_j$ 也可以使 J 减小。当 J 递减到最小时，$\boldsymbol{\mu}$ 和 c 也同时收敛。由于畸变函数 J 是非凸函数，这意味着不能保证取得的最小值是全局最小值，即 K 均值聚类算法对质心初始位置的选取比较敏感。但是，一般情况下 K 均值聚类算法达到的局部最优已经满足需求，如果想避免陷入局部最优，那么可以选取不同的初始值多测试几遍，然后取最小的 J 所对应的 $\boldsymbol{\mu}$ 和 c 输出。

对于 K 均值聚类算法来说，初始情况下并不知道每个样本 $\boldsymbol{x}_i$ 对应的隐含变量，也就是最佳类别 c_i。最开始可以随便指定一个 c_i 给它，求出 J 最小时的 $\boldsymbol{\mu}_j$。然后，当有更好的 c_i（质心与样本 $\boldsymbol{x}_i$ 距离最小的类别）可以指定给样本 $\boldsymbol{x}_i$ 时，那么 c_i 就得重新调整。最后，重复上述过程，直到没有更好的 c_i 可以指定。从上述可以看出 K 均值聚类算法其实就是 EM 算法的体现，E 步是确定隐含类别变量 c，M 步更新其他参数 $\boldsymbol{\mu}$ 来使 J 最小化。不同的是，此处隐含类别变量的指定方法比较特殊，属于硬指定，即从 K 个类别中硬选出一个样本，而不是对每个类别赋予不同的概率。总体思想还是一个迭代优化过程，有目标函数，也有参数变量，只是多了个隐含变量，先确定其他参数估计隐含变量，再确定隐含变量估计其他参数，直至目标函数最优。

（2）GMM 算法的收敛条件

算法的收敛方法主要有以下两种。

1）不断地迭代步骤 E 和 M，重复更新参数 $\boldsymbol{\alpha}_j$、$\boldsymbol{\mu}_j$ 和 $\boldsymbol{\Sigma}_j$，直到 $|\ell(\boldsymbol{X}|\boldsymbol{\Theta})-\ell(\boldsymbol{X}|\boldsymbol{\Theta}')|<\varepsilon$，

通常取 $\varepsilon=10^{-5}$，$\ell(\boldsymbol{X}|\boldsymbol{\Theta})$通过式（11-24）计算，$\ell(\boldsymbol{X}|\boldsymbol{\Theta}')$表示更新参数后计算的值。

2）不断地迭代步骤 E 和 M，重复更新参数 $\boldsymbol{\alpha}_j$、$\boldsymbol{\mu}_j$ 和 $\boldsymbol{\Sigma}_j$，直到参数的变化不显著，即 $|\boldsymbol{\Theta}-\boldsymbol{\Theta}'|<\varepsilon$，$\boldsymbol{\Theta}'$为更新后的参数，通常取 $\varepsilon=10^{-5}$。

通常情况下，方案 1）和方案 2）的效果接近，但方案 2）的运算量明显小。

11.4 基于深度学习的说话人识别

说话人识别可以被认为是一种模式识别问题，各种人工智能方法被用于说话人识别系统。由于深度学习在许多复杂模式识别问题上取得了卓越的效果，因此该技术也已经被应用于说话人识别系统中。同大部分模式识别算法一样，一个优秀的说话人识别算法离不开大量的有效数据。因此，本节首先介绍了目前用于说话人识别的一些常用数据库，然后介绍了两种基于深度学习技术的说话人识别算法 d-vector 和 Deep Speaker。

11.4.1 说话人识别数据集

（1）VoxCeleb

VoxCeleb1 包含超过 10 万条来自 1251 位名人的语音，这些语音摘自上传到 YouTube 的视频。而 VoxCeleb2 数据集包含超过 100 万条来自 6112 位名人的语音。需要注意的是，VoxCeleb2 的开发集与 VoxCeleb1 或 SITW 数据集中的说话人没有重叠。此外，VoxCeleb2 的特点有：其音频全部采自 YouTube，是从网上视频切除出对应的音轨，再根据说话人进行切分；属于完全真实的英文语音；数据集是文本无关的；说话人范围广泛，具有多样的种族、口音、职业和年龄；每句平均时长为 8.2 s，最大时长为 145 s，最短时长为 4 s，短语音较多；数据集男女性别较均衡，男性有 690 人（55%），女性有 561 人；采样率为 16 kHz，采样位宽为 16 bit，声道数为单声道；语音带有一定真实噪声，非人造白噪声，噪声出现的时间点无规律，人声有大有小；噪声包括环境突发噪声、背景人声、笑声、回声、室内噪声、录音设备噪声；音频无静音段，截取了一个人的完整无静音音频片段；数据集自身已划分了开发集 Dev 和测试集 Test，可直接用于说话人识别。

（2）aidatatang_1505zh

该数据集包含 6408 位来自我国不同地区的说话人、总计 1505 h、共 3 万条经过人工精心标注的中文普通话语料集，可以对中文语音识别研究提供良好的数据支持。采集区域覆盖全国 34 个省级行政区域。经过专业语音校对人员转写标注，并通过严格的质量检验，句标注准确率达 98%以上，是行业内句准确率的较高标准。

（3）MagicData

该语料库包含 755 h 的语音数据，其主要是移动终端的录音数据。邀请来自我国不同重点区域的 1080 名演讲者参与录制，录音在安静的室内环境中进行。数据库分为训练集、验证集和测试集，比例为 51∶1∶2。录音文本领域多样化，包括互动问答、音乐搜索、家庭指挥和控制等。该语料库旨在支持语音识别、机器翻译、说话人识别和其他语音相关领域的研究人员。因此，语料库在用于学术用途时完全免费。

（4）VOiCES Dataset

该数据集包含 15 h、3903 条语音、300 位说话人。这个数据集的录音在不同大小的真实房间中收集，包括每个房间的不同背景和混响轮廓。在播放干净话语的同时，各种类型的干扰器噪声（电视、音乐或潺潺声）也被播放。音频主要包含：①男女声阅读的英语。②模拟的头部运动，使用电动旋转平台上的说话人来模拟前景旋转。③杂散噪声，包含大量的电视、音乐、噪声。④包括大、中、小多个房间的各种混响。语料库包含源音频、重传音频、正字法转录和说话人标签，有转录和模拟记录的真实世界的噪声。该语料库的最终目标是通过提供对复杂声学数据的访问来推进声学研究。

11.4.2 基于 d-vector 的小型说话人确认

基于 d-vector 的小型说话人识别的深度神经网络（DNN）结构是 2014 年提出的。在此结构中，说话人验证的过程可以分为三个阶段。

1）开发阶段（训练集）。背景模型从大型数据集经过 DNN 训练出来，可以在帧级别对说话人进行分类。

2）注册阶段（验证集）。使用训练好的 DNN 模型提取来自最后隐藏层的语音特征，这些说话人特征的平均值或 d-vector 用作说话人特征表征。

3）评估阶段（测试集）。为每个话语提取 d-vector，与录入的说话人模型相比较，从而进行验证。

该方法的核心是使用 DNN 架构作为说话人特征提取器，就像在 i-vector 方法中一样，寻找一种更抽象、更紧凑的说话人声学帧表示，但是此处使用的是 DNN 模型，而不是生成因子分析模型。

（1）d-vector

该网络的输入是通过将每个训练帧与其左右上下文帧堆叠而成，输出个数与开发阶段中的说话人的数量相同。目标标签被定义为一维向量，其中唯一的非零分量对应于说话人身份。一旦 DNN 训练成功，最后一个隐藏层的累积的输出激活即为新的说话人特征表示。也就是说，对于属于新说话人的给定话语的每一帧，使用训练的 DNN 中的标准前馈传播来计算最后隐藏层的输出激活，然后累加这些激活以形成该说话人的新的紧凑表示，这就是所谓的 d-vector。

（2）注册和评估

对于说话人 s 来说，给定一组话语 $\boldsymbol{X}_s=\{\boldsymbol{O}_{s1},\boldsymbol{O}_{s2},\cdots,\boldsymbol{O}_{sn}\}$，其观测值为 $\boldsymbol{O}_{si}=\{\boldsymbol{o}_1,\boldsymbol{o}_2,\cdots,\boldsymbol{o}_m\}$。其注册阶段描述如下。首先，对于话语 $\boldsymbol{O}_s$ 中的观测值 o_j，连同它的上下文，为受监督训练的 DNN 提供信息。然后，对最后一个隐藏层的输出进行范数 2 归一化，并将所有观测值累加，得到的累积向量称为与话语 $\boldsymbol{O}_s$ 相关的 d-vector。最后，说话人 s 的特征表示是通过对 $\boldsymbol{X}_s$ 中所有话语相关的 d-vector 进行加权平均而得到的。

在评估阶段，首先从测试话语中提取归一化的 d-vector，然后计算测试者的 d-vector 和真实说话人的 d-vector 之间的余弦相似度，通过将余弦距离与阈值进行比较来做出最终的验证决定。

（3）DNN 训练

该说话人确认网络是使用 Maxout 激活函数的 DNN 模型，包含四个隐藏层，每层 256 个节点，池化大小为 2。前两层不使用 dropout，而最后两层在使用 dropout 后被丢弃 50%。模型使用 ReLU 作为隐藏单元的非线性激活函数，学习率为 0.001。DNN 的输入是由给定帧中提取的 40 维对数滤波器组能量特征以及其连续帧（左边 30 帧和右边 10 帧）堆叠而成。

11.4.3 Deep Speaker

Deep Speaker 是一个说话人嵌入系统，它是百度公司于 2017 年提出的说话人识别框架。它采用 ResCNN 和 GRU 架构进行实验，提取声学特征，并通过池化层将帧级输入的语音映射为说话人的话语嵌入表示，最后采用基于余弦相似度的三元损失函数对模型进行训练。整个 Deep Speaker 的结构如图 11-7 所示。

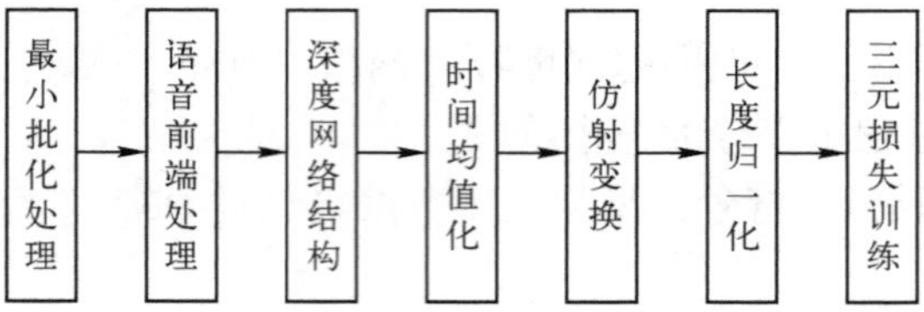

图 11-7 Deep Speaker 架构流程图

首先，选择合适的批处理尺寸对说话人语音进行批处理；其次，将输入音频转化为特征向量，对语音信号进行前端处理，再将处理好的语音信号输入到深度网络结构中，Deep Speaker 使用 ResCNN 和 GRU 进行实验。时间池化层的目的是将三维数据（帧数、特征维度、通道数）转化为对应的一段特征，而非一帧语音对应一段特征；仿射变换的目的则是降低特征维度。将长度归一化，有利于嵌入向量之间余弦相似度的计算。模型预训练的损失为交叉熵损失，重训练的损失为三元损失。

（1）ResCNN

对于深层网络来说，其网络容量相比于浅层网络要大得多，因此更加难以训练。ResNet（残差神经网络）的提出正是为了解决深层 CNN 结构训练困难的问题。ResNet 是由许多残差块堆叠而成的，每个残差块的结构如图 11-8 所示。

每个块包含两个分支：一个分支经过若干卷积，其最后一个卷积层无激活函数；另一个分支不经过任何卷积。两个分支的输出直接相加，然后经过一个 ReLU 激活输出。残差神经网络由残差块组成，每个残差块定义为

$$\boldsymbol{h}=F(\boldsymbol{x},W_i)+\boldsymbol{x} \tag{11-39}$$

其中，$\boldsymbol{x}$ 表示输入；$\boldsymbol{h}$ 表示输出；F 代表堆叠非线性层的映射函数。

（2）GRU

GRU 是 LSTM（长短期记忆）网络的一种效果很好的变体，它比 LSTM 网络的结构更加简单，而且效果也更好。LSTM 中引入了输入门、遗忘门和输出门三个门函数来分别控制输入值、记忆值和输出值，而在 GRU 模型中只有两个门：更新门和重置门。具体结构如图 11-9 所示。

图中的 $\boldsymbol{z}_t$ 和 $\boldsymbol{r}_t$ 分别表示更新门和重置门。更新门用于控制前一时刻的状态信息被带入到当前状态中的程度，更新门的值越大说明前一时刻的状态信息带入越多。重置门控制前一状态有多少信息被写入到当前的候选集 $\widetilde{\boldsymbol{h}_t}$ 上，重置门越小，前一状态的信息被写入得越少。

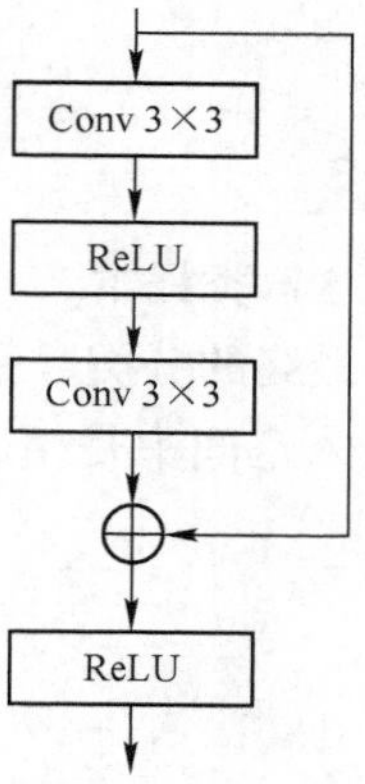

图 11-8　残差块结构示意图

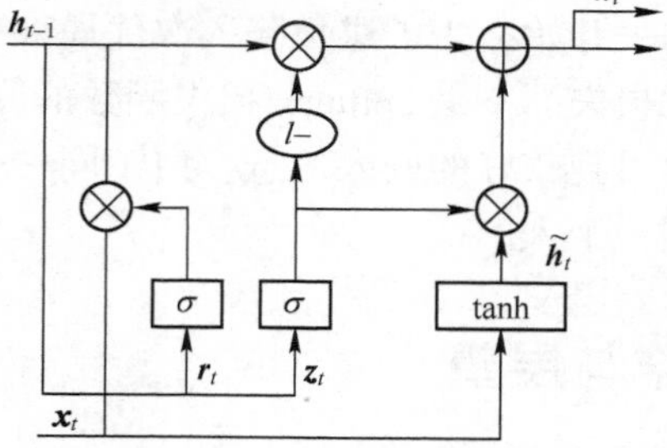

图 11-9　GRU 模型结构图

（3）说话人嵌入

将序列以帧的方式输入到网络中提取编码后，再将所有帧取均值以得到句子级别的特征编码：

$$\boldsymbol{h}=\frac{1}{T}\sum_{t=0}^{T-1}\boldsymbol{x}(t) \tag{11-40}$$

其中，T 是序列中的帧数。然后，将 $\boldsymbol{h}$ 送入仿射变换层，对句子级别的特征编码进行降维。随后，将嵌入结果进行长度归一化，以余弦相似度作为目标函数，两个输入 $\boldsymbol{x}_i$、$\boldsymbol{x}_j$ 的相似度表征为

$$\cos(\boldsymbol{x}_i,\boldsymbol{x}_j)=\boldsymbol{x}_i^{\mathrm{T}}\boldsymbol{x}_j \tag{11-41}$$

（4）三元损失函数

三元损失最早应用于人脸识别，可以学习到较好的人脸嵌入。该损失包含三个输入，一个称为“锚”（Anchor，来自特定说话人的话语），一个为同类例子（Positive，来自特定说话人的另一个话语），另一个为异类例子（Negative，来自另一个说话人的话语），不断学习直到同类例子和锚的余弦相似度大于锚和异类例子之间的余弦相似度，公式表示为

$$s_i^{\alpha p}-\alpha>s_i^{\alpha n} \tag{11-42}$$

其中，α 表示最小边距。图 11-10 是使用余弦相似度的三元损失示意图。

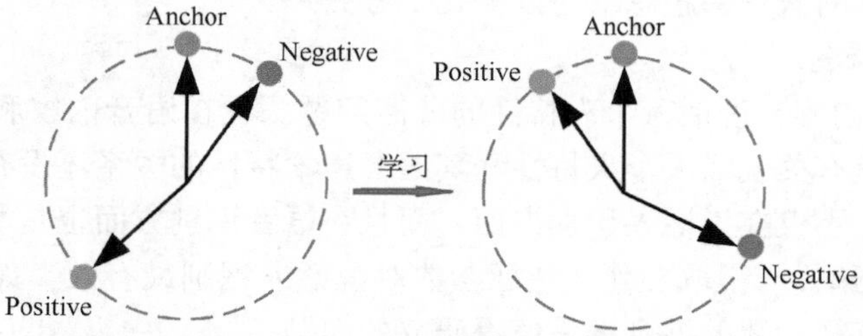

图 11-10　基于余弦相似度的三元损失

注：TensorFlow 2. x 的三元损失的调用方式是 tf. contrib. losses. metric_learning. triplet_semihard_loss( )。

（5）预训练

三元损失的样本主要分为以下三种。

1）loss=0，即容易分辨。

2）$s_i^{\alpha n}>s_i^{\alpha p}$，即一定会误识别。

3）$s_i^{\alpha n}+\alpha>s_i^{\alpha p}>s_i^{\alpha n}$，处在模糊区域。

在训练的一开始，为了避免陷入次优局部最小值，采用第3）类样本。

选用三元损失而不是Softmax损失函数的原因是，Softmax最终的分类数是确定的，而三元损失可以学习到较好的嵌入信息，由于同一个人的话语在嵌入空间中是相近的，因而可以判断是否是同一个人。

11.5 总结与展望

说话人识别具有广泛的应用前景，在几十年的研究和开发过程中取得了很大的成果，但还面临许多重大问题有待解决。人们对说话人识别的研究发展前景曾经相当乐观，但现在人们对此有了更加清醒的认识，比如，目前对于人是怎样通过语音来识别他人的尚无基本的了解；还不清楚究竟是何种语音特征（或其变换）能够唯一地携带说话人识别所需的特征。目前，说话人识别所采用的预处理方法与语音识别一样，要根据所建立的模型来提取相应的语音参数。由于缺少对上述问题的基本了解，因此这样的处理方法会丢失许多本质的东西。因此，这些基本问题的解决还需借助于认知科学等基础研究领域的突破以及跨学科的协作。但是，这些研究都不是短期内能够实现的。说话人识别的信息来源是说话人所说的话，其语音信号中既包含了说话人所说的内容信息，也包含了说话人的个性信息，是话音特征和说话人个性特征的混合体。目前还没有很好的方法把说话人的特征和说话人的语音特征分离开来。说话人的发音常常与环境、说话人的情绪、说话人的健康有密切的关系，因此说话人的个性特征不是固定不变的，而是具有长时变动性，会随着环境、情绪、健康状况和年龄的变化而变化。对于通过实际网络（如市话网）传输的电话语音、存在噪声的实时环境下进行判定的说话人识别系统性能还有待提高。在说话人识别技术中，有许多尚需进一步探索的研究课题。例如，随着时间的变化，说话人的声音相对于模型来说要发生变化，所以要对各说话人的标准模板或模型等定期进行更新的技术；判定阈值的最佳设定方法等；在存在各种噪声的实际环境下，以及电话语音的说话人识别技术，还没有得到充分的研究。

尚需进一步探索的研究课题总结为以下几个方面。

（1）基础性的课题

1）语音中语义内容与说话人个人特性的分离问题。现在语音内容和其声学特性的关系已经比较明确，但是有关说话人个人特性和其语音声学特性的关系还没有完全研究清楚。个人特性的详细研究，不仅在说话人识别方面，而且在语音识别方面也是非常重要的。

2）有效特征的选择与提取。什么特征参数对说话人识别最有效，如何有效地利用非声道特征，以及语音特征参数的混合都是值得研究的问题。

3）说话人特征的变化和样本选择问题。对于由时间、特别是病变引起的说话人特征的变化研究还很少。感冒引起鼻塞时，各种音（尤其是鼻音）的频率特性会有很大的变化；喉头有炎症时会发生基音周期的变化。这些情况都会影响说话人识别率，需要进一步研究。

（2）实用性的问题

1）说话人识别系统设计的合理化及优化问题。包括在一定的应用场合下对系统的功能和指标合理定义、对使用者实行明智的控制以及选择有效而可靠的识别方法等问题。

2）语音真伪的鉴别问题。如何区别有意模仿的声音，这对于说话人识别在司法上的应用尤为重要。

3）可靠性和经济性。在将说话人识别系统用于社会以前，必须先对万位以上的说话人进行可靠性实验。在经济性方面，每一个说话人的标准模型必须使用尽量少的信息，因此样本和特征量的精选也是亟待解决的。

11.6 思考与复习题

1. 自动说话人识别的目的是什么？它主要可分为哪两类？说话人识别和语音识别的区别在什么地方？在实现方法和使用的特征参数上与语音识别有什么相同的地方和不同的地方？

2. 什么叫作说话人辨别？什么叫作说话人确认？两者有何异同之处？

3. 怎样评价说话人识别特征参数选取的好坏？

4. 请说明基于 GMM 的说话人识别系统的工作原理？你从文献上看到过有关 GMM 模型训练的改进方法吗？请介绍其中一种较好的方法。当训练语料不足时，计算协方差矩阵时应注意什么问题？

5. 怎样解决由时间变化引起的说话人特征的变化？模型训练时应怎样考虑说话人特征随时间的变化？

6. 在说话人识别系统中，判别方法和判别阈值应该如何选择？是否应该根据文本内容以及发音时间的差别动态地改变？怎么改变？

7. 请参考相关文献研究一种最新的说话人识别系统，并详述其原理和优缺点，并谈谈对该系统的改进方案。

8. 写出基于 VQ 或 GMM 的说话人识别的详细伪代码。

第 12 章　语音情感计算

随着信息技术的高速发展和人类对计算机的依赖性的不断增强，人机交互能力越来越受到研究者的重视。在人机交互研究领域，情感计算是非常重要的研究内容，而且随着感知与交互智能机器人日益成为医疗教育和社会服务等国家重大战略的需求，其研发工作迫在眉睫，具有极其重要的科学研究价值。此外，我国《新一代人工智能发展规划》中也明确指出情感计算在健康养老和人机交互方面的重要地位。

我国对人工情感和认知的研究始于 20 世纪 90 年代，并逐步得到重视。国家自然科学基金早在 1998 年就将和谐人机环境中的情感计算理论研究列为当年信息技术高技术探索第六主题。2003 年 12 月，在北京召开了第一届中国情感计算及智能交互学术会议，标志着国内学术界对情感信息处理研究的肯定和认同。2004 年，国家自然科学基金委员会批准资助了重点基金项目情感计算理论与方法。这标志着我国在人工情感领域的研究达到了一个新的水平，呈现出方兴未艾的发展势头，研究队伍迅速扩大，研究领域急速拓展。2005 年 9 月，我国 40 多名专家教授在北京召开了中国人工智能学会首届全国人工心理与人工情感学术会议，并倡议成立中国人工智能学会人工心理与人工情感专业委员会，开展相关方面的学术活动。2005 年 10 月，中国人工智能学会同意并上报国家民政部，批准成立了中国人工智能学会人工心理与人工情感专业委员会。随后，人工心理与人工情感专业委员会及其成员组织召开了首届国际情感计算及智能交互学术会议。2007 年 12 月，中国人工智能学会人工心理与人工情感专业委员会在哈尔滨 CAAI-12 届年会上举行了正式成立大会，这是国内在电子信息科学领域成立的首个情感计算学会。

在情感计算中，语音是重要的计算数据源之一，其蕴含的副语言具有丰富的潜在信息，在谎言检测、心理医疗、婴儿哭声、客户服务等领域中具有重要的实用价值。语音情感中的谎言检测对公检司法中的审讯侦查具有重要的辅助作用，可帮助侦察人员鉴别口供真伪。在心理医疗等领域，语音情感识别可以辅助鉴定抑郁症等心理疾病，有利于心理医生快速判断患者的病情从而实现针对性治疗。对于尚不会言语的婴儿而言，基于婴儿哭声的情感识别技术可帮助年轻母亲及时了解婴儿的情绪状态（如饥饿、疼痛等），是亟待开发的婴儿陪护产品之一。此外，基于语音情感识别技术的客服满意度评测系统已逐步在银行和电信等服务行业进行应用，具有广阔的市场前景。各国在这些方面都投入了大量的资金进行研究。美国麻省理工学院媒体实验室的情感计算研究组就在专门研究机器如何通过对外界信号的采样，如人体的生理信号（血压、脉搏、皮肤电阻等）、面部快照、语音信号来识别人的各种情感，并让机器对这些情感做出适当的响应。目前，情感信息处理的研究正处在不断的深入之中，而语音信号的情感信息处理研究正越来越受到人们的重视。

语音信号中的情感信息是一种很重要的信息资源，是人们感知事物必不可少的组成部分。同样的一句话，由于说话人表现的情感不同，在听者的感知上就可能会有较大的差别。所谓“听话听音”就是这个道理。人们同时接受各种形式的信息，怎样有效利用各种形式的信息以达到最佳的信息传递和交流效果，是今后信息处理研究的发展方向。因此，分析和处理语音信号中的情感特征、判断和模拟说话人的喜怒哀乐等是一个意义重大的研究课题。

深度学习已被视为机器学习中的新兴研究领域，并且近年来受到了越来越多的关注。语音情感识别（SER）的深度学习技术相对于传统方法具有多个优势，包括无须手动进行特征提取和调整即可检测复杂结构和特征的能力；从给定的原始数据中提取深层特征的趋势，以及处理未标记数据的能力。

近年来，语音情感的研究进展可以大致分为四个方面：①情感特征的选择和优化；②情感识别算法的研究；③自然情感数据库的建立；④关注情感模型适应能力的环境自适应方法，如上下文信息、跨语言、跨文化和性别差异等。

本章主要介绍了语音情感识别的一些基础知识。首先介绍了情感心理学理论、常用的情感数据库及其录制方法、常用的语音情感特征和经典的识别方法，然后介绍了两种基于深度学习的情感识别模型，最后对情感识别做了一些展望。

12.1 情感的心理学理论

情感识别研究需要以心理学的理论为指导，首先需要定义研究的对象——人类情感。然而，目前情感研究中一个主要的问题是，缺乏一个对情感的一致定义以及对不同情感类型的一个定性划分。情绪是一种复杂的心理状态，由几种成分组成，如个人经历、生理、行为和交流反应。基于这些定义，语音情感识别中共有两种模型：基本情感模型和维度情感模型。

（1）基本情感论

基本情感论认为，人类复杂的情感是由若干种有限的基本情感构成的，基本情感按照一定的比例混合构成各种复合情感。基本情感论认为情感可以用离散的类别模型来描述，目前大部分的情感识别系统，都是建立在这一理论体系之上的。因而，后继的情感识别研究就变为将模式分类中的分类算法应用到情感类别的划分中。对于基本情感的定义，不同研究者有着不同的定义：

1）Plutchik 认为，基本情感包括接纳、生气、期望、厌恶、喜悦、恐惧、悲伤和惊讶。

2）Ekman 与 Davidson 认为，基本情感包括生气、厌恶、恐惧、喜悦、悲伤和惊讶。

3）James 认为，基本情感包括恐惧、悲伤、爱和愤怒。

由此可知，在心理学领域对基本情感类别的定义还没有一个统一的结论，然而在语音情感识别的文献中，较多的研究者采用的是 6 种基本情感状态：喜悦、生气、惊讶、悲伤、恐惧和中性。近年来，有不少研究者对基本情感类别的识别方法进行了研究，并取得了一定的研究成果，如柏林数据库的识别率可以达到 80%以上，而中科院的 CASIA 数据库可以达到 90%以上。虽然目前对这些常见的情感类型的研究文献较多，但是对一些具有实际意义的特殊情感类别的研究还很少，特别是烦躁、抑郁等负面情绪在一些人机系统中具有重要的实用价值。然而，这些在日常交流中观察到的复杂的情感状态很难通过基本情感类别进行定义。

（2）维度空间论

情感的维度空间论认为人类所有的情感都是由几个维度空间所组成的，特定的情感状态只能代表一个从亲近到退缩或者是从快乐到痛苦的连续空间中的位置，不同情感之间不是独立的，而是连续的，可以实现逐渐的、平稳的转变，不同情感之间的相似性和差异性是根据彼此在维度空间中的距离来显示的。维度空间模型为研究者们提供了一个方便的研究和表示情感的工具。不同于基本情感类别论所对应的情感识别方法是分类算法，维度空间论对应的情感识别方法是机器学习的回归分析。

近 20 多年来，最广为接受和得到较多实际应用的维度模型，是由效价维度和唤醒维度组成的二维空间：

1）效价维度或者快乐维度，其理论基础是正负情感的分离激活，主要体现为情感主体的情绪感受，是对情感和主体关系的一种度量。

2）唤醒维度或者激活维度，指与情感状态相联系的机体能量激活的程度，是对情感的内在能量的一种度量。

几种情感在效价维度/唤醒维度二维空间中所处的大致位置如图 12-1 所示。维度表示存在几个缺点：其一是还不够直观，可能需要专门培训以标记每种情绪；另外，某些情绪会变得相同，例如恐惧和愤怒，而某些诸如惊喜之类的情绪则无法归类且位于维度空间之外，因为根据不同的情境，惊喜情绪可能具有正效价或负效价。

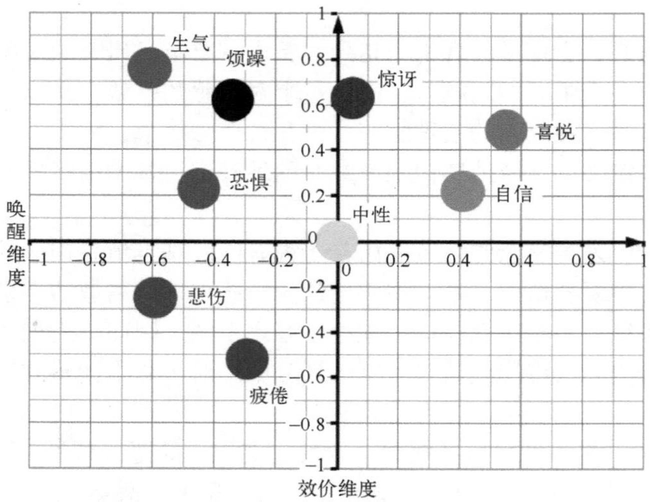

图 12-1　情感的维度空间分布

12.2　语音情感数据库

语音情感模型的训练依赖于高质量的数据库，情感数据库的质量在建立情感识别系统的过程当中起到了至关重要的作用。2005 年，柏林工业大学的 Burkhardt 等人建立了柏林情感语音数据库（以下简称柏林库）。柏林库的数据规模虽然不大，文本内容也比较有限，但是制作规范、语料质量较高，且是较早建立和免费发布的情感语音数据库。因此，柏林库是影响力较大的一个重要数据库。随着研究的深入，研究学者逐步认识到表演语料的不足之处，指出了情感识别研究中自然语料的重要性和必要性。在表演数据库上获得的一些研究结果，如情感的最佳特征组、基于各种学习算法的情感统计模型，在实际应用当中并不能很好地识别真实的情感。造成这种性能瓶颈的原因，正是表演情感与真实情感的差异。表演语料中的情感往往带有夸张的成分，通常其唤醒度会高于自然语料中的情感。在表演语料基础上建立的统计模型，与现实生活中人们的真实情感有一定的差别。目前，情感语料的自然度问题受到了广泛重视。如何采集自然度高的语料，也就是如何使训练数据真实可信，以及在此基础上建立高质量的数据库是研究的重点和难点。

本节主要介绍了情感数据建立的基本规范、情感语料的诱发方法以及情感语料的主观评价方法，最后对当前主流的一些情感数据库进行了介绍。

12.2.1 情感数据库建立的基本规范

在实际的语音情感识别应用中，还面临着情感语料真实度的问题。情感语料可以分为自然语料、诱发语料和表演语料三类。表演语料的优点是容易采集，缺点是情感表现夸张，与实际的自然语料有一定的差别。基于表演情感语料建立情感识别系统，会带入一些先天的缺陷，这是由于用于识别模型训练的数据与实际的数据有一定的差别，导致提取的情感特征有差别。因此，早期基于表演语料的识别系统的情感模型在实验室条件下能够获得较高的识别率，但是在实际条件下，系统的情感模型与真实的情感数据不能吻合得很好。这是情感识别的主要技术瓶颈之一。

面向实际应用的需求，实用语音情感数据库必须要保证语料的真实可靠，不能采用传统的表演方式采集数据。通过实验心理学中的方法来诱发实用语音情感数据，可以尽可能地使训练数据接近真实的情感数据。

参考国内外著名语料库及其相关的规范，实用语音情感数据库建立的流程主要包含五个步骤：制定情感诱发方式、情感语音采集、数据检验与补录、语句切分与标注和听辨测试。实用语情感语音库的制作规范见表 12-1 所示。

表 12-1 实用语情感语音库的制作规范

规　范	详 细 说 明
发音人规范	描述发音人的年龄、性别、教育背景和性格特征等
语料设计规范	描述语料的组织和设计内容，包括文本内容设计、情感选择、语料来源等
录音规范	描述录音环境的软硬件设备、录音声学环境等技术指标
数据存储技术规范	描述采样率、编码格式、语音文件的存储格式及其技术规范
语料库标注规范	情感标注内容和标注系统说明
法律声明	发音人录音之后签署的有关法律条文或者声明

录音过程通常在安静的实验室内进行。每次录音后，应进行数据的检验与补录，及时对语音文件进行人工检验，以排除录音过程中可能出现的错误。例如，查看并剔除语音中的信号过载音段、不规则噪声（如咳嗽等）和非正常停顿造成的长时静音等。对于错误严重的录音文件，必要时进行补录。即使在这种情况下，如果考虑到实用的话，还要在不同的场景下，在含有噪声的情况下进行采集分析，才能真正使模型鲁棒。

12.2.2 情感语料的诱发方法

（1）通过计算机游戏诱发情感语料

在传统的语音情感数据库中，往往采用表演的方式来采集数据。在实际的语音通话和自然交谈中，说话人的情感对语音产生的影响常常是不受说话人控制的，也不是有意识的交流，而是反映了说话人潜在的心理状态变化。而演员能够通过刻意的控制声音的变化来表演所需要的情感，这样采集的情感数据对于情感语音的合成研究是没有问题的，但是对自然情感语音的识别研究是不合适的，因为表演数据不能提供一个准确的情感模型。为了能够更好地研究实际环境中的情感语音，有必要采集比表演语音具有更高自然度的情感数据。

因为人类声音中蕴含的情感信息会受到无意识的心理状态变化的影响，以及社会文化导致的有意识的说话习惯的控制，所以实用语音情感数据库的建立需要考虑语音中情感的自然流露和有意识控制。目前，比较有效的手段是通过实验诱发来引导情感在语音中的自然流露。其中，比较著名的是诱发心理学实验，即通过计算机游戏诱发情感的方法来采集语音情感数据。该方法的优势在于通过游戏中画面和音乐的视觉、听觉刺激，提供一个互动的、具有较强感染力的人机交互环境，能够有效诱发出被试者的正面情感与负面情感。在游戏胜利时，由于在游戏虚拟场景中的成功与满足，被试者被诱发出喜悦等正面情感；在游戏失败时，被试者在虚拟场景中受到挫折，容易引发烦躁等负面情感。

举例来说，为了便于烦躁、喜悦情感的诱发，这里介绍一个既需要耐心又具有一定挑战的计算机小游戏。游戏中被试者要求用鼠标移动一个小球使其通过复杂的管道，在通过管道的过程中如果小球碰到管壁，小球将爆炸，游戏失败；在规定时间内（倒计时 1 min）顺利通过管道后，到达终点，游戏胜利；游戏共有 5 个难度等级，以适合不同水平的被试者。情感语音的诱发与录制过程如下：在被试者参加游戏前，让被试者平静地读出指定的文本内容，录制中性状态的语音。在每次游戏胜利后，要求被试者用喜悦的语气说出指定的文本内容，录制喜悦状态下的语音；在每次游戏失败后，要求被试者用烦躁的语气说出指定的文本内容，录制烦躁状态下的语音。为了便于对数据进行检验，在每次录制情感语音后，让被试者填写情感的主观体验，记录诱发的情感类型。在实验结束后，根据被试者的情感主观体验表，剔除主观体验与诱发目标情感不一致的语音数据，必要时进行适当的补录。

发音人的选择主要考虑发音人的性别、年龄、生活背景、教育程度、职业、病理情况、听力状况和口音等。参与情感诱发实验的被试人员应具有良好的健康状况，近期无感冒，无喉部疾病，并且听力正常。研究表明，由于生理构造的差别，男女在表达相同情感时，其声学特征有一定差异性；而不同年龄段的人群，在表达情感时同样会出现不同的情况。在建库时对这些因素进行规范，可以有选择性地提高某些特定人群的情感识别率。

（2）通过认知作业诱发情感语料

除了游戏诱发以外，通过认知作业可以诱发包括烦躁、疲劳和自信等心理状态下的情感。在一个重复的、长时间的认知作业中，采用噪声诱发、睡眠剥夺等手段可辅助诱发负面情绪。认知作业现场的情感识别具有重要的实际意义，特别是在航天、航空、航海等长时间的、高强度的工作环境中，对工作人员的负面情感的及时检测和调控具有非常重要的意义。烦躁、疲劳和自信等心理状态对认知过程有重要的影响，是评估特殊工作人员的心理状态和认知作业水平的一个重要因素。

具体的实验设置如下：在诱发实验中，要求被试者进行数学四则运算测试，以模拟认知工作环境。在实验中，被试者将题目和计算结果进行口头汇报，并录音，以获取语料数据。在实验的第一阶段，通过轻松的音乐使被试者放松情绪，做一些较为简单的计算题目，以获得正面的情感语料。在实验的第二阶段，采用噪声刺激的手段来诱发被试者的负面情感(通过佩戴的耳机进行播放)，采用睡眠剥夺的手段辅助诱发负面情感（如烦躁、疲倦等)，同时提高计算题目的困难程度。对于实验中简单的四则运算题目，被试者容易做出自信的回答；对于较难的计算，被试者的口头汇报中会出现明显的迟疑。在实验的后半段，经过长时间的工作，被试者更容易产生疲劳和烦躁的情感。认知作业结束后，对每一题的正确与错误进行了记录和统计。对每一段录制的语音数据进行被试者的自我评价，标注了所出现的目标情感。

通过检测与认知有关的三种实用语音情感，能够从行为特征的角度反映出被试者认知能力的波动，从而客观地评估特殊工作人员的心理状态与该项工作的适合程度。因此，进一步研究负面情感对认知能力的影响是非常有价值的。

12.2.3 情感语料的主观评价方法

为了保证所采集的情感语料的可靠性，需要进行主观听辨评价，每条样本由 10 名未参与录音的人员进行评测。一般认为人类区分信息等级的极限能力为 7 ±2，故可以引入九分位的比例标度来衡量信息等级。例如，采用标度 1、3、5、7、9 表示情感的五种强度，对应极弱、较弱、一般、较强和极强五个等级。

每个听辨人对每条情感样本都会产生一个评测的结果：

$$\boldsymbol{E}_{ij} = \{ e_1^{ij}, e_2^{ij}, \cdots, e_K^{ij} \} \tag{12-1}$$

此处，j 表示情感样本；i 表示听辨人；K 为情感类别数量；e 代表听辨人 i 对于该情感语句的不同情感成分的评判值。

由于采取多人评测，为了得到第 j 条情感样本的评价结果，需要将所有听辨人的测评结果进行融合，采用加权融合的准则得到该条情感样本的评判结果为

$$\boldsymbol{E}_j = \sum_{i=1}^{M} a_i \boldsymbol{E}_{ij} \tag{12-2}$$

其中，a_i 是每个听辨人的评价结果的融合权重，代表每个听辨人的评价结果的可靠程度，有

$$\sum_{i=1}^{M} a_i = 1 \tag{12-3}$$

其中，M 为听辨人总数。融合权重对最终结果有重要的影响，其数值根据听辨人的评测质量来确定。由于在多人的评测系统中，不同听辨人的评价结果带有一定的相关性，因此可以从听辨结果的一致度方面来计算融合权值。

对第 j 条数据，两个听辨人 p、q 之间的相似性度量可以定义为

$$\rho_j^{pq} = \prod_{i=1}^{K} \frac{\min\{ e_i^{pj}, e_i^{qj} \}}{\max\{ e_i^{pj}, e_i^{qj} \}} \tag{12-4}$$

对每次测评，两个听辨人 p、q 之间的相似性度量为

$$\rho^{pq} = \frac{1}{N} \sum_{j=1}^{N} \rho_j^{pq} = \frac{1}{N} \sum_{j=1}^{N} \prod_{i=1}^{K} \frac{\min\{ e_i^{pj}, e_i^{qj} \}}{\max\{ e_i^{pj}, e_i^{qj} \}} \tag{12-5}$$

其中，N 为情感样本的总数。根据两人之间的相似性，可以得到一个一致度矩阵，矩阵中的每个元素代表两个听辨人之间的相互支持程度。此时，第 i 个听辨人与其他听辨人之间的一

致程度可通过平均一致度来获得：

$$\overline{\rho^{i}} = \frac{1}{M-1}\sum_{\substack{j=1 \\ j\neq i}}^{M}\rho^{ij} \tag{12-6}$$

则归一化后的一致度可作为每个听辨人评测结果的融合权重 a_i，即

$$a_i = \frac{\overline{\rho^{i}}}{\sum_{k=1}^{M}\overline{\rho^{k}}} \tag{12-7}$$

将其代入式（12-2），即可得到每条情感语句的评价结果 $\boldsymbol{E}_j$：

$$\boldsymbol{E}_j = \frac{\sum_{i=1}^{M}\overline{\rho^{i}}\boldsymbol{E}_{ij}}{\sum_{k=1}^{M}\overline{\rho^{k}}} \tag{12-8}$$

根据评价结果可以对数据进行情感标注，假设 $\boldsymbol{E}_j$ 中最大的元素是 e_m^j，则认为该情感语句是主情感为 m 的情感语料。

12.2.4　语音情感数据库概述

语音情感数据库的建立，是研究语音情感的基础，具有极为重要的意义。目前国际上流行的语音情感数据库有 AIBO（Artificial Intelligence Robot）语料库、VAM（The Vera am Mittag）数据库、丹麦语数据库（Danish Emotional Speech，DES）、柏林数据库、SUSAS（Speech under Simulated and Actual Stress）数据库等，此外，还有一些近期录制的如 EMOVO、SAVEE（Surrey Audio-Visual Expressed Emotion）、CASIA、CHEAVD（Chinese Natural Emotional Audio-Visual Database）等语料库也得到了较为广泛的应用。

1）柏林数据库是一个使用较为广泛的语音情感数据库，包含了生气、无聊、厌恶、恐惧、喜悦、中性和悲伤等语音情感类别。柏林数据库中的语料是按照固定的文本进行情感渲染的表演，其文本包含了 10 条德语语句。10 名专业演员参与了语音的录制，包括 5 名女性和 5 名男性。初期录制了大约 900 条的语料，后期经过 20 个听辨人的检验，494 条语料被选出组成了柏林情感语音数据库，以保证 60%以上的听辨人认为这些语料表演自然，80%以上的听辨人对语料的情感标注一致。柏林数据库的缺点是情感数据采用表演的方式采集，语料的真实度得不到保证，并且数据量较少。

2）丹麦语数据库由 4 名专业演员表演获得，包括两名男性和两名女性。情感数据中包含了 5 种基本情感：生气、喜悦、中性、悲伤和惊讶。丹麦语数据库中的语料在采集之后，会有 20 名听辨人员进行数据的校验。听辨人员的母语均为丹麦语，年龄为 18~59 岁。

3）SUSAS 数据库是最早建立的自然语料数据库之一，甚至包含了部分现场噪声以增加研究的挑战性。语料库的语言为英语，说话人数量为 32 人。文本内容包含了一部分航空指令，如“brake”（制动）、“help”（求助）等，文本内容固定且长度较短。该数据库的录制方法对一些特殊作业环境中的应用具有一定的参考价值。

4）VAM 数据库是由德语的脱口秀节目录制而成的一个公开数据库，其数据的自然度较高。VAM 数据库中的情感数据包含了情感语音和人脸表情两部分，总共包含 12 h 的录制数据。大部分的情感数据具有情感类别标注，情感的标注是从唤醒度、效价度和控制度三个情

感维度进行评价的。

5）AIBO 语料库是在 2009 年 Interspeech 会议的 Emotion Challenge 评比中被指定的语音情感数据库。情感数据的采集方式是，通过儿童与索尼的 AIBO 机器狗进行自然交互，从而进行情感数据的采集。说话人由 51 名儿童组成，年龄段为 10~13 岁，其中 30 名为女性。实验过程中，被试儿童被告知索尼的机器狗会服从他们的指挥，鼓励被试者像和朋友说话一样同机器狗交谈，而实际上索尼的机器狗是通过无线装置由工作人员控制的，以达到同被试儿童更好交互的目的。该语料库包含了 9.2 h 的语音数据，48000 个左右的单词。数据录制的采样频率为 48 kHz，量化精度为 16 bit。该语料库的情感数据的自然度高，是目前较为流行的一个语音情感数据库。

6）EMOVO 语料库是第一个使用意大利语录制而成的数据集，该数据集由 6 名专业演员表演获得，包括 3 名男性和 3 名女性。每位演员分别使用 7 种情感录制 14 句话语，文本内容固定且长度较短，情感类别包括厌恶、恐惧、生气、喜悦、惊讶、悲伤和中性。后期经过两组共 24 位听辨人的检验，证明该数据集的语料情感表达准确。由于该语料库的情感数据经表演获得，自然程度较低。

7）SAVEE 数据集是由 4 位平均年龄 30 岁的男性英语母语者录入的一个视听情感数据库，情感类别包括愤怒、厌恶、恐惧、喜悦、悲伤、惊讶和中性共 7 种情感。文本材料选自标准 TIMIT 数据库，每种情感包含 15 个句子（中性情感有 30 句），15 个语句中包含 3 条常用语句、两条情感特定语句以及每个情感都不同的 10 个通用语句。因此，每位演员录制 120 条语句，该语料库由 480 条语句构成，语音采样率为 44.1 kHz，视频采样率为 60 fps。每位演员的视听数据由 10 名听辨人进行评估，平均识别率分别为语音 66.50%、图像 88.00%、语音和图像融合 91.80%，证明情感被演员正确表达，也说明了该视听数据集的可行性。

8）CASIA 汉语情感语料库是中科院自动化所录制的情感语料库，数据库包括 10000 条语音。语言为汉语，情感类型包括生气、恐惧、喜悦、中性、悲伤和惊讶 6 种。4 名演员对 300 句相同文本和 100 句不同文本进行朗诵。收集的语音信号基本是纯净无噪声的，采样率为 16 kHz，采样精度为 16 bit。

9）CHEAVD 语料库是由中科院自动化所收集的自然的、多模态的、带有注释的情感数据集，旨在为研究多模态的多媒体交互提供基础资源。该语料库包含从电影、电视剧和脱口秀节目中提取的 140 min 情感片段，共 238 位演讲者，年龄为 11~62 岁，构成了说话人多样性的广泛覆盖范围。情感类别除了包括基本的生气、喜悦、悲伤、中性、惊讶和厌恶 6 种基本情绪外，还包括好奇、尴尬、骄傲等 26 种非典型的情绪状态。与其他语料库相比，该数据集还提供了多情绪表情和虚假/抑制标签。CHEAVD 是第一个处理多模态自然情感的大型中文自然情感语料库。

12.3 情感的声学特征分析

情感识别的关键在于提取能反映说话人的情感行为的特征，特征的优劣对情感识别效果有非常重要的影响。如何提取和选择能有效反映情感变化的语音特征，是目前语音情感识别领域的重要问题之一。在过去的几十年里，研究者从心理学、语音语言学等角度出发，做了大量的研究。在基于语音的情绪分析中，相对于图像等可视信号，语音信号由于受到语义、说话人等多种因素的影响，没有较为实用化的显示形式。所以，通常采用大量的特征集合以尽量保留对于情绪分析有用的特征。

但是，由于受到训练样本规模的限制，特征空间维度不能过高，需要进行特征降维。从信息增加的角度来说，原始特征的数量应该是越多越好，似乎不存在一个上限。然而，在具体的算法训练当中，几乎所有的算法都会受到计算能力的限制，特征数量的增加最终会导致“维度灾难”的问题。以高斯混合模型为例，它的概率模型的成功训练依赖于训练样本数量、高斯模型混合度、特征空间维数三者之间的平衡。如果训练样本不足，而特征空间维数过高的话，许多机器学习模型的参数就不能准确获得。

本节主要介绍了三类情感特征以及业界提出的一些大型特征集，然后简单介绍了两种特征降维算法的原理。

12.3.1 情感特征提取

许多用于自动语音识别和说话人识别的语音参数都可以用来进行语音情感识别。当前，用于语音情感识别的显性的声学特征大致可归纳为韵律学特征、基于谱的相关特征和音质特征三种类型。

1）韵律是指语音中凌驾于语义符号之上的音高、音长、快慢和轻重等方面的变化，是对语音流表达方式的一种结构性安排。韵律学特征又被称为“超音段特征”或“超语言学特征”，其情感区分能力已得到语音情感识别领域的研究者们的广泛认可，最常用的韵律特征有时长、基频、能量等。

2）基于谱的相关特征被认为是声道形状变化和发声运动之间相关性的体现，已在包括语音识别、说话人识别等在内的语音信号处理领域有着成功的运用。近年来，有越来越多的研究者们将谱相关特征运用到语音情感的识别中来，并起到了改善系统识别性能的作用。在语音情感识别任务中使用的谱特征一般有线性预测系数、线性预测倒谱系数、美尔倒谱系数等。

3）声音质量是人们赋予语音的一种主观评价指标，用于衡量语音是否纯净、清晰、容易辨识等。对声音质量产生影响的声学表现有喘息、颤音、哽咽等，并且常常出现在说话人情绪激动、难以抑制的情形中。在语音情感的听辨实验中，声音质量的变化被听辨者们一致认定为与语音情感的表达有着密切的关系。在语音情感识别研究中，用于衡量声音质量的声学特征一般有共振峰频率及其带宽、频率微扰和振幅微扰、声门参数等。

上述三种特征分别从不同侧面对语音情感信息进行表达，融合特征指的是联合不同类特征进行语音情感的识别，从而达到提高系统识别性能的目的。这些特征常常以帧为单位进行提取，却以全局特征统计值的形式参与情感的识别。全局统计的单位一般是听觉上独立的语句或者单词，常用的统计指标有极值、极值范围、均值、方差、一阶差分、二阶差分等。

从另一角度讲，语音情绪特征的使用通常分为动态特征处理和静态特征处理。动态特征是在帧特征的基础上，通过动态模型（HMM）对各样本语段学习生成对应的模型；而静态特征主要为基于低阶描述子（Low Level Descriptors，LLDs）的函数，以及少量的语段特征。目前，语音情绪分析的研究大部分基于静态特征，或是将二者结合起来。

常用的 LLD 特征类别包括能量、基音、过零率、共振峰、MFCC、Teager 能量算子

(Teager Energy Operator，TEO)、知觉线性预测（Perceptual Linear Prediction，PLP）、谐波噪声比（Harmonics-to-Noise-Ratio，HNR)、单个连续基音周期内的偏差（Jitter)、相邻基音周期间振幅峰值之差（Shimmer)、语音活跃度（Voicing Probability）等。目前，较大规模使用的特征集主要基于开源工具 openSMILE，常用特征集合如下。

（1）Interspeech Computational Paralinguistics Challenge（ComParE）

该特征集从 2009 年至今，其中典型的是 2013 年的 6373 个静态特征以及 2009 年的 384 个特征。

2009 年的特征集包括过零率、均方根能量、基音频率的对数（Pitch)、HNR、MFCC[1~12]这 16 种 LLDs 及其一阶差分的均值、标准差、峰度、偏度、最大/小值、最大/小值位置索引、极值范围、偏移、斜率、均方误差共 12 个统计函数得到的特征。

2013 年的特征集在 Interspeech 2012 特征集上进行了优化，增加了一个谱特征——频谱中心值，功能函数增加了一个用于 LLDs 和 ΔLLDs 的极值范围，去掉了部分无用的功能函数，最终额外增加了 248 个特征构成了 ComParE 特征集。

（2）OpenEAR 基线特征

该特征集共有 988 维语音特征，包括 26 个 LLDs：强度、响度、MFCC[1~12]、基音、浊音概率、基音包络、LSP 频率 [0~7]、过零率，以及这些 LLDs 的一阶差分，还有 19 个功能函数：最大/小值、最大/小值位置索引、极值范围、算术平均值、线性回归的偏移/斜率和绝对/平方误差、标准差、偏度、峰度、第 1/2/3 四分位数及其范围等。

（3）AVEC（Audio/Visual Emotion Challenge）特征集

2012 年特征集共包括 1941 维特征，包含了各种常见的用于情感识别的共 31 个 LLDs 和 42 个统计函数。该特征集还在计算得到的众多特征中去除了那些或常量、或包含极少量信息、或能产生高噪声的特征。

2012 年特征集在 AVEC 2011 特征集的基础上进一步简化，共包括 1841 维特征。其中，选取的 LLDs 种类和数量没有变化；在应用的统计函数方面，段长的平均值、标准差、极值仅用于能量和谱相关的共 25 个 LLDs，而不用于一阶差分 LLDs，因此总共减少了 100 个特征。

2013 年和 2014 年特征集由 2268 维特征构成，LLDs 和统计函数与 AVEC 2011 特征集基本相同，主要增加了几种谱特征，包括心理声学锐度、声谱调和性、频谱平坦度等。

2015 年特征集包括 102 维特征，其中涵盖了 42 个 LLDs。

（4）Geneva Minimalistic Acoustic Parameter Set（GeMAPS）和 extended GeMAPS（eGeMAPS）

GeMAPS 特征集共包括 62 维的高阶统计特征，由 18 个 LLDs 计算得到。eGeMAPS 特征集是 GeMAPS 的扩展，共包括 88 个特征，增加了 5 个谱特征和 1 个等效声级特征。

12.3.2 特征降维算法

对基本声学特征进行特征降维，既能够反映出这些特征在区分情感类别上的能力，又是后续的识别算法研究的需要。总结语音情感识别领域近年来的一些文献，研究者们主要采用了以下的特征降维的方法：LDA（Linear Discriminant Analysis)、PCA（Principal Components Analysis)、FDR（Fisher Discriminant Ratio)、SFS（Sequential Forward Selection）等。其中，

SFS 是一种封装器方法，它对具体的识别算法的依赖程度较高，当使用不同的识别算法时，可能会得到差异很大的结果。本节主要介绍 LDA 算法和 PCA 算法，其他算法可参考相关文献。

（1）LDA 降维原理

线性判别分析（Linear Discriminant Analysis，LDA）是 Ronald Fisher 于 1936 年发明的，是模式识别的经典算法。1996 年，该算法由 P. N. Belhumeur 引入模式识别和人工智能领域。线性判别分析的基本思想是将高维的模式样本投影到最佳判别向量空间，以达到抽取分类信息和压缩特征空间维数的效果。投影后的模式样本在新的子空间应该具有最大的类间距离和最小的类内距离，即模式在该空间中有最佳的可分离性。

假设有一组属于两个类的 n 个 d 维样本 $\boldsymbol{x}_1,\cdots,\boldsymbol{x}_n \in \mathbb{R}^d$，其中前 n_1 个样本属于类 w_1，后 n_2 个样本属于类 w_2，均服从协方差矩阵的高斯分布。现寻找一最佳超平面将两类分开，则只需将所有样本投影到此超平面的法线方向上。

$$y_i = \boldsymbol{w}^{\mathrm{T}} \boldsymbol{x}_i \tag{12-9}$$

此时，可以得到 n 个标量 $y_1,\cdots,y_n \in \mathbb{R}$，这 n 个标量相应地属于集合 Y_1 和 Y_2，并且 Y_1 和 Y_2 能够很好地分开。

为了找到能够达到最好分类效果的投影方向 $\boldsymbol{w}$，Fisher 规定了一个准则函数 $J_F(\boldsymbol{w})$，要求选择的投影方向 $\boldsymbol{w}$ 能使降维后的 Y_1 和 Y_2 具有最大的类间距离与类内距离比，即

$$J_F(\boldsymbol{w}) = \frac{(\overline{m}_1 - \overline{m}_2)^2}{\overline{\boldsymbol{S}}_w} \tag{12-10}$$

其中，类间距离用两类均值 $\overline{m}_1$、$\overline{m}_2$ 之间的距离表示；$\overline{S}_w$ 为总的类内离散度，用每类样本距其类均值距离的和表示：

$$\overline{\boldsymbol{S}}_w = \overline{s}_1^2 + \overline{s}_2^2 = \boldsymbol{w}^{\mathrm{T}}(\boldsymbol{S}_1 + \boldsymbol{S}_2)\boldsymbol{w} = \boldsymbol{w}^{\mathrm{T}} \boldsymbol{S}_w \boldsymbol{w} \tag{12-11}$$

$\overline{m}_i$ 为降维后各类样本均值：

$$\overline{m}_i = \frac{1}{n_i}\sum_{y \in Y_i} y = \frac{1}{n_i}\sum_{x \in X_i} \boldsymbol{w}^{\mathrm{T}} \boldsymbol{x} = \boldsymbol{w}^{\mathrm{T}} \boldsymbol{m}_i \tag{12-12}$$

$\overline{s}_i^2$ 为降维后每类样本类内离散度：

$$\overline{s}_i^2 = \sum (y - \overline{m}_i)^2 = \sum_{x \in X_i} (\boldsymbol{w}^{\mathrm{T}}\boldsymbol{x} - \boldsymbol{w}^{\mathrm{T}}\boldsymbol{m}_i)^2 = \boldsymbol{w}^{\mathrm{T}}\left[\sum_{x \in X_i} (\boldsymbol{x} - \boldsymbol{m}_i)(\boldsymbol{x} - \boldsymbol{m}_i)^{\mathrm{T}}\right]\boldsymbol{w} = \boldsymbol{w}^{\mathrm{T}} \boldsymbol{S}_i \boldsymbol{w} \tag{12-13}$$

这里，$\boldsymbol{S}_i = \sum_{x \in X_i} (\boldsymbol{x} - \boldsymbol{m}_i)(\boldsymbol{x} - \boldsymbol{m}_i)^{\mathrm{T}}$ 称为样本类内离散度矩阵，$\boldsymbol{S}_w = \boldsymbol{S}_1 + \boldsymbol{S}_2$ 称为总的类内离散度矩阵。此时，类内离散度 $(\overline{m}_1 - \overline{m}_2)^2$ 可表示为

$$(\overline{m}_1 - \overline{m}_2)^2 = (\boldsymbol{w}^{\mathrm{T}}\boldsymbol{m}_1 - \boldsymbol{w}^{\mathrm{T}}\boldsymbol{m}_2)^2 = \boldsymbol{w}^{\mathrm{T}}(\boldsymbol{m}_1 - \boldsymbol{m}_2)(\boldsymbol{m}_1 - \boldsymbol{m}_2)^{\mathrm{T}}\boldsymbol{w} = \boldsymbol{w}^{\mathrm{T}}\boldsymbol{S}_b\boldsymbol{w} \tag{12-14}$$

这里，$\boldsymbol{S}_b$ 称为样本类间离散度矩阵，则最终 Fisher 准则函数可表示为

$$J_F(\boldsymbol{w}) = \frac{\boldsymbol{w}^{\mathrm{T}}\boldsymbol{S}_b\boldsymbol{w}}{\boldsymbol{w}^{\mathrm{T}}\boldsymbol{S}_w\boldsymbol{w}} \tag{12-15}$$

根据上述准则函数，要寻找一投影向量 $\boldsymbol{w}$ 使准则函数最大，需要对准则函数按变量 $\boldsymbol{w}$ 求导并使之为零，即

$$\frac{\partial J_F(\boldsymbol{w})}{\partial \boldsymbol{w}}=\frac{\partial \dfrac{\boldsymbol{w}^{\mathrm{T}}\boldsymbol{S}_b\boldsymbol{w}}{\boldsymbol{w}^{\mathrm{T}}\boldsymbol{S}_w\boldsymbol{w}}}{\partial \boldsymbol{w}}=\frac{\boldsymbol{S}_b\boldsymbol{w}(\boldsymbol{w}^{\mathrm{T}}\boldsymbol{S}_w\boldsymbol{w})-\boldsymbol{S}_w\boldsymbol{w}(\boldsymbol{w}^{\mathrm{T}}\boldsymbol{S}_b\boldsymbol{w})}{(\boldsymbol{w}^{\mathrm{T}}\boldsymbol{S}_w\boldsymbol{w})^2}=0 \tag{12-16}$$

推导可得

$$\boldsymbol{S}_b\boldsymbol{w}=J_F(\boldsymbol{w})\boldsymbol{S}_w\boldsymbol{w} \tag{12-17}$$

令 $J_F(\boldsymbol{w})=\lambda$，则

$$\boldsymbol{S}_b\boldsymbol{w}=\lambda\boldsymbol{S}_w\boldsymbol{w} \tag{12-18}$$

这是一个广义特征值问题，若 $\boldsymbol{S}_w$ 非奇异，可得

$$\boldsymbol{S}_w^{-1}\boldsymbol{S}_b\boldsymbol{w}=\lambda\boldsymbol{w} \tag{12-19}$$

对 $\boldsymbol{S}_w^{-1}\boldsymbol{S}_b$ 进行特征值分解，将最大特征值对应的特征向量作为最佳投影方向 $\boldsymbol{w}$。

以上 Fisher 准则只能用于解决两类分类问题。解决多类分类问题需要 Fisher 线性判别分析方法。对于 c 类问题需要 $c-1$ 个用于两类分类的 Fisher 线性判别函数，即需要由 $c-1$ 个投影向量 $\boldsymbol{w}$ 组成一个投影矩阵 $\boldsymbol{W}\in\mathbb{R}^{d\times c-1}$，将样本投影到此投影矩阵上，从而可以提取 $c-1$ 维的特征向量。针对 c 类问题，则样本的统计特性需要推广到 c 类上。

样本的总体均值向量为

$$\boldsymbol{m}_i=\frac{1}{n}\sum \boldsymbol{x}=\frac{1}{n}\sum_{i=1}^{c}n_i\boldsymbol{m}_i \quad (i=1,2,\cdots,c) \tag{12-20}$$

样本的类内离散度矩阵为

$$\boldsymbol{S}_w=\sum_{i=1}^{c}\sum_{x\in w_i}(\boldsymbol{x}-\boldsymbol{m}_i)(\boldsymbol{x}-\boldsymbol{m}_i)^{\mathrm{T}} \tag{12-21}$$

样本的类间离散度矩阵为

$$\boldsymbol{S}_b=\sum_{i=1}^{c}\sum_{x\in w_i}n(\boldsymbol{m}_i-\boldsymbol{m})(\boldsymbol{m}_i-\boldsymbol{m})^{\mathrm{T}} \tag{12-22}$$

Fisher 准则推广到 c 类问题，有

$$J_F(\boldsymbol{w})=\frac{\boldsymbol{w}^{\mathrm{T}}\boldsymbol{S}_b\boldsymbol{w}}{\boldsymbol{w}^{\mathrm{T}}\boldsymbol{S}_w\boldsymbol{w}} \tag{12-23}$$

为使 Fisher 准则取得最大值，则 $\boldsymbol{w}$ 需满足：

$$\boldsymbol{S}_b\boldsymbol{w}=\lambda\boldsymbol{S}_w\boldsymbol{w} \tag{12-24}$$

若 $\boldsymbol{S}_w$ 非奇异，则 $\boldsymbol{S}_w^{-1}\boldsymbol{S}_b\boldsymbol{w}=\lambda\boldsymbol{w}$，$\boldsymbol{W}$ 的每一列为 $\boldsymbol{S}_w^{-1}\boldsymbol{S}_b$ 的前 $c-1$ 个较大特征值对应的特征向量。将样本空间投影到投影矩阵 $\boldsymbol{W}$ 上，得到 $c-1$ 维的特征向量 $\boldsymbol{y}$：

$$\boldsymbol{y}=\boldsymbol{W}^{\mathrm{T}}\boldsymbol{x} \tag{12-25}$$

其中，$\boldsymbol{W}\in\mathbb{R}^{d\times c-1}$，$\boldsymbol{y}\in\mathbb{R}^{c-1}$。

注：Python 的 sklearn. discriminant_ analysis 包下有实现 LDA 降维的方法：LinearDiscriminantAnalysis。

（2）PCA 降维原理

主成分分析法（Principal Component Analysis，PCA），又称为主分量分析，最早由卡尔·皮尔森在 1901 年提出。当时，该算法仅对确定参数进行探讨，直到 1933 年才被霍特林应用到非确定参数。PCA 是经常使用的特征获取方法之一，是模式分类中的著名算法之一，是一种使用相当广泛的降低数据维度方法。因为 PCA 算法操作比较简便，并且参量限制较小，

所以使用比较广泛，在神经科学、图像学等学科都有应用。简言之，PCA 的目的就是利用一组向量基去再次表征获得的信息量，使新的信息量能够尽可能表达初始信息之间的关联，最后从中获取“主分量”，很大程度上减小多余信息的干扰。为了使得重构信号误差最小，需要选取特征矩阵特征值较大的特征向量，而用该特征向量重构系数作为信号的低维特征。

设有 n 个样本为 $\boldsymbol{x}_1,\boldsymbol{x}_2,\cdots,\boldsymbol{x}_n \in \mathbb{R}^d$，估计的协方差矩阵可表示为

$$\boldsymbol{S}=\frac{1}{n}\sum_{i=1}^{n}(\boldsymbol{x}_i-\overline{\boldsymbol{x}})(\boldsymbol{x}_i-\overline{\boldsymbol{x}})^{\mathrm{T}} \tag{12-26}$$

其中，$\overline{\boldsymbol{x}}$为样本的中心均值向量。求解协方差矩阵 $\boldsymbol{S}$ 的特征值和特征向量：

$$\boldsymbol{S}\boldsymbol{w}=\lambda\boldsymbol{w} \tag{12-27}$$

因为 $\boldsymbol{S}$ 的秩为 $n-1$，则可得到 $n-1$ 个特征向量 $\boldsymbol{w}_1,\boldsymbol{w}_2,\cdots,\boldsymbol{w}_{n-1}$。设该特征向量组成的变换矩阵为 $\boldsymbol{W}$，则样本 $\boldsymbol{x}$ 经过该变换矩阵被变换到 $n-1$ 维的低维子空间：

$$\boldsymbol{y}=\boldsymbol{W}^{\mathrm{T}}(\boldsymbol{x}-\overline{\boldsymbol{x}}) \tag{12-28}$$

在语音情感识别中，PCA 分析首先计算语音特征样本的协方差矩阵 $\boldsymbol{S}$，然后计算得到 $\boldsymbol{S}$ 的特征值和对应的特征向量，非零特征值按降序排列，选择其对应特征向量 m 个，这 m 个特征向量称为 m 个主元。对应的样本可以由它们线性表示：

$$\boldsymbol{y}=\sum_{i=1}^{m}a_i\boldsymbol{w}_i \tag{12-29}$$

其中，a_i 称为语音样本在特征子空间上的投影系数，可用该组合系数作为抽取特征。

注：Python 语言的 sklearn. decomposition 包下有实现 PCA 降维的方法 PCA。

（3）LDA 算法和 PCA 算法的异同

用于特征降维，LDA 和 PCA 有很多相同，也有很多不同的地方。

相同点如下。

1）两者均可以对数据进行降维。

2）两者在降维时均使用了矩阵特征分解的思想。

3）两者都假设数据符合高斯分布。

不同点如下。

1）LDA 是有监督的降维方法，而 PCA 是无监督的降维方法。

2）LDA 最多降到类别数 $k-1$ 的维数，而 PCA 没有这个限制。

3）LDA 除了可以用于降维，还可以用于分类。

4）LDA 选择分类性能最好的投影方向，而 PCA 选择样本点投影具有最大方差的方向。

12.4 语音情感识别经典算法

模式识别领域中的诸多算法都曾用于语音情感识别的研究，典型的有 K 近邻（K-Nearest Neighbor，KNN）、支持向量机（Support Vector Machine，SVM）、人工神经网络（Artificial Neural Network，ANN）、决策树、隐马尔可夫模型（Hidden Markov Model，HMM）和高斯混合模型（GMM）等，表 12-2 初步比较了它们各自的优缺点，以及在部分数据库上的识别性能表现。本节主要介绍两类算法，即 KNN 和 SVM。

表 12-2　各种识别算法在语音情感识别应用中的特性比较

算法	情感拟合性能	优　点	缺　点
KNN	较高	易于实现，较符合语音情感数据的分布特性	计算量较大
SVM	较高	适合于小样本训练集	多类分类问题中存在不足
ANN	较高	逼近复杂的非线性关系	容易陷入局部极小特性和算法收敛速度较低
决策树	一般	易于实现，适合于离散情感类别的识别	识别率有待提高
HMM	一般	适合于时序序列的识别	受到音位信息的影响较大
GMM	高	对数据的拟合能力较强	对训练数据依赖性强

12.4.1　K 近邻分类器

K 近邻（K-Nearest Neighbor，KNN）分类算法，是一种较为简单直观的分类方法，但在语音情感识别中表现出的性能却很好。KNN 分类器的分类思想是：给定一个在特征空间中的待分类的样本，如果其附近的 K 个最邻近的样本中的大多数属于某一个类别，那么当前待分类的样本也属于这个类别。在 KNN 分类器中，样本点附近的 K 个近邻都是已经正确分类的对象。在分类决策上只依据最邻近的一个或者几个样本的类别信息来决定待分类的样本应该归属的类别。KNN 分类器虽然原理上也依赖于极限定理，但在实际分类中，仅同少量的相邻样本有关，而不是靠计算类别所在的特征空间区域。因此对于类别域交叉重叠较多的分类问题来说，KNN 方法具有优势。不同于第 11 章的 KNN 聚类算法，KNN 用作分类算法时，类别个数通常是明确的，但是基本原理类似。

已知类别的训练样本的特征参数集为$\{\boldsymbol{X}_1,\boldsymbol{X}_2,\cdots,\boldsymbol{X}_n\}$，对于待测样本 $\boldsymbol{X}$，计算其与$\{\boldsymbol{X}_1,\boldsymbol{X}_2,\cdots,\boldsymbol{X}_n\}$中每一样本的欧式距离 $D(\boldsymbol{X},\boldsymbol{X}_l)$（$l=1,2,\cdots,n$），即

$$D(\boldsymbol{X},\boldsymbol{X}_l)=\sqrt{\sum_{i=1}^{N}[\boldsymbol{X}(i)-\boldsymbol{X}_l(i)]^2},\quad l=1,2,\cdots,n \tag{12-30}$$

其中，N 代表特征向量的维数。$\min\{D(\boldsymbol{X},\boldsymbol{X}_l)\}$称为 $\boldsymbol{X}$ 的最近邻，而将 $D(\boldsymbol{X},\boldsymbol{X}_l)$从小到大排列后的前 K 个值称为 $\boldsymbol{X}$ 的 K 近邻。分析 K 近邻中属于哪一类别的个数最多，则将 $\boldsymbol{X}$ 归于该类。

KNN 算法大致可分为如下 4 步。

1）提取训练样本的特征向量，构成训练样本特征向量集合$\{\boldsymbol{X}_1,\boldsymbol{X}_2,\cdots,\boldsymbol{X}_n\}$。

2）设定算法中 K 的值。K 值的确定没有一个统一的方法（根据具体问题选取的 K 值可能有较大的区别）。一般方法是先确定一个初始值，然后根据实验结果不断调试，最终达到最优。

3）提取待测样本的特征向量 $\boldsymbol{X}$，并计算 $\boldsymbol{X}$ 与$\{\boldsymbol{X}_1,\boldsymbol{X}_2,\cdots,\boldsymbol{X}_n\}$中每一样本的欧式距离 $D(\boldsymbol{X},\boldsymbol{X}_l)$。

4）统计 $D(\boldsymbol{X},\boldsymbol{X}_l)$中 K 个最近邻的类别信息，给出 $\boldsymbol{X}$ 的分类结果。

注： Python 的 sklearn. neighbors 包下有实现 KNN 算法的方法 KNeighborsClassifier。

12.4.2　支持向量机

支持向量机（SVM）是建立在统计学习理论和结构风险最小化的基础之上的。支持向量机在诸多模式分类应用领域中具有优势，如解决小样本问题、非线性模式识别问题以及函

数拟合等。SVM 算法是统计学习理论的一种实现方式。其最基本思路就是要找到使测试样本的分类错误率达到最低的最佳超平面，也就是要找到一个分割平面，使得训练集中的训练样本距离该平面的距离尽量远以及平面两侧的空白区域最大。

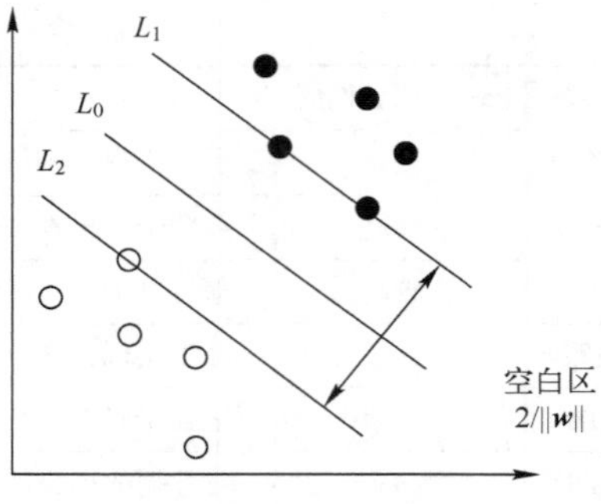

图 12-2　优分类超平面

在 n 维空间$\mathbb{R}^n$中，对于两类问题进行分类时，设输入空间中的一组样本为$(\boldsymbol{x}_i, y_i)$，$\boldsymbol{x}_i \in \mathbb{R}^n$，$y_i \in \{+1,-1\}$是类别标号。在线性可分的情况下，存在多个超平面将两类样本分开，其中可以使得两个类别离超平面最近的样本与它的距离最大的那个超平面，称为最优超平面，如图 12-2 所示。

设超平面方程为

$$\boldsymbol{wx}+b=0 \tag{12-31}$$

使得

$$\begin{cases}\boldsymbol{wx}_1+b=1\\ \boldsymbol{wx}_2+b=-1\end{cases} \tag{12-32}$$

可得

$$\frac{[\boldsymbol{w}(\boldsymbol{x}_1-\boldsymbol{x}_2)]}{\|\boldsymbol{w}\|}=\frac{2}{\|\boldsymbol{w}\|} \tag{12-33}$$

则分类函数就是 $g(\boldsymbol{x})=\boldsymbol{wx}+b$，且分类函数归一化以后，两类中的所有样本都满足$|g(\boldsymbol{x})|\geqslant 1$，距离分类超平面最近的样本满足$|g(\boldsymbol{x})|=1$，分类间隔即为 $2/\|\boldsymbol{w}\|$。当$\|\boldsymbol{w}\|$最小时，分类间隔最大。实际上，寻找最优分类面的问题就简化成一个简单的优化问题，即当约束条件为 $y_i[\boldsymbol{wx}_i+b]-1\geqslant 0$（$i=1,2,\cdots,n$），使得$\frac{1}{2}\|\boldsymbol{w}\|^2$ 最小。

引入拉格朗日算子 α，原问题变成了一个约束条件下的二次优化问题：

$$L(\boldsymbol{w},b,\boldsymbol{\alpha})=-\sum_{i=1}^{n}\boldsymbol{\alpha}_i[y_i(\boldsymbol{wx}_i+b)-1]+\frac{1}{2}\|\boldsymbol{w}\|^2 \tag{12-34}$$

上式对 $\boldsymbol{w}$ 和 b 求偏微分并令其为 0，可得

$$\begin{cases}\boldsymbol{w}=\sum\limits_{i=1}^{n}\boldsymbol{\alpha}_i y_i \boldsymbol{x}_i\\ \sum \boldsymbol{\alpha}_i y_i=0\end{cases} \tag{12-35}$$

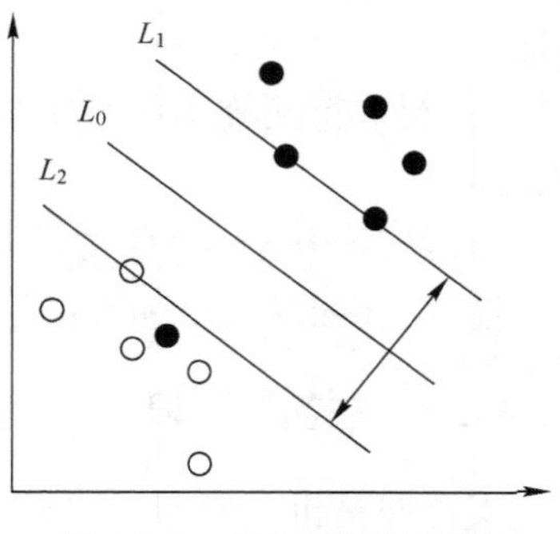

图 12-3　线性不可分情况

上式说明 $\boldsymbol{w}$ 可以用$\{\boldsymbol{x}_1,\boldsymbol{x}_2,\cdots,\boldsymbol{x}_n\}$线性表示，且有一部分 $\alpha_i=0$。将式（12-35）代入式（12-34），当约束条件为$\alpha_i\geqslant 0$ $(i=1,2,\cdots,n)$且 $\sum\boldsymbol{\alpha}_i y_i=0$ 时，使得

$$\max\{Q(\boldsymbol{\alpha})\}=\max\left\{-\frac{1}{2}\sum_{i,j=1}^{n}\boldsymbol{\alpha}_i\boldsymbol{\alpha}_j y_i y_j(\boldsymbol{x}_i,\boldsymbol{x}_j)+\sum_{i=1}^{n}\boldsymbol{\alpha}_i\right\} \tag{12-36}$$

如果样本是线性不可分的，如图 12-3 所示，则可以通

过引入松弛变量得到近似的线性超平面，或者通过非线性映射算法实现低维输入空间线性不可分样本到高维特征空间线性可分样本的映射，再同样用上述针对线性可分情况的方法进行分析。

相应的策略是在式（12-34）的约束条件中引入松弛变量 $\xi_i \geqslant 0$，用以衡量对应样本 $\boldsymbol{x}_i$ 相对于理想条件下的偏离程度，可得新的约束条件为

$$\begin{cases} \boldsymbol{w} \cdot \boldsymbol{x}_i + b \geqslant 1 - \xi_i, & y_i = 1 \\ \boldsymbol{w} \cdot \boldsymbol{x}_i + b \leqslant \xi_i - 1, & y_i = -1 \end{cases} \quad i = 1, 2, \cdots, n \tag{12-37}$$

对应的优化问题转化为

$$\begin{gathered} \min_{w,b,\xi} \frac{1}{2}\|\boldsymbol{w}\|^2 + C\sum_{i=1}^{n}\xi_i \\ \text{s.t.}\ y_i((\boldsymbol{w} \cdot \boldsymbol{x}_i) + b) \geqslant 1 - \xi_i, \quad \xi_i \geqslant 0, i = 1, 2, \cdots, n \end{gathered} \tag{12-38}$$

式中，C 为正的常数，用来平衡分类误差与推广性能。该问题同样可以利用拉格朗日函数求解，构造拉格朗日函数如下：

$$L(\boldsymbol{w}, b, \xi, \alpha, \beta) = \frac{1}{2}\|\boldsymbol{w}\|^2 + C\sum_{i=1}^{n}\xi_i - \sum_{i=1}^{n}\alpha_i(y_i((\boldsymbol{w} \cdot \boldsymbol{x}_i) + b) - 1 + \xi_i) - \sum_{i=1}^{n}\beta_i\xi_i \tag{12-39}$$

其中，$\alpha_i \geqslant 0$，$\beta_i \geqslant 0$ 为拉格朗日算子，对 $L(\boldsymbol{w}, b, \xi, \alpha, \beta)$ 分别求 $\boldsymbol{w}$、b、ξ 的偏导，并令其偏导为零，得到

$$\begin{cases} \boldsymbol{w} - \sum_{i=1}^{n}\alpha_i y_i \boldsymbol{x}_i = 0 \\ C - \alpha_i - \beta_i = 0 \\ \sum_{i=1}^{n}\alpha_i y_i = 0 \end{cases} \tag{12-40}$$

将式（12-40）代入式（12-38）可得如下对偶问题：

$$\begin{gathered} \max_{w,b,\alpha}\left\{-\frac{1}{2}\sum_{i=1}^{n}\sum_{j=1}^{n}y_i y_j \alpha_i \alpha_j(\boldsymbol{x}_i \cdot \boldsymbol{x}_j) + \sum_{i=1}^{n}\alpha_i\right\} \\ \text{s.t.}\ \sum_{i=1}^{n}\alpha_i y_i = 0, \quad 0 \leqslant \alpha_i \leqslant C, \quad i = 1, 2, \cdots, n。 \end{gathered} \tag{12-41}$$

通过上式可以求得 α_i、法向量 $\boldsymbol{w}$ 和偏置 b，最后通过判决函数确定测试样本的类别：

$$f(\boldsymbol{x}) = \operatorname{sgn}((\boldsymbol{w} \cdot \boldsymbol{x}) + b) = \operatorname{sgn}\left(\left(\sum_{i=1}^{n}\alpha_i y_i(\boldsymbol{x}_i \cdot \boldsymbol{x})\right) + b\right) \tag{12-42}$$

在引入非线性映射的方法中，假设 $\boldsymbol{\Phi}$ 是低维输入空间 $\mathbb{R}^n$ 到高维特征空间 $\mathbb{F}$ 的一个映射，核函数对应高维特征 $\mathbb{F}$ 中的向量内积运算，即

$$k(\boldsymbol{x}_i, \boldsymbol{x}_j) = \langle \boldsymbol{\Phi}(\boldsymbol{x}_i), \boldsymbol{\Phi}(\boldsymbol{x}_j) \rangle \tag{12-43}$$

最优分类问题转化为一个约束条件 $\sum_{i=1}^{n}\alpha_i y_i = 0(\alpha_i \geqslant 0)$ 下的二次优化问题：

$$\max\{Q(\alpha)\} = \max\left\{-\frac{1}{2}\sum_{i=1}^{n}\sum_{j=1}^{n}\alpha_i \alpha_j y_i y_j k(\boldsymbol{x}_i \cdot \boldsymbol{x}_j) + \sum_{i=1}^{n}\alpha_i\right\} \tag{12-44}$$

其中，$k(\boldsymbol{x}_i, \boldsymbol{x}_j)$ 为核函数，α_i 为与每个样本对应的拉格朗日算子。

得到的最佳分类函数为

$$g(\boldsymbol{x}) = \mathrm{sgn}\left\{ \sum_{i \in sv} \alpha_i^* y_i k(\boldsymbol{x}_i, \boldsymbol{x}) + b^* \right\} \tag{12-45}$$

其中，sgn( )为符号函数。引入核函数后的支持向量机分类示意图如图 12-4 所示。

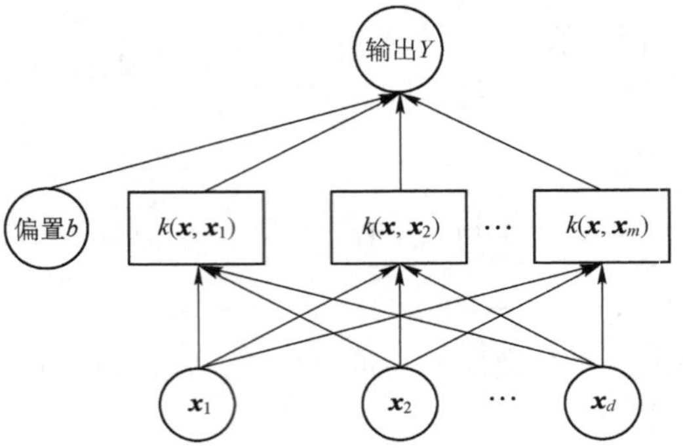

图 12-4　支持向量机分类示意图

选择使用不同的内积核函数，相当于将输入样本投影到不同的高维特征空间之中，对识别的效果会有影响，常用的核函数有以下几种。

1）多项式形式的核函数：

$$k_{poly}(\boldsymbol{x}, \boldsymbol{x}_i) = [\boldsymbol{x} \cdot \boldsymbol{x}_i + 1]^q \tag{12-46}$$

其中，q 为多项式的阶数。

2）径向基形式的核函数：

$$k_{rbf}(\boldsymbol{x}, \boldsymbol{x}_i) = \exp\left\{ \frac{-\|\boldsymbol{x} - \boldsymbol{x}_i\|^2}{2\sigma^2} \right\} \tag{12-47}$$

3）S 型核函数：

$$k_{sign}(\boldsymbol{x}, \boldsymbol{x}_i) = \tanh(v(\boldsymbol{x} \cdot \boldsymbol{x}_i) + c) \tag{12-48}$$

这三类核函数各有利弊，而且其参数的选择也很重要。目前，SVM 技术还没有统一的核函数选取标准。一般在选取核函数及其参数时需要经过多次实验才能确定，目前识别效果较好的是径向基 RBF 函数。

上面介绍的是两类样本的分类问题，如果需要对 N 类问题进行分类，则需要对 SVM 进行组合。组合的策略有“一对一”和“一对多”。“一对多”的思想是在该类样本和不属于该类的样本之间构建一个超平面，假设总共有 k 个类别，则需要构建 k 个分类器，每个分类器分别用第 i 类的样本作为正样本，其余的样本作为负样本。该方法的缺点是样本数目不对称，负样本比正样本要多很多，故分类器训练的惩罚因子很难选择。“一对一”方式是每两类样本间构造一个超平面，一共需要训练 $k(k-1)/2$ 个分类器，最后识别样本时采用后验概率最大法选定待识别样本的类型，“一对一”方式的缺点是训练的分类器比较多。

注：Python 语言的 sklearn. SVM 包下有实现支持向量机算法的方法 SVC。

12.5　深度学习模型

为了实现语音情感的自动识别，早期研究主要以传统机器学习方法为主，如支持向量机、贝叶斯分类器和 KNN 等，但这类算法对数据的拟合能力有限。为了提升算法的拟合能力，深度学习在自动语音情感识别上的应用越来越多。主要模型包括深度神经网络、卷积神经网络、长短时记忆网络、自编码器等，这些基本模型还可以相互结合组成更加复杂而有效的情感模型（如多任务学习、迁移学习等），以解决情感识别中的不同关键问题。深度学习方法由进行并行计算的各种非线性组件组成，这些方法需要使用更深层次的体系结构来构造，以克服其他技术的局限性。上述深度学习技术被认为是一些基本的用于语音情感识别的深度学习技术，可显著提高设计系统的整体性能。

尽管语音情感识别系统取得了许多进步，但要想成功识别，仍然需要消除一些障碍。最重要的问题之一是数据集的建立。语音情感识别所使用的大多数数据集都是在特殊的安静房间中记录的。但是，现实生活中的数据比较嘈杂，并且具有与其他数据远远不同的特征。尽管也可以使用自然数据集，但是它们数量较少，记录和使用自然情感存在法律和道德问题。自然数据集中的大多数话音都来自脱口秀、呼叫中心录音以及类似的情境，在这种情况下，相关方被告知了录音。这些数据集并不包含所有情绪，并且可能无法反映所感觉到的情绪。另外，在给话音加标签的时候也会存在问题，在记录语音之后，会有人工注释者给语音数据加标签，说话人感受到的实际情感和人类注释者理解的情感可能存在差异，甚至人类注释者的识别率也不会超过 90%。

文化和语言对语音情感识别也有影响。比如，关于跨语言语音情感识别的研究有很多，但是研究结果表明，当前使用的系统和特征还不足以实现这一目标。

12.5.1 ACRNN 模型

2018 年，作为深度学习算法在语音情感识别领域应用中的典型模型 ACRNN（Convolutional Recurrent Neural Networks with Attention）被提出。该算法不仅在实验中取得了良好的性能，也作为一种基线模型被广泛用于后续的研究中，模型的结构如图 12-5 所示。该模型包含多个 3 维卷积层、1 个最大池化层、1 个线性层，以及 1 个 LSTM 层。

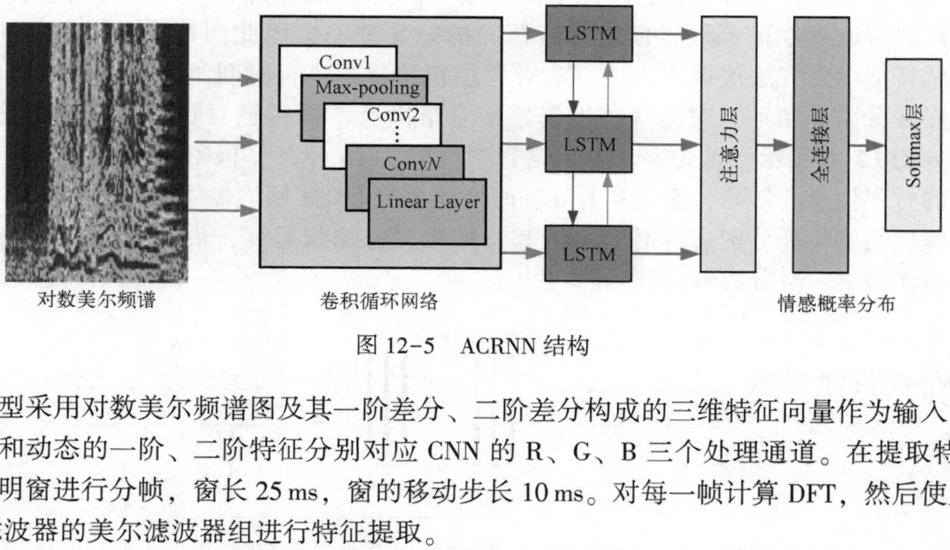

图 12-5　ACRNN 结构

模型采用对数美尔频谱图及其一阶差分、二阶差分构成的三维特征向量作为输入，频谱图特征和动态的一阶、二阶特征分别对应 CNN 的 R、G、B 三个处理通道。在提取特征时，采用汉明窗进行分帧，窗长 25 ms，窗的移动步长 10 ms。对每一帧计算 DFT，然后使用包含 40 个滤波器的美尔滤波器组进行特征提取。

得到特征后，将其输入多个堆叠的 CNN。其中，第一个 CNN 具有 128 个卷积核，其余的 CNN 均具有 256 个卷积核，并且仅在第一个 CNN 后进行最大池化操作。CNN 中使用的激活函数为 LeakyReLU，其计算公式如式（12-49）所示。

$$LeakyReLU(x)=\max(0,x)+\beta\min(0,x) \tag{12-49}$$

然后模型通过 Bi-LSTM 学习特征中的时间信息。将 CNN 的输出向量重整后再用 Bi-LSTM 进行特征提取，每个方向的 LSTM 具有 128 个神经元，因此 Bi-LSTM 最终输出 256 维的句级特征向量。

对于句级特征向量而言，不是所有信息都与情感的表达有关。因此，采用注意力机制来区分 CRNN 输出的情感信息。

在注意力层中，首先利用 Softmax 函数计算 Bi-LSTM 输出的归一化权重 α_t，再根据权重计算 Bi-LSTM 输出的加权和，从而获得句级特征表示 $\boldsymbol{c}$，计算方法如下：

$$\alpha_t=\frac{\exp(\boldsymbol{W}\cdot\boldsymbol{h}_t)}{\sum_{\tau-1}^{T}\exp(\boldsymbol{W}\cdot\boldsymbol{h}_\tau)} \tag{12-50}$$

$$\boldsymbol{c}=\sum_{\tau=1}^{T}\alpha_\tau\boldsymbol{h}_\tau \tag{12-51}$$

获得句级特征表示 $\boldsymbol{c}$ 之后，将其传入具有 64 个单元的全连接层，以获得更高级别的表示，该层的激活函数仍为 LeakyReLU。最后，再利用 Softmax 分类器得到语音情感识别模型的最终情感概率输出。

12.5.2 情感特征增强算法

对语音信号而言，不同时间片段所包含的信息量是不尽相同的，例如静音段往往没有太多有价值的信息。在语音情感计算任务中也是如此，即语音在不同时间段所包含的情感饱和度是不同的。这种差异不仅体现在时间维度上，在特征维度上亦存在，即不同的特征对情感类别的区分能力是有差异的。虽然原始声学特征在经过深度学习网络提炼后无法与原始特征一一对应了，即在新的维度空间中特征丧失了原始的物理意义，这也是神经网络普遍存在的问题，但这种特征间的差异并不会因此而消失。针对上述差异，一种情感特征增强方法被提出，该方法对深层情感特征进行时间维度和特征维度的系数加权，以区分语音在不同时间片段的情感信息量以及不同特征对情感类别的区分能力，其流程如图 12-6 所示。首先，从原始语音中提取 LLDs 特征，但不进行统计运算，以保留语音的时序信息。然后，通过具有处理时序能力的 LSTM 网络提取深层情感特征，对所获得的深层情感特征分别进行时间维度和特征维度的加权运算，最后将这两个维度的特征组合后作为下一级分类器的输入。

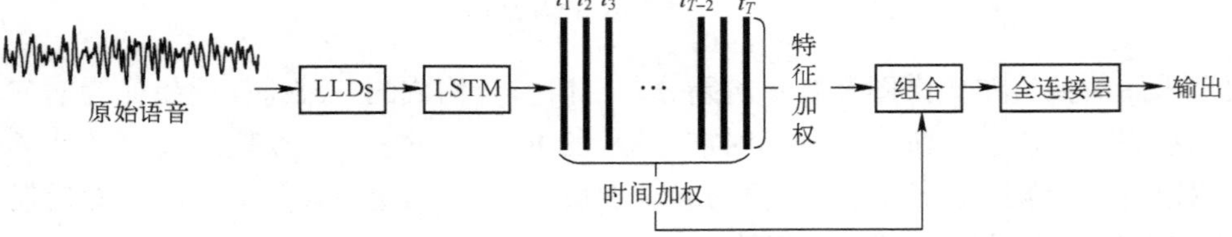

图 12-6　情感特征在时间维度和特征维度的增强算法

(1) 时间维度加权

对时间维度信息的处理，模型采用了局部注意力（Local Attention Mechanism，LAM）方法来区分这些静音片段，以增强与任务相关的信息，减少无用信息的干扰。其计算方法如式（12-52）所示。

$$\alpha_t = \frac{\exp(\boldsymbol{u}^{\mathrm{H}} \boldsymbol{y}_t)}{\sum_{\tau=1}^{T} \exp(\boldsymbol{u}^{\mathrm{H}} \boldsymbol{y}_\tau)} \tag{12-52}$$

在每一个时间帧 t 处，通过注意力参数向量 $\boldsymbol{u}$ 与 LSTM 的输出 $\boldsymbol{y}_t$ 做内积来表示当前帧相对于整个语句的信息量，并通过“软最大化”函数来获取注意力分数 α_t。并将所获得的分数在时间上做加权求和。

$$Z = \sum_{t=1}^{T} \alpha_t \boldsymbol{y}_t \tag{12-53}$$

虽然该方法能对静音段的信息做有效的抑制，但并没有结合 LSTM 的记忆能力来应用注意力机制，即 LSTM 随着信息的累计，在其最后一个时间应该具有相对较多的与任务相关的信息，因此该时刻的结果通常会直接作为 LSTM 最终的输出。

模型以 LSTM 最后一个时间步的输出 $\boldsymbol{o}_T \in \mathbb{R}^{B\times1\times N}$（参数 B 表示批大小，1 表示最后一个时间步即只有一个时间步，N 是隐藏层单元的数量）作为参考量对所有时间步输出构成的矩阵 $\boldsymbol{o}_{all} \in \mathbb{R}^{B\times T\times N}$ 做注意力运算（参数 T 是总时间），将获取的加权系数作用在 $\boldsymbol{o}_{all}$ 的时间维度上，并在时间维度上求和作为输出。其相关计算公式如下：

$$s_{Time} = \mathrm{softmax}(\boldsymbol{o}_T \cdot (\boldsymbol{o}_{all} \cdot \boldsymbol{w}_{Time})^{\mathrm{H}}) \tag{12-54}$$

$$output_{Time} = \boldsymbol{s}_{Time} \cdot \boldsymbol{o}_{all} \tag{12-55}$$

其中，H 表示共轭转置，在实数集中即为转置，$\boldsymbol{w}_{Time} \in \mathbb{R}^{N\times N}$ 是待训练的注意力参数，获得的 $\boldsymbol{s}_{Time} \in \mathbb{R}^{B\times1\times T}$ 仍然保留了时间维度 T 的信息，所以可以为 LSTM 输出矩阵 $\boldsymbol{o}_{all}$ 进行时间维度加权，最终可以获得新的输出 $output_{Time} \in \mathbb{R}^{B\times1\times N}$。

(2) 特征维度加权

众所周知，单个特征很难完成多类别分类任务，所以常常需要多个特征进行组合以完成多类别分类。但每个特征对目标任务的可区分程度是不尽相同的，为表达这种特征的差异性，模型在特征维度上也进行了注意力加权计算。

$$s_F = \mathrm{softmax}(\tanh(\boldsymbol{o}_{all} \cdot \boldsymbol{w}_F) \cdot \boldsymbol{v}_F) \tag{12-56}$$

$$output_F = \sum_{time} \boldsymbol{s}_F \odot \boldsymbol{o}_{all} \tag{12-57}$$

其中，$\boldsymbol{v}_F, \boldsymbol{w}_F \in \mathbb{R}^{N\times N}$ 为待训练的参数，N 不仅表示了隐藏层单元的数量，还表示了一种新的 N 维特征空间。

而获得的注意力分数 $\boldsymbol{s}_F \in \mathbb{R}^{B\times T\times N}$ 在特征维度上是各不相同的，反映了在新的特征空间内不同类型特征之间的差异。再将注意力分数 $\boldsymbol{s}_F$ 与 LSTM 输出矩阵 $\boldsymbol{o}_{all}$ 按元素相乘，并在时间维度上求和获得特征维度的加权输出 $output_F \in \mathbb{R}^{B\times1\times N}$。这里在时间维度上求和的操作类似于静态统计特征在时间尺度上求均值的操作，因此输出的是具有时间统计特性的特征。

最后，将时间维度加权结果与特征维度加权结果进行组合 $[output_T, output_F]$ 作为全连接层的输入，而不是 LSTM 在最后一个时刻对应的输出 $\boldsymbol{o}_T$。这种新的 LSTM 输出既考虑了时间层面的差异，又考虑了特征层面的不同，可以强化关键信息，弱化次要信息，从而提高特征的表示能力。

12.6 语音情感计算的应用与展望

（1）载人航天中的应用

烦躁情感具有特殊的应用背景，在某些严酷的工作环境中，烦躁是较为常见的、威胁性较大的一种负面情感。保障工作人员的心理状态健康是非常重要的环节。在未来可能的长期的载人航天任务中，对航天员情感和心理状态的监控与干预是一个重要的研究课题。在某些特殊的实际应用项目中，工作人员的心理素质是选拔和训练的一个关键环节，这是由于特殊的环境中会出现诸多的刺激因素，引发负面的心理状态。例如，狭小隔绝的舱体内环境、严重的环境噪声、长时间的睡眠剥夺等因素，都会增加工作人员的心理压力，进而影响任务的顺利完成。

因此，在航天通信过程中，有必要对航天员的心理健康状况进行监测，在发现潜在的负面情绪威胁时，应该及时进行心理干预和疏导。在心理学领域，进行心理状态评估的方法，主要是依靠专业心理医师的观察和诊断。而近年来的情感计算技术，则为这个领域提供了客观测量的可能。语音情感识别技术可以用于分析载人航天任务中的语音通话，对说话人的情感状态进行自动的、实时的监测。一旦发现烦躁状态出现的迹象，可以及时进行心理疏导。

在载人航天的应用中，需要考虑几个特殊的问题。

1）识别的对象群体是特定的。因此在识别技术上，可以为每一个说话人定制所需的声学特征和识别模型，以提高识别的准确度。

2）航天员在工作状态下的说话习惯与普通人不同，具有一定的特点。因此，有必要考虑针对不同的性格与不同的说话方式，调整已有的情感模型。在特殊的工作环境中，被试人员可能倾向于隐藏负面情绪的流露，语音中的唤醒度比正常条件下高。

3）预计环境噪声非常恶劣，需要有效的抗噪声解决方法。目前在情感识别领域，对噪声因素的研究尚处于起步阶段，在今后的实际应用中，对降噪技术的需求会越来越显著。

（2）情感多媒体搜索

语音情感识别技术的另一个重要应用，是在基于内容的多媒体检索中。传统的搜索引擎一般是进行文本的检索，对网络上的多媒体数据的内容无法进行识别和搜索。目前，基于内容的检索技术已经带来了一些有趣的应用。通过从视频数据中分离出音频部分，对其中的语音信号进行自动语音识别，再对识别出的语义关键词进行匹配和搜索。

情感识别技术可能会给多媒体检索领域带来更多、更有趣的应用。多媒体数据中蕴含了大量的情感信息，如摄影作品、音乐歌曲、影视作品等，都是丰富的情感信息源。如果可以对多媒体数据进行情感检索，也就是根据指定的情感类型，找寻出对应的多媒体数据，那么能够给网络用户提供的将是一个广阔的情感多媒体搜索平台。情感信息的检索技术在娱乐产业中会有很大的应用前景。

在用户进行网络视频搜索时，可以指定一些特殊的视频类型进行检索，例如“喜剧片”“真实”“清新”等与情感有关的描述词。这样的检索方式会给用户提供一个比现有的语义搜索平台更加广阔的情感信息搜索平台。然而，目前商用的搜索引擎还停留在对视频文件名和文件描述进行检索的阶段，有待将实用语音情感识别技术融合到音频内容的检索中。

（3）智能机器人

智能机器人技术是一个具有良好发展前景的领域。语音是人类交流与沟通的最自然、最便捷的方式，在人与机器人的交互中，语音亦是首选的交流手段之一。情感识别技术与智能机器人技术的结合，可以使冰冷的机器能够识别用户的情感，是机器人情感智能的基础技术。在智能机器人拥有了情感识别能力之后，才有可能同用户进行情感的交流，才有可能成为“个人机器人”，从而更加深入地融合到人们的社会生活和生产劳动中。

机器人的情感是一个有趣的话题，在很多文艺作品中都有生动的讨论。从语音情感识别技术的角度看，具备一定情感智能的机器人可能进入人们生活的一个途径是在儿童的智能玩具中。情感语音的识别与合成技术可能带来一系列具备虚拟情感对话能力的玩具，在模拟情感交流的环境中，培养儿童的沟通与情感能力。语音情感识别技术在儿童的发展与教育科学中的应用，亦是一个值得探讨的课题。

（4）未来发展

现在已实现的情感计算的大部分原型情感的识别来源单一。数据库本身存在短板，如训练分类的样本数少，体态识别大多依赖于一组有限的肢体表达（跳舞、手势、步态等），只关注内部效度而缺少外部效度。因此，在识别方面，未来的研究应在情感分类方面继续努力，创建新的数据库，尤其是婴幼儿及儿童数据库的建立。

在神经科学方面，人类大脑情感过程的神经解剖学基础极其复杂并且远未被理解，因此该领域还不能为开发情感计算模型提供充足的理论基础。

12.7 思考与复习题

1. 什么是语音信号中的情感信息？为什么说语音信号的情感信息是很重要的信息资源？
2. 语音信号中的情感信息处理的内容是什么？它主要包含哪几个方面？
3. 在实验中，语音数据库是如何制作的？有哪些注意事项？
4. 情感语料的诱发方式有哪些？各有什么特点？
5. 情感的声学特征有哪些？特征的降维方法有哪些？
6. 情感的识别算法有哪些？各有什么特点？

第 13 章　语音合成与转换

语音合成是人机语音通信中的一个重要组成部分，语音合成技术赋予机器“人工嘴巴”的功能，它解决的是如何让机器像人那样说话的问题。早在 200 多年前人们就开始研究“会说话的机器”了，当时人们利用模仿人的声道做成的橡皮声管，人为地改变其形状来合成元音。近代随着半导体集成技术和计算机技术的发展，从 20 世纪 60 年代后期开始到 20 世纪 70 年代后期，实用的英语语音合成系统首先被开发出来，随后各种语言的语音合成系统也相继被开发出来。语音合成的应用领域十分广泛，如自动报时、报警、公共汽车或电车自动报站、电话查询服务业务、语音咨询应答系统、打印出版过程中的文本校对等。这些应用都已经发挥了很好的社会效益。还有一些应用，如电子函件及各种电子出版物的语音阅读、识别合成型声码器等，前景也是十分光明的。

不同于录音机方式的机器发音，语音合成不是简单的声音还原。语音合成的目的是让机器像人类一样说话，或者说计算机模仿人类说话。仿照人的言语过程模型，可以设想在机器中首先形成一个要讲的内容，它一般以表示信息的字符代码形式存在；然后按照复杂的语言规则，将信息的字符代码转换成由基本发音单元组成的序列，同时检查内容的上下文，决定声调、重音、必要的停顿等韵律特性，以及陈述、命令、疑问等语气；最后给出相应的符号代码表示。这样组成的代码序列相当于一种“言语码”。从“言语码”出发，按照发音规则生成一组随时间变化的序列，去控制语音合成器发出声音，犹如人脑中形成的神经命令，以脉冲形式向发音器官发出指令，使舌、唇、声带、肺等部分的肌肉协调动作发出声音一样，这样一个完整的过程正是语音合成的全部含义。虽然有的文献将该过程称为语言合成，但是本章统称为语音合成。

和语音合成原理相似的一种语音处理应用是语音转换。语音合成是根据参数特征合成语音，而语音转换则是将某种特征的语音转换为另一种特征的语音。众所周知，语音信号包含了很多信息，除了最为重要的语义信息外，还有说话人的个性特征（也称为身份信息）、情感特征、说话人的态度以及说话场景信息等。语音转换就是在保持语音内容不变的前提下，将 A 说话人的语音转换为具有 B 说话人发音特征的语音。一个完整的语音转换系统包括提取说话人个性信息的声学特征、建立两说话人间声学特征的映射规则以及将转化后的语音特征合成语音信号三个部分。

语音合成的研究已有多年的历史，从技术方式讲，语音合成可分为波形合成法、参数合成法和规则合成法；从合成策略上讲，语音合成可分为频谱逼近和波形逼近。

1. 波形合成法

波形合成法一般有两种形式。一种是波形编码合成，它类似于语音编码中的波形编解码方法，该方法直接把要合成语音的发音波形进行存储或者进行波形编码压缩后存储，合成重放时再解码组合输出。显然，这种语音合成方式的词汇量不可能很大，因为所需的存储容量太大。虽然波形编码技术可以通过压缩增加存储量，但是在合成时要进行译码处理。另一种是波形编辑合成，它把波形编辑技术用于语音合成，通过选取音库中采取自然语言的合成单元的波形，对这些波形进行编辑拼接后输出。它采用语音编码技术存储适当的语音基元，合成时，经解码、波形编辑拼接、平滑处理等处理输出所需的短语、语句或段落。和规则合成法不同，波形合成法在合成语音段时所用的基元是不会做大的修改的，最多只是对相对强度和时长做简单调整。因此这类方法必须选择比较大的语音单位作为合成基元，例如选择词、词组、短语、甚至语句作为合成基元，这样在合成语音段时基元之间的相互影响会很小，容易达到很高的合成语音质量。波形合成法是一种相对简单的语音合成技术，通常只能合成有限词汇的语音段。目前，许多专门用途的语音合成器都采用这种方式，如自动报时、报站和报警等。

2. 参数合成法

参数合成法也称为分析合成法，是一种比较复杂的方法。为了节约存储容量，必须先对语音信号进行分析，提取出语音的参数，以压缩存储量，然后人工控制这些参数的合成。参数合成法一般有发音器官参数合成法和声道模型参数合成法。发音器官参数合成法是对人的发音过程直接进行模拟。它定义了唇、舌、声带的相关参数，如唇开口度、舌高度、舌位置、声带张力等，由发音参数估计声道截面积函数，进而计算声波。由于人发音生理过程的复杂性和理论计算与物理模拟的差别，合成语音的质量暂时还不理想。声道模型参数合成法是基于声道截面积函数或声道谐振特性合成语音的。早期语音合成系统的声学模型，多通过模拟人的口腔声道特性来产生。其中，比较著名的是共振峰合成系统，后来又产生了基于线性预测系数和线谱对等声学参数的合成系统。这些方法用来建立声学模型的过程为：首先录制声音，这些声音涵盖了人发音过程中所有可能出现的读音；然后提取出这些声音的声学参数，并整合成一个完整的音库。在发音过程中，首先根据需要发的音，从音库中选择合适的声学参数，然后根据韵律模型中得到的韵律参数，通过合成算法产生语音。参数合成方法的优点是其音库一般较小，并且整个系统能适应的韵律特征的范围较宽，合成器比特率低，音质适中；缺点是参数合成技术的算法复杂、参数多，并且在压缩比较大时信息丢失大，合成的语音总是不够自然、清晰。混合编码技术是改善激励信号的质量的一种方法，虽然比特率有所增大，但音质得到了提高。

3. 规则合成法

规则合成法通过语音学规则产生语音，是一种高级的合成方法。合成的词汇表不是事先确定的，系统中存储的是最小的语音单位的声学参数，以及由音素组成音节、由音节组成词、由词组成句子和控制音调、轻重音等韵律的各种规则。给出待合成的字母或文字后，合成系统利用规则自动地将它们转换成连续的语音声波。这种方法可以合成无限词汇的语句。这种算法中，用于波形拼接和韵律控制的较有代表性的算法是基音同步叠加技术（PSOLA），该方法既能保持所发音的主要音段特征，又能在拼接时灵活调整其基频、时长和强度等超音段特征。其核心思想是，直接对存储于音库的语音运用 PSOLA 算法来进行拼接，从而整合成完整的语音。有别于传统概念上只是将不同的语音单元进行简单拼接的波形编辑合成，规则合成系统首先要在大量语音库中，选择最合适的语音单元来用于拼接，在选音过程中往往采用多种复杂的技术，最后在拼接时，要使用 PSOLA 等算法对其合成语音的韵律特征进行修改，从而使合成的语音能达到很高的音质。

近年来，随着深度学习和神经网络的建模方法的发展，基于深度学习的统计参数语音合成技术取得了显著进展，成为目前主流的语音合成方法。由于语音信号具有很强的长时相关性，因而目前普遍流行的是使用具有长时相关建模能力的循环神经网络。其中，基于序列到序列（Sequence to Sequence，Seq2Seq）结构的模型被多个语音合成模型证明优于传统的结构，这些模型通常被称为端到端语音合成。其中，典型的基于深度学习的语音合成系统包括Google 的 Tacotron 系统和百度的 DeepVoice 系统。

在语音合成方面，高音质语音生成算法及语音转换是近两年研究者关注的两大热点，语音转换方向的研究重点主要集中在基于生成式对抗网络的方法上。在语言模型方面的研究热点主要包括 NLP 模型的迁移、低频单词的表示以及深层 Transformer 等。

13.1 帧合成技术

贯穿于语音分析全过程的是“短时分析技术”，任何语音信号的分析和处理必须建立在“短时”的基础上。因此，要想将以帧为单位的语音片段合成为连续的语音，必须进行帧合成处理。涉及的操作包括去窗函数和去交叠操作等。常用的三种数据叠加方法为重叠相加法、重叠存储法和线性比例重叠相加法。本节主要介绍重叠相加法，其他方法可以参考相关文献。

设有两个时间序列 $h(n)$ 和 $x(n)$，其中 $h(n)$ 的长度为 N，$x(n)$ 的长度为 N_1，而 $N_1>>N$；将 $x(n)$ 分为许多帧 $x_i(m)$，每帧的长度与 $h(n)$ 的长度相接近，然后将每帧 $x_i(m)$ 与 $h(n)$ 做卷积，最后在相邻两帧之间把时间重叠的部分相加，因此该方法称为重叠相加法。

假设 $h(n)$ 不随时间变化，将 $x(n)$ 分帧后为 $x_i(m)$，相邻两帧无交叠，每帧长为 M，则有

$$x_i(m)=\begin{cases}x(n) & (i-1)\cdot M+1\leqslant n\leqslant i\cdot M\\ 0 & \text{其他}\end{cases} \tag{13-1}$$

其中，$m\in[1,M], i=1,2,\cdots$，且有

$$x(n)=\sum_{i=1}^{p}x_i(m),\quad m\in[1,M],\quad n=(i-1)\cdot M+m \tag{13-2}$$

式中，p 是分帧后的总帧数，$p=N_1/M$。

把每帧数据 $x_i(m)$ 和 $h(n)$ 进行补零，使其长度都为 $N+M-1$：

$$\widetilde{x}_i(m)=\begin{cases}x_i(m) & m\in[1,M]\\ 0 & m\in[M+1,N+M-1]\end{cases} \tag{13-3}$$

$$\widetilde{h}(m)=\begin{cases}h(m) & m\in[1,M]\\ 0 & m\in[M+1,N+M-1]\end{cases} \tag{13-4}$$

对 $\widetilde{x}_i(n)$ 和 $\widetilde{h}(n)$ 进行卷积，得到

$$y_i(n)=\widetilde{x}_i(n)*\widetilde{h}(n) \tag{13-5}$$

利用 DFT 和 IDFT 对 $y_i(n)$ 进行卷积计算，得

$$\begin{cases}\widetilde{X}_i(k)=DFT(\widetilde{x}_i(n))\\ \widetilde{H}(k)=DFT(\widetilde{h}(n))\end{cases} \tag{13-6}$$

$$Y_i(k)=\widetilde{X}_i(k)\times\widetilde{H}(k) \tag{13-7}$$

$$y_i(n)=IDFT(Y_i(k)) \tag{13-8}$$

因此，$y_i(n)$长为$N+M-1$，而$\widetilde{x}_i(n)$的有效长度为M，故相邻两帧$y_i(n)$之间有长度为$N-1$的数据在时间上相互重叠，把重叠部分相加，与不重叠部分共同构成输出：

$$y(n)=x(n)*h(n)=\sum_{i=1}^{p}x_i(n)*h(n) \tag{13-9}$$

重叠相加法计算的示意图如图 13-1 所示。

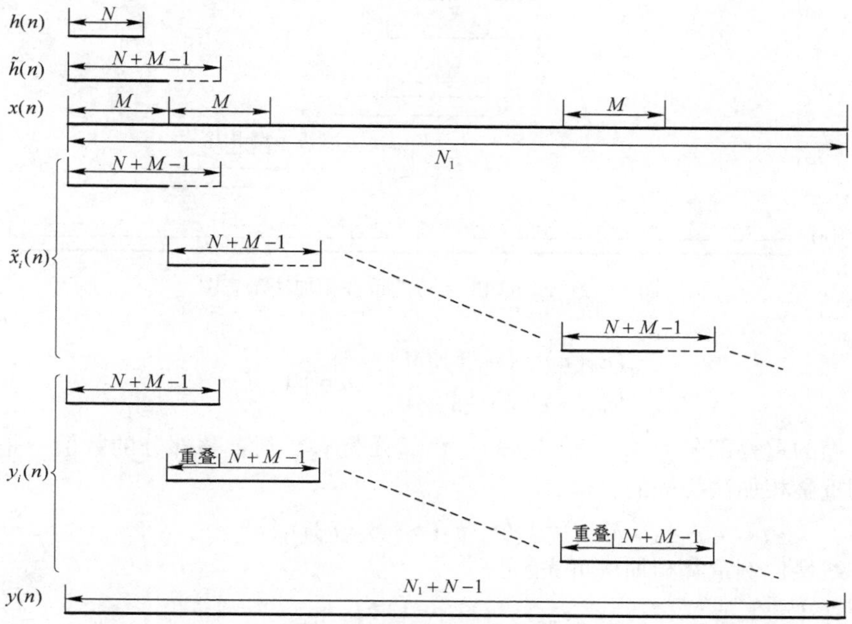

图 13-1 重叠相加法计算的示意图

在实际应用中，已把重叠相加法推广到从频域转换到时域的过程中。信号$x(n)$是分帧的，每一帧$x_i(m)$为

$$x_i(m)=\begin{cases}x(n) & (i-1)\Delta L+1\leqslant n\leqslant i\cdot\Delta L+L\\0 & \text{其他}\end{cases} \tag{13-10}$$

式中，$m\in[1,L]$；L为帧长；ΔL为帧移；i为帧号，$i=1,2,\cdots$；而重叠部分长为$M=L-\Delta L$。

$x_i(m)$的信号经 DFT 为$X_i(k)$，在频域中对信号进行处理后得到$Y_i(k)$，经 IDFT 得到$y_i(m)$。而$y_{i-1}(m)$与$y_i(m)$之间有M个样点相重叠，如图 13-2 所示。由图可知，$y_{i-1}(m)$在$y(n)$中对应的样点位置是$(i-2)\Delta L+1\sim(i-2)\Delta L+L$，其中重叠的部分为$(i-1)\Delta L+1\sim(i-1)\Delta L+M$，$y_i(m)$对应$y_{i-1}(m)$的重叠部分的位置是$1\sim M$。因此可得

$$y(n)=\begin{cases}y(n) & n\leqslant(i-1)\Delta L\\y(n)+y_i(m) & (i-1)\Delta L+1\leqslant n\leqslant(i-1)\Delta L+M, m\in[1,M]\\y_i(m) & (i-1)\Delta L+M+1\leqslant n\leqslant(i-1)\Delta L+L, m\in[M+1,L]\end{cases} \tag{13-11}$$

当$h(n)$是时不变的或缓慢变化的，采用重叠相加法可以获得满意的结果。但是，如果当前帧$h_i(n)$和下一帧$h_{i+1}(n)$变化较大，或不确定相邻两帧间是否会有较大的变化时，常采用线性比例重叠相加法。线性比例重叠相加法是重叠相加法的一种修正，它把重叠部分用一个线性比例计权后再相加。

设重叠部分长为M，两个斜三角的窗函数w_1和w_2为

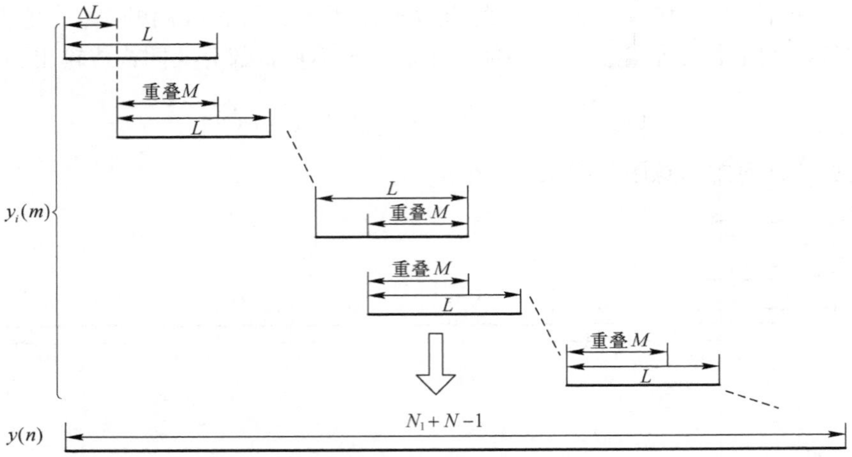

图 13-2　$y_i(m)$和$y(n)$的重叠相加法示意图

$$\begin{cases} w_1(n)=(n-1)/M \\ w_2(n)=(M-n)/M \end{cases}, n\in[1,M] \tag{13-12}$$

设前一帧的重叠部分为 y_1，后一帧的重叠部分为 y_2，则重叠部分的数值 y 是由 y_1 和 y_2 经线性比例重叠相加法构成的，即

$$y(n)=y_1(n)w_2(n)+y_2(n)w_1(n) \tag{13-13}$$

此时，线性比例重叠相加法可表示为

$$y(n)=\begin{cases} y(n) & n\leqslant(i-1)\Delta L \\ y(n)w_2(n)+y_i(m)w_1(n) & (i-1)\Delta L+1\leqslant n\leqslant(i-1)\Delta L+M, m\in[1,M] \\ y_i(m) & (i-1)\Delta L+M+1\leqslant n\leqslant(i-1)\Delta L+L, m\in[M+1,L] \end{cases} \tag{13-14}$$

线性比例重叠相加法的优点在于重叠部分用了线性比例的窗函数，使两帧之间的叠加部分能平滑过渡。

13.2　经典语音合成算法

本节主要介绍了以下三种经典的语音合成算法。

1）线性预测合成法。线性预测合成法是目前比较简单且实用的一种语音合成方法，它以低数据率、低复杂度、低成本等优点，受到人们的重视。20 世纪 60 年代后期发展起来的 LPC 语音分析方法可以有效地估计基本语音参数，如基音、共振峰等，从而对语音的基本模型给出精确的估计，而且计算速度较快。LPC 语音合成器利用 LPC 语音分析方法来分析自然语音样本并计算出 LPC 系数，这样就可以建立信号产生模型，从而合成语音。

2）共振峰合成法。共振峰语音合成器模型是把声道视为一个谐振腔，利用腔体的谐振特性，如共振峰频率及带宽，并以此为参数构成一个共振峰滤波器。因为音色各异的语音有不同的共振峰模式，所以基于每个共振峰频率及其带宽，都可以构成一个共振峰滤波器。将多个这种滤波器组合起来模拟声道的传输特性，对激励声源发生的信号进行调制，经过辐射即可得到合成语音。

3）基因同步叠加技术。早期的波形编辑技术只能回放音库中保存的内容，而任何一个语言单元在实际语流中都会随着语言环境的变化而变化。基音同步叠加技术（PSOLA）和早期的波形编辑技术有原则性的差别，它既能保持原始语音的主要音段特征，又能在音节拼接时灵活调整其基音、能量和音长等韵律特征，因而很适用于汉语语音和规则合成。同时，汉语是声调语言系统，其词调模式、句调模式都很复杂，在以音节为基元合成语音时，句子中单音节的声调、音强和音长等参数都要按规则调整。

13.2.1 线性预测合成法

1. 基于线性预测系数和预测误差的语音合成

由线性预测理论可知，模型输出信号 $s(n)$ 和输入信号 $u(n)$ 间的关系可以用差分方程表示：

$$s(n) = \sum_{i=1}^{p} a_i s(n-i) + Gu(n) \tag{13-15}$$

则系统

$$\hat{s}(n) = \sum_{i=1}^{p} a_i s(n-i) \tag{13-16}$$

称为线性预测器。$\hat{s}(n)$ 是 $s(n)$ 的估计值，由过去 p 个值线性组合得到，表示由 $s(n)$ 的过去值可预测或估计当前值$\hat{s}(n)$。式中，a_i 是线性预测系数。线性预测系数可以通过在某个准则下使预测误差 $e(n)$ 达到最小值的方法来决定，预测误差的表示形式如下：

$$e(n) = s(n) - \hat{s}(n) = s(n) - \sum_{i=1}^{p} a_i s(n-i) \tag{13-17}$$

在已知预测误差 $e(n)$ 和预测系数 a_i 时，可求出合成语音

$$\tilde{s}(n) = e(n) + \sum_{i=1}^{p} a_i \tilde{s}(n-i) \tag{13-18}$$

2. 基于线性预测系数和基音参数的语音合成

线性预测合成模型还可以设计为一种“源-滤波器”模型，它由白噪声序列和周期脉冲序列构成激励信号，经过选通、放大并通过时变数字滤波器（由语音参数控制的声道模型），就可以再获得原语音信号。线性预测合成形式有两种：一种是直接用预测器系数 a_i 构成的递归型合成滤波器；另一种是采用反射系数 k_i 构成的格型合成滤波器。

直接用预测器系数 a_i 构成的递归型合成滤波器结构如图 13-3 所示。用该方法定期改变激励参数 $u(n)$ 和预测器系数 a_i，就能合成出语音。这种结构简单而直观，为了合成一个语音样本，需要进行 p 次乘法和 p 次加法。合成的语音样本由下式决定：

$$s(n) = \sum_{i=1}^{p} a_i s(n-1) + Gu(n) \tag{13-19}$$

其中，a_i 为预测器系数；G 为模型增益；$u(n)$ 为激励；$s(n)$ 为合成的语音样本；p 为预测器阶数。

直接式的预测系数滤波器结构的优点是简单、易于实现，所以曾被广泛采用，其缺点是合成语音样本需要很高的计算精度。这是因为这种递归结构对系数的变化非常敏感，

系数的微小变化都可以导致滤波器的极点位置发生很大变化，甚至出现不稳定现象。由于预测系数 a_i 的量化所造成的精度下降，使得合成的信号不稳定，容易产生振荡的情况。而且预测系数的个数 p 变化时，系数 a_i 的值变化也很大，很难处理，这是直接式线性预测法的缺点。

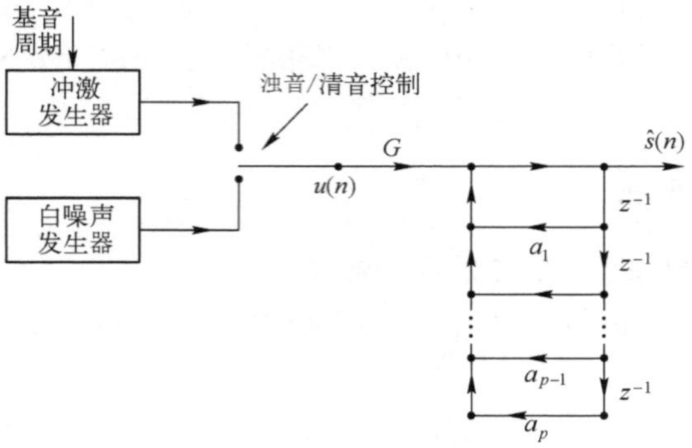

图 13-3　直接递归型 LPC 语音合成器

另一种合成是采用反射系数 k_i 构成的格型合成滤波器。合成语音样本由下式决定：

$$s(n) = Gu(n) + \sum_{i=1}^{p} k_i b_{i-1}(n-1) \tag{13-20}$$

其中，G 为模型增益；$u(n)$ 为激励；k_i 为反射系数；$b_i(n)$ 为后向预测误差；p 为预测器阶数。

由式（13-20）可以看出，只要知道反射系数、激励位置（即基音周期）和模型增益就可以由后向误差序列迭代计算出合成语音。合成一个语音样本需要 $2p-1$ 次乘法和 $2p-1$ 次加法。采用反射系数 k_i 的格型合成滤波器结构，虽然运算量大于直接型结构，却具有一系列优点：参数 k_i 具有 $|k_i|<1$ 的性质，因而滤波器是稳定的；同时与直接型结构相比，它对有限字长引起的量化效应灵敏度较低。此外，基音同步合成需对控制参数进行线性内插，以得到每个基音周期起始处的值。然而预测器系数本身却不能直接内插，但可以证明，可对部分相关系数进行内插，如果原来的参数是稳定的，则结果必稳定。无论选用哪一种滤波器结构形式，LPC 合成模型中所有的控制参数都必须随时间不断修正。

在实际进行语音合成时，除了构成合成滤波器之外，还必须在有浊音的情况下，将一定基音周期的脉冲序列作为音源；在清音的情况下，将白噪声作为音源。由此可知，必须进行浊音/清音的判别和确定音源强度。

13.2.2　共振峰合成法

对于共振峰合成法来说，共振峰滤波器的个数和组合形式是固定的，只是共振峰滤波器的参数会随着每一帧输入的语音参数而改变，以此表征音色各异的语音的不同共振峰模式。

共振峰的信息反映了声道的响应，它和基音结合能合成语音信号。激励声源发生的信号，先经过模拟声道传输特性的共振峰滤波器调制，再经过辐射传输效应后即可得到合成的语音输出。由于发声时器官是运动的，所以模型的参数是随时间变化的。因此，一般要求共振峰合成器的参数逐帧修正。获得了共振峰参数后，可以把每个共振峰频率和带宽都构成一个二阶数字带通滤波器，激励源将通过并联的时变共振峰频率滤波器合成语音。系统结构如图 13-4 所示。

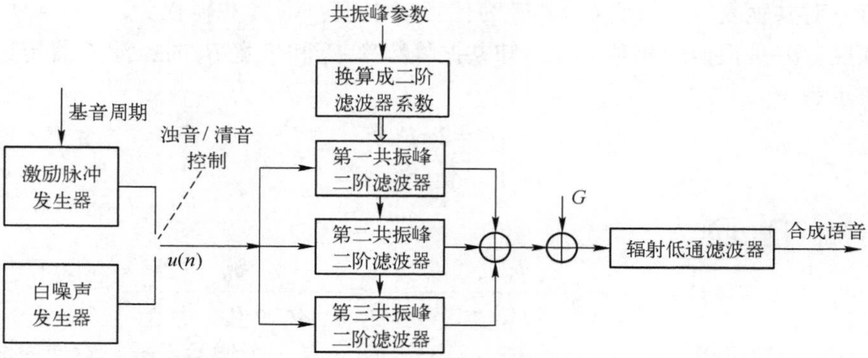

图 13-4　并联型时变共振峰与基音参数的语音合成模型

简单地将激励分成浊音和清音两种类型是有缺陷的。因为对浊辅音，尤其是浊擦音来说，声带振动产生的脉冲波和湍流是同时存在的，这时噪声的幅度要被声带振动周期性地调制。因此，为了得到高质量的合成语音，激励源应具备多种选择，以适应不同的发音情况。图 13-4 中的激励源有三种类型：合成浊音语音时用周期冲激序列、合成清音语音时用伪随机噪声和合成浊擦音时用周期冲激调制的噪声。激励源对合成语音的自然度有明显的影响。发浊音时，最简单的是三角波脉冲，但这种模型不够精确，可以采用其他更为精确的形式，如多项式波等。合成清音时，激励源一般使用白噪声，实际实现时用伪随机数发生器来产生。但是，实际清音激励源的频谱应该是平坦的，其波形样本幅度服从高斯分布。而伪随机数发生器产生的序列具有平坦的频谱，但幅度是均匀分布的。根据中心极限定理，互相独立且具有相同分布的随机变量之和服从高斯分布。因此，将若干个（典型值为 14~18）随机数叠加起来，可以得到近似高斯分布的激励源。

声学原理表明，语音信号谱中的谐振特性（对应声道传输函数中的极点）完全由声道形状决定，和激励源的位置无关；而反谐振特性（对应于声道传输函数的零点）在发大多数辅音（如摩擦音）和鼻音（包括鼻化元音）时存在。因此，对于鼻音和大多数的辅音，应采用极-零点模型。语音合成模型通常采用两种声道模型：一种是将其模型化为二阶数字谐振器的级联。级联型结构可模拟声道谐振特性，能很好地逼近元音的频谱特性。这种形式结构简单，每个谐振器代表了一个共振峰特性，只需用一个参数来控制共振峰的幅度。采用二阶数字滤波器的原因是它对单个共振峰特性提供了良好的物理模型；同时在相同的频谱精度上，低阶的数字滤波器量化位数较小，在计算上也十分有效。另一种是将其模型化为并联形式。并联型结构能模拟谐振和反谐振特性，所以被用来合成辅音。事实上，并联型也可以用来模拟元音，但效果不如级联型好。并联型结构中的每个谐振器的幅度必须单独控制，从而产生合适的零点。为改进效果，在共振峰并联的语音合成中除三个时变的共振峰以外，再增加一个高频固定频率的峰值进行补偿。

不管用线性预测法还是用倒谱法（参见第 4 章），都需要获得共振峰频率 F_i 和带宽 B_i（下标 i 表示第 i 个共振峰）。二阶带通数字滤波器传递函数一般可表示为

$$H(z)=\frac{b_0}{1+a_1z^{-1}+a_2z^{-2}} \tag{13-21}$$

该式分母有一对共轭复根，设为 $z_i=r_i\mathrm{e}^{\mathrm{j}\theta_i}$ 为任意复根值，则其共轭根为 $z_i^*=r_i\mathrm{e}^{-\mathrm{j}\theta_i}$。其中，$r_i$ 是根值的幅度，θ_i 是根值的相角。在已知共振峰频率 F_i 和带宽 B_i 时，滤波器传递函数分母的极点可表示为

$$\begin{cases}\theta_i=2\pi F_i/f_s\\ r_i=\mathrm{e}^{-B_i\pi/f_s}\end{cases} \tag{13-22}$$

此时，式（13-21）可变为

$$H(z)=\frac{b_0}{(1-r_i\mathrm{e}^{\mathrm{j}\theta_i}z^{-1})(1-r_i\mathrm{e}^{-\mathrm{j}\theta_i}z^{-1})}=\frac{b_0}{1-2r_i\cos\theta_iz^{-1}+r_i^2z^{-2}} \tag{13-23}$$

和式（13-21）对比可得，$a_1=-2r_i\cos\theta_i$，$a_2=r_i^2$。而 b_0 是一个增益系数，它使滤波器在中心频率处（即 $z=\mathrm{e}^{-\mathrm{j}\theta_i}$）的响应为 1，可导出

$$b_0=|1-2r_i\cos\theta_i\mathrm{e}^{-\mathrm{j}\theta_i}+r_i^2\mathrm{e}^{-2\mathrm{j}\theta_i}| \tag{13-24}$$

对于平均长度为 17 cm 的声道（男性），在 3 kHz 范围内大致包含三个或四个共振峰，而在 5 kHz 范围内包含四个或五个共振峰。语音合成的研究表明：表示浊音最主要的是前三个共振峰，只要用前三个时变共振峰频率就可以得到可懂度很好的合成浊音。所以在对声道模型参数进行逐帧修正时，高级的共振峰合成器要求前四个共振峰频率以及前三个共振峰带宽都随时间变化，更高频率的共振峰参数变化可以忽略。对于要求简单的场合，只需改变共振峰频率 F_1、F_2、F_3，而带宽则固定不变。根据不同的浊音，调整 F_1、F_2、F_3 以改变三个共振峰频率。但固定的共振峰带宽会影响合成语音的音质，这在合成鼻音时显得更为突出。共振峰的辐射模型比较简单，可以用一阶差分来逼近。一般的共振峰合成器模型中，声源和声道间是互相独立的，没有考虑它们之间的相互作用。然而，研究表明，在实际语言产生的过程中，声源的振动对声道里传播的声波有不可忽略的作用。因此，提高合成音质的一条重要途径是采用更符合语音产生机理的语音生成模型。

高级共振峰合成器可合成出高质量的语音，几乎和自然语音没有差别。但关键是如何得到合成所需的控制参数，如共振峰频率、带宽、幅度等。而且，求取的参数还必须逐帧修正，才能使合成语音与自然语音达到最佳匹配。在以音素为基元的共振峰合成中，可以存储每个音素的参数，然后根据连续发音时音素之间的影响，从这些参数得到控制参数轨迹。尽管共振峰参数理论上可以计算，但实验表明，这样产生的合成语音在自然度和可懂度方面均不令人满意。

理想的方法是从自然语音样本出发，通过调整共振峰合成参数，使合成的语音和自然语音样本在频谱的共振峰特性上最佳匹配，即误差最小，将此时的参数作为控制参数，这就是合成分析法。实验表明，如果合成语音的频谱峰值和自然语音的频谱峰值之差能保持在几个分贝之内，且基音和声强变化曲线能精确吻合，则合成语音在自然度和可懂度方面均和自然语音没什么差别。

13.2.3 基音同步叠加技术

PSOLA 是基于波形编辑合成语音技术对合成语音的韵律进行修改的一种算法。决定语

音波形韵律的主要时域参数包括音长、音强和音高等。音长的调节对于稳定的波形段是比较简单的，只需以基音周期为单位加/减即可。但对于复杂的语音基元来说，实际处理时采用特定的时长缩放法，而音强的改变只要加强波形即可。但对一些重音有变化的音节，有可能幅度包络也需改变；音高的大小对应于波形的基音周期。对于大多数通用语言，音高仅代表语气的不同及说话人的更替。但汉语的音高曲线构成声调，声调有辩义作用，因此汉语的音高修改比较复杂。

图 13-5 是基于 PSOLA 算法的语音合成系统的基本结构。由于利用 PSOLA 算法合成语音在计算复杂度、合成语音的清晰度、自然度方面都具有明显的优势，因而受到国内外很多学者的欢迎。本质上说，PSOLA 算法是利用短时傅里叶变换重构信号的重叠相加法。设信号 $x(n)$ 的短时傅里叶变换为

$$X_n(e^{j\omega}) = \sum_{m=-\infty}^{\infty} x(m)\omega(n-m)e^{-j\omega n} \quad n \in \mathbb{Z} \tag{13-25}$$

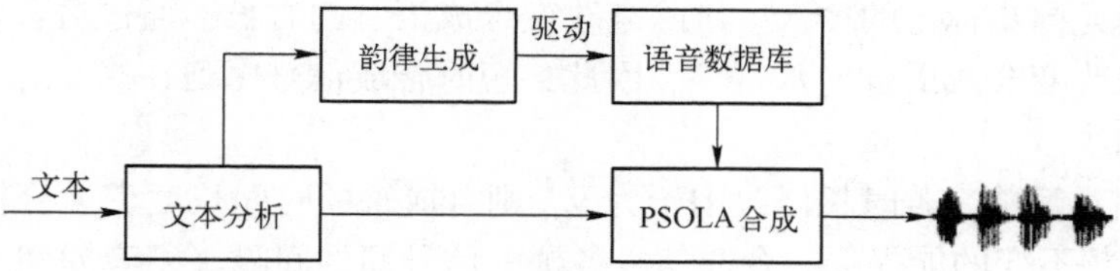

图 13-5 基于 PSOLA 算法的语音合成系统

由于语音信号是一个短时平稳信号，因此在时域每隔若干个（例如 R 个）样本取一个频谱函数就可以重构信号 $x(n)$，即

$$Y_r(e^{j\omega}) = X_n(e^{j\omega})\big|_{n=rR} \quad r,n \in \mathbb{Z} \tag{13-26}$$

其傅里叶逆变换为

$$y_r(m) = \frac{1}{2\pi}\int_{-\infty}^{\infty} Y_r(e^{j\omega})e^{j\omega m}d\omega \quad m \in \mathbb{Z} \tag{13-27}$$

然后通过叠加 $y_r(m)$ 可得到原信号，即

$$y(m) = \sum_{r=-\infty}^{\infty} y_r(m) \tag{13-28}$$

基音同步叠加技术一般有三种方式：时域基音同步叠加、线性预测基音同步叠加和频域基音同步叠加。

本节主要介绍时域基音同步叠加法，其步骤如下。

1）对语音合成单元设置基音同步标记。同步标记是与合成单元浊音段的基音保持同步的一系列位置点，它们必须能准确反映各基音周期的起始位置。PSOLA 技术中，短时信号的截取和叠加，时间长度的选择，均是依据同步标记进行的。

2）以语音合成单元的同步标记为中心，选择适当长度（一般取两倍的基音周期）的时窗对合成单元做加窗处理，获得一组短时信号。

3）在合成规则的指导下，调整步骤 1）中获得的同步标记，产生新的基音同步标记。

4）根据步骤 3）得到的合成语音的同步标记，对步骤 2）中得到的短时信号进行叠加，从而获得合成语音。

总的来说，PSOLA 法实现语音合成主要有三个步骤，分别为基音同步分析、基音同步

修改和基音同步合成。

1. 基音同步分析

同步分析的功能主要是对语音合成单元进行同步标记设置。对于浊音段有基音周期，而清音段信号则属于白噪声，所以这两种类型需要区别对待。在对浊音信号进行基音标注的同时，为保证算法的一致性，一般令清音的基音周期为一常数。

2. 基音同步修改

以语音合成单元的同步标记为中心，选择适当长度的时窗对合成单元做加窗处理，获得一组短时信号 $x_m(n)$：

$$x_m(n)=h_m(t_m-n)x(n) \tag{13-29}$$

其中，t_m 为基音标注点；$h_m(n)$一般取汉明窗，窗长大于原始信号的一个基音周期，且窗间有重叠。

同步修改在合成规则的指导下，调整同步标记，产生新的基音同步标记。具体地说，就是通过对合成单元同步标记的插入、删除来改变合成语音的时长；通过对合成单元标记间隔的增加、减小来改变合成语音的基频等。因此，短时合成信号序列在修改时与一套新的合成信号基音标记同步。

时长修改相对简单，若时长修改因子为 γ，则合成轴的时间长度变为分析轴时间长度的 γ 倍，在保持基频不变的前提下，合成信号各帧的信号间的间隔（基音周期）不变，而帧的数量应改变为原来的 γ 倍。时域基音同步叠加的基本思路是在分析轴上寻找与合成轴上的时间点 t_q 相对应的时间点 t_m，使得 t_m 与 t_q/γ 间的距离最小。当 $\gamma>1$ 时，对应于放慢语音，此时需要插入某些帧信号；当 $\gamma<1$ 时，对应于加快语音，此时需要删除某些帧信号。$\gamma>1$ 时分析轴与合成轴各帧的映射关系如图 13-6b 所示。

修改基频的情况相对复杂。当帧数不变时，如果只修改基频，必然会导致最后的时长发生变化。当基音频率增加时，基音周期减少，基音脉冲之间的间隔减少（对应的标注点间的间隔变小）；当基音频率减小时，基音周期增加，基音脉冲之间的间隔增大（对应的标注点间的间隔变大）。无论基音脉冲之间的间隔变小或变大，都会使合成轴的时间长度发生变化，所以可以通过改变时长修改因子来调整合成语音的长度。设基频修改因子为 β（$\beta>1$ 对应于基频增大；$\beta<1$ 对应于基频降低）。基频降低时，分析轴与合成轴各帧的映射关系如图 13-6a 所示。

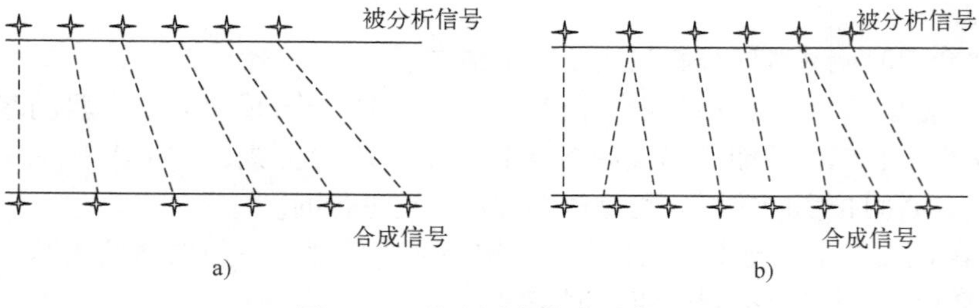

图 13-6　基音同步修改示意图

a）语音基频被降低　b）语音被延长但基频基本保持不变

3. 基音同步合成

基音同步合成是利用短时合成信号进行叠加合成。如果合成信号仅仅在时长上有变化，则增加或减少相应的短时合成信号；如果是基频上有变化，则先将短时合成信号变换成符合要求的短时合成信号，再进行合成。

基音同步叠加合成的方法有很多。采用原始信号谱与合成信号谱差异最小的最小平方叠加法合成法合成的信号为

$$\bar{x}(n) = \sum_q a_q \bar{x}_q(n) \bar{h}_q(\bar{t}_q - n) / \sum_q \bar{h}_q^{\,2}(\bar{t}_q - n) \tag{13-30}$$

其中，分母是时变单位化因子，代表窗间的时变叠加的能量补偿；$\bar{h}_q(n)$为合成窗序列；a_q为相加归一化因子，是为了补偿音高修改时能量的损失而设的。式（13-30）可简化为

$$\bar{x}(n) = \sum_q a_q \bar{x}_q(n) / \sum_q \bar{h}_q(\bar{t}_q - n) \tag{13-31}$$

式中的分母是一个时变的单位化因子，用来补偿相邻窗口叠加部分的能量损失。该因子在窄带条件下接近于常数；在宽带条件下，当合成窗长为合成基音周期的两倍时，该因子也为常数。

$$\bar{x}(n) = \sum_q a_q \bar{x}_q(n) \tag{13-32}$$

利用式（13-31）和式（13-32），可以通过对原始语音的基音同步标志 t_m 间的相对距离进行伸长和压缩，从而对合成语音的基音进行灵活的提升和降低。同样，还可以通过对音节中的基因同步标志的插入和删除来实现对合成语音音长的改变，最终得到一个新的合成语音的基音同步标志 t_q，并且可以通过对式（13-30）中能量因子 a_q 的变化来调整语流中不同部位的合成语音的输出能量。

13.3　语音信号的变速和变调

语音信号的变速和变调属于语音转换范畴。语音变更是指在保留原语音所蕴含语意的基础上，通过对说话人的语音特征进行处理，使之听起来不像是原说话人所发出的声音的过程。语音转换技术涉及语音信号个人特性的研究，主要分为两个方面：一个是声学参数，如共振峰频率、基频等，主要是由不同说话人的发声器官差异所决定的；另一个是韵律学参数，如不同说话人说话的快慢、节奏、口音是不一样的，主要和人们所处的环境有关。

语音变速是语音更改技术的一部分。语音变速是指把一个语音在时间上缩短或拉长，而语音的采样频率，以及基频、共振峰并没有发生变化；语音信号的变调是指把语音的基音频率降低或升高（如男女声互换），共振峰频率要做相应的改变，而采样频率保持不变。

1. 语音信号的变速

由语音合成的原理可知，通过预测系数和基音信息就可以合成语音。因此要把语音缩短或拉长，就等于需要知道某些时刻的预测系数和基音信息。假设原来语音长为 T，总共有 f_n 帧。如果语音长缩短为 T_1，而帧长和帧移不变，总帧数随语音长度的减少而随之减少为 f_{n1}。如图 13-7 所示，黑点是原始语音每一帧的位置，时长为 T；而灰点是缩短语音每一帧的位置，时长为 T_1。缩短语音的每一帧对应的原信号的时刻已不是原始语音的时刻，往往在两个黑点之前（用灰点表示），所以要缩短语音所需的信息就不能简单地把原始语音中的信息照搬过来，而是要计算出原始语音上各灰点位置上的语音信息。

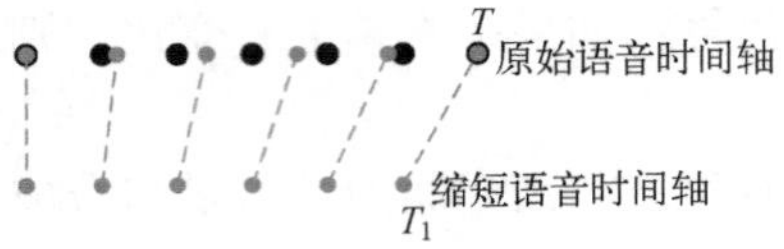

图 13-7　语音缩短时的参数对应关系

对于原始语音来说，通过基音检测可获得基音周期信息，通过线性预测分析可获得每帧的预测系数 a_i。基音周期可以通过内插得到缩短语音所要的信息，但预测系数 a_i 是不适合通过内插得到缩短语音所要的信息。线谱对的归一化频率 LSF 反映了线性预测频域的共振峰特性。当语音从一帧往下一帧过渡时，共振峰会有所变化，LSF 也会有所变化。而 LSF 参数是可以进行内插的。不论缩短还是拉长，都可以通过对 LSF 的内插来完成。

语音变速分析语音合成的示意图如图 13-8 所示。语音缩短或拉长的具体步骤如下。

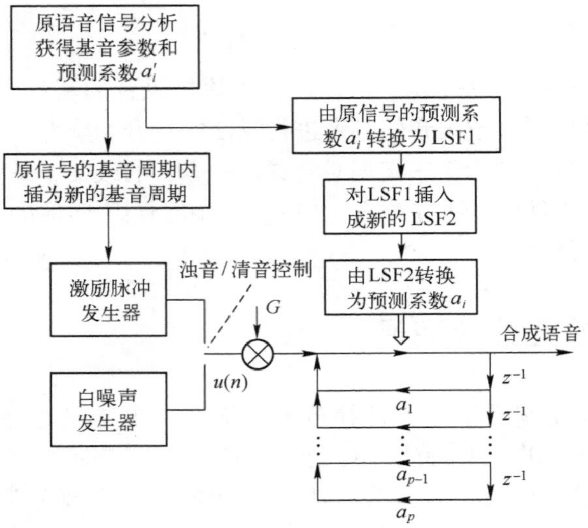

图 13-8　语音变速分析语音合成的示意图

1）先对原始语音进行分帧，再做基音检测和线性预测分析，得到 1~f_n 帧的基音参数和预测系数 a_i'。

2）把 1~f_n 帧的基音参数按新的语音时长要求内插为 1~f_{n1}帧的基音参数。

3）把 1~f_n 帧的预测系数 a_i' 转换成 1~f_n 帧的 LSF 参数，称为 LSF1。把 1~f_n 帧的 LSF1 按新的语音时长要求内插为 1~f_{n1} 帧的 LSF2。

4）把 1~f_{n1}帧的 LSF2 重构成 1~f_{n1} 帧线性预测系数 a_i，用预测系数和基音参数合成语音。

重构的语音信号时长为 T_1，再按原采用频率放音时，就能感觉到语速变快（时长缩短）或变慢（时长拉长），而相应的基音频率和共振峰参数都没有改变。

2. 语音信号的变调

语音信号的变调是指把原语音信号中的基音频率变大或变小。变调的最简单方法是在语音合成的过程中把基音频率改变后再合成。由于男声和女声的基音和共振峰频率都存在差异，因此变调时，需要对两者进行调整。语音变调合成的示意图如图 13-9 所示。

预测误差滤波器 $A(z)$ 是一个由预测系数构成的多项式。基于线性预测系数的共振峰检测原理可知，共振峰频率 $F_i=\dfrac{\theta_i f_s}{2\pi}$，带宽 $B_i=-\left(\dfrac{f_s}{\pi}\right)\ln|z_i|$。相位角 $\theta_i=\arctan\dfrac{\mathrm{Im}(z_i)}{\mathrm{Re}(z_i)}$ 表示根 z_i 的虚部和实部之比的反正切。当共振峰频率增加时，θ_i 就增加，$\mathrm{Im}(z_i)$ 可能增加，或 $\mathrm{Re}(z_i)$ 减少。但 z_i 的模 $|z_i|$ 是一个定值，所以在 $\mathrm{Im}(z_i)$ 增加时，$\mathrm{Re}(z_i)$ 必然减小。如图 13-10 所示的 Z 平面，其中单位圆实轴上方对应的相位角 θ_i 为正值，即 $\pi\sim0$；实轴下方对应的相角 θ_i 为负值，即 $-\pi\sim0$。图中根 z_i 的位置用黑点表示，在实轴上方共振峰增加时，相应的 θ_i 增加了 $\mathrm{d}\theta$，根的位置将顺时针转到 z_i' 的位置上，用灰点表示；而 z_i 的共轭值 z_i^* 虚部为负值，在实轴的下方，也是用黑点表示，当共振峰增加时，根 z_i^* 的位置将逆时针转到 $(z_i')^*$ 的位置上，也用灰点表示。

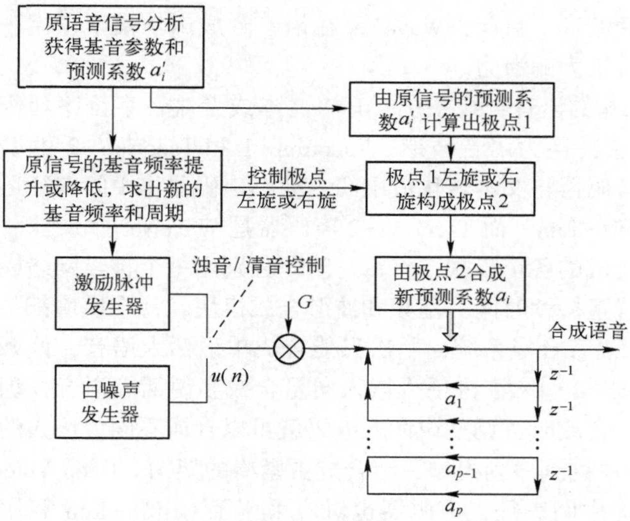

图 13-9　语音变调分析语音合成示意图

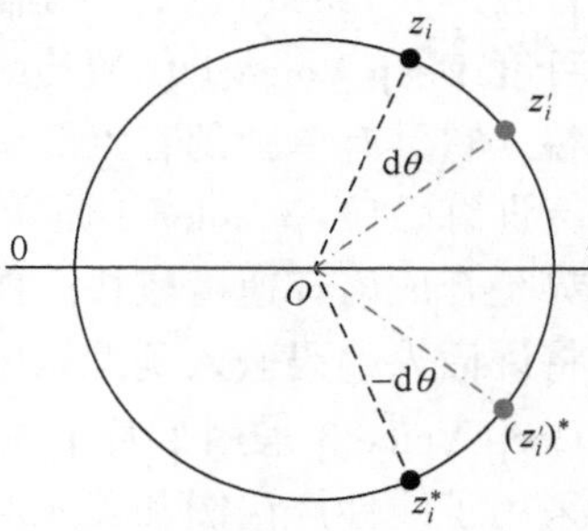

图 13-10　共振峰频率改变对应于根值位置的变化

当基音频率降低时，共振峰频率也稍有降低，在 Z 平面上根值 z_i 将逆时针转到 z_i' 的位置上，根 z_i^* 的位置将顺时针转到 $(z_i')^*$ 的位置上。当根值从 z_i 转到 z_i' 位置上以后，对应的共振峰频率为

$$F_i'=\frac{\theta_i' f_s}{2\pi} \tag{13-33}$$

式中

$$\theta_i'=\arctan\frac{\mathrm{Im}(z_i')}{\mathrm{Re}(z_i')}=\theta_i+\mathrm{d}\theta \tag{13-34}$$

共振峰频率移动量为

$$\mathrm{d}F=F_i'-F_i=(\theta_i'-\theta_i)f_s/(2\pi)=\mathrm{d}\theta f_s/(2\pi) \tag{13-35}$$

其中

$$d\theta=\theta_i'-\theta_i=2\pi dF/f_s \tag{13-36}$$

严格地说，基音频率变化对不同的共振峰频率变化的数值是不一样的，而且对带宽也会有一定的影响。为简化处理，基音频率增加或减少多少都只将不同的共振峰频率增加或减少100 Hz，带宽可以保持不变。

13.4 基于深度学习的语音合成模型

深度学习中常见的语音合成方法是端到端语音合成，直接建立起从文本到语音的合成，简化了人为对中间环节的干预，降低了语音合成的研究难度。本节主要介绍了三种基于深度学习的语音合成系统：WaveNet、Tacotron 和 Deep Voice。

WaveNet 是由卷积神经网络构成的生成式语音合成模型，既可以单独作为语音合成模型，也可以作为声码器。WaveNet 通过自回归方式拟合音频波形的分布来合成语音，即通过预测每一个时间点波形的值来合成语音波形。目前，WaveNet 在语音合成声学模型建模、声码器方面都有应用，在语音合成领域有很大的潜力。

Tacotron 是第一个真正意义上端到端的语音合成系统，其将文本或者注音字符序列作为输入，输出线性谱，再经过声码器算法转换为语音波形。Tacotron-1 和 Tacotron-2 由编码器、解码器和声码器组成。编码器和解码器将文本转化成中间表征。声码器将中间表征还原成语音波形。Tacotron-1 声码器是 Griffin-Lim，而 Tacotron-2 声码器是 WaveNet。

百度 Deep Voice 1 仿照传统参数合成的各个步骤，将每一阶段分别用一个神经网络模型来代替，它具有单独的音素到音素、音素持续时间、基频和波形合成模块，每个模块都是单独进行训练。Deep Voice 1 是单说话人语音合成系统，一次只能合成单说话人语音，该系统的优势是合成语音速度较快。Deep Voice 2 引入了说话人嵌入向量合成多说话人语音，训练时，将说话人编码嵌入到系统中训练。合成时，调整说话人编码就可以合成不同说话人的语音。Deep Voice 3 采用了基于注意力的序列到序列模型，组合成更紧凑的架构。Deep Voice 3 同时采用了线性声谱图和美尔频谱作为中间表征，声码器也对应采用了 Griffin-Lim 算法和 WaveNet。Deep Voice 3 的训练速度较快，且可以合成多说话人语音。

13.4.1 WaveNet

1. 基本模型

WaveNet 直接在音频层面上进行建模，训练之前，WaveNet 将输入的语音波形序列 $x=\{x_1,x_2,\cdots,x_t\}$ 的联合概率分解为各时刻条件概率乘积，即

$$P(x)=\prod_{t=1}^{T}P(x_t\mid x_1,x_2,\cdots,x_{t-1}) \tag{13-37}$$

其中，x 是语音波形值序列，x_t 是一个时刻的波形值，x_t 的值由之前所有时刻的值决定。

图 13-11 是 WaveNet 模型，模型有 k 个功能层。训练时，音频首先进行因果卷积，因果卷积的输出输入到带洞卷积，带洞卷积的输出分别经过 tanh 和 sigmoid 非线性变化后进行门限激活，门限激活后经过 1×1 卷积后得到输出，这个输出就是功能层输出。功能层输出和因果卷积输出进行残差连接，残差连接结果输入到下一个功能层。最后，每个功能层输出连接在一起，经过两次非线性激活和 1×1 卷积后输入到 Softmax 层。Softmax 层优化最大

似然估计，得到音频每一个时间点的波形值。在生成阶段，WaveNet 在每个波形点时刻对式（13-37）中的条件概率进行采样，得到当前时刻波形值。该值会被作为历史信息计算后续波形点的条件概率。

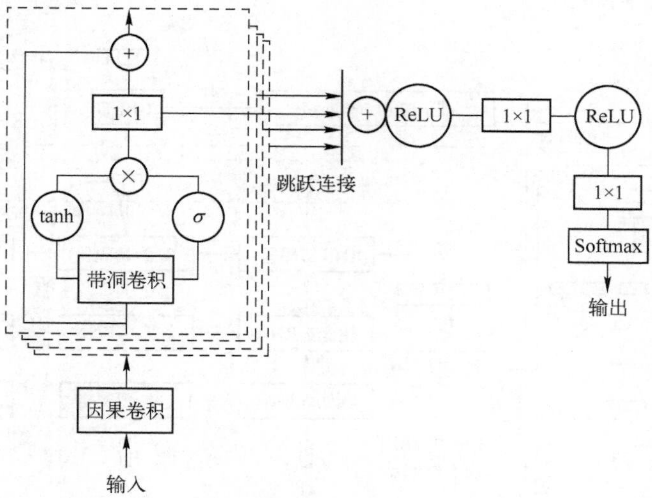

图 13-11　WaveNet 模型

2. 因果卷积和带洞卷积

音频采样点通常比较大，采用普通卷积方式计算量会非常大。对此，WaveNet 引入了因果卷积。因果卷积可以在不增加计算复杂度的同时增加卷积所关联的时间范围。因果卷积增大了卷积感受野，但需要较多的卷积层，导致模型规模和计算复杂度增大。为此，WaveNet 进一步采用了带洞卷积。不同于一般卷积，带洞卷积的卷积输入是间隔的而不是连续的，这样既增加卷积感受野，也减少了卷积层数。

3. WaveNet 声码器

WaveNet 可以通过中间表征合成语音波形。中间表征可以是美尔频谱、线性声谱图等音频特征，也可以是文字、说话人编码等。这时，输入到模型的是<音频，中间表征>。式（13-38）是 WaveNet 作为声码器时的预测公式，h 是中间特征。训练时，h 和目标说话人语音同时输入模型。合成时，只需要调整 h 就可以合成不同的语音。

$$P(x \mid h) = \prod_{t=1}^{T} P(x_t \mid x_1, x_2, \cdots, x_{t-1}, h) \tag{13-38}$$

13.4.2　Tacotron

Tacotron-1 采用文本到中间表征，中间表征到语音波形的合成方式。文本到中间表征由编码器和解码器完成。编码器将文本编码成特征向量。解码器根据特征向量预测音频帧，第 t 步预测的 r 个帧会作为第 t+1 步的输入，预测 t+1 步的 r 个帧，直至完成。第一步预测的输入为 0。当需要预测音频总共有 T 帧时，解码器需要预测 T/r 次。预测结束后，解码器将预测的总帧拼接在一起得到中间表征。后处理网络和 Griffin-Lim 算法将中间表征还原成音频波形。Tacotron-1 系统架构如图 13-12 所示。

(1) 编码器

编码器提取文本序列表征。如图 13-12 左侧所示，编码器首先将字符嵌入成句子向量输入到预处理网络中，然后输入到 CBHG 模块。CBHG 模块中的 GRU 双向循环网络会结合注意力机制输入到解码器。

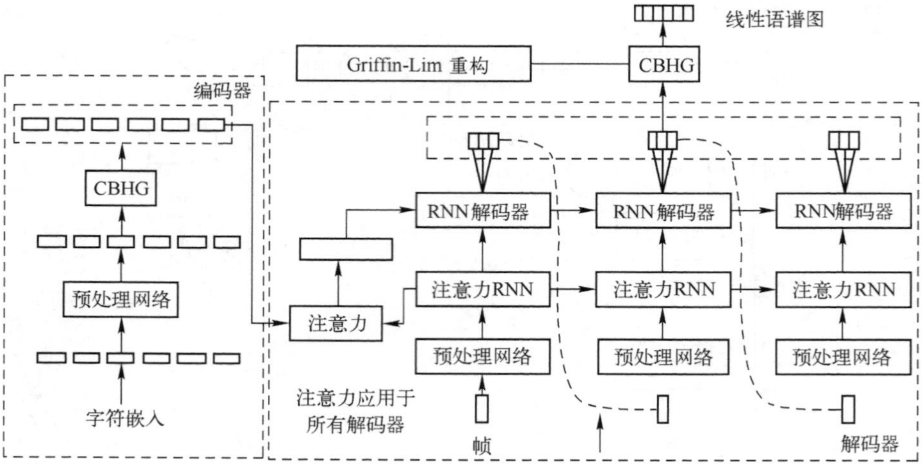

图 13-12 Tacotron-1 系统架构

(2) 解码器

解码器根据编码器的输出预测音频帧，如图 13-12 右侧所示。Tacotron-1 采用基于内容的非线性（tanh）注意力解码器，循环层在解码的每一个时间步都会生成一个注意力询问。解码器将上下文向量和注意力循环神经网络单元输出拼接输入到解码器循环神经网络。解码器循环神经网络由一组 GRU 单元和垂直残差连接组成，最后通过两层全连接直接解码出结果。

(3) 后处理网络和声码器

后处理网络由 CBHG 模块和全连接层组成，解码器输出经过后处理网络转化成线性声谱图。Griffin-Lim 算法将线性声谱图还原成语音波形。

Tacotron-2 可以直接从图形或音素生成语音，该模型首先由一个循环 Seq2Seq 的网络预测美尔声谱图，对声学特征和语音波形之间的关系进行建模，然后由一个改进的基于 WaveNet 模型的声码器来合成这些声谱图的时域波形，提升了统计参数语音合成系统中声码器的效果。Tacotron-2 是 Tacotron-1 的改进版，它们的工作原理相同，Tacotron-2 系统架构如图 13-13 所示。主要改进如下。

1）Tacotron-2 在编码器和解码器中使用普通的长短时记忆网络和卷积层，没有使用 Tacotron-1 中 CBHG 模块和 GRU 双向循环网络。

2）Tacotron-2 每个解码步骤只解码出一帧。

3）Tacotron-2 声码器是 WaveNet。

4）Tacotron-2 中间表征是低层次的美尔频谱，而不是线性声谱图。

Tacotron-2 合成语音已经接近人声。

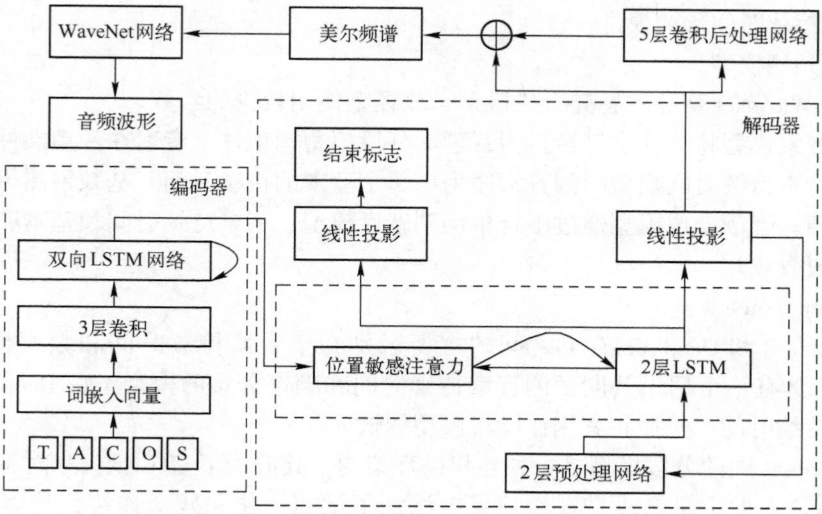

图 13-13　Tacotron-2 系统架构

13.4.3　Deep Voice

（1）Deep Voice 1

Deep Voice 1 是使用深度神经网络开发的文本到语音系统。如图 13-14 所示，它有五个主要组成部分。

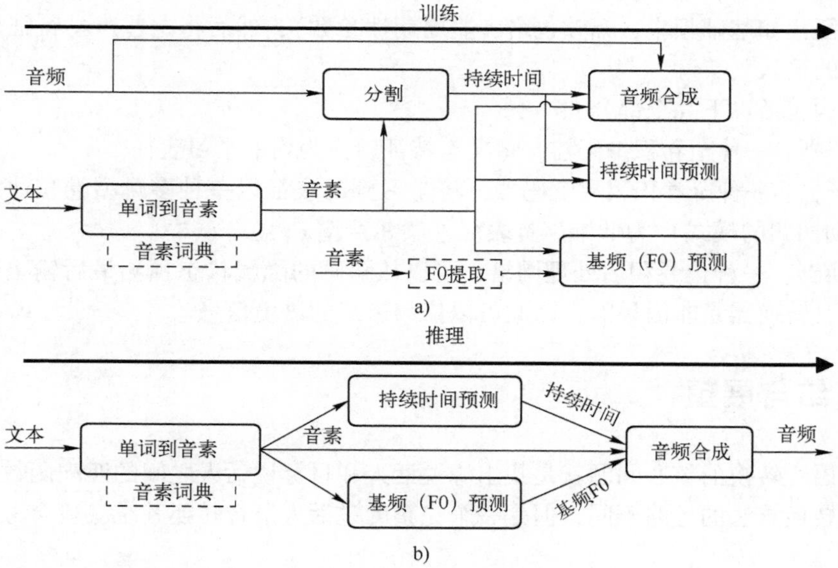

图 13-14　Deep Voice 1 模型

1）使用联结主义时间分类（Connectionist Temporal Classification，CTC）损失的深度神经网络定位音素边界的分割模型。

2）单词到音素转换模型（使用规则生成单词发音的过程）。

3）音素持续时间预测模型。

4）基频预测模型。

5）使用 WaveNet 变体的音频合成模型，该模型使用较少的参数。

单词到音素模型将英文字符转换为音素。分段模型标识每个音素在音频文件中的开始和结束位置。音素持续时间模型预测音素序列中每个音素的持续时间。基频预测模型可以预测音素是否发声。音频合成模型通过组合单词到音素模型、音素持续时间和基本频率预测模型的输出来合成音频。

（2）Deep Voice 2

Deep Voice 2 和 Deep Voice 1 之间的主要区别在于音素持续时间和频率模型的分离。Deep Voice 1 具有一个用于共同预测音素持续时间和频率分布的模型。在 Deep Voice 2 中，先预测音素持续时间，然后将其用作频率模型的输入。

Deep Voice 2 中的分段模型是一种卷积循环架构，其应用了 CTC 损失来对音素对进行分类。Deep Voice 2 的主要修改是在卷积层中添加了批归一化和残余连接，其声音模型基于 WaveNet 架构。通过用每个说话人的单个低维级别的说话人嵌入向量扩展每个模型，可以完成来自多个说话人的语音合成。说话人之间的权值分配是通过将与说话人相关的参数存储在非常低维的向量中实现的。

（3）Deep Voice 3

Deep Voice 3 提出了一个全卷积的特征到频谱的架构，它使人们能对一个序列的所有元素完全并行计算，对比使用 RNN 结构，其训练速度得到极大的提高。该模型将各种文本特征（字、音素、重音）转换为各种声学特征（美尔声谱、线性尺度对数幅度的声谱，或一套声码器特征比如基础频率、幅频包络和非周期性参数），然后将这些声学特征作为声音波形合成模型的输入。

主要结构包括以下几个部分。

1）编码器：一种全卷积编码器，将文本特征转换为内部学习表征。

2）解码器：一种全卷积因果解码器，将学习到的表征以一种多跳型卷积注意机制解码（以一种自动回归的模式）为低维声音表征（美尔声谱）。

3）转换器：一种全卷积后处理网络，可以从解码的隐藏状态预测最后输出的特征。和解码器不同，转换器是非因果的，因此可以依赖未来的语境信息。

13.5 总结与展望

说话人语音转换的核心问题就是找出源说话人和目标说话人之间的匹配函数。虽然许多比较经典的转换算法的思路不同，但是一个完整的说话人语音转换系统一般会考虑以下几个因素。

1）选择一个理想的分析合成模型。为了获得良好的语音转换效果，必须要建立一个有效的分析合成语音的数学模型。

2）选择一种较为理想的转换算法。在源说话人和目标说话人的个性特征参数之间建立一个有效的匹配函数，这也是说话人语音转换的核心所在。

3）选择一种有效的语音特征参数来表征说话人的个性特征。

语音转换作为语音信号处理领域的一个新兴的分支，有着重要的理论价值和应用前景。通过对语音转换的研究，可以进一步加强对语音相关参数的研究，探索人类的发音机理，掌握语音信号的个性特征参数到底由哪些因素所决定，从而通过控制这些参数来达到自己的目的。因此，对语音转换的研究可以推动语音信号的其他领域如语音识别、语音合成、说话人识别等的发展。

最近十几年来，语音转换逐渐成为国内外高校和相关研究机构的研究热点，伴随着人工智能算法的发展，语音转换的效果有了很大的改善，出现了很多优秀的算法。但是，语音合成与转换还有一些领域可以深入研究。

（1）小样本训练的语音转换

目前，多数语音转换效果在一定程度上依赖于训练语音数据库的规模，训练数据集规模大则转换语音效果好，否则转换效果较差。未来的研究方向必定是小样本语音的转换，通过较少的数据实现高质量的语音转换，通过半监督或者无监督的网络来训练生成新的样本数据，然后提升语音转换效果。

（2）实时语音转换

训练数据越多，提取映射函数的时间越久，转换语音耗费的时间也越长。减小网络规模，实现语音实时转换将成为必要之选。因此，神经网络或深度学习模型的瘦身和加速是未来语音转换模型发展不可或缺的环节。近年来，通过减枝、权重共享等技术，深度神经网络模型的压缩取得了较大进展，相信针对这方面的研究也会逐步深入。

（3）情感语音合成

机器合成的声音不再顿挫、冰冷，在自然度和可懂度等方面取得了不错的成绩，但当前合成效果在合成音的表现力上，特别是语气和情感方面，还存在不足。

13.6 思考与复习题

1. 语音合成的目的是什么？它主要可分为哪几类？什么叫作波形合成法和参数合成法？它们的区别在哪里？试比较它们的优缺点。

2. 波形编码合成中的波形拼接合成和规则合成法中的波形拼接有什么不同？

3. 对语音合成的激励函数有什么要求？在汉语中，对各种音段使用什么样的激励函数较为合适？

4. 什么是PSOLA合成算法？它有几种实现方式？利用时域基音同步叠加技术合成语音的实现步骤是什么？

5. 常用的频谱特征参数转换方法有哪些？各有什么特点？

6. 常用的基音周期转换方法有哪些？各有什么特点？

第14章 语音隐藏

数字化浪潮带来了日新月异的技术变革，深刻地影响和改变着人们的生产和生活。然而，数字化浪潮在带来各种便捷多媒体数据服务的同时，也带来了新的隐忧。首先，与传统的模拟复制相比，数字化复制不会带来复制内容的质量退化，可以在短时间内实现大量的完美数字复制。由于用户无须支付任何版税便可以无限复制数字数据，这引起了严重的版权问题，给内容提供商造成了相当大的财产损失。据国际知识产权联盟不完全统计，在音乐和娱乐及其相关行业，由于对等网络共享技术造成的版权侵害，使得世界贸易每年因此蒙受的损失高达102亿美元。因此，迫切需要有效的技术手段来保障内容所有者的知识产权及商业利益，确保内容所有者能够获得应得的回报，否则内容提供商可能不愿意分发作品的数字格式。而媒体内容的缺失最终将阻碍多媒体技术产业的进步。其次，在法庭上一些存储在数字文件中的媒体数据（如声音、图像或视频）常被作为法庭证据。但是，由于媒体数据可以轻易被篡改或伪造，因此这种数据脆弱性可能会导致作为法庭证据的文件的合法性受到质疑。制定有效的方法阻止用户非法滥用或篡改数字化媒体，保护媒体数据的真实性且保证其信息内容在传送到目的地的过程中没有被修改，都有着非常迫切的现实需求。

数字水印作为信息隐藏的一个重要应用分支，是解决上述问题的主要技术方法之一。受版权保护及数据防篡改认证等需求的驱动，数字水印技术近年来受到研究人员的高度重视，已成为多媒体安全领域的一个研究热点。

信息隐藏的另一个主要应用分支是隐蔽通信。当各种形式的数据利用互联网公共信道传输数据时，面对黑客或“对手”的攻击，信息存在泄露的危险，保障传输信息的安全成为一项颇受关注的问题。传统的解决方法是采用数据加密手段，防止对传输的数据内容未经授权的访问。数据内容通过加密过程进行转换以使其含义对不具有解密密钥的人模糊不清。例如，内容所有者可以使用一个秘密的密钥加密一个压缩视频比特流或视频的每一帧。由于视频帧被加密，因此没有正确解密密钥的用户便无法正常解密压缩比特流（或扩展的视频是不可见的）。虽然目前在理论上证明加密系统是足够安全的，但在实际应用中还远远不够。在公共信道上，传输含义模糊不清的加密密文等同于明确提示攻击者密文的重要性，因此更容易引起攻击者的注意而受到攻击，即便无法破解密钥，攻击者也能破坏信息，从而阻止通信双方的信息理解。隐蔽通信利用人体的自身感知缺陷，将特定的隐秘信息以某种不被感知的方式嵌入到文本、声音、图像、视频信号等数字化的载体中。其与加密方法的本质区别在于：加密仅仅是对信息的内容进行隐藏，而隐蔽通信不但隐藏了信息的内容，而且隐藏了信息传输通道。信息隐藏技术利用第三方感知上的麻痹性，提供了一种有别于加密的安全模式。因此，通过信息隐藏技术与加密技术的相互补充，可以更有效地满足通信安全性的要求。

经过十多年的技术发展，尽管人们对信息隐藏技术的研究已取得了一些进展，但受各种客观因素的影响，目前国际学术界的侧重点仍在研究以图像为宿主载体的商用水印系统以及隐写技术，而对于以语音为宿主载体的信息隐藏技术的研究成果还相对比较少，仍处于研究的初级阶段，存在着很多亟待解决的问题。

1）从实际系统的角度看，目前的语音信息隐藏技术，在计算复杂性、抗各种攻击的能力、可实现性上或多或少地存在一些问题。例如，时域信息隐藏技术相对容易实现且计算量较小，但抵抗攻击的能力较差。变换域信息隐藏技术通常利用语音掩蔽效应和扩频技术的思想，具有较强抵抗攻击的能力，但实现较复杂。最关键的是现有的算法几乎都不能很好地对抗同步攻击，从而导致目前还没有一种语音信息隐藏算法真正做到实用。

2）从理论上看，语音信息隐藏技术研究的基础理论还没有得到完善。在信息嵌入和检测的数学模型、信息容量估计、最佳隐藏信息检测、信道编码在数字信息隐藏中的应用、错误概率的界限等问题上还没有一个很圆满的答案。

3）从信息隐藏的评价标准看，在数字语音信息隐藏的研究工作中，还缺乏统一的、系统的标准来对比不同数字语音信息隐藏系统之间的性能差异。众多语音隐藏研究者在进行仿真实验时，往往是根据自己的喜好或方便选择不同的语音片断来进行测试，这给客观评价语音信息隐藏算法的性能造成了很大困难。

由于语音是人们日常生活交流的主要方式之一，语音通信在世界范围内存在宽广的硬件基础和海量的通信次数，因此语音信息隐藏在军事、安全、商业等领域有着非常广泛的需求。综上所述，针对语音的信息隐藏研究具有非常重要的研究意义和应用前景。

14.1 信息隐藏基础

信息隐藏，是集多学科理论与技术于一身的新兴技术领域。信息隐藏技术主要利用人类感觉器官在感知上的局限性以及多媒体数字信号本身存在的冗余，以数字媒体或数字文件为载体，将特定的秘密信息隐藏在一个宿主信号（如文本、数字化的声音、图像、视频信号等）中。信息隐藏保证隐藏的信息不被人所感知，减少被攻击的可能性，从而达到保护信息安全的目的。信息隐藏通常可看成是一个通信过程，典型的信息隐藏模型如图 14-1 所示。

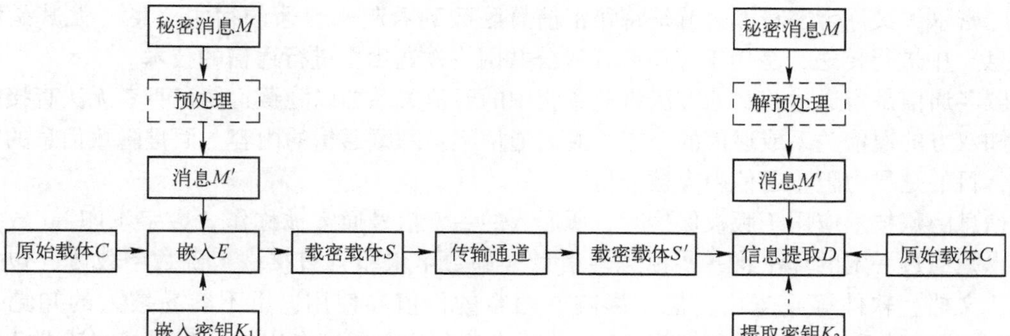

图 14-1 通用信息隐藏模型框图

嵌入 E：是指通过使用特定的算法，将秘密消息隐藏到原始载体的过程。

载密载体 S：它是嵌入过程的输出，是指已经嵌入了秘密消息的某种介质（可以是文本、图像或音频等)。为满足不可感知的要求，在没有使用工具进行分析时，载密载体与原始载体从感官（比如感受图像、视频的视觉和感受声音、音频的听觉）上几乎没有差别。

嵌入密钥 K_1：不是所有信息隐藏模型必需的，但是可用来控制信息嵌入过程中的一些辅助信息，提高算法的隐秘性或提高数据的提取效率。

信息提取 D：通常指的是隐秘信息提取算法，即利用某种策略从包含隐秘信息的接收端信息中，提取出隐藏的有用信息的算法，是信息嵌入的逆过程。

预处理：该操作也不是所有隐藏算法必需的，但是通过对秘密信息进行加密、置乱或特性调制，可以有效改善信息隐藏算法的性能：①加密，使隐藏数据呈现噪声特性，即使被攻击破解后，也无法判断是否是隐秘信息，从而提高安全性；②编码，使得数据受到攻击时，有一定的检错和纠错能力，从而提高鲁棒性。

根据最终用途的不同，信息隐藏算法一般可以分为阈下信道、隐密术、匿名通信和版权标识等，详细划分如图 14-2 所示。

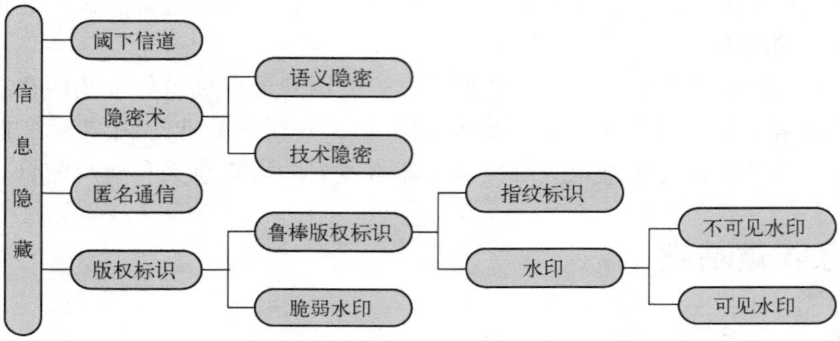

图 14-2　信息隐藏技术分类

阈下信道是一种典型的信息隐藏技术，它是在公开信道中建立一种实现隐蔽通信的信道，称之为隐蔽信道，除指定的接收者外，任何人均不知道传输数据中是否有阈下消息存在。阈下信道在国家安全方面的应用价值很大，除了情报和隐私保密之外，还有很多新的应用。

隐密术，又称为密写术，就是将秘密信息隐藏到看起来普通的宿主信息（尤其是多媒体信息）中进行传送，是用于存储或通过公共网络发送出去进行通信的技术。

匿名通信是指通过一定的方法将业务流中的通信关系加以隐藏，使窃听者无法直接获知或推知双方的通信关系或通信的一方。匿名通信不是隐藏通信的内容，而是隐藏信息的存在形式，目的是尽力阻止通信内容被分析。

信息隐藏技术应用于版权保护时，所嵌入的签字信号通常被称作“数字水印”。数字水印技术是通过一定的算法将一些标志性信息（即数字水印）直接嵌入到数字载体（包括多媒体、文档、软件等）当中，但不影响原内容的价值和使用，也不容易被人的知觉系统（如视觉或听觉系统）觉察或注意到。这些标志信息只有通过专用的检测器或阅读器才能提取。但在某些使用可见数字水印的场合，版权保护标志要求是可见的，并希望攻击者在不破坏数据本身质量的前提下无法去掉水印。按照载体信息类型的不同，信息隐藏方法可以分为基于彩色或灰度图像、文本、视频、音频等信息隐藏技术。

14.2 语音信息隐藏算法

简单地说，语音信息隐藏系统通常包含三个部分：隐藏信息生成模块 G、信息嵌入模块 E，以及隐藏信息检测（提取）模块 D。语音信息隐藏系统的一般框架如图 14-3 所示。

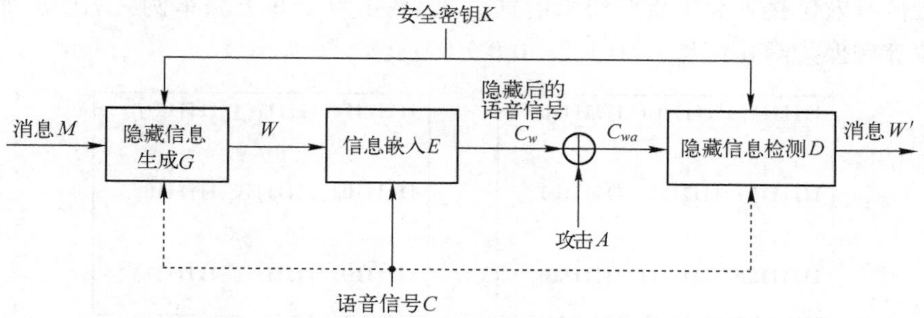

图 14-3 语音信息隐藏系统的框架

隐藏信息是由安全密钥为输入参数的不可逆函数产生，从而保证隐藏信息的安全性。在一些系统中，原始语音信号也被用于生成隐藏信息 W。隐藏信息 W 生成的一般过程可以表示为

$$W=G(M,C,K) \tag{14-1}$$

其中，W 代表隐藏信息；G 代表隐藏信息生成算法；M 代表欲嵌入的原始信息；C 代表原始语音信号；K 代表安全密钥，用于保护隐藏信息的安全。

在隐藏信息嵌入过程中，可以通过合适的嵌入规则（例如加性嵌入或乘性嵌入）将隐藏信息嵌入到原始语音信号的时域或变换域中。整个过程可以表示为

$$C_w=E(W,C) \tag{14-2}$$

其中，C_w 代表嵌入隐藏信息后的语音信号；E 代表隐藏信息嵌入规则。

在隐藏信息的检测过程中，有些并不需要原始语音数据 C，这样的检测称为盲检测，而需要原始数据 C 参与的检测则称为非盲检测。设隐藏信息检测操作为 D，C_{wa} 为受攻击或干扰后的语音信号，则隐藏信息的盲检测过程可以表示为

$$W'=D(C_{wa},K) \tag{14-3}$$

14.2.1 低比特位编码法

最低有效位（Least Significant Bits，LSB）方法是被最早提出的一种最基本的信息隐藏算法。许多其他的隐藏算法都是在 LSB 算法的基础上进行改进和扩展的，这使得该算法成为使用最为广泛的隐藏技术之一。算法的基本思想是在每个采样点中用一个二进制的字符串编码来取代最低有效位。例如，在每 16 位的采样表述中，最低 4 位可以用作隐藏位。因此，最低比特位编码很容易把大量的信息嵌入到音频信号中，但是这种嵌入的数据容易被很多信号处理的攻击破坏。

LSB 语音信息隐藏方法的基本思想是利用人耳对物理随机噪声不敏感的特点，利用隐秘信息替换语音信号中的不重要的部分，从而产生类似随机噪声，以达到隐藏信息的目的，也

不易被察觉。如果接收者知道秘密信息嵌入位置，即可提取出隐秘信息。

基本 LSB 语音信息隐藏算法的嵌入过程是通过选择一个语音载体样本的子集$\{j_1,\cdots,j_{l(m)}\}$，然后在子集上执行像素替换操作，即把 c_{j_i}的最低有效位与秘密信息 m_i 进行交换（m_i 可以是 1 或 0）。一个替换系统可以修改载体样本点的多个比特，如在一个载体样本点的两个最低比特位隐藏两比特，可以提高信息嵌入量。在提取过程中，抽取出被选择语音样本点序列，将最低有效位排列起来重构秘密信息。图 14-4 为 LSB 方法举例，图中原始的信号的最低有效位被替换为隐秘信息：[0 1 1 0 0 0 1 0 0]。

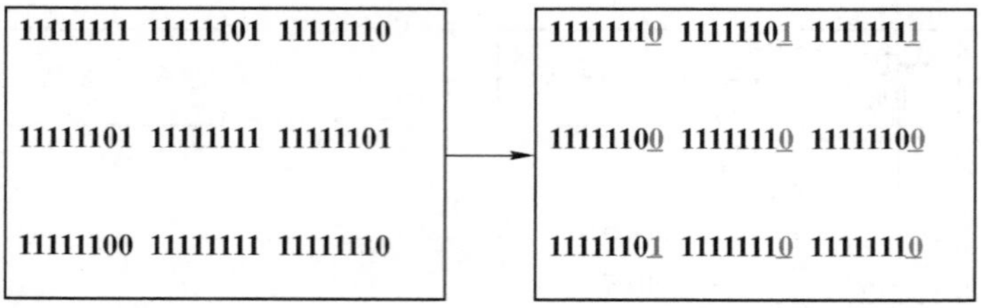

图 14-4　LSB 方法举例

14.2.2　回声隐藏算法

人类听觉系统对高能量信号前后短时间发生的少量畸变无法感知，超前掩蔽区持续时间较短（5~20 ms），而滞后掩蔽区持续时间较长（50~200 ms）。回声隐藏算法即是一种利用了人类听觉系统的时域掩蔽特性，通过在时域引入回声将隐藏信息嵌入到语音信号中的算法。原始语音信号和经过回声隐藏后的数字语音对于人耳来说，前者就像是从耳机里听到的声音，没有回声。而后者就像是从扬声器里听到的声音，包含所处空间诸如墙壁、家具等物体产生的回声。因此，回声隐藏与其他数字语音隐藏信息方法不同，它不是将隐藏信息当作随机噪声嵌入到原始数字语音，而是作为原始数字语音的环境条件隐藏信息。

W. Bender 等人于 1996 年最早提出了基于音频的信息隐藏技术——回声隐藏。回声隐藏就是在原始声音中引入人耳不可感知的回声，以达到信息隐藏的目的。与其他音频信息隐藏方法相比，回声隐藏具有以下优点：隐藏算法简单；算法不产生噪声，隐藏效果好，并且有时由于回声的引入，使声音听起来更加浑厚；对同步的要求不高，算法本身甚至可以实现粗同步；提取隐藏信息时不需要原始音频序列，实现了盲检测。但是回声隐藏算法也存在缺陷：当回声幅度较小，又采用传统的倒谱分析来检测回声时，与回声相对应的尖峰容易淹没；如果增大回声幅度，则隐藏效果又会降低，容易被察觉并遭受非法攻击，而且检测算法大都复杂，运算量一般比较大。因此，大部分对回声隐藏的研究都集中在改进以上缺陷。作为音频信息隐藏领域的一个重要分支，回声隐藏技术在近十年的时间内得到了不断发展。

基于回声隐藏算法的语音嵌入过程可表示为

$$C_w[n]=\begin{cases}C_o[n]+\alpha C[n-m_0] & m=0\\ C_o[n]+\alpha C[n-m_1] & m=1\end{cases} \tag{14-4}$$

式中，$C_w[n]$表示嵌入隐藏信息后的信号；$C_o[n]$表示原始语音信号；α 表示嵌入强度；m_0、m_1 分别表示隐藏信息 $m=0$ 或 $m=1$ 所对应的时间间隔。

回声隐藏的原理是通过引入回声来将秘密数据嵌入到载体音频数据中。该算法利用人类听觉系统的特性，在明文（原始语音）中加入包含延迟的回声，从而将密文嵌入到明文中。Bender 等人提出的回声核数学模型表示如下：

$$h(n)=\delta(n)+\alpha\delta(n-d) \tag{14-5}$$

嵌入回声的声音 $y[n]$ 可以表示为 $x[n]$ 和 $h[n]$ 的卷积，$x[n]$ 和 $h[n]$ 分别为原始声音信号和回声核的单位脉冲响应。回声信号由 $\alpha\delta(n-d)$ 引入到原始声音当中，其中 d 为延迟时间，α 为衰减系数。嵌入回声的声音信号表示如下：

$$y[n]=x[n]*h[n] \tag{14-6}$$

回声隐藏的具体方法是：对一段声音信号数据，先将其分成若干包含相同样点数的片段，每个片段时间为几到几十毫秒，样点数记为 N，每段用来嵌入 1 比特隐藏信息。在信息嵌入过程中，对每段信号使用式（14-4），若选择 $d=d_0$，则在信号中嵌入隐藏信息比特“0”；若选择 $d=d_1$，则在信号中嵌入隐藏信息比特“1”。延时 d_0 和 d_1 是以人耳听觉掩蔽效应为准则进行选取的。最后，将所有含有隐藏信息的声音信号串联成连续信号。基于回声隐藏法的语音嵌入过程可表示为

$$y[n]=\begin{cases}x[n]+\alpha C[n-d_0] & m=0\\ x[n]+\alpha C[n-d_1] & m=1\end{cases} \tag{14-7}$$

嵌入信息的提取实际上就是确定回声延时。由于每段隐写声音信号都是单个卷积性组合信号，直接从时域或频域确定回声延时存在一定困难，可采用卷积同态滤波系统来处理，将这个卷积性组合信号变为加性组合信号。Bender 等人用倒谱分析的方法来确定回声延时。对于声音信号 $y[n]$，其复倒谱描述如下：

$$C_y[n]=F^{-1}[\ln(F(y[n]))] \tag{14-8}$$

其中，F 和 F^{-1} 分别表示傅里叶变换和傅里叶反变换。于是式（14-8）可表示为

$$C_y[n]=F^{-1}[\ln(X(\mathrm{e}^{\mathrm{j}w}))]+F^{-1}[\ln(H(\mathrm{e}^{\mathrm{j}w}))] \tag{14-9}$$

式（14-9）视为分别计算 $x[n]$ 和 $h[n]$ 的复倒谱，然后求和，即 $C_y[n]=C_x[n]+C_h[n]$。$h[n]$ 的复倒谱为 $C_h[n]=F^{-1}[\ln(H(\mathrm{e}^{\mathrm{j}w}))]$。

其中，$H(\mathrm{e}^{\mathrm{j}w})=1+\alpha\mathrm{e}^{-\mathrm{j}wd}$。由于 $|x|<1$ 时，$\ln(1+x)=x-x^2/2+x^3/3-\cdots$，又因为衰减系数 $0<\alpha<1$，则 $\ln(H(\mathrm{e}^{\mathrm{j}w}))=\alpha\mathrm{e}^{-\mathrm{j}wd}-\frac{\alpha^2}{2}\mathrm{e}^{-2\mathrm{j}wd}+\frac{\alpha^3}{3}\mathrm{e}^{-3\mathrm{j}wd}-\cdots$，所以

$$C_y[n]=C_x[n]+\alpha\delta(n-d)-\frac{\alpha^2}{2}\delta(n-2d)+\frac{\alpha^3}{3}\delta(n-3d)-\cdots \tag{14-10}$$

式中，$C_y[n]$ 仅在 d 的整数倍处出现非零值，即在信号的复倒谱域 $C_y[n]$ 中，回声延时处会出现峰值，据此可确定嵌入回声延时的大小。

回声法语音信息隐藏具体算法描述如下。

（1）嵌入过程

设音频序列为 $S(n)=\{s(n),0\leqslant n\leqslant N\}$，则含有回声的音频序列 $y(n)$ 为

$$y(n)=\begin{cases}s(n) & 0\leqslant n\leqslant d\\ s(n)+\lambda s(n-d) & d<n\leqslant N\end{cases} \tag{14-11}$$

其中，$s(n)$ 是纯净音频信号；$\lambda s(n-d)$ 是 $s(n)$ 的回声信号；d 是回声和信号之间的延时，一般取 $d\leqslant N$；λ 为衰减系数。在回声编码中通过修改 d 来嵌入秘密信息。具体方法是将一个音频数据文件分成若干包含相同点数的片段，每段时间为几十毫秒，样点数记为 N，每段用

来嵌入 1 比特的隐藏信息。在嵌入阶段，对每段信号用式（14-11）表示，选择 $d=d_0$，则在信号中嵌入比特“0”；选择 $d=d_1$，则在信号中嵌入比特“1”。

（2）提取过程

对于一个音频回声信号，隐藏信息提取的关键是确定回声的延时。由式（14-10）可知，回声信号的复倒谱在回声延时处会出现极大值，根据其中较大者则可以判断回声延时，从而确定嵌入的比特位是“0”还是“1”。

14.2.3 其他算法

1. 相位编码算法

人耳具有对绝对相位不敏感，对相对相位敏感的特性。相位编码法充分利用了人耳的这一种特点，用代表秘密数据位的参考相位替换原始语音段的绝对相位，并对其他的语音段进行调整，以保持各段之间的相对相位不变化，从而达到嵌入不可感知的隐藏信息的目的。

相位编码法的一个缺陷是当代表秘密数据的参考相位急剧变化时，会出现明显的相位偏差。它不仅会影响秘密信息的隐蔽性，还会增加接收方译码的难度。为了使相位偏差的影响得以改善，算法需要在数据转换点间留有一定的间隔以使转换变得平缓，但这又会减小带宽。因此，必须在嵌入数据量与嵌入效果之间进行平衡。

Bender 等人提出了一种相位编码的方法，步骤如下。

1）对声音信号进行分帧，并运用傅里叶变换，获得相位向量 $\boldsymbol{\phi}_i(w_k)$ 和幅度向量 $\boldsymbol{A}_i(w_k)$。

2）根据公式 $\Delta\boldsymbol{\phi}_{i+1}(w_k)=\boldsymbol{\phi}_{i+1}(w_k)-\boldsymbol{\phi}_i(w_k)$ 计算并存储两个相邻语音片断间的相位差，然后按照如下公式修正首段相位值：

$$\boldsymbol{\phi}_0'(k)=\begin{cases}\dfrac{\pi}{2} & m=0\\ -\dfrac{\pi}{2} & m=1\end{cases} \tag{14-12}$$

使用相位差建立新的相位向量：

$$\boldsymbol{\phi}_i'(w_k)=\boldsymbol{\phi}_{i-1}'(w_k)+\Delta\boldsymbol{\phi}_i(w_k) \tag{14-13}$$

然后使用新相位向量 $\boldsymbol{\phi}_i'(w_k)$ 和原幅度向量 $\boldsymbol{A}_i(w_k)$ 进行傅里叶反变换获得包含隐藏信息的语音信号。

3）检测过程与嵌入过程相反，利用首段相位值进行判决。

2. 扩频算法

扩频技术最早应用于军事通信系统中，扩频信号是不可预测的伪随机宽带信号，扩频系统具有很高的抗干扰能力等特点。语音信息隐藏系统采用相似的扩频技术，常用的嵌入方式有三种：加性嵌入、乘性嵌入和指数嵌入，对应的公式分别是

$$\begin{cases}C_w=C_o+\alpha W_r\\ C_w=C_o(1+\alpha W_r)\\ C_w=C_o\mathrm{e}^{\alpha W_r}\end{cases} \tag{14-14}$$

其中，C_w 表示嵌入隐藏信息后的语音信号；C_o 表示原始语音信号；α 代表隐藏信息的嵌入强度；W_r 表示扩频后的隐藏信息。

扩频信息隐藏的检测过程通过计算伪随机噪声和含隐藏信息的语音信号的相关值来检测信息，可表示为

$$\boldsymbol{Z}_{lc} \leqslant \boldsymbol{C}_w,\ \boldsymbol{W}_m \geqslant \boldsymbol{C}_w^{\mathrm{H}} \boldsymbol{W}_m \tag{14-15}$$

$$m=\begin{cases}1 & Z_{lc}>T_{th}\\ 0 & Z_{lc}<-T_{th}\\ \text{无信息} & \text{其他}\end{cases} \tag{14-16}$$

式中，Z_{lc}代表检测相关值；W_m 表示隐藏信息的扩频模式；T_{th}表示判决阈值。

为了最小化基于扩频的信息隐藏系统的检测错误率，有人提出了改进的扩频信息隐藏方法。大部分的扩频方法为了提高算法的鲁棒性，均将隐藏信息扩展到整个原始语音信号中，而改进算法只是将信息嵌入到信号的特殊区域（如比平均能量高的区域），这样在计算复杂度方面比原始扩频方法要低。使用修改的感知熵的心理模型提高了算法的鲁棒性，降低了计算复杂度。

3. Patchwork 算法

Patchwork 算法是由 Bender 等人在 1996 年提出的，最初应用于图像隐藏信息。Patchwork 算法本质上是一种基于统计的信息隐藏算法，其思想是在原始语音信号中嵌入特定的统计特性，具体算法如下。

（1）信息嵌入过程

1）对语音信号分帧，然后将安全密钥映射为一个随机数产生器，利用随机数产生器伪随机地选择两个相互交织的相同大小的子集 $A=\{a_i,i=1,\cdots,M\}$ 和 $B=\{b_j,j=1,\cdots,M\}$。

2）根据嵌入规则 $a_i'=a_i+\Delta a_m$、$b_j'=b_j-\Delta b_m$ 改变所选择的样本，其中，$a_i\in A$，$b_j\in B$，$m=\{0,1\}$，Δa_m 和 Δb_m 为表示 0 和 1 的两种模式。系数的改变量 Δa_m 和 Δb_m 必须满足不可感知性，所以 Δa_m 和 Δb_m 由心理听觉模型确定。

（2）信息提取过程

1）对信号分帧，然后将安全密钥映射为一个随机数产生器，利用随机数产生器伪随机地选择两个相互交织的相同大小的子集 $C=\{c_i,i=1,\cdots,M\}$ 和 $D=\{d_j,j=1,\cdots,M\}$。

2）利用公式计算统计量：

$$T_0^2=\frac{(\overline{a_0}-\overline{b_0})^2}{S_0^2},\quad T_1^2=\frac{(\overline{a_1}-\overline{b_1})^2}{S_1^2}$$

$$S_m^2=\frac{\sum\limits_{i=1}^{n}(a_i-a_m)^2+\sum\limits_{i=1}^{n}(b_i-b_m)^2}{n(n-1)},m=0,1 \tag{14-17}$$

3）定义 $T^2=\max(T_0^2,T_1^2)$，判决过程如下：

$$m=\begin{cases}1, & T^2>\text{Threshold 且 } T_0^2<T_1^2\\ 0, & T^2>\text{Threshold 且 } T_0^2>T_1^2\\ \text{无信息} & T^2\leqslant T_{th}\end{cases} \tag{14-18}$$

因为原始算法假设随机样本的样本均值相同，而实际上样本均值之间的真正差异并不总等于零，所以存在一定缺陷。I. K. Yeo 在文献中提出了一种基于离散余弦变换域的改进算法，改进主要表现在：①自适应地计算 Δa_m 和 Δb_m；②在嵌入过程中使用了正负号函数；

③假定样本值的分布是正态分布，而不是均匀分布，更符合实际情况。这些改进使得该算法能够抵抗 MP3 压缩攻击以及一般的信号处理操作，具有较好的鲁棒性。

4. 量化算法

基于量化的隐藏算法是嵌入隐藏信息的一种有效手段。与叠加方法不同，量化隐藏方法不是将隐藏信息简单地加在原始信号上，而是根据不同的信息，用不同的量化器去量化原始信号。提取数据时，根据待检数据与不同量化结果的距离恢复出嵌入的信息。量化隐藏方法具有如下优点。

1）在隐藏信息检测时多为盲检测，不需要知道原始的语音信息。

2）载体不影响隐藏信息的检测性能，在无噪声干扰的情况下可以完全恢复出嵌入的信息。

因此，量化嵌入成为新流行的信息隐藏方法。经过近几年的研究，已形成较完整的理论体系。根据信息嵌入位置的不同，基于量化方法的语音信息隐藏可分为两类：时域算法和频域算法。时域算法是通过在语音信号的时域（空域）直接修改样本的幅值来嵌入隐藏信息，而频域技术则是通过改变语音信号的频域系数（如 DFT、DCT、DWT 系数）来隐藏信息。由于可以把隐藏信息分散到所有或部分信号样本上，所以频域算法隐藏性好、稳健性较强。

量化隐藏方案可表示为

$$y=\begin{cases}Q(x,d)+3d/4 & w=1\\ Q(x,d)+d/4 & w=0\end{cases} \tag{14-19}$$

其中，d 是量化步长；w 是隐藏信息；x 是原始语音信号（时域或其他域）；y 是量化值。

量化函数 $Q(x,d)$ 可表示为

$$Q(x,d)=\lfloor x/d\rfloor\cdot d \tag{14-20}$$

其中，$\lfloor x\rfloor$表示向下取整。

信息提取过程通过计算待检测数据和不同量化结果之间的距离来恢复出隐藏信息，用公式描述为

$$w=\begin{cases}1 & y-Q(y,d)\geqslant d/2\\ 0 & y-Q(y,d)\leqslant d/2\end{cases} \tag{14-21}$$

由上述公式可知，当攻击对 y 所造成的误差满足 $\Delta y\in(kd-d/4,kd+d/4)$ 时，则嵌入的信息比特可正确提取。一般而言，基于量化的数字语音信息隐藏算法易于实现，但是其对某些攻击的鲁棒性较差。

14.3 常用评价指标

语音信息隐藏系统的主要性能指标包括感知透明性、鲁棒性和信息容量等。三个指标是相互制约的，如图 14-5 所示。通常而言，隐藏信息的嵌入强度越大，则系统的鲁棒性能越好，但同时隐藏信息的感知透明性越差。如果要同时保持很强的鲁棒性和很好的感知透明性，就要以牺牲信

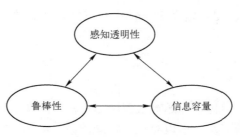

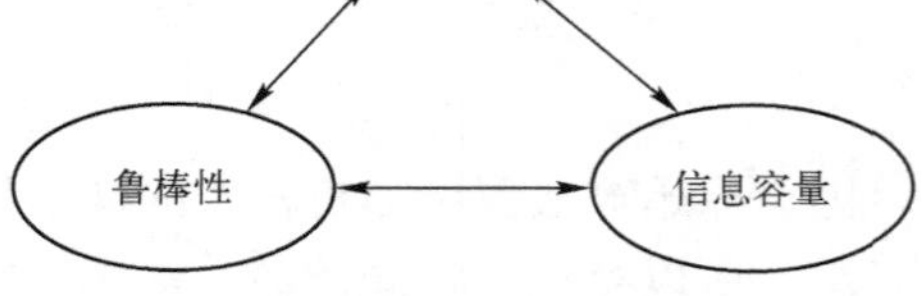

图 14-5　三个指标的关系

息容量为代价。

(1) 感知透明性

感知透明性要求隐藏信息不能影响语音的质量，即听觉上的不可察觉性，评价感知透明性可使用主观标准与客观标准。具体指标同语音质量评价标准。

(2) 鲁棒性

鲁棒性用来衡量隐藏信息算法的抗攻击能力，用于判断隐藏信息破坏者在不影响或很少影响语音质量的前提下去掉隐藏信息的能力。在实际应用中，常用隐藏信息的误码率（Bit Error Rate，BER）来衡量隐藏信息的抗攻击能力，即在各种攻击后提取的隐藏信息的错误比特数与原始隐藏信息的总比特数的比值。误码率的定义如下：

$$BER=\frac{Bit\_Error}{Bit\_All}\times 100\% \tag{14-22}$$

其中，Bit_Error 代表隐藏信息中错误的比特数；Bit_All 代表隐藏信息的总比特数。

语音隐藏数据的攻击和密码学的攻击一样，包括主动攻击和被动攻击。主动攻击的目的并不是破解隐藏信息，而是篡改或破坏隐藏信息，使合法用户也不能读取隐藏信息。而被动攻击则是试图破解隐藏信息的算法，它的难度要大得多，但是一旦成功，则所有用该算法加密的数据都会失去安全性。

语音隐藏算法通常的攻击手段可归纳如下。

1）A/D 和 D/A 转换：音频信号是模拟信号还是数字信号取决于携带音频的物质，就像计算机上的音频信号从声卡中输出，然后录制到磁带中，就必须经过 D/A 转换过程，反之则需要经过 A/D 转换过程。

2）加入噪声：音频信号在有噪信道中传输，以及在传输或存储中遇到修改，都可看作加入噪声，它可以是加性噪声或者是乘性噪声。在一般情况下，加入的噪声多是高斯白噪声或者有色噪声。

3）时域上的剪切或伸缩：对音频信号的静音段做非常小的剪切，并不影响声音的质量，可以达到去除无用信号，留下有用信号的目的；伸缩音频信号以适应播放时间，就需要对音频信号进行伸缩，例如伸缩 10%。这种攻击对于要求同步性的水印算法是一种非常有效的攻击手段。

4）滤波：其目的是去除不需要的频率成分。在某些音频信号处理中，线性或者非线性滤波操作应用非常频繁，如通过低通、高通或者带通滤波，以达到增强某一特定频率或者降低某一频率的作用。

5）采样频率转换：为适应不同的硬件播放条件，或者将不同采样频率的音频合成为同一个音频，都需要变换采样频率。例如，44.1 kHz 的音频信号通过插值可以变换为 48 kHz 的音频信号，或者通过下采样变换为 22.05 kHz 的音频信号。这种时域重采样变换，尤其是下采样变换，对数字水印是一种比较有效的攻击手段。

6）音频压缩编码：利用压缩编码（如 MP3）对声音信号进行压缩，也是一种有效的攻击。水印嵌入和压缩是一对矛盾，对加水印的一个重要的要求就是所加的水印是不可被感知的，而压缩的作用就是把这种不被感知的冗余信息去掉。MP3 压缩算法的效率比较高，它充分利用了可定量分析的人类听觉模型，把人耳听不到的信息和被掩蔽的声音信号去掉了，而这正是某些水印算法加水印的位置。因此，MP3 压缩和解压缩对水印检测的影响较大，数字音频水印算法必须特别注意抵抗这种信号处理。

7）量化精度变换：为适应不同的硬件播放条件，或者将不同量化精度的音频合成为同一段音频，都需要变换量化精度。例如，可以把每采样点 16 bit 量化精度变换为 8 bit 量化精度，或者变换为 32 bit 量化精度。

8）声道数转换：为适应不同的硬件播放条件，或者将不同声道的音频信号合成为同一段音频，都需要变换声道，如将双声道转换为单声道。

9）降噪：为消除噪声以提高清晰度，通常对音频信号进行降噪处理。降噪算法种类很多，对语音隐藏算法造成的影响也不同。

（3）信息容量

信息容量也常称为隐藏信息带宽，指单位长度的语音中可以嵌入的信息量，通常用比特率来表示，单位为 bit/s，即每秒语音中可以嵌入多少比特的隐藏信息。也有以样本数为单位的，如在每个采样样本中可嵌入多少比特的信息。对于数字语音来说在给定语音采样率的条件下两者是可以相互转换的。

除了上述三个主要性能指标外还有其他一些指标，例如算法复杂度、可监测性等。这些指标的重要性通常与应用相关，不同的应用领域对指标有着不同的要求。

14.4　总结与展望

尽管经过十多年的技术发展，在众多科研工作者的努力下，语音信息隐藏领域的研究已取得了一些进展，但是国内外的研究仍不成熟，存在着很多亟待解决的问题。今后可能的研究方向包括以下几个方面。

1）语音隐藏可以和音频编码技术相结合，比如 MP3 等。研究不同编码器对语音隐藏系统的影响是一个需要进一步研究的方向。目前，该方向的主流是基于机器学习算法的研究。

2）在语音隐藏分析技术方面，基于机器学习的监督方法成为研究热点。但是，针对音频隐藏分析研究的深度学习方法才刚刚起步。针对音频内容的聚类研究对于分析技术也很有价值。

3）目前，语音隐藏研究的还是单通道信号的隐藏技术，研究立体声信号的不同通道之间的相关性可以提高语音隐藏的性能。

总之，目前语音信息隐藏算法还没有达到人们预期的效果，信息隐藏技术必须与密码学、多媒体技术、通信理论、编码理论、心理声学、信号处理、模式识别等多个学科有效结合，通过新的思路实现可实际应用的语音信息隐藏系统。信息隐藏方法的最大优点在于除通信双方以外的任何第三方都不知道隐藏消息存在这个事实，这就比单纯的密码加密方法多了一层保护，使得需要保护的消息由加密通信的“看不懂”变为隐蔽通信的“看不见”。例如，将机密资料（图像、文字等）隐藏于一般的可公开的图像之中，然后通过网络传递，看起来和其他的非机密的图像一样，因而十分容易逃过非法拦截者的注意或破解。虽然隐蔽通信技术不能完全取代加密通信技术，但无论在商业机密通信方面，还是在军事通信方面，它都是很有应用前景的通信技术。

14.5 思考与复习题

1. 语音伪装和语音水印有什么相同和不同的地方，各自有哪些主要应用场合？
2. 评价语音信息隐藏系统的三个重要指标分别是什么？相互之间有什么样的关系？
3. 简要说明回声隐藏算法的基本原理以及信息隐藏和提取过程。
4. 阐述目前语音信息隐藏亟待研究和解决的问题。
5. 语音信息隐藏的研究与哪些学科具有紧密联系？

第 15 章　助听器声信号处理

世界范围内，听障患者的听力康复问题都面临严峻的挑战。严重的人口老龄化现状使得这一问题尤为突出。长时间听力障碍不但会影响患者正常的交谈能力、理解能力和发音能力，而且会导致病人退缩、孤独、暴躁，严重者会出现心理障碍，甚至发展到老年性痴呆（阿尔茨海默病），从而给家庭和社会带来负面影响。对于老年性耳聋这种渐进性感音神经性聋，佩戴助听器是现阶段最有效的听力康复手段。根据我国“健康老龄化”的战略需求，克服现有个性化可验配编程助听器操作复杂、专业性强的应用障碍，研究具有自主知识产权的高性能及免验配全数字助听器成为智能康复辅具领域的热点，对解决我国社会经济发展中的这项重大民生问题，有着极为迫切的现实需求。

人类的听觉是一个复杂的系统，主要由声信号采集与处理、感知与转换、听觉认知三个部分组成。听障患者不仅感知声信号的能力不足，其感知环境、感知方位、选择性注意的能力也可能比正常人弱。此外，随着年龄增长，患者的学习、存储、记忆能力会不断退化，而且听力障碍本身也会加剧这种退化。

助听器所要实现的功能并不仅仅是放大声音信号，而是提高听损患者的语言理解度。为了达到这个目的，助听器必须对语音信号进行精细的处理与调节，例如补充患者缺失的频率分量，非线性动态调整语音信号的响度以符合患者的听觉动态范围，通过方向性语音增强方法提高语音信号的信噪比和信干比，甚至加重语言中的声调和重音等，这些功能在过去的模拟助听器时代完全不可能实现，而在数字助听器时代正成为医学与声学研究的热点。当前的助听器算法主要通过引入复杂的信号处理策略来补偿患者的听力损失，以保证声音可听最大化以及在保留语音质量的同时改善信噪比。但是由于数字助听器产品的特殊性以及声学应用环境的复杂性，这些理论研究成果在实际应用时遇到很多难题，需要进一步解决。

庞大的老龄人口、加快的老龄化速度及各种老年慢性疾病的影响，是老龄听损患者激增的现实原因，客观上要求国家必须重视老龄健康问题。

本章首先介绍了影响听损患者言语理解度的主要原因，然后介绍了与助听器声信号处理相关的三种算法，最后对助听器相关技术的发展进行了展望。

15.1　听力损失与语音理解障碍

通常人们认为听损患者的听力下降与削弱的声波能量以及较低的声音灵敏度有关，但是实际情况要远比想象复杂。因此，早期单纯放大声音能量的模拟助听器往往不能显著提高患者的语言理解度，反而会使患者感觉不舒适，甚至会损伤患者的残余听力。了解听力损失导致语言理解障碍的机理有助于设计出真正舒适有效的助听器，也更能满足每个患者的实际需求。

1. 听力减退

听力减退的表现分为以下两大类。

1）完全听不到声音。这类情况主要发生在重度或深度听力损失的患者身上。因此，针对此类患者，助听器的首要功能就是将声音放大到使患者听得见的程度。

2）频率分量缺失。听损患者不能理解语言的根本原因是听不到语言中的一些重要音素，这些音素往往是高频成分。语言中音素的发音主要由某些特定频率分量（即共振峰）决定，如图 15-1 所示，元音“oo”和“ee”的第一共振峰十分接近，发音区别主要在于它们的第二共振峰位置不同。如果听损患者对 700 Hz 以上频率的声音灵敏度下降，则不能听到这两个元音的第二共振峰，从而无法区分这两个元音。由于语言的能量和响度主要由低频分量决定，故对于高频灵敏度下降的听损患者而言，他们感觉能听到声音，但是却无法听清和理解语言。模拟助听器可提高声音强度，但是并不能针对患者缺失的频率分量进行放大，带来的问题是患者往往觉得很吵闹，但是依然听不清语音。数字助听器可以从提高语音清晰度入手，改变放大声强的概念，对患者听力缺失最严重的频率分量（通常是高频分量）提供最大的补偿，使得患者在不感觉吵闹的情况下也能听清和听懂语音。现代数字助听器一般通过多通道响度补偿来实现这样的功能。

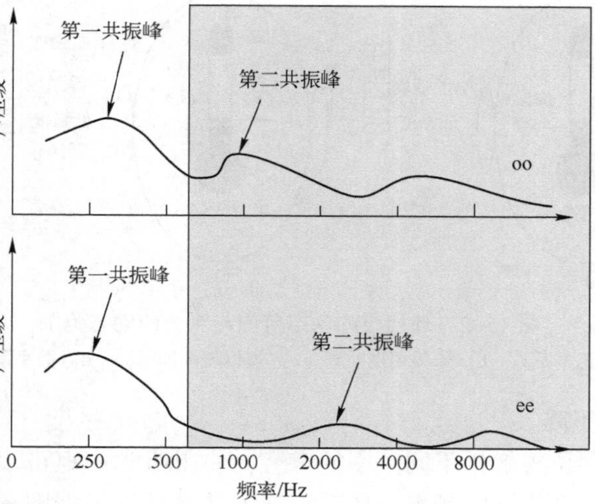

图 15-1　元音“oo”与“ee”的共振峰

2. 动态范围变窄

听力动态范围是指人耳能够听到的最小声和不能忍受的最大声之间的差值，即不适阈与接受阈的差值。不适阈是指使听者感到不舒适的最低言语声级；接受阈是指患者能够重复听到的一半双音节词的最低言语声级。由于每个患者的听力损失程度和范围都不同，因此单纯将所有的声音成分都同等放大是不合适的。尤其对感音神经性听损患者来说，其听阈的变化远比不适阈的变化明显，从而导致此类患者的动态范围小于正常人。如图 15-2a 所示，正常人的动态范围较宽，从低强度声音到高强度声音都能很好感知。图 15-2b 为不使用助听器的感音神经性听损患者，其对较低的声音无法感知，而对较高的声音则无法忍受。图 15-2c 表示使用模拟放大助听器的情况，此时患者可知感知低强度声音，但是对于中等强度到高强度的声音则变得较难忍受。图 15-2d 显示了解决这一问题的方法，即将放大的声音限制在患者的动态范围以内。对于低强度的声音，助听器就多放大；而对于高强度的声音，就少放大。这种将环境中正常人可听的大动态范围变化的声音强度挤压成小范围输出的技术被称为动态压缩。

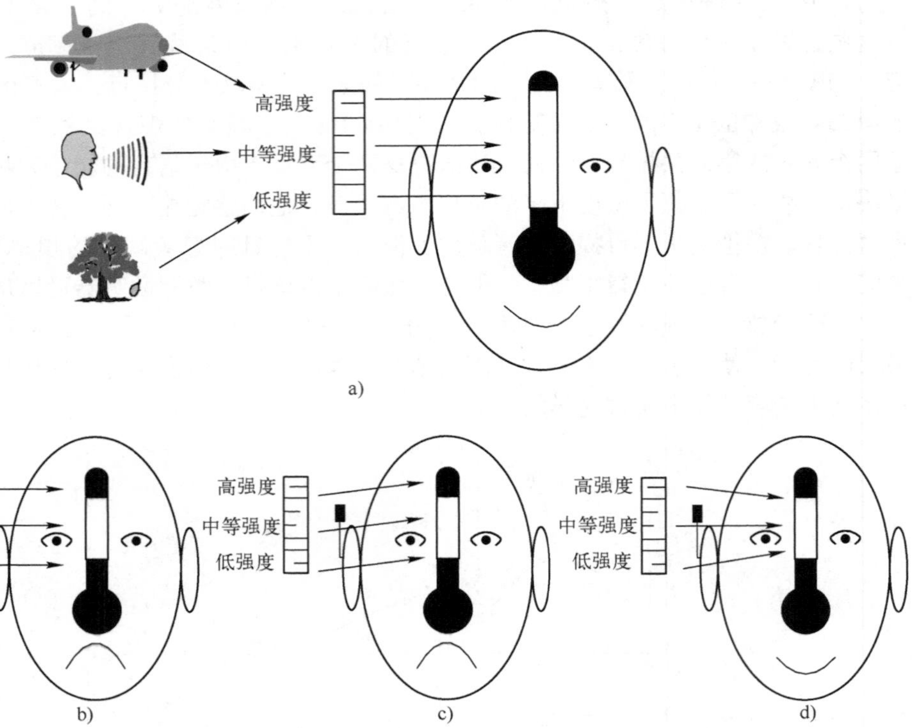

图 15-2　环境声的动态范围与听力的动态范围

a）正常听力　b）未使用助听器　c）模拟放大助听器　d）数字助听器

3. 频率解析能力下降

正常人耳蜗的不同位置解析不同频率的声音，使得听觉中枢可以精确区分声音的频率。如果背景噪声含有与语音相近的频率分量，正常人耳便可以根据频率差异分离语音与噪声，大脑根据这些频率差异，结合视觉信息（如嘴唇形状）、声源方向（根据双耳信息差异获取）和上下文提取并理解有用的语音信息而忽略背景噪声。感音性耳聋患者由于感知毛细胞丧失了部分功能，导致耳蜗对声音的频率解析度降低，带来的直接结果是不能区分频率较为接近的语音分量与噪声，从而使大脑无法获得足够的信息来区分语音与噪声。如图 15-3 的虚线所示，正常人耳可以区分在 1000 Hz 左右的两个声音信息峰值，其中一个是语音分量，另一个是噪声或干扰声分量。而实验显示听损患者无法区分这两个峰值，从而导致听损患者在噪声环境下理解语音非常困难。在传统的助听器系统中，放大语音的同时噪声也会被放大，影响患者语言理解度的提高。因此对噪声和干扰声的抑制，提高信噪比和信干比是现代数字助听器设计的重点之一。

4. 时间解析能力下降

心理声学表明人耳具有掩蔽效应，即一个强信号和一个弱信号时间上接近时，强信号会掩蔽弱信号。实际声学场景中背景噪声会起伏波动，在不同时刻对有用语音信号有不同程度的掩蔽效应。正常人耳利用在噪声低时听到的语音片段理解语言。而听损患者对声音的时间解析度变慢，这时噪声对语音掩蔽效应的持续时间更长，使患者无法得到噪声间隙中的语音信号，从而降低了患者的语言理解度。对这种情况，助听器应能快速跟踪语音信号，当语音分量弱时及时进行放大，从而减少噪声掩蔽语音的情况。

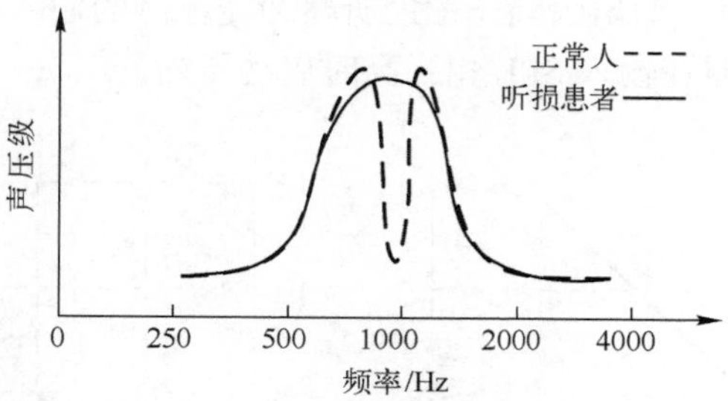

图 15-3　正常人耳与听损患者的频率解析度

15.2　压缩与响度补偿

感音神经性耳聋通常具有较小的动态范围。如果听力正常者有 100 dB 的动态范围，这意味着 0 dB 的声音被视为“勉强能听见”，100 dB 的声音会被认为是“太响”。对于动态范围只有 50 dB 的轻度或中度感音神经性耳聋患者，其听阈（对某特定频率）为 50 dB，而不舒适的响度声级是 100 dB。虽然听力正常者和该患者都感觉 100 dB 的声音“太响”，但是他们对于轻声的感知差异明显，听障患者的听阈要比听力正常者高。而且，与听力正常的人相比，听障患者的响度感觉从“勉强能听见”到“太响”的增长更迅速或陡峭。

不同于线性助听器的削峰技术，压缩助听器通过压缩来限制最大输出功率，即输入声音越大，提供的增益越少。压缩助听器能针对不同强度的输入声音提供不同的增益，而且在输入声压提高时增益趋于减少，但是这并不意味着要给予不同强度的输入声音相同的输出。每种强度的声音都要计算，因为如果增益的衰减量与输入声音的增加量一致的话，患者听不同声压的输入声音就会感觉一样响，从而无法感知现实世界中的声音强弱。

对于感音神经性耳聋患者来说，由于听阈“底线”的提高，因此只有给予轻的输入声音最多的增益，才能使患者听到。举例来说，如果一个具有 60 dB 听力损失患者试图听见 1 或 2 dB HL（听力级）的声音，那么必须给予至少 60 dB 的增益。但是当输入声音的强度增加时，增益却不能与输入声音的增加量一样增加，而是应该下降。只有这样，听障患者才能与正常听力者具有相同的响度增长感觉。这意味着，正常大的动态范围通常会被缩到一个较小的范围。因此，新的压缩助听器的验配方法一般主要针对几种不同声压的输入声音（如轻声音、中等声音和强声音）给出所需的增益和输出，其目标就是将患者“异常”响度增长感觉“恢复”为正常听力者的响度增长感觉。

15.2.1　压缩基本原理

1. 输出限幅压缩

输出限幅压缩常与典型的输出压缩助听器结合使用，因此它总是与高功率助听器在一起，适用于重度到极重度的感音神经性听力损失患者。输出限幅压缩与宽动态范围压缩的特点对比如图 15-4 所示。输出限幅压缩具有高输出压缩拐点和高的压缩比。高的拐点意味着助听器开始在相对高的输入声压级（Sound Pressure Level，SPL）（即 60 dB SPL 或更高）上压缩。如图 15-4a 所示，输出限幅压缩助听器在窄的输入范围内提供一个大的压缩量。门限拐点之下（转折点之前），输出限幅压缩助听器为宽范围的输入 SPL 提供线性增益。换句话说，输出限幅压缩助听器在输入 SPL 相当高时启动压缩。

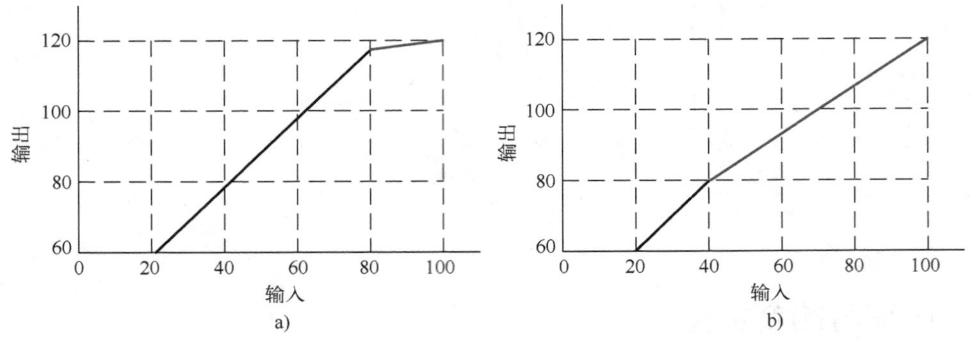

图 15-4　输出限幅压缩与宽动态范围压缩

a）输出限幅压缩　b）宽动态范围压缩

输出限幅压缩助听器与线性助听器类似，它们在不同宽范围的输入 SPL 上都有恒定的增益，然后两者都“突然”限制输出的 SPL。而它们的主要差别是：线性助听器使用峰值钳位来限制输出，而输出限幅压缩助听器则使用一个高的压缩比来限制输出。相比于峰值钳位，用压缩来限制最大功率输出可以产生较少的失真。

2. 宽动态范围压缩（Wide Dynamic Range Compression，WDRC）

在 20 世纪 90 年代，WDRC 助听器极为普遍，WDRC 有低门限拐点（低于 60 dB SPL）和低压缩比特点（小于 4:1）。如图 15-4b 所示，WDRC 助听器几乎总是在压缩中，因为所有的输入声音，从轻声的说话到尖叫，都会使助听器进入压缩状态。因为允许压缩发生在一个宽范围的输入声音声级内，所以该压缩称为“宽动态范围压缩”。不过，一旦 WDRC 助听器进入压缩，它并不会提供大的压缩比。基本上，WDRC 助听器在输入的宽范围上提供低的压缩度。从原理上讲，WDRC 的作用与输出限幅压缩或老式线性助听器十分不同。不像那些一旦输入 SPL 超过某值增益就突然降低的助听器，WDRC 助听器根据输入 SPL 的范围逐渐降低增益。

WDRC 主要根据听损患者的需要将整个听觉动态范围按照一定的比例压缩到患者的残余听觉动态范围之内。例如，当输入的声音声压级为 50 dB SPL（轻声）时，WDRC 模块开始启动压缩，患者得到 35 dB 的助听器增益；当输入的声音声压级为 65 dB SPL（舒适声）时，患者得到 25 dB 的助听器增益；而当输入声音声压级增大至 80 dB SPL（强声）时，患者只能获得 15 dB 的助听器增益。从以上例子可以看出，随着输入声压级从 50 dB SPL 增加至80 dB SPL，增益值却从 35 dB 减少至 15 dB，使得输出声压级只从 85 dB SPL 上升至 95 dB SPL，从而保证经过压缩后的声压级始终处于患者的听觉动态范围内。

宽动态范围压缩的输入输出声压级曲线用于计算对应输入声压级值所需要的补偿增益值，其原理如图 15-5 所示。*nTH*、*nMCL*、*nUCL* 和 *nDR* 分别为正常人耳的听阈值、最适阈、痛阈值及听觉动态范围；而 *uTH*、*uMCL*、*uUCL* 和 *uDR* 分别为听损患者的听阈值、最适阈、痛阈值及听觉动态范围。由图 15-5 可知，为了使患者的听觉动态范围能与正常人耳对应，曲线被分为多段折线，因此输入声压级值 *inSPL* 与补偿后的输出声压级值 *outSPL* 并不成线性关系。

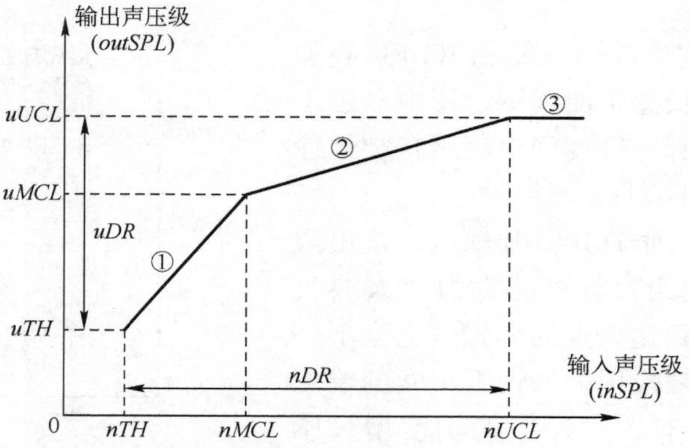

图 15-5　宽动态范围压缩的输入-输出声压级曲线

1）当 $inSPL<nTH$ 时，此时输入语音处于患者的听阈值下，输入-输出曲线不起作用，患者听不见声音。

2）当 $nTH\leqslant inSPL<nMCL$ 时，①段曲线开始启动，其压缩比 $\gamma_1=\dfrac{nMCL-nTH}{uMCL-uTH}$，为曲线斜率的倒数，此时患者开始听到较小的声音。

3）当 $nMCL\leqslant inSPL<nUCL$ 时，②段曲线开始启动，其压缩比 $\gamma_2=\dfrac{nUCL-nMCL}{uUCL-uMCL}$，此时患者开始听到较大的声音。

4）当 $inSPL\geqslant nUCL$ 时，输入声音声压级已经超过患者的痛阈，此时为保护患者的听力，③段曲线开始启动压缩限幅，即使 *inSPL* 继续增大，输出语音声压级也不再增加。

根据以上分析，期望补偿得到的输出声压级值可由式（15-1）获得

$$outSPL=\begin{cases}0 & inSPL<nTH\\ uTH+\dfrac{inSPL-nTH}{\gamma_1} & nTH\leqslant inSPL<nMCL\\ uMCL+\dfrac{inSPL-nMCL}{\gamma_2} & nMCL\leqslant inSPL<nUCL\\ uUCL & inSPL\geqslant nUCL\end{cases}\tag{15-1}$$

最终的助听器增益值为

$$G=outSPL-inSPL\tag{15-2}$$

在得到各个频率点的增益值后，助听器可根据线性插值算法得到所有频谱点所需的增益值。相邻两个频率点之间的增益值 $G(f)$ 可通过式（15-3）计算：

$$G(f)=G(f_{n-1})+(f-f_{n-1})\frac{G(f_n)-G(f_{n-1})}{f_n-f_{n-1}}\tag{15-3}$$

式中，$G(f_n)$ 与 $G(f_{n-1})$ 分别表示频率特征点 f_n 与 f_{n-1} 的增益值。

3. 输出限幅压缩和 WDRC 的临床应用

对于临床听力专家，这两者的主要差别是：输出限幅压缩在其拐点之上工作，会减少或限制高 SPL 输入的输出；WDRC 在拐点之下工作，通过对轻的输入声音提供最大增益来增加拐点之下的声音增益。

图 15-6 显示了输出限幅压缩和 WDRC 叠加在两个同样的响度增长感觉曲线图，图中显示了某听力正常的人和某听力轻度到中度感音神经性耳聋患者的响度增长感觉图。

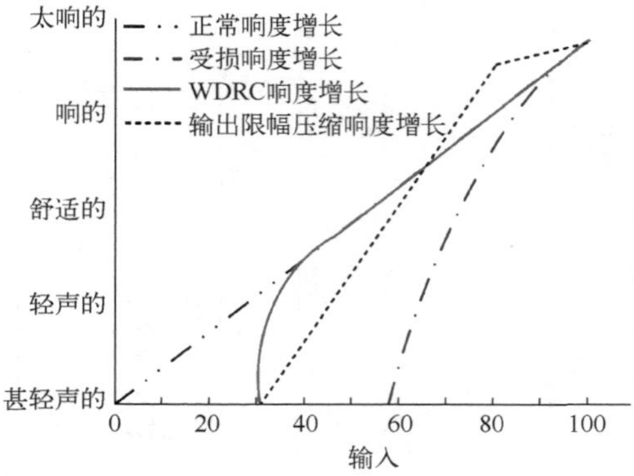

图 15-6　响度增长感觉与压缩的类型

如图 15-6 所示，对于 100 dB 输入，输出限幅压缩和 WDRC 的输出可能被感觉为“太响”，但是每种压缩的类型到达该点的方式是完全不一样的。当试图用输出限幅压缩来恢复正常的响度增长感觉时，患者会有“过冲”的响度增长感觉。而且，对于 80 dB、90 dB 和 100 dB 的输入声音，患者的感觉都相同且是“太响”，这意味着患者没有真正恢复正常的响度增长感觉。图 15-6 显示如果正常响度增长感觉是要达到的目标，那么 WDRC 提供的低拐点和低压缩比明显是一个更好的适配，因为轻的声音感觉到的是更响的声音，而甚响的声音没有超过听者的舒适声级。换言之，WDRC 的低拐点和低压缩比减少了正常的大动态范围，反而成为与轻度到中度 SNHL 相适应的更小动态范围。

虽然 WDRC 较多地放大轻声的输入，但它不会同样放大中等音量的输入，从而导致习惯于线性放大的患者不满意。对于重度到极重度听力损失的患者，输出限幅压缩可能是比 WDRC 更好的选择。这些患者可能喜欢一个宽范围的输入 SPL 控制，高功率的输出限幅压缩助听器将对轻的声音给出许多增益，并且对输入的普通声音（如语音）给出同样多的增益，使这些声音完全可以被听见。输出限幅压缩助听器有类似于线性助听器的增益特性，在输入加增益不超过最大功率输出时，可以使声音听着十分愉快。

4. 攻击时间与释放时间

如果门限拐点和压缩比是影响压缩的静态因素，那么压缩开始后，这两个参数就取决于输入声压级。但是，由于环境中的声音强度随时间不断变化，因此压缩助听器需要对这些强度变化做出响应。压缩助听器常使用攻击时间和释放时间来表征这种变化。

攻击和释放时间是压缩电路响应输入声压级变化需要的时间长度。当输入声压级超过压缩拐点时，助听器用减少增益来“攻击”声音。一旦输入声音低于压缩拐点时，助听器就从压缩中“释放”并恢复增益。总的来说，攻击时间是助听器进入压缩并减少增益所需要的时间长度；释放时间是助听器退出压缩并恢复增益所需要的时间长度。

因为电子电路不能即刻地检测环境变化，因此助听器系统需要时间来响应这些变化。大多数的攻击和释放时间的设置都是一种折中。太快的时间会引起增益迅速的起伏并且可能会使听者感觉到刺耳的“抽水声”；太慢的时间可能使压缩处理太慢并且使听者对声音有实时滞后的感觉。快速的攻击时间（小于或等于 10 ms）可以阻止突然的短暂声音，使听者不会感觉太响。释放时间一般比攻击时间更长以防止听者有颤音的感觉。慢的释放时间（即长达150 ms）偏向于防止由快的释放时间引起的严重失真；过快的释放时间会引起助听器跟随声波的单个循环的幅度变化，从而使听者有“呼吸”或“抽水”的感觉。

压缩由一个静态的方面和另一个完全不同的动态方面构成。当输入声音时，助听器的攻击时间/释放时间与压缩比相互作用并影响听者需要的声音质量。一般来说，短的攻击时间/释放时间（如10ms）和高的压缩比（如10:1）的组合会造成失真。如果同样短的攻击时间/释放时间与低的压缩比（如2:1），则声音质量的失真情况会得到改善。另一方面，长的攻击时间/释放时间既可与高的压缩比组合，也可与低的压缩比组合。

15.2.2 助听器处方公式

听力学专业人员一直致力于在听力损失和助听器的放大特性之间寻找一种规律性的参数，使助听器的输出能达到最佳的听力补偿效果。这些参数组成了助听器处方公式，也是验配医师在对患者进行助听器验配时常用的方法。根据患者的听力图以及处方公式，验配医师可以计算患者所需要的压缩比、增益值等助听器的最主要参数，从而获得患者所需的输入-输出曲线（I/O 曲线）。依靠这些数据，验配师可以将助听器的频响设置为最接近理想的初始状态，也便于对频响曲线进行更深一步的调节。处方公式选取的好坏将直接影响最终的压缩补偿效果，它是整个数字助听器响度补偿算法中最核心的部分。根据助听器的增益值随输入声压级的变化趋势不同，处方公式可分为线性处方公式和非线性处方公式两大类。

线性处方公式是指对于不同大小的输入声压级，公式均给予相同的补偿增益值，即输入声压级不影响患者所获得的补偿值。目前常用的线性处方公式包括半数增益（Berger）、Libby、Lybarger、Berger、POGO、POGOⅡ、NAL-R、NAL-RP 以及 DSL 等。虽然线性处方公式能够对输入的语音信号进行一定的放大，使得患者可以听到未补偿前所不能听到的声音，但是由于不考虑输入声音声压级的大小，因此会对强度较大的输入声音补偿过多，对患者造成二次损伤。要是对过大的输入声压级进行“削峰”处理，又会造成输出语音信号的严重失真。因此现有数字助听器采用的基本是非线性处方公式，它能够让验配师方便地调整参数，从而让患者能够选购更适合的数字助听器。

非线性处方公式既与患者的听阈值有关（即与频率有关），同时也与输入声压级大小有关。DSL[i/o]和 NAL-NL1 是目前使用最为广泛的两个公式，前者多用于儿童助听器编程，后者多用于成人助听器编程。上述处方公式通常存储在助听器厂家的编程软件中，可根据需要灵活应用。

1）DSL[i/o]（Desired Sensation Level Input-Output）：1995 年，Cornelisse L. E. 等人提出了 DSL 输入/输出公式——DSL[i/o]公式。该公式计算的增益、输出限制、压缩比的目标值，可用于线性、宽动态范围压缩或曲线压缩助听器。DSL[i/o]的终极目标是使助听器的输出控制在听损患者的听觉动态范围之间，同样基于响度正常化，使放大后的言语尽可能地被助听器使用者所接受。由于压缩类型的不同，公式分为 DSL[i/o]线性和 DSL[i/o]曲线性两类。前者适用于压缩比固定的助听器，后者适用于压缩比变化的助听器，其输入/输出功能图在压缩范围内不是直线。DSL[i/o]也要求输入用户的痛阈值，如果无数据输入，系统会使用预设的强度。

2）NAL-NL1（NAL-NL2）：NAL-NL 系列全称为澳大利亚国家声学实验室方法-非线性版，它是在线性处方公式 NAL-R 的基础上演变而来的基于压缩的处方公式。与前述的 DSL[i/o]不同，NAL-NL1（以及后来的 NAL-NL2）处方公式并不是使助听器的输出在每个频率上都产生相同的响度，而是以使患者达到最大的言语理解度为目的。因为 Byrne 和 Dillon 等人认定，对于听力损失患者，只有把语音的所有频率都均衡化而不是正常化才能够实现患者言语理解度的最大化。因此，NAL-NL1 的特点主要体现在以下两方面：①提出了响度均衡的概念，而不是以往的使相邻的语音频率的响度正常化；②在听力损失最严重的频率区提供较小的增益，在听阈最好的频率区则提供更多的增益。

15.2.3 多通道响度补偿算法

响度补偿是数字助听器最基本的功能，其最终目的在于根据不同听力损失患者的听力需求，将语音信号声压级匹配到患者的听觉动态范围中。响度补偿算法的最终期望是使患者既能够听到未佩戴数字助听器时所听不到的语音，又不会觉得补偿后的声音太大而产生疼痛，以此提高患者的言语理解度和舒适度。

因为同一患者在不同频段下的听阈值通常是不一样的，如常见的老年性聋患者的高频损失就比低频损失要多，因此高频所需增益一般会比低频大得多。为了更好地补偿患者的个性化听损，多通道响度补偿算法基于患者在不同频率点处的听力损失情况而设计。该算法通过一组滤波器组将语音信号分成多个频段，进而根据患者的听力损失情况在不同的频段内进行相应补偿，然后将各个频段补偿后的信号进行合并叠加，即可得到补偿后的输出语音信号。多通道补偿算法相比单通道补偿算法具有更大的针对性和灵活性，可以在较大程度上改善处理后的语音信号的舒适度，从而提高患者的言语理解度。

在数字助听器多通道滤波器组响度补偿算法中，通道的划分与综合滤波器组的设计是算法的关键部分。对滤波器组的设计要求阻带衰减大、带内混叠小、重新组合的信号失真小。由于人耳对声音频率高低的感觉与实际频率的高低不成线形关系，而近似为对数关系，故等宽频率间隔的响度补偿方案并不满足人耳的听觉特性，满足人耳听觉特性的非等宽滤波器组（比如伽马通滤波器等）响度补偿可以在不增加计算量的前提下，提高补偿后的语音质量和自然度，进而提高听损患者的语言辨识率。

15.3 回声抑制算法

回声是助听器使用中的一个普遍问题，可以由助听器本身、用户特征（静态因素）、突然改变的声学环境（动态特征）所产生。轻则影响语音质量，严重时产生啸叫，会损害患者的残余听力和硬件设备。在不同的领域里，回声消除算法都有很好的应用效果。但是，在助听器这类低功耗、小体积的产品中，很多算法都受运算量、传声器体积和数量的限制，无法达到最佳性能。助听器回声抑制算法设计存在很多设计难点。首先，很多因素都会影响助听器回声，如患者的个人特征、助听器的物理特征、助听器或耳模的故障，以及声学环境的变化。其次，助听器宽动态范围压缩算法会在低频段提供更高的增益而在高频段降低增益，导致使用者在安静的环境下或者输入信号为低频信号时也会产生回声。然而，矛盾的是宽动态范围压缩是助听器的必备算法，特别是在面向老龄患者的助听器中。

15.3.1 算法概述

如今集成在商用的助听器上的回声抑制算法主要分为三类，分别是增益衰减法、陷波滤波器法和自适应滤波器法。

（1）增益衰减法

增益衰减法的主要思路是降低回声出现频带的增益。若在某一频带检测到回声，自适应系统会降低该频带的增益，同时根据回声信号的幅度大小，改变增益减少的幅度。

对于增益衰减法来说，医师需要在适配前给使用者做回声测试。助听器每个通道的增益逐一被设为最大值后，回声检测器会监测出现的单音信号。如果该频带的单音信号未被检测到，那么最大增益就只受助听器的实际模型限制；如果检测到单音信号，算法将会自动降低这一通道的增益直到其消失并重置该通道允许的最大增益。这种方法的优势是中等强度和较高强度信号的增益不变。

需要注意的是，回声测试是在助听器特性指定的情况下完成的。如果医师调整了耳模或者助听器体，那么将要进行重新测试。相比于其他算法，增益衰减法的优势是低功耗，不足之处是期望信号的增益可能被衰减。

（2）陷波滤波器法

陷波滤波器法的基本思路是通过监测单音信号或者啸叫，生成一个陡峭的陷波滤波器来抑制较窄频带的回声。不同制造商采用的算法所产生的陷波滤波器的陡峭程度、深度、个数、频率范围以及生成速度是不同的。产生的滤波器越陡峭，增益降低的区域越小，对助听器整体增益的影响越小。

西门子 Triano 助听器采用的是此类算法，该算法能产生两个 6 dB 的陷波滤波器和两个 12 dB 的陷波滤波器。在测试的过程中如果出现啸叫信号，6 dB 的陷波滤波器将被插入到回声的中心频率处；如果这次尝试不能很好地抑制回声，那么算法将会选用 12 dB 的陷波滤波器来降低回声。该部分主要针对静态因素而设置。

当陷波器被插入 2 min 后，算法将会移除该陷波滤波器并检查回声是否存在。若不存在，陷波滤波器将被移除；若存在，陷波滤波器将被重新激活直至助听器被关闭或者选择其他程序。

对于采用陷波滤波器的回声抑制算法来说，只有同时产生多个陷波滤波器才能应对同时产生的多个频率上的啸叫。如果算法只能产生几个陷波滤波器或者只有几个陷波滤波器来应对声学环境的突然变化，那么当同时产生的啸叫信号的数量多于陷波滤波器的个数时，跳频就会产生。

（3）自适应滤波器法

运用自适应滤波器法的回声抑制算法监测反馈路径的转移函数，通过与反馈信道相似的转移函数来产生一个信号与助听器的输出相减。回声抑制算法已经通过许多方式应用在助听器上。早期算法是通过插入一个较小的噪声，并通过输入输出的相关性来估计转移函数，然后算法通过调整数字滤波器的参数来产生一个消除信号。然而，许多助听器的使用者发现不断产生的较小噪声是非常烦人的。因此，这种回声抑制算法只适用于有严重听力损失的用户。

新的回声抑制算法不用插入噪声，通过多级的信号处理来降低回声。例如，回声抑制算法由一个定系数的滤波器和一个自适应滤波器构成。定系数滤波器的特性是通过助听器验配阶段的测试决定的。在测试的过程中，助听器内部产生一个噪声信号送至接收器，然后通过噪声信号与传声器接收信号的相关性来估计信道。反馈信道包括气孔、耳模边缘、助听器内部的面板等。当用户使用助听器时，算法依据这种互相关的过程来估计这些路径的总转移函数。定系数滤波器解决了回声中由用户和助听器特性这些静态特性产生的部分。在估计了反馈信道的转移函数之后，算法修正数字滤波的参数来接近反馈信道的同时产生一个输出信号。需要注意的是，回声抑制算法即使在没有任何周期信号、单音信号、回声信号的情况也会抵消反馈信道。如果有足够的零极点或者滤波器抽头数，这个消除的过程能够消除多种频率的回声。零点、极点和抽头数是用来定义数字滤波器的参数。零点数、极点数和抽头数越多，数字滤波器就能产生越多的波峰和波谷，同时就能更好地接近反馈信道。定系数滤波器的限制在于验配阶段结束后系数被固定，所以不能应对回声中的动态部分。

除了上述介绍的三种主要的回声抑制算法，一些制造商也尝试将不同的算法进行组合。

15.3.2 回声抑制模型及算法

数字助听器回声抑制系统模型如图 15-7 所示。图中 $G(z)$ 为助听器前向路径信号处理系统，通常实现对输入信号的放大，以补偿患者的听力损失。$H^*(z)$ 表示传声器接收到的外界真实反馈路径，$H(z)$ 是自适应估计的反馈路径，它的参数由回声估计算法产生。$s(n)$ 是外部语音输入信号，它和反馈信号 $y(n)$ 叠加形成传声器输入信号。$e(n)$ 是减去估计反馈信号后的残差信号，是助听器的真正输入，理论上与 $s(n)$ 具有相同的统计特性。$d(n)$ 是传声器拾取的全部信号，$y(n)$ 是真实反馈信号，$\hat{y}(n)$ 是估计出的反馈信号，由回声抑制算法产生。$v(n)$ 是助听器输出信号。白噪声生成器的作用是产生高斯白噪声，并通过计算回声信号与输入噪声之间的相关性估计自适应滤波器的初始系数。啸叫检测器和陷波滤波器用来检测路径突然变化时产生的啸叫，并动态生成陷波滤波器进行抑制。

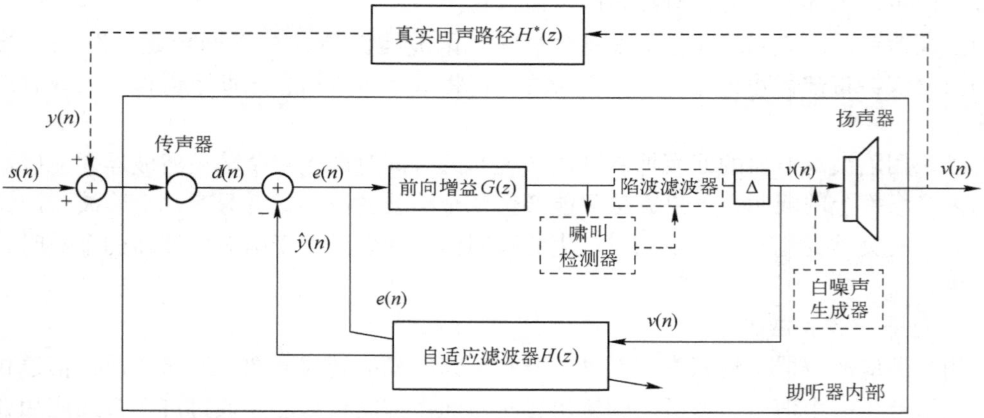

图 15-7 助听器回声抑制系统模型

实际上，回声信号的估计值和实际值之间总是存在较大偏差。造成这一偏差的原因有很多种，如算法收敛速度慢以及滤波器长度短等。但是，最主要的也是不可避免的原因是期望输入信号与接收器输入信号的相关性。在数字助听器中，由于前向路径一般用来实现信号的放大功能，故扬声器输出信号 $v(n)$ 与期望信号 $s(n)$ 具有相关性这是与第 7 章的回声消除模型的最大区别，这种相关性导致自适应估计算法失准，估计得到的自适应滤波器系数产生偏差。尤其当接收器输入信号为高度相关的啸声、警报信号或特定的音乐信号时，这种偏差会更明显。目前，解相关的方法主要有 3 种：延迟引入法、非线性法和预滤波。延迟引入法能有效抵消有色噪声输入时的回声，但会引入预回声和“梳状滤波器”效应。非线性法包括移频法和时变全通滤波器法等，然而这些方法在抑制噪声的同时，也会降低语音质量。虽然线性预测算法是较新的解相关算法，但是由于引入了新的滤波器，会降低归一化最小均方误差算法的性能。相关的改进算法虽然有所改善，但是增加了算法的复杂度。图 15-7 显示的是延迟引入法，Δ 是前向路径上引入的延时单元，用来实现输入信号和反馈信号解相关，Δ 通常取 1 ms。

归一化最小均方误差（Normalized Least Mean Square，NLMS）算法因其较低的计算量和较小的失调系数，成为助听器及其他回声抑制系统常用的经典算法。NLMS 算法在 LMS 算法的基础上对每一次迭代的权值向量更新值都相对于输入信号能量进行归一化，从而降低输入数据幅度波动对算法稳定性的影响。但是，NLMS 算法存在收敛速度与收敛精度之间的矛盾。尽管对于这类算法已经有了较多的研究，但是仍然存在一些问题，如收敛速度不够快、稳态失调量较高、不能动态跟踪系统变化、先验信息难以获得等。由于 NLMS 算法的原理在第 7 章已经介绍过，因此不再赘述。

自适应回声抑制算法有许多优势，生产商和临床医生会应用不同算法来达到不同的验配目标。但是，在设计助听器的回声抑制算法时仍然存在许多挑战。影响回声抑制算法有效性因素包括助听器芯片的低运算能力、跳频和啸叫、区分回声信号和音符、开放耳验配。

15.4 降频算法

听力损伤可能是由多方面的听觉能力缺失造成的，其主要特征有高频听力损失、听力门限增加、动态范围减小、谱分辨率降低等。耳蜗解剖和听觉生理固有的内在原因以及噪声、耳毒性药物、衰老等外在原因的共同作用，使得高频听力损失成为临床最为常见的或者说发生比例最大的听力障碍。大部分的听损患者高频听力损失都比较严重，其中 90% 的人存在 4~8 kHz 的高频听力损失。

传统助听器通过调控信号的振幅达到增强声音的效果，这种设计理念可以满足仅需要对声音进行简单放大的患者的需求。然而，最近的研究证明，高频听力损失超过 70 dB 时，内毛细胞的功能已损失殆尽。此时，即使病人可感知放大的高强度声刺激，这种刺激也不会对语言理解有作用，甚至会有负面影响，其主要原因有以下几种。

1）助听器模型的限制。传统助听器均采用振幅压缩放大原理，而其振幅放大量和频带宽度却受到传声器和扬声器性能的限制，使其在高频尤其是 2 kHz 以上的增益效果受限。按经典的 1/2 补偿原则，仅采用振幅压缩放大原理的助听器，其助听效果不足以补偿高频听力损失超过 60 dB 的病人对增益的需求。

2）助听器回声的限制。即使助听器可以提供足够的耦合增益，实际有效增益经常受到佩戴者和耳模间的泄露量限制。

3）耳模软管的限制。由于开模适配使用的软管较细，细的软管会使软管的共振点下移，并削弱高频输出 5~10 dB。

4）与语言中辅音的声学物理特性有关。绝大部分清辅音的中心频率位于 4 kHz 以上。因此，一旦患者在 4 kHz 以上的听力损失超过 60 dB 时，即使按 1/3 补偿原则，只有当其至少可以获得 20 dB 以上的高频增益时才有可能感知这些高频辅音。但是，传统助听器在 4 kHz 以上时很难产生 20 dB 的平均增益，所以对于重度及其以上听力损失的病人来说，传统助听器在清辅音的感知方面帮助不大。而且，即使助听器可以补偿病人高频听力损失所需的增益量，但是如果病人的听觉系统在此频段没有残余听力或不能得益于这些放大信号，听力康复专家也无法提高听损人士的言语识别率。

5）与声学的上扩散掩蔽特性有关。上扩散掩蔽特性是一种低频声更易对高频声产生掩蔽作用的声学物理现象。由于语言音素中元音的声谱多分布在低频，而辅音的声谱多分布在高频，如果助听器在中低频段有足够的增益而高频段增益不足，就会产生放大声音中元音对辅音的掩蔽。这也是当听损患者的高频听力损失超过 60 dB 时，传统的助听器对听损患者的言语辨别力不但没有作用，反而有负面影响的原因所在。

6）感音神经性听损患者需要更大（约比正常人大 4 倍）的信噪比才能达到正常人在日常信噪比下的言语辨别力。

由于以上的原因，先进助听器应该能够在传统降噪的基础上，增强辅音音素的信噪比，从而提高言语理解度。

为重度以上听力障碍者选配助听器，一直是一个挑战，普通助听器不但没能解决这些问题，反而导致了新问题的出现。解决这一挑战的候选技术或装置为移频助听技术和电子耳蜗。对成人来说，耳蜗移植也存在一些可能出现的问题，如手术的危险性和麻醉危险性、头皮或耳朵部分麻木、颜面神经受伤、发炎以及长时间电极刺激的副作用等。因此，对于某些听损程度较轻的患者来说，降频助听技术是一个不错的选择。实际上，降频助听技术应该是一种介于传统助听器和电子耳蜗之间的听力补偿技术。同时，降频助听技术几乎不会对患者造成什么不良影响，因此随着助听器技术的发展，降频技术也必然成为患者的听力康复的选择之一。

对于高频损失患者来说，如果耳蜗内的一些特定区域（死区）的内毛细胞不起作用，那么简单的幅度放大通常不会起作用。由于传统的助听器不能给这些患者提供所需要的高频特征，所以其他一些信号处理方法被提出，其核心思想是将高频信息移动到患者可以感知的低频区域，这些方法统称为降频助听技术。目前，该技术主要包括多通道声码器、慢速播放、频率转移和频率压缩四类。早在 20 世纪 50 年代~60 年代，就有研究人员试图应用降频技术进行助听和语言训练。直到 1993 年，澳大利亚国家听力实验室的 Davis Penn 和 Ross 才首先将移频技术应用到助听器上，填补了普通助听器与电子耳蜗之间的空白领域。

（1）多通道声码器

多通道声码器的工作原理是首先将信号通过带通滤波器组，然后提取高频频带信号的包络，用此包络来调制与高频带数目相同的信号发生器的幅度，产生低于相应滤波器频率的纯音或窄带噪声。最后，合成没有处理的低频信号和信号发生器输出的信号所得到的信号，这些就是提供给患者的降频信号。

多通道声码器的优点是参数设计灵活，其缺点是不能区分清音和浊音，最终提供给听者的声音没有语音音质。该方法是 20 世纪 90 年代中期以前的降频助听方法，其合成的音质较差，且对高频声音识别性能的改善是以牺牲低频声音识别为代价的。因此，该项技术的实际应用前景有限，直到目前为止，也没有成熟的商用产品。

（2）慢速播放

慢速播放的原理比较简单，即记录语音信号的片段，再以较慢的速度播放，该方法的优点是保留了频率成分间的谐波关系。但是，由于慢速播放延长了信号时间，因此输入和输出之间具有不同步性。所以，有时为了削弱这种不同步性，算法不得不去除一些采样点。但是，作为一种相对成功的降频助听技术，慢速播放已应用在一些商用助听器产品中，如AVR公司的TranSonic、Nano XP、ImpaCt XP和Logicom XP等助听器。总的来说，慢速播放技术可以使大约46%的儿童和33%的成人的语音识别能力改善10%~20%。但是，这究竟是低频放大起到的作用，还是降频技术起到的作用，仍然没有一个明确的结论。

（3）频移

频移技术是目前常用的两种降频助听技术之一，其基本原理是将高频声音移动到较低的频率处，并与原先未处理的低频信号相加。相比于以上两种方法，移频技术具有更自然的语音质量。但是，高频和低频的交叠会屏蔽有用的低频信息，也会转移不需要的高频背景噪声。Oticon公司的TP 72助听器和FRED助听器以及Widex公司的Inteo AE助听器都集成了频移技术。

（4）频率压缩

频率压缩方法可以看成是频移方法的一种改进。其基本实现有两种方法：非线性频率压缩（低频部分保持不变，以大比例压缩高频）和线性频率压缩（以固定因子压缩所有频率成分）。通过这种方法获得的语音，具有更自然的语音质量，保留了元音的理解度。同时，由于在频率信息上无交叠，线性频率压缩方法还保留了频率成分间的谐波关系。但是，该技术尚处于发展阶段，因此目前还没有成熟的商用产品。从目前的研究情况来看，频率压缩技术并没有达到预期的效果。经过频率压缩的语音信号，仍然存在一定的不足，如线性频率压缩方法降低了说话人语调，使声音质量不自然，而非线性频率压缩方法则破坏了频率成分间的谐波关系。

15.5 总结与展望

15.5.1 助听器自适配技术

通过听力专家与患者的信息交互实现助听器参数的优化配置是目前助听器验配的常用方法。通过详细的调查问卷，用户可以全面描述自身的问题。但是，余下的步骤往往取决于专家的专业技能和认知能力。然而，随着助听器类型及其信号处理参数的数量不断增加，对听力专家的技能要求越来越高，已成为制约助听器使用的重要因素之一。但是由于听障患者的认知能力退化，使得传统的方法效率很低，由患者自身进行验配的设计理念逐渐成为研究的热点。自验配算法的关键在于如何根据患者的评价优化算法参数，这是一个交互式过程。在交互式优化算法方面，交互式进化算法的研究较多，并广泛应用于计算机图形学、工业设计、多准则决策等方面。

15.5.2 基于深度学习的语音及听觉重建

人类听觉每时每刻都要处理大量的感知数据，却总能以一种灵巧的方式来获取值得注意的重要信息。模仿人脑高效、准确地处理听觉信息的能力一直是人工听觉研究领域的核心挑战。神经科学研究人员利用解剖学知识发现，哺乳类动物的大脑表示信息的方式是使接收到的刺激信号通过一个复杂的层状网络模型，进而获取观测数据展现的规则。这种明确的层次结构极大地降低了听觉系统处理的数据量，能够提取丰富的具有潜在复杂结构规则的音视频数据，获取其本质特征。深度学习可以模拟人脑的认知机制进行分析、学习、解释数据，用于计算机视觉与人工听觉重建领域。由于人类听觉在生物学上具有明显的多层次处理结构，因此利用多层深度学习网络可以提取声信号中的结构化和高层信息，提高声场景识别、语音识别、语音合成、语音增强、语音转换等应用的性能。而在针对认知的听觉辅助与人工听觉重建过程中，人工智能技术的引入显然也能起到至关重要的作用。这些研究都对听力辅助与听觉重建中的认知功能模拟与实现、语言理解与行为决策提供了理论指导与实际应用思路。

15.6 思考与复习题

1. 简述听力损失疾病及其表现。
2. 为什么老龄听障患者常常存在“听得见，听不清”的现象？
3. 助听器的类型有哪些？
4. 助听器响度压缩的目的是什么？
5. 什么是攻击时间和释放时间？
6. 助听器处方公式的作用是什么？目前，最常用的两类处方公式是什么？
7. 相比于传统的音视频会议系统的回声消除，助听器回声消除的难度在哪里？有什么解决方法？
8. 降频技术的类别有哪些？请简述其特点？

附　录

附录 A　PyCharm 快速使用教程

PyCharm 是一款 Python IDE，带有一整套可以帮助用户在使用 Python 语言开发时提高其效率的工具，比如调试、语法高亮、项目管理、代码跳转、智能提示、自动完成、单元测试、版本控制。此外，专业版提供了一些高级功能，以用于支持 Django 框架下的专业 Web 开发。

1. 界面

PyCharm 界面如图 A-1 所示，用到的主要是以下 5 个区域。

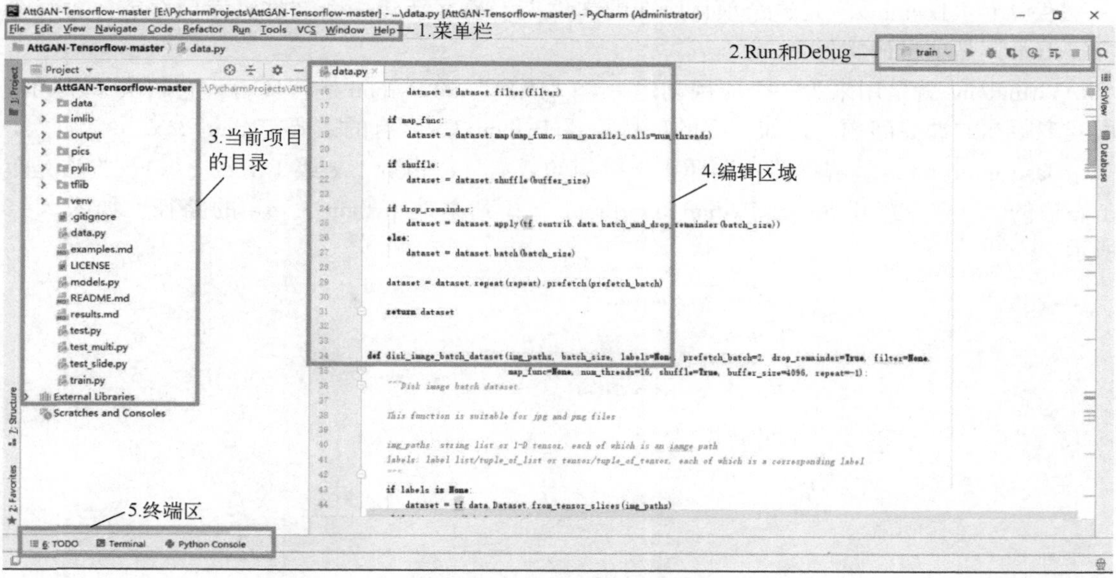

图 A-1　PyCharm 界面

1）菜单栏：新建、设置都在这里。

2）Run 和 Debug：用于运行，Run 直接启动，Debug 启动可以加断点调试。

3）当前项目的目录：可以在这里查找项目相关的文件。

4）编辑区域：写代码的地方。

5）终端区：TODO 记录要做的事；Terminal 是程序输出的地方；Python Console 是控制台，可以直接运行 Python 语句，就像在命令行中输入 Python 后的效果。

2. 新建

新建 Python 项目（见图 A-2），在菜单栏：File→New Project。

一般选 Pure Python（纯 Python 项目），Django 和 Flask 都是 Web 应用框架。

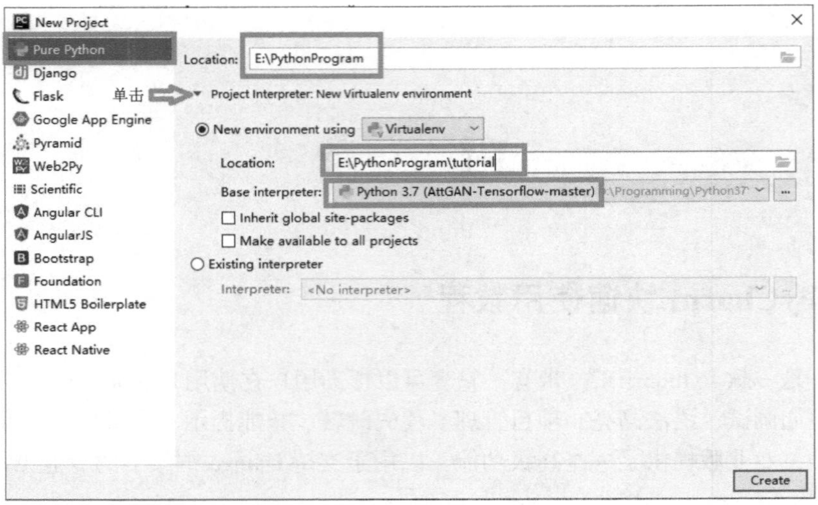

图 A-2　新建 Python 项目

第一个“Location”是这个项目所在的文件夹，最好新建一个文件夹专门存放，第二个“Location”是项目的文件名。

Virtualenv 就是用来为一个应用创建一套“隔离”的 Python 运行环境，它解决了不同应用间多版本的冲突问题。比如，有的项目需要 Python 2. x，有的需要 Python 3. x。

Base interpreter 是解释器，选择用户要用的版本（Python 2. x 或 Python 3. x），方法是单击右边的“…”，打开 Select Python Interpreter，找到本地 python 3. exe 的路径，如图 A-3 所示。

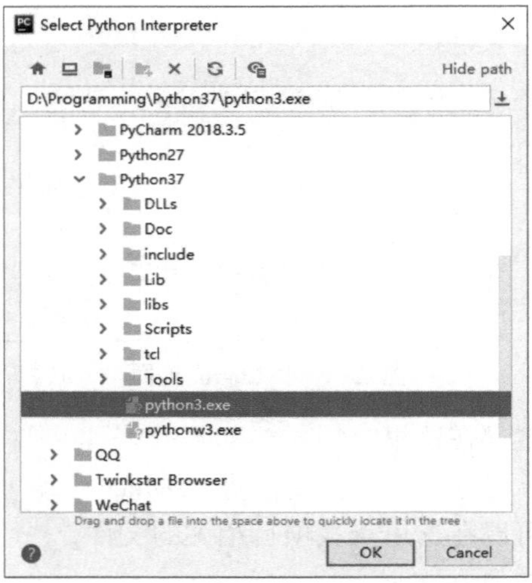

图 A-3　选择要用的 Base interpreter 版本

选好解释器，单击 Create 按钮。

会出现一个提示，即新建的项目是打开一个新窗口，还是替换当前窗口的项目，还是和当前项目同时存放在当前窗口，如图 A-4 所示。为了方便演示，此处选择“New Window”。

新建好 Python 项目后，新建第一个 Python 文件。

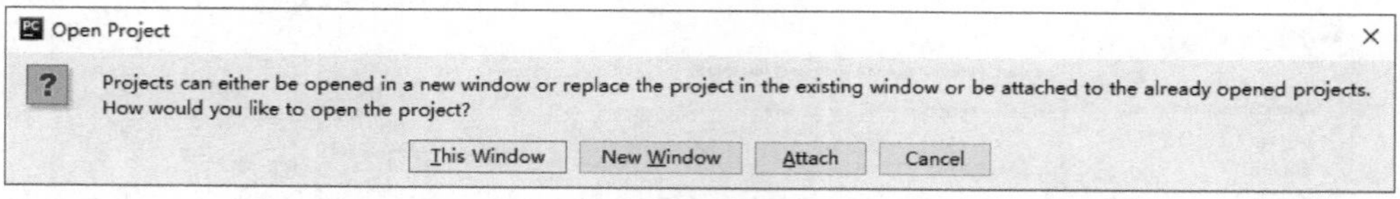

图 A-4　新建的项目选择窗口

可以在菜单栏，单击 File→New→Python File；或者在项目的目录区单击右键，单击 New→Python File，如图 A-5 所示。起个文件名。

当然也可以新建不同类型的文件。

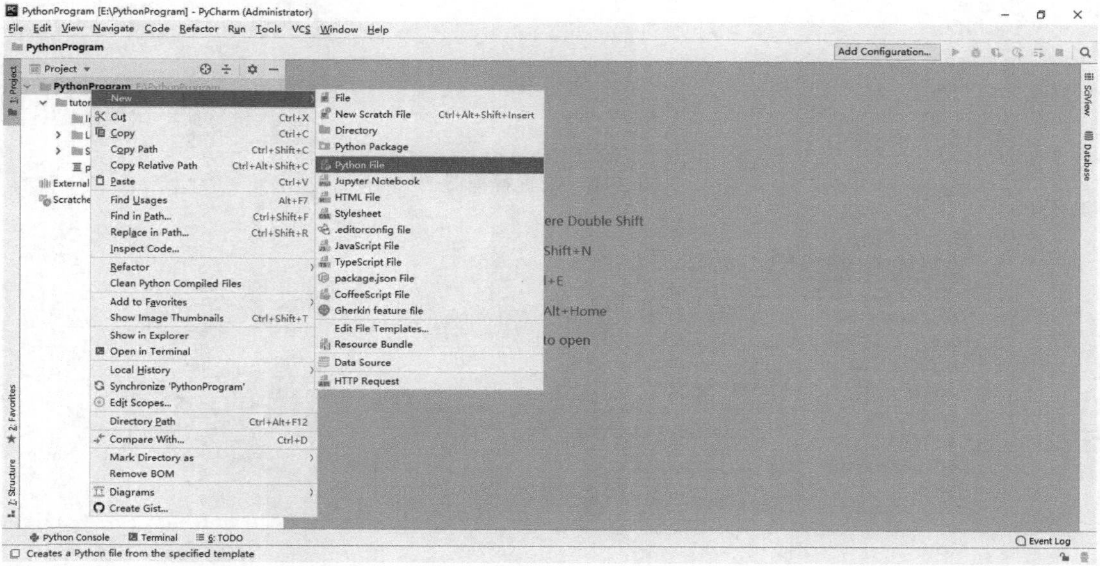

图 A-5　新建 Python 文件

3. 配置解释器

在编写 Python 代码时，得到的是一个包含 Python 代码的以 .py 为扩展名的文本文件。要运行代码，就需要 Python 解释器去执行 .py 文件。

当从 Python 官方网站下载并安装好 Python 2.x 或 Python 3.x 后，就直接获得了一个官方版本的解释器：CPython。这个解释器是用 C 语言开发的，所以叫 CPython。在命令行下运行 Python 就是启动 CPython 解释器。

CPython 是使用最广的 Python 解释器。安装好 Python 后，解释器的配置就是选择哪一个版本的 Python，若只有一个版本，直接到 Python 安装路径下找 python.exe 即可。

在菜单栏 File→Settings，找 Project Python Program 下的 Project Interpreter，现在显示的是 No interpreter（没有解释器），如图 A-6 所示。单击右侧的配置按钮，选择 Add，打开 Add Python Interpreter 界面。

在当前环境下选择 python 3.exe，如图 A-7 所示（注意不是 Python 文件夹，而是 exe 文件，要记住 Python 的安装路径）。如果有两个版本的 Python，就可以在这里切换，写代码时要注意两个版本语法的不同。

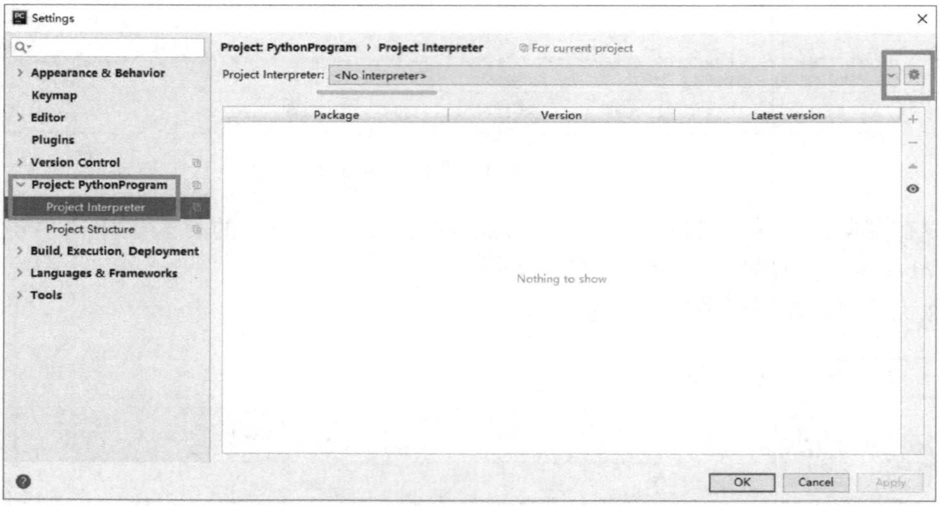

图 A-6　配置解释器

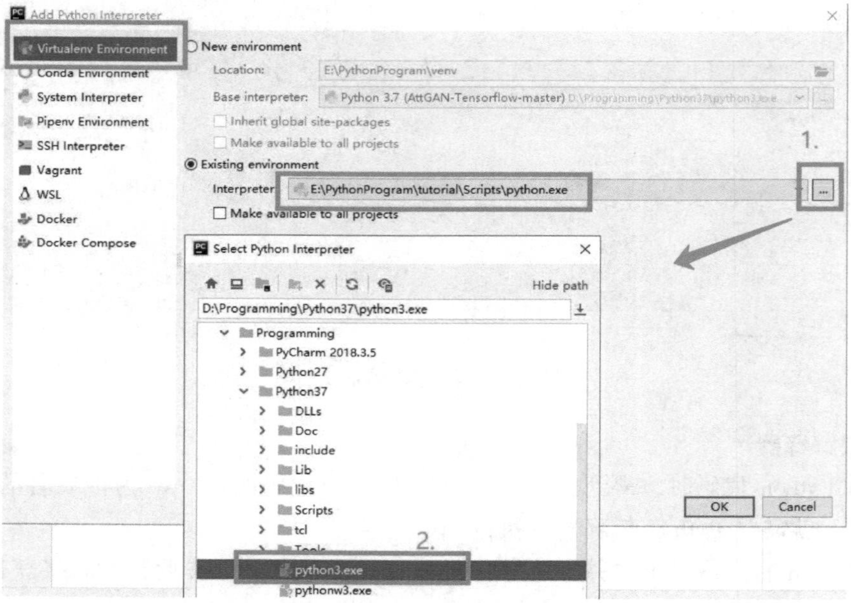

图 A-7　添加解释器

4. 安装第三方模块

写 Python 程序会用到一些 Python 包（比如处理数据的 NumPy、Pandas，机器学习使用到的 TensorFlow），用户可以使用 pip 命令通过命令行安装，也可以通过 PyCharm 一键安装。

在菜单栏中选择 File→Settings→Project Python Program→Project Interpreter。从图 A-8 可以看到现在的解释器是 Python 3.7，下方有解释器自身的一些 Package，若用户的包在下面能找到，就不用安装了。

需要安装的话，单击右侧的“+”，即可进入安装页面。

输入要找的包，如果存在，它就会定位到包含所输入的字符串的位置，选择需要的包以及版本，单击下方的 Install Package 即可，如图 A-9 所示。安装好后，在上一个页面可以找到刚刚安装的包。

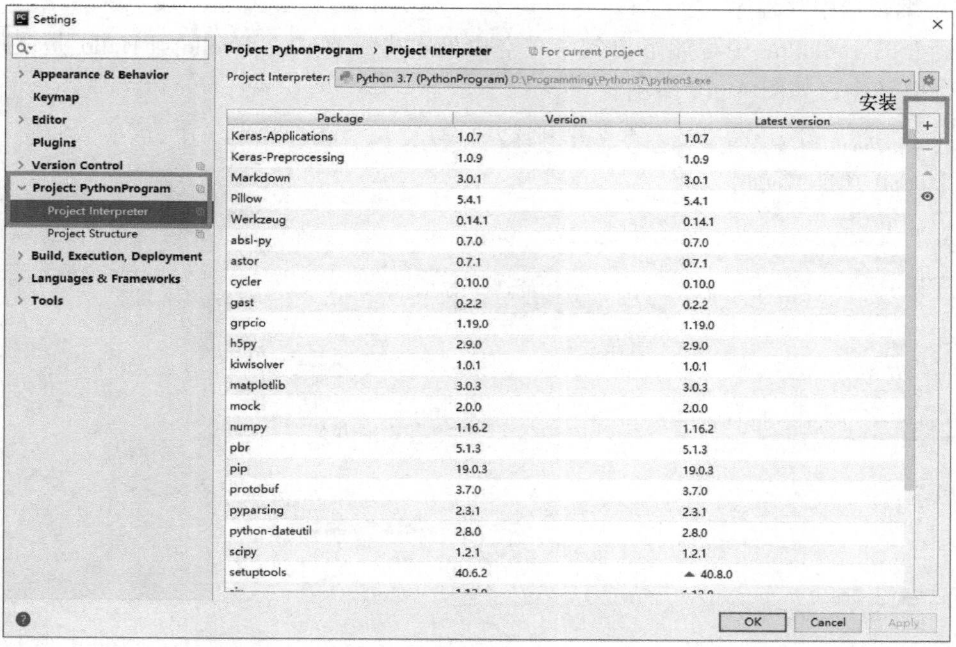

图 A-8　查看解释器

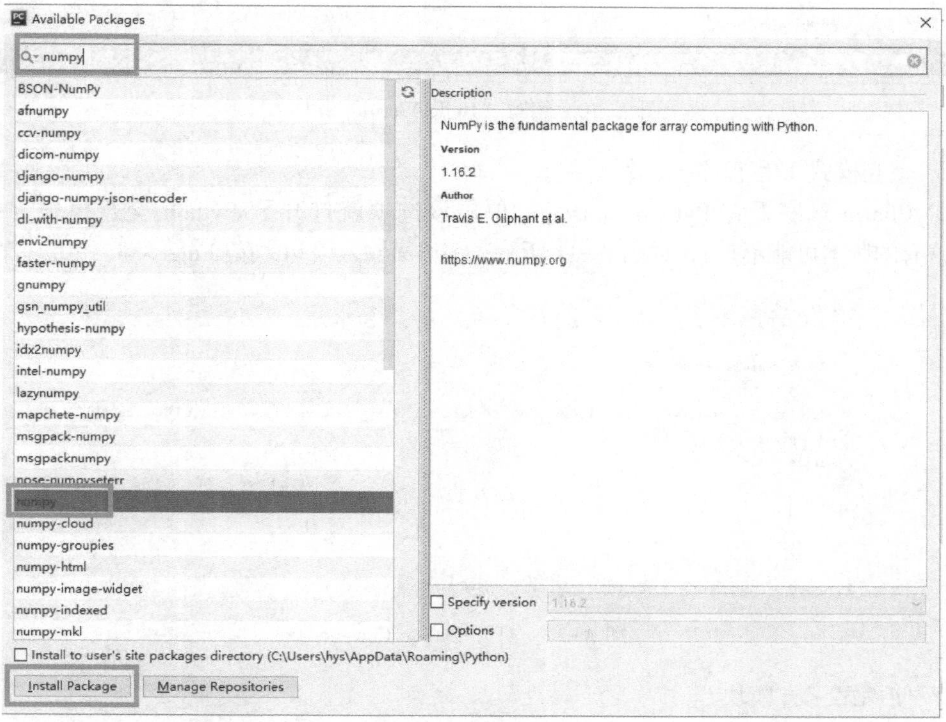

图 A-9　安装需要的包

如果安装失败，就再试几次，还不行就用 pip 命令安装，或到官网下载 Package。

5. 第一个 Python 程序

(1) 编辑器中写程序

在新建的 Hello. py 中写如下语句，在空白处右击选择 Run 'Hello'（Hello 是文件名），下方就会有输出，如图 A-10 所示。

```
# python3 语法 结束不用分号,加上分号也能运行
print('Hello World')
```

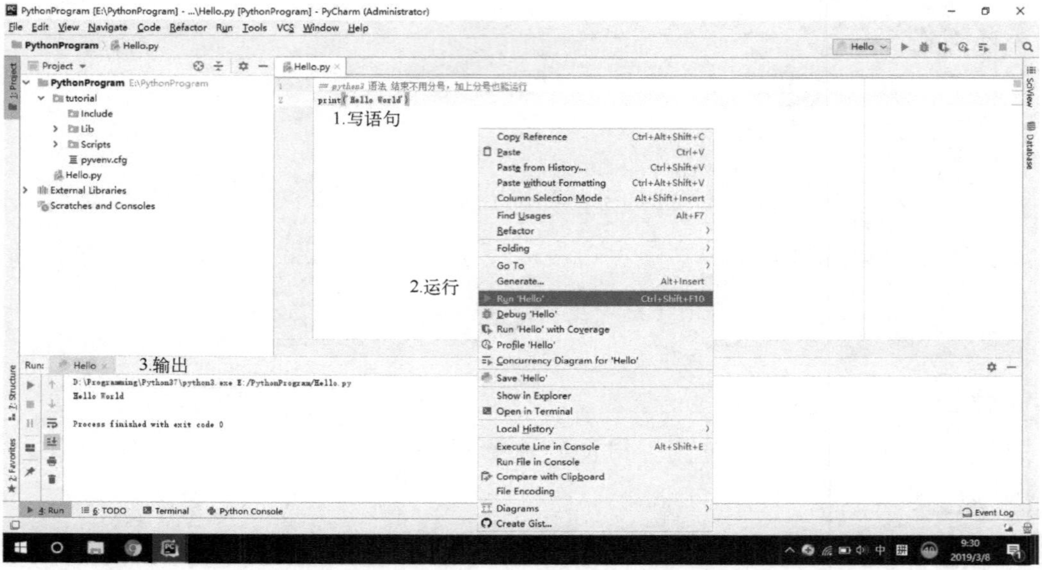

图 A-10　编写“Hello World”程序

(2) 交互模式下写程序

在 PyCharm 最底下有 Python Console，单击该选项就打开了 Python 交互模式（提示符是 >>>，有的版本可能不是），如图 A-11 所示。在里面输入语句，按<Enter>键，也会有输出。

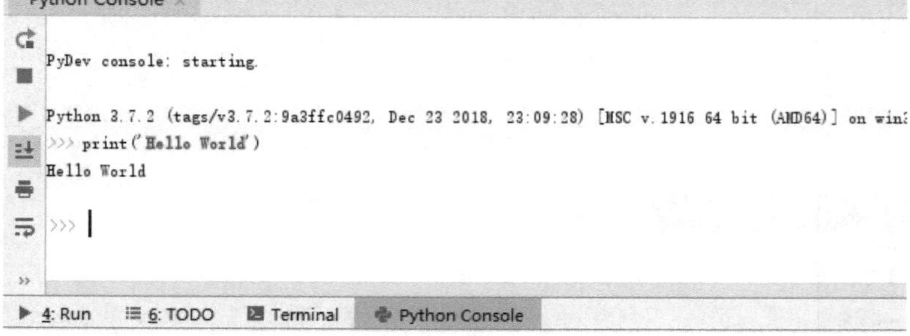

图 A-11　打开 Python Console

(3) 使用第三方模块

接下来演示如何使用导入的 Python 包写如下代码，并运行。

```
# 导入包,一般为包起个别名,如 np
import numpy as np

# 创建一个 2 * 2 的矩阵,并输出
array = np.array([[1,2],[3,4]])
print(array)
```

运行除了右击选择 Run，还可以单击右上角的绿色三角形按钮，如图 A-12 所示。

图 A-12　程序运行按钮

输出结果如图 A-13 所示。

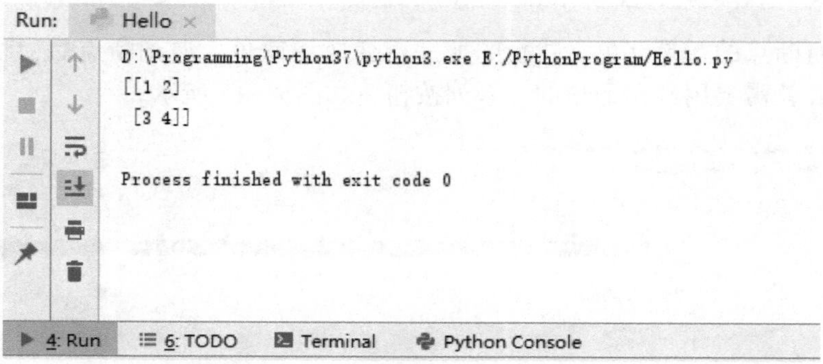

图 A-13　输出结果

(4) Run 和 Debug 模式

写好代码，单击 Run 就可以直接运行。如果想要调试，即想跟踪运行情况或者程序出错需要找错在哪里，就可以右击选择 Debug 'Hello'，或者单击右上角标注的图标，就进入了 Debug 模式，如图 A-14 所示。

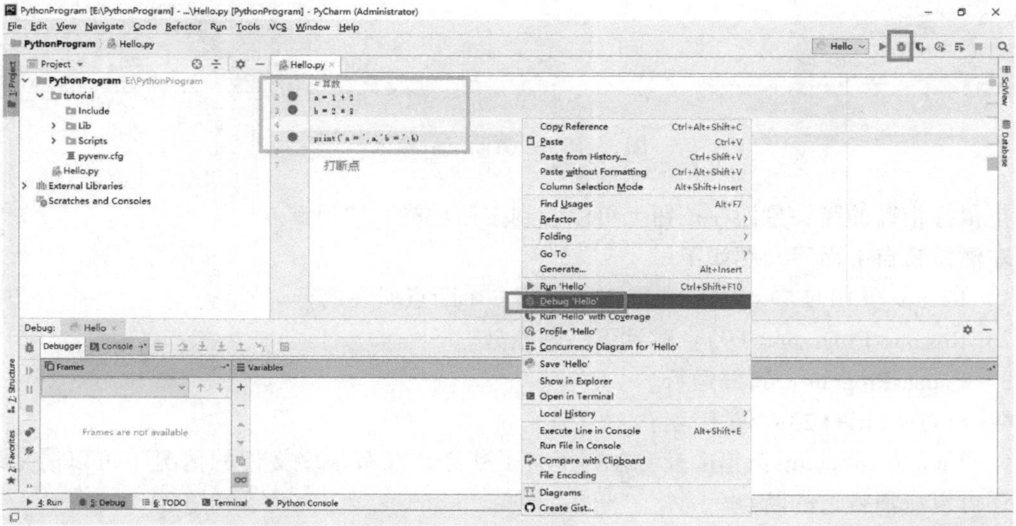

图 A-14　Run 和 Debug 模式

调试模式下，在想跟踪的位置打断点，则程序会在断点处停下。打断点就是在某一行代码前的行号后单击，出现红色的圆，删除断点就是再单击一次。

可以用下面这个例子试一下 Debug。

```
# 算术
a = 1 + 2
b = 9 - 5
c = 2 * 3
d = 10 / 2

print('a = ',a,'b = ',b,'c = ',c,'d = ',d)
```

调试时，打断点的行是红色，执行的那一行变成深蓝色。遇到断点后，程序停止运行，要想继续执行，就需要用到左下角的一系列按钮，如图 A-15 所示。

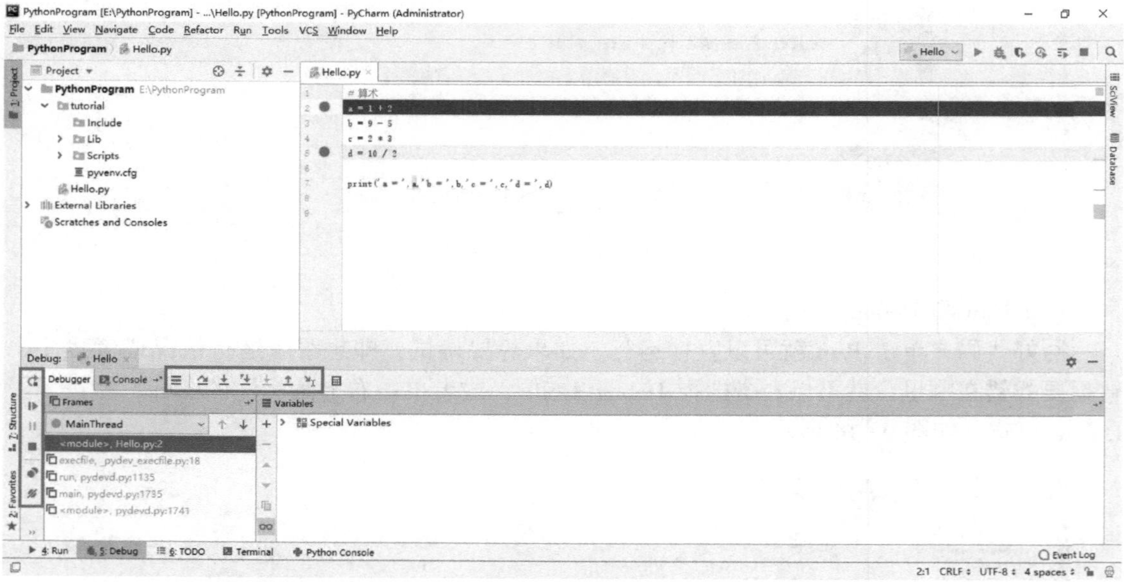

图 A-15　设置断点后调试

把鼠标指针的箭头悬浮在按钮上可以看到按钮功能和快捷键。

左侧按钮自上而下介绍如下。

1）Rerun（Ctrl+F5）：重新调试，回到第一个断点所在的行。

2）Resume Program（F9）：跳到下一断点处。

3）Pause Program：暂停运行。

4）Stop（Ctrl+F2）：停止运行。

5）View Breakpoints：单击查看在哪里打了断点，在有很多文件的情况下可以清楚地查看，还可以取消打过的断点。

6）Mute Breakpoints：正在调试时单击这个按钮，所有断点会变成灰色，就像不存在一样，程序直接运行完。当打了很多断点，但中途想全部跳过直接结束看结果时可以使用。

上侧按钮从左往右介绍如下。

1）Show Execution Point（Alt+F10）：显示当前项目的所有断点。

2）Step Over（F8）：单步调试，走到下一行而不是下一个断点，遇到函数不进入，想跳过函数时使用这个按钮。

3）Step Into（F7）：单步调试，走到下一行而不是下一个断点，遇到函数进入，在函数内也是单步调试，想看函数内部的运行情况用这个按钮。

4）Step Into My Code（Alt+Shift+F7）：执行下一行但忽略 libraries（导入库的语句），不常用。

5）Force Step Into（Alt+Shift+F7）：执行下一行忽略 lib 和构造对象等，不常用。

6）Step Out（Shift+F8）：当在子函数 a 中执行时，选择该调试操作可以直接跳出子函数 a，而不用继续执行子函数 a 中的剩余代码，并返回上一层函数。用了 Step Into 就可能需要用到 Step Out。

7）Run to Cursor（Alt+F9）：直接跳到下一个断点（还没发现和 F9 的区别）。

在实际应用中这些按钮一般不会全部用到，常用的有从断点跳到断点（F9）、从断点跳到下一行（F8）、调试期间不想走后面的断点（Mute Breakpoints）。调试时，执行过的行后面会有一些提示，如变量的值。

6. 简单设置

打开菜单栏的 File→Settings。如果不知道某项配置在哪里，可以直接在搜索框输入名字。设置好后需要单击 Apply（应用）。

（1）背景颜色

选择 Appearance & Behavior→Appearance→Theme，如图 A-16 所示。

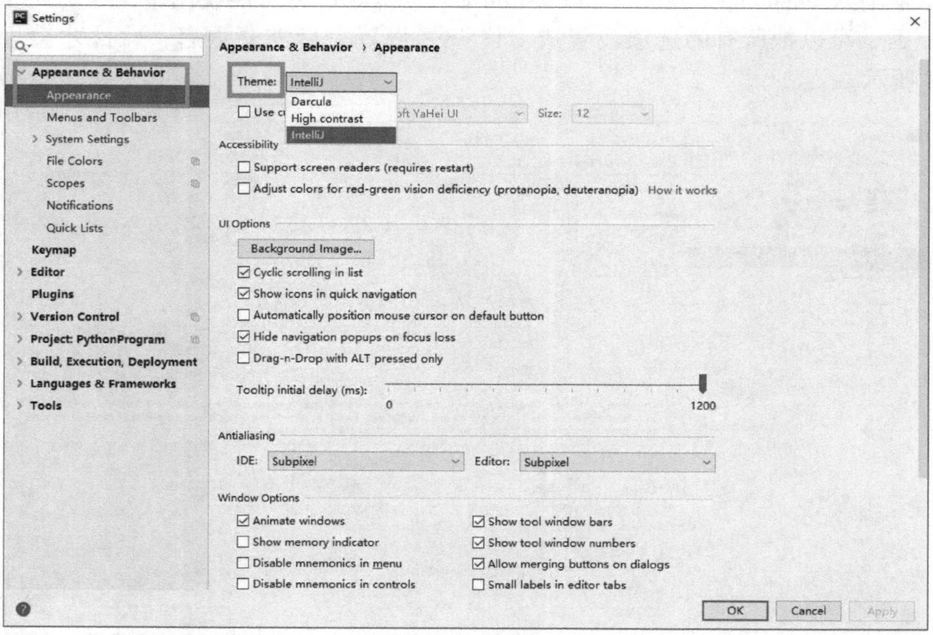

图 A-16　设置背景颜色

（2）文字

选择 Editor→Font，能改字体、大小、行间距，如图 A-17 所示。

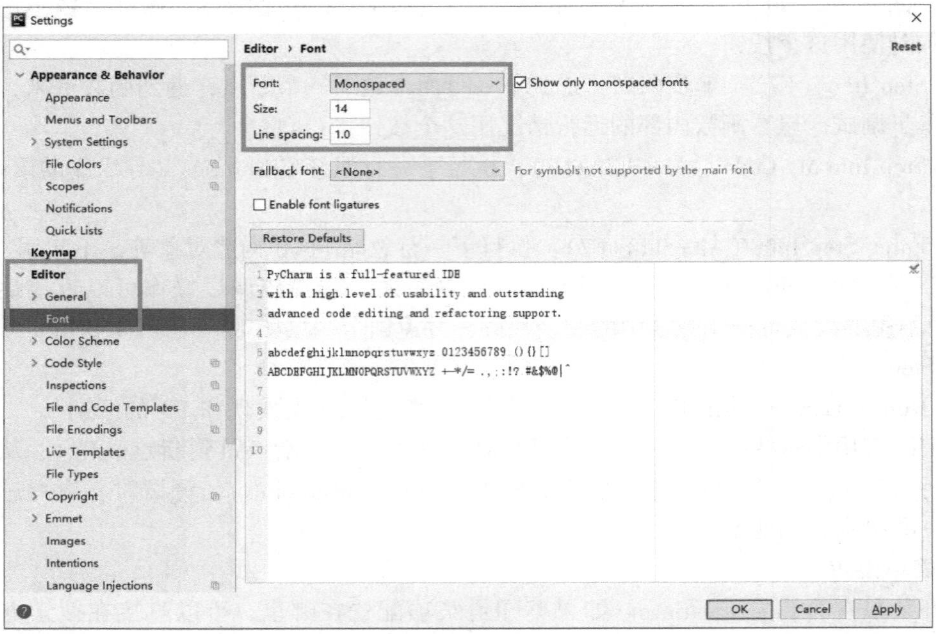

图 A-17　设置字体、大小、行间距

（3）编码格式

搜索框输入 encoding，找到 Editor→File Encoding。因为可能使用中文，为防止乱码时找不到原因，可以把所有的选项设置成 UTF-8，设置完后需要重启，软件才会生效，如图 A-18 所示。

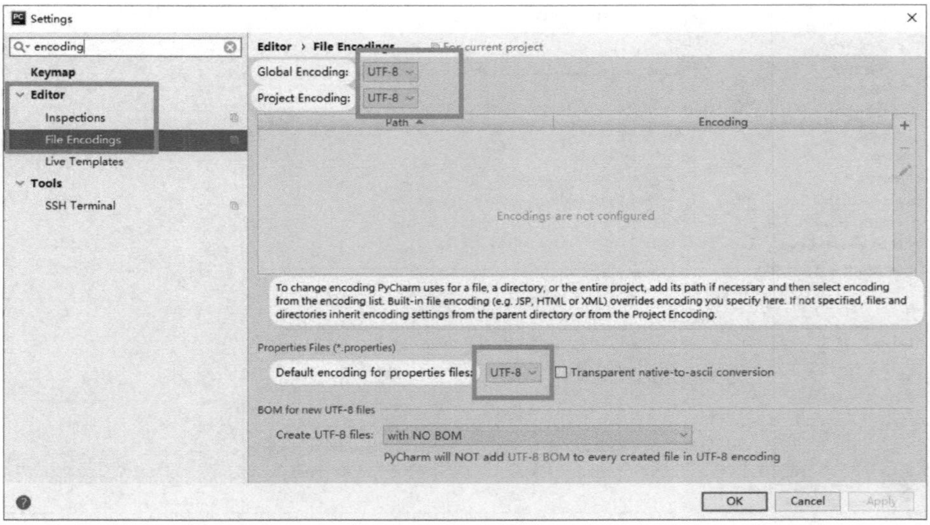

图 A-18　设置编码格式

(4) 脚本头

有时候，新建的文件开头会出现两行注释（解释器路径和编码），这其实是个模板，如图 A-19 所示。

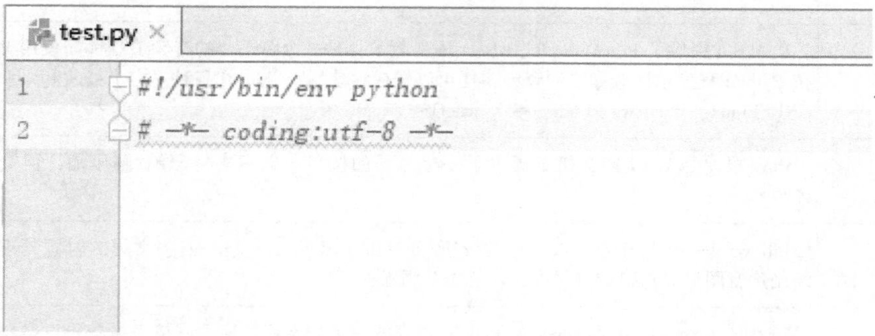

图 A-19　文件的注释

选择 Editor→File and Code Templates，找到右边的 Python Script，输入下面的注释，这样每次新建文件开头会自动加上注释，如图 A-20 所示。

```
#! /usr/bin/env python
# -*- coding:utf-8 -*-
```

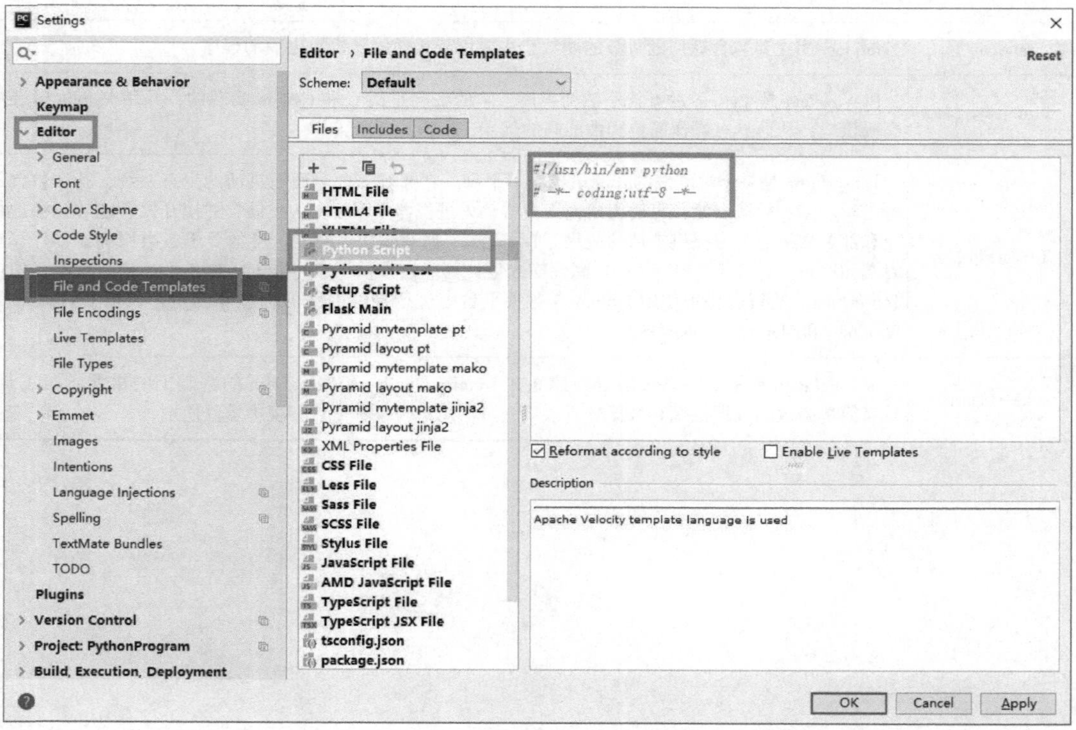

图 A-20　在文件中自动添加注释

附录 B 常用 Python 库及其说明

库　名	说　明
PyAudio	PyAudio 提供了 PortAudio 的 Python 语言版本，是一个跨平台的音频 I/O 库。使用 PyAudio，可以在 Python 程序中播放和录制音频，还可以轻松地使用 Python 在各种平台上播放和录制音频，例如，GNU/Linux、Windows 和 Mac OS X/macOS
wave	wave 模块为 WAV 声音格式提供了一个方便的接口。它不支持压缩/解压缩，但支持单声道/立体声
Librosa	Librosa 是一个用于音频或音乐的分析/处理的 Python 工具包，一些常见的时频处理、特征提取、绘制声音图形等功能应有尽有，功能十分强大
NumPy	NumPy（Numerical Python）是 Python 语言的一个扩展程序库，支持大量的维度数组与矩阵运算，此外也针对数组运算提供大量的数学函数库，主要包括：①一个强大的 N 维数组对象 ndarray；②广播功能函数；③整合 C/C++/Fortran 代码的工具；④线性代数、傅里叶变换、随机数生成等功能
Matplotlib	Matplotlib 是 Python 编程语言及其数值数学扩展包 NumPy 的可视化操作界面。它是利用通用的图形用户界面工具包，如 Tkinter、wxPython、Qt 或 GTK+，向嵌入式绘图提供了应用程序接口（API）
SciPy	SciPy 是一个开源的 Python 算法库和数学工具包。SciPy 包含的模块有最优化、线性代数、积分、插值、特殊函数、快速傅里叶变换、信号处理和图像处理、常微分方程求解和其他科学与工程中常用的计算
random	random 库主要包含返回随机数的函数，主要用于普通的随机数生成的程序
PyWavelets	PyWavelets 是 Python 的开源小波变换库，它的底层是用 C 和 Cython 实现的，并用 Python 封装成高级接口，从而具有操作简单和性能高的优点
TensorFlow	TensorFlow 是一个端到端的开源机器学习平台。它拥有一个全面而灵活的生态系统，其中包含各种工具、库和社区资源，可助力研究人员推动先进机器学习技术的发展，并使开发者能够轻松地构建和部署由机器学习提供支持的应用。TensorFlow 拥有多层级结构，可部署于各类服务器、计算机终端和网页，并支持 GPU 和 TPU 高性能数值计算。它提供了 TensorFlow 的 Python 语言版本，使用 TensorFlow，可以轻松地使用 Python 在各种平台上进行神经网络的训练和测试，包括 GNU/Linux、Windows 和 Mac OS X/macOS
Scikit-Learn	Scikit-Learn 是基于 Python 语言的建立在 NumPy、SciPy 和 Matplotlib 的基础上的机器学习工具，具有简单高效的数据挖掘和数据分析接口，可供用户在各种平台环境中重复使用

参考文献

[1] 邱锡彭．神经网络与深度学习［M］. 北京：机械工业出版社，2020.

[2] 周志华．机器学习［M］. 北京：清华大学出版社，2016.

[3] VALIN J M, A hybrid DSP/Deep learning approach to real-time full-band speech enhancement［C］//2018 IEEE 20th International Workshop on Multimedia Signal Processing（MMSP）. IEEE，2018.

[4] WESTHAUSEN N L，MEYER B T. Dual-signal transformation LSTM network for real-time noise suppression［C］//INTERSPEECH 2020. International Speech Communication Association，2020.

[5] YIN D，LUO C，XIONG Z，et al. PHASEN：A Phase-and-Harmonics-Aware Speech Enhancement Network［C］//Proceedings of the AAAI Conference on Artificial Intelligence. AAAI Press，2020.

[6] MITTAG G，MÖLLER S. Non-intrusive Speech Quality Assessment for Super-wideband Speech Communication Networks［C］//ICASSP 2019-2019 IEEE International Conference on Acoustics，Speech and Signal Processing（ICASSP）. IEEE，2019.

[7] HUANG Y，BENESTY J，SONDHI M M. Springer Handbook of Speech Processing［M］.［s. l］：Berlin Heidelberg，2008.

[8] WATERSCHOOT T，MOONEN M. Comparative Evaluation of Howling Detection Criteria in Notch-Filter-Based Howling Suppression［J］. Journal of the Audio Engineering Society，2010，58（11）：923-940.

[9] BENESTY J，COHEN I，CHEN J. Fundamentals of Signal Enhancement and Array Signal Processing［M］.［s. l.］. Wiley，2017.

[10] 葛世超，吕强，钱思冲，等．实时语音处理实践指南［M］. 北京：电子工业出版社，2020.

[11] AMODEI D，ANANTHANARAYANAN S，ANUBHAI R，et al. Deep speech 2：End-to-end speech recognition in English and Mandarin［C］//33rd International Conference on Machine Learning. ICML，2016.

[12] 王海坤，潘嘉，刘聪．语音识别技术的研究进展与展望［J］. 电信科学，2018，34（02）：1-11.

[13] HANNUN A，CASE C，CASPER J，et al. Deep Speech：Scaling up end-to-end speech recognition［EB/OL］.（2014-12-19）［2021-04-19］. https://arxiv. org/abs/1412. 5567v1.

[14] BATTENBERG E，CHEN J，CHILD R，et al. Exploring neural transducers for end-to-end speech recognition［C］// 2017 IEEE Automatic Speech Recognition and Understanding Workshop（ASRU）. IEEE，2018.

[15] VARIANI E，LEI X，MCDERMOTT E，et al. Deep neural networks for small footprint text-dependent speaker verification［C］//IEEE International Conference on Acoustics. IEEE，2014.

[16] SNYDER D，GARCIA-ROMERO D，POVEY D，et al. Deep neural network embeddings for text-independent speaker verification［C］//18th Annual Conference of the International Speech Communication Association. INTERSPEECH 2017，2017.

[17] LI C，MA X，JIANG B，et al. Deep Speaker：an End-to-End Neural Speaker Embedding System［J］. arxiv，2017.

[18] 梁瑞宇，赵力，王青云．语音信号处理：C++版［M］. 北京：机械工业出版社，2018.

[19] 邹采荣，梁瑞宇，王青云．数字助听器信号处理关键技术［M］. 北京：科学出版社，2016.

[20] 梁瑞宇，王青云，邹采荣．数字助听器原理及核心技术［M］. 北京：电子工业出版社，2018.

[21] VENEMA T H. 实用助听器原理与技术：第 2 版［M］. 张戌宝，田岚，译．北京：人民军医出版社，2013.

[22] CHUNG K. Challenges and Recent Developments in Hearing Aids：Part II. Feedback and Occlusion Effect Reduction Strategies，Laser Shell Manufacturing Processes，and Other Signal Processing Technologies［J］. Trends in Amplification，2004，8（4）：125-164.

[23] SIMPSON A. Frequency-lowering devices for managing high-frequency hearing loss：a review［J］. Trends in Amplification，2009，13（2）：87-106.

[24] 宋知用．MATLAB 在语音信号分析与合成中的应用［M］. 北京：北京航空航天大学出版社，2013.

[25] 刘剑．2017 年中国人工智能行业分析——智能语音应用篇［J］．湖南工业职业技术学院学报，2017，17（03）：1-4.